全国技工院校“十二五”系列规划教材

中国机械工业教育协会推荐教材

冷冲压工艺与模具设计

（任务驱动模式）

周耀红　王启仲　编

机械工业出版社

本教材将技能训练和相关知识紧密结合，是按照任务驱动教学模式编写的一体化教材。教材编写中，通过企业调研确定技工院校模具设计与制造专业高级工学生必备的知识目标和技能目标，然后按照既定的知识目标和技能目标设计相应的教学模块和工作任务，将知识和技能融入工作任务之中。全书共有6个教学单元，内容包括：冷冲压概论、冲裁模设计、精密冲裁、多工位连续模设计、弯曲模设计、拉深模设计。

本教材可作为模具设计与制造专业教材，供各类技工院校、职业技术学院模具专业师生使用，也可供工程技术人员参考。

图书在版编目（CIP）数据

冷冲压工艺与模具设计：任务驱动模式/周耀红，王启仲编．—北京：机械工业出版社，2013.2

全国技工院校“十二五”系列规划教材

ISBN 978-7-111-40858-1

Ⅰ.①冷…　Ⅱ.①周…②王…　Ⅲ.①冷冲压—生产工艺—技工学校—教材②冲模—设计—技工学校—教材　Ⅳ.①TG38

中国版本图书馆CIP数据核字（2012）第301142号

机械工业出版社（北京市百万庄大街22号　邮政编码100037）
策划编辑：赵磊磊　责任编辑：赵磊磊
版式设计：霍永明　责任校对：张晓蓉　刘雅娜
封面设计：张　静　责任印制：乔　宇
三河市国英印务有限公司印刷
2013年3月第1版第1次印刷
184mm×260mm · 17.5印张 · 429千字
0001— 3000册
标准书号：ISBN 978-7-111-40858-1
定价：35.00元

凡购本书，如有缺页、倒页、脱页，由本社发行部调换

电话服务	网络服务
社服务中心：(010)88361066	教材网：http：//www.cmpedu.com
销售一部：(010)68326294	机工官网：http：//www.cmpbook.com
销售二部：(010)88379649	机工官博：http：//weibo.com/cmp1952
读者购书热线：(010)88379203	**封面无防伪标均为盗版**

全国技工院校“十二五”系列规划教材编审委员会

序

“十二五”期间，加速转变生产方式，调整产业结构，将是我国国民经济和社会发展的重中之重。而要完成这种转变和调整，就必须有一大批高素质的技能型人才作为后盾。根据《国家中长期人才发展规划纲要（2010—2020年）》的要求，至2020年，我国高技能人才占技能劳动者的比例将由2008年的24.4%上升到28%（目前一些经济发达国家的这个比例已达到40%）。可以预见，作为高技能人才培养重要组成部分的高级技工教育，在未来的10年必将会迎来一个高速发展的黄金期。近几年来，各职业院校都在积极开展高级工培养的试点工作，并取得了较好的效果。但由于起步较晚，课程体系、教学模式都还有待完善与提高，教材建设也相对滞后，至今还没有一套适合高级技工教育快速发展需要的成体系、高质量的教材。即使一些专业（工种）有高级工教材也不是很完善，或是内容陈旧、实用性不强，或是形式单一、无法突出高技能人才培养的特色，更没有形成合理的体系。因此，开发一套体系完整、特色鲜明、适合理论实践一体化教学、反映企业最新技术与工艺的高级工教材，就成为高级技工教育亟待解决的课题。

鉴于高级技工教材短缺的现状，机械工业出版社与中国机械工业教育协会从2010年10月开始，组织相关人员，采用走访、问卷调查、座谈等方式，对全国有代表性的机电行业企业、部分省市的职业院校进行了历时6个月的深入调研。对目前企业对高级工的知识、技能要求，各学校高级工教育教学现状、教学和课程改革情况以及对教材的需求等有了比较清晰的认识。在此基础上，他们紧紧依托行业优势，以为企业输送满足其岗位需求的合格人才为最终目标，组织了行业和技能教育方面的专家精心规划了教材书目，对编写内容、编写模式等进行了深入探讨，形成了本系列教材的基本编写框架。为保证教材的编写质量、编写队伍的专业性和权威性，2011年5月，他们面向全国技工院校公开征稿，共收到来自全国22个省（直辖市）的110多所学校的600多份申报材料。组织专家对作者及教材编写大纲进行了严格评审，决定首批启动编写机械加工制造类专业、电工电子类专业、汽车检测与维修专业、计算机技术相关专业教材以及部分公共基础课教材等，共计80余种。

本套教材的编写指导思想明确，坚持以达到国家职业技能鉴定标准和就业能力为目标，以各专业的工作内容为主线，以工作任务为引领，由浅入深，循序渐进，精简理论，突出核心技能与实操能力，使理论与实践融为一体，充分体现“教、学、做合一”的教学思想，致力于构建符合当前教学改革方向的，以培养应用型、技术型、创新型人才为目标的教材体系。

本套教材重点突出了如下三个特色：一是“新”字当头，即体系新、模式新、内容新。

体系新是把教材以学科体系为主转变为以专业技术体系为主；模式新是把教材传统章节模式转变为以工作过程的项目为主；内容新是教材充分反映了新材料、新工艺、新技术、新方法。二是注重科学性。教材从体系、模式到内容符合教学规律，符合国内外制造技术水平实际情况。在具体任务和实例的选取上，突出先进性、实用性和典型性，便于组织教学，以提高学生的学习效率。三是体现普适性。由于当前高级工生源既有中职毕业生，又有高中生，各自学制也不同，还要考虑到在职人群，教材内容安排上尽量照顾到了不同的求学者，适用面比较广泛。

此外，本套教材还配备了电子教学课件，以及相应的习题集，实验、实习教程，现场操作视频等，初步实现教材的立体化。

我相信，本套教材的编辑出版，对深化职业技术教育改革，提高高级工培养的质量，都会起到积极的作用。在此，我谨向各位作者和所在单位及为这套教材出力的学者表示衷心的感谢。

原机械工业部教育司副司长

中国机械工业教育协会高级顾问

郝广发

前言

本教材是根据模具设计与制造专业的岗位要求、工作流程以及职业技能标准，结合编者长期在生产第一线、教学课堂、实习工厂积累的经验，精心编写而成。课程开发体现“在工作中学习，在学习中工作”的理念，明确职业导向，将具体的工作情景置于教学过程中，并以工作性思维来构建教学过程，将相应的理论知识与工作任务相结合，做到“用什么，学什么”，学以致用。工作任务的开发是以“校企合作”为基础，将企业的工作形态和工作内容充分且有效地呈现于教学过程之中。

在教材编写过程中，编者始终坚持以适用、够用为度，重点强调理论知识与技能相结合，如教材中将较深奥的冲压加工理论知识进行了简化，将间隙值的确定方法、刃口制造公差的确定方法、凸凹模刃口尺寸的计算方法等也进行了简化，并补充了经验法，系统地介绍了冲裁模设计要点和经验设计法以及冲裁模的装配、调试与维修等知识。在教材表现形式上，坚持直观生动、以学生为本的原则。本教材采用了大量照片图和线条图，便于学生认清模具结构，加深理解。全书共有6个教学单元，内容包括：冷冲压概论、冲裁模设计、精密冲裁、多工位连续模设计、弯曲模设计、拉深模设计。

本教材可作为模具设计与制造专业教材，供各类技工院校、职业技术院校模具专业师生使用，也可供工程技术人员参考。

本教材由武汉技师学院周耀红、王启仲编写。

由于编者水平有限，书中难免存在错误和不足之处，敬请广大读者不吝赐教！

编　者

目 录

单元1　冷冲压概论

1

任务1　认识冷冲压加工

学习目标

1. 了解冷冲压的特点与应用。
2. 了解冷冲压模具的类型。
3. 了解冷冲压设备的类型及相关工艺参数。

任务描述

本任务主要介绍冷冲压加工基本知识、冷冲压成形工艺、冷冲压模具、冷冲压设备的概况及冲压技术发展的动向。

相关知识

一、冷冲压加工基本知识

冷冲压是在室温下，利用安装在压力机上的冷冲压模具对材料施加冲压力，使其产生分离或塑性变形，从而获得所需冷冲压件的一种压力加工方法。

在冷冲压加工中，冷冲压成形工艺、冷冲压模具、冷冲压设备是必不可少的三要素。

1. 冷冲压成形工艺概述

（1）冷冲压的特点及应用　冷冲压成形工艺是冷冲压工程中的要素之一，它具有很多优点：

1）冷冲压是少、无切屑加工方法，是一种省能、低耗、高效的加工方法，因而冲件的成本较低。

2）冷冲压件的尺寸公差由模具保证，具有“一模一样”的特征，所以产品质量稳定。

3）冷冲压可以加工壁薄、重量轻、形状复杂、表面质量好、刚性好的零件。

4）冷冲压生产靠压力机和模具完成加工过程，其生产率高、操作简便、易于机械化与自动化、经济效益好，用普通压力机进行冲压加工，每分钟可达几十件；用高速压力机生产，每分钟可达数百件甚至千件以上。

由于冷冲压加工具有上述突出的优点，因此在批量生产中得到了广泛的应用，在现代工业生产中占有十分重要的地位，是国防工业及民用工业生产中必不可少的加工方法。在电子产品中，冲件约占 80% ~85%；在汽车、农业机械产品中，冲件约占 75% ~80%；在轻工产品中，冲件约占 90%以上。此外，在航空及航天工业生产中，冲件也占有很大的比例。

（2）冷冲压工序　冷冲压加工因冲件的形状、尺寸和精度的不同，所采用的工序也不同。概括起来可分为分离工序和成形工序两类。

1）分离工序——是指坯料在模具刃口作用下，沿一定的冲裁轮廓线进行冲裁分离而获得冲件的加工方法。分离工序主要有切断、落料、冲孔等，分离工序分类见表 1-1。

表 1-1　分离工序分类

工序名称	工序简图	特点及常用范围
切断		用剪刀或冲模切断板材，切断线不封闭
落料	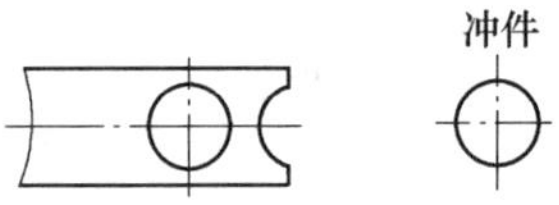	用冲模沿封闭线冲切板料，冲下来的部分为冲件
冲孔	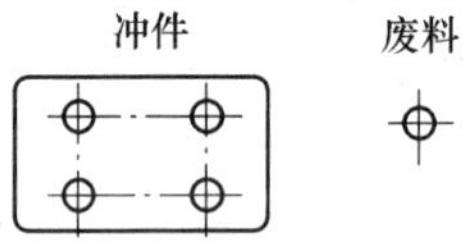	用冲模沿封闭线冲切板料，冲下来的部分为废料
切口	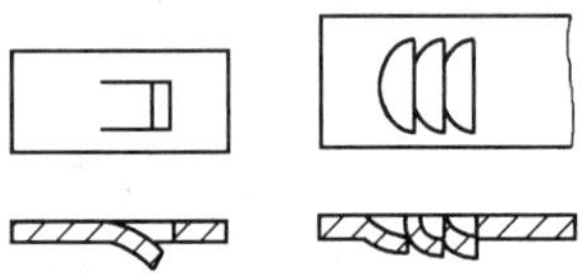	在坯料上沿不封闭线冲出缺口，切口部分发生弯曲，如通风板
切边	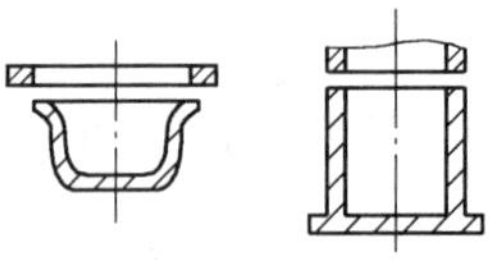	将冲件的边缘部分切掉
剖切	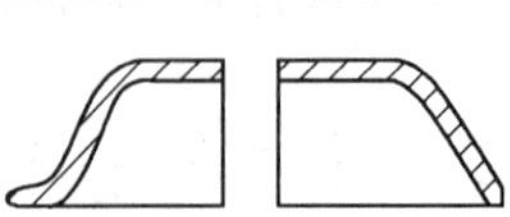	把工件切开成两个或几个冲件，常用于成双冲压

2）成形工序——是指坯料在模具压力作用下，使坯料产生塑性变形，但不产生分离而获得具有一定形状和尺寸的冲件的加工方法。成形工序主要有弯曲、拉深等，成形工序分类见表 1-2。

表1-2 成形工序分类

类型	工序名称	工序简图	特点及常用范围	类型	工序名称	工序简图	特点及常用范围
弯曲	弯曲		把板料弯成一定的形状	拉深	拉深	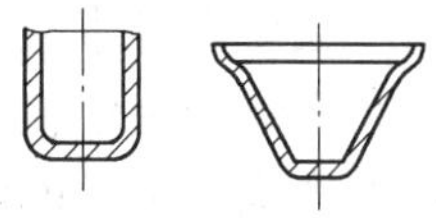	把平板坯料制成空心冲件，壁厚基本不变
	卷圆	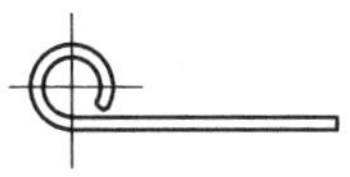	把板料端部卷圆，如合页			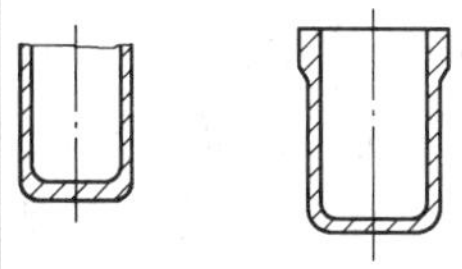	把空心冲件拉深成侧壁比底部薄的工件
	扭曲		把冲件扭转成一定的角度				

2. 冷冲压模具概况

冷冲压模具是将材料（金属或非金属）加工成冲件的一种工艺装备，俗称冷冲模。冷冲压模具是冲压生产的主要工艺装备。冲件的冲压质量、生产效率以及生产成本等，都与模具类型及其结构设计、制造有直接关系。冲压生产对模具结构的基本要求是：以保证冲出合格冲件、与生产批量相适应为前提，模具结构越简单越好，因此，模具需操作方便、安全、使用寿命长、易于制造、维修、成本低廉。

（1）冷冲压模具的类型

1）根据工艺性质分类。

① 冲裁模。沿工件的封闭或敞开轮廓线使材料产生分离的模具为冲裁模，如落料模、冲孔模、切断模、切口模、切边模、剖切模等。

② 弯曲模。使平板坯料沿着直线（弯曲线）产生弯曲变形，从而获得一定角度和形状的模具。

③ 拉深模。拉深模是把平板坯料制成开口空心件，或使空心件进一步改变形状和尺寸的模具。

④ 成形模。将坯料或工序件按凸、凹模的形状直接复制成形，而材料本身仅产生局部塑性变形的模具，如胀形模、缩口模、扩口模、起伏成形模、翻边模、整形模等。

2）根据工序组合程度分类。

① 单工序模。一般只有一对凸、凹模，在压力机的一次行程中，只完成一道冲压工序的模具。

② 复合模。只有一个工位，但有多组凸、凹模，在压力机的一次行程中、在同一工位上，能同时完成两道或两道以上工序的模具。

③ 连续模。在毛坯的送进方向上，具有两个以上的多工位，在压力机的一次行程中，在不同的工位上逐次完成两道或两道以上工序的模具。连续模又称级进模。

一般冷冲压模具都由上、下模两部分组成。上模部分被紧固在压力机滑块上，随滑块做上下往复运动，因此称为活动部分。下模部分被固定在压力机工作台上，所以又称为固定部分。

（2）冷冲压模具的安装　在压力机上安装与调整模具的正确与否，将直接影响冲件质量和安全生产。模具安装的一般注意事项有：检查压力机上的打料装置，将其暂时调整到最高位置，以免在调整压力机闭合高度时被压弯；检查模具的闭合高度与压力机的闭合高度是否合理；检查下模顶杆和上模打料杆是否符合压力机打料装置的要求（大型压力机则应检查气垫装置）；模具安装前应将上下模板和滑块底面的油污擦拭干净，并检查有无遗物，防止影响正确安装和发生意外事故。

1）根据冷冲压模具的闭合高度调整压力机滑块的高度，使滑块在下极点时其底平面与工作台面之间的距离大于冲模的闭合高度。

2）先将滑块升到上极点，冷冲压模具放在压力机工作台面规定位置，再将滑块停在下极点，然后调节滑块的高度，使其底平面与上模座上平面接触。带有模柄的冷冲压模具，应使模柄进入模柄孔，并通过滑块上的压块和螺钉将模柄固定住。对于无模柄的大型冷冲压模具，一般用螺钉等将上模座紧固在压力机滑块上，并将下模座初步固定在压力机台面上（不拧紧螺钉）。

3）将压力机滑块上调 3 ~ 5mm，开动压力机，空行程 1 ~ 2 次，将滑块停于下极点，固定住下模座。

4）进行试冲，并逐步调整滑块到所需的高度。如上模中有顶杆，则应将压力机上打料机构中的制位螺钉调整到需要的高度，以保证顶杆的一定工作高度。

3. 冷冲压设备概况

冷冲压设备是为冲压模具提供冲压动力的专用压力设备。压力机的选用，应根据冲压工序的性质、生产批量的大小、模具的外形尺寸以及现有设备等情况进行选择。常用冷冲压设备如图 1 - 1 所示。

（1）压力机的类型及选用

1）开式机械压力机。机身呈 C 形，如图 1 - 1a 所示，前、左、右三面敞开，结构简单、操作方便、机身可倾斜某一角度，以便冲好的工件滑下落入料斗，公称压力为 40 ~ 4000kN，适用于冲压中小型冲件。

2）闭式机械压力机。机身呈框架形，如图 1 - 1b 所示，机身前后敞开，刚性好，精度高，工作台面的尺寸较大，公称压力多为 1600 ~ 60000kN，适用于冲压中大型零件。

3）偏心压力机。导板模或要求导套不离开导柱的模具选用。

4）高速压力机或多工位自动压力机。大批量生产冲件选用，如图 1 - 1c 所示。

5）摩擦压力机。校直、整形和温热挤压工序选用。

6）精密压力机。薄板冲裁、精密冲裁选用。

7）双动或三动压力机。大型、形状复杂的拉深件选用。

8）液压压力机。小批量生产中的大型厚板件的成形工序选用，如图 1 - 1d 所示。

（2）压力机的主要技术参数

1）公称压力。压力机滑块下滑过程中的冲击力就是压力机的压力。压力的大小随滑块下滑的位置不同而不同，也就是随曲柄旋转的角度不同而不同。一般约为 0.05 ~ 0.07 的滑块行程或曲柄旋转到距下死点某一特定角度（约 20° ~ 30°，此角度称为公称压力角，随压力机不同公称压力角也不相同）时，所产生的冲击力称为压力机的公称压力。为保证安全，一般冲裁、弯曲时压力机的公称压力应比计算的冲压力大 30% 左右。拉深时压力机的公称压力应比计算出的拉深力大 60% ~ 100%。

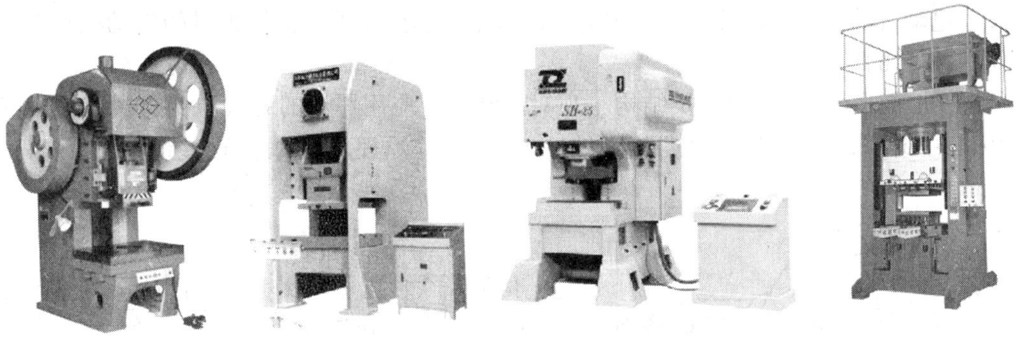

a)　　b)　　c)　　d)

图 1-1 常用冷冲压设备

a）开式机械压力机 b）闭式机械压力机 c）高速压力机 d）液压压力机

2）滑块行程长度。是指曲柄旋转一周时滑块所移动的距离，其值为曲柄半径的两倍，即滑块由上死点至下死点所经过的行程距离。选择压力机时，滑块行程长度应保证坯料能顺利地放入模具，且冲件能顺利地从模具中取出。

3）行程次数，即滑块每分钟冲击次数。

4）工作台面尺寸是指工作台面的长、宽尺寸，应大于模具下模座尺寸，并每边留出 60～100mm，以便于安装固定模具用的螺栓、垫铁和压板。当工件或废料需下落时，工作台面孔尺寸必须大于下落件的尺寸。对于有弹顶装置的模具，工作台面孔尺寸还应大于下弹顶装置的外形尺寸。

5）滑块模柄孔尺寸。与模具的模柄直径相符，模柄孔的深度应大于模柄长度。

6）压力机闭合高度。压力机的闭合高度可通过连杆丝杠在一定范围内调节。

① 压力机的最小闭合高度：是指滑块在下极点时，滑块底面到工作台上平面（即垫板下平面）之间的距离。

② 压力机的最大闭合高度：当连杆调至最短（对偏心压力机的行程应调到最小），滑块底面到工作台上平面之间的距离。

③ 模具的闭合高度：指冲模在最低工作位置时，上模座上平面至下模座下平面之间的距离。

模具闭合高度与压力机装模高度的关系如图 1-2 所示。

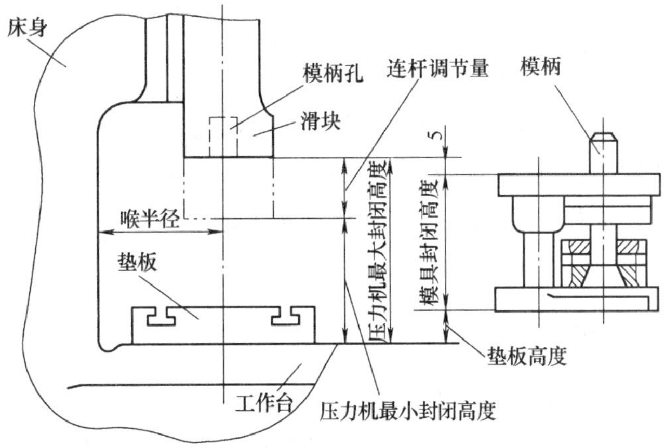

图 1-2 模具闭合高度与压力机装模高度的关系

7）电动机功率。提供冲压力的主电动机功率，选择必须保证压力机的电动机功率大于冲压时所需要的功率。

（3）机械压力机工作原理及结构　现对最常见、应用广泛的开式曲柄机械压力机（又称冲床）中的JB23－63型压力机（见图1-3）的工作原理及结构进行介绍。

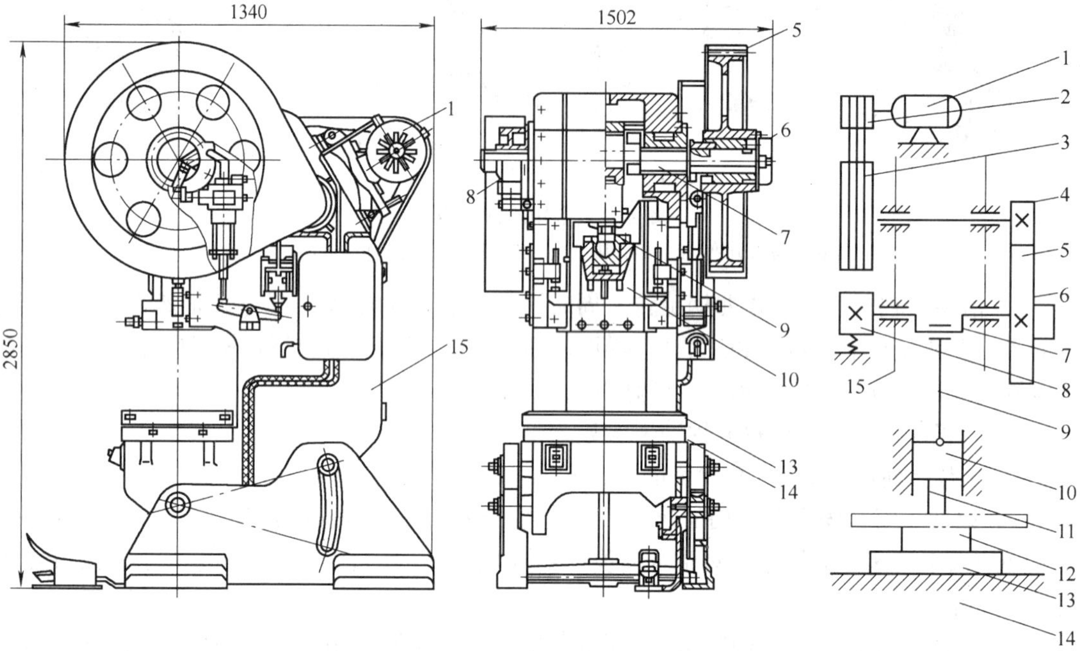

图1-3　JB23－63型压力机结构与运动原理图

1—电动机　2—小带轮　3—大带轮　4—小齿轮　5—大齿轮　6—离合器　7—曲轴
8—制动器　9—连杆　10—滑块　11—凸模　12—凹模　13—垫块　14—工作台　15—机身

机械压力机工作时，由电动机1通过三角带驱动大带轮3（通常兼作飞轮以储蓄动能），经过齿轮副4、5和离合器6带动曲轴7，使滑块10和凸模11直线下行。冲压工作完成后滑块回程上行，离合器自动脱开，同时曲柄轴上的自动器接通，使滑块停止在上死点附近。

机械压力机上的离合器6与制动器8之间设有机械或电气连锁机构，以保证离合器在接合前制动器一定松开，制动器在制动前离合器一定脱开。机械压力机的操作分为连续、单次行程和寸动（微动），大多数是通过控制离合器和制动器来实现的。滑块的行程长度不变，但其底面与工作台面之间的距离（称为封密高度）可以通过螺杆调节。

生产中，有可能发生超过压力机公称压力的现象。为保证设备安全，常在压力机上装设过载保护装置。为了保证操作者人身安全，压力机上面装有光电式或双手操作式人身保护装置。

二、冲压技术发展动向

目前，我国冲压技术与先进工业发达国家相比，无论在冲压基础理论、成形工艺，还是在模具（设计、制造、标准化）、冲压设备等方面，都有一定的差距。导致我国模具的寿命、效率、加工精度、生产周期等方面落后于工业发达国家。

随着科学技术的不断进步、工业生产的迅速发展、市场竞争日益激烈，对产品性能和质量的要求越来越高，更新换代的速度越来越快，冲压加工的高效率、一模一样、批量生产等各方面更显现出其特有的优越性，这使冲压产品朝着复杂化、多样化、高性能、高质量方向发展，也使模具朝着复杂化、高效率、高精度、长寿命方向发展。因此，对冲压技术的发展也提出了越来越高的要求。

1. 冲压理论及冲压工艺

（1）加强冲压变形理论的研究　以提供更准确、实用、方便的计算方法，更正确的冲压工艺参数，模具工作部分更精确的几何形状与尺寸等，从而解决冲压变形中出现的各种实际问题，进一步提高冲件的质量。

（2）研究和推广采用新工艺　如精密冲裁工艺、软模成形工艺、高能高速成形工艺、超塑性成形工艺、其他高效经济的成形工艺等，进一步提高冲压技术水平。

（3）发展、完善和应用金属塑性成形过程的计算机模拟技术，优化模具设计。

2. 模具制造工艺及设备

将现代先进技术（计算机技术、信息技术、自动化技术等）与传统制造技术相互渗透，交融，形成先进的模具制造技术。模具先进制造技术主要体现在如下方面：

（1）高速铣削　高速铣削的主轴转速一般为15000～40000r/min，最高可达100000r/min。在切削钢时，其切削速度约为400m/min，比传统的铣削加工高5～10倍；在加工模具型腔时与传统的加工方法（传统铣削、电火花成形加工等）相比，其效率提高4～5倍。高速铣削加工精度一般为10μm，有的精度还要高。由于高速铣削时工件温升小（约为30℃），故表面没有变质层及微裂纹，热变形也小。最好的表面粗糙度值小于*Ra*1μm，减少了后续磨削及抛光工作量。可加工高硬材料，可铣削50～54HRC的钢材，铣削的最高硬度可达60HRC。由此可见，高速铣削加工是模具制造技术的重要发展方向。

（2）电火花铣削　电火花铣削是采用高速旋转的杆状电极对工件进行二维或三维轮廓加工，无需制造复杂、昂贵的成形电极，形式如同数控铣削加工一样，这是一种替代传统成形电极加工模具型腔的新技术。

（3）慢走丝线切割　目前，数控慢走丝线切割的最大切割速度已达300mm^2/min，加工精度可达到±1.5μm，加工表面粗糙度值达*Ra*0.1～0.2μm。可实现凸凹模的一次切割完成；可切割0.04mm的窄槽及半径为0.02mm的内圆角；可精密切割锥度达30°以上；可无人看管运行，自动化程度很高。

（4）精密磨削及抛光　精密磨削及抛光加工由于精度高、表面质量好、表面粗糙度值小等特点，在精密模具加工中广泛应用。目前，精密模具制造已开始使用数控成形磨床、数控光学曲线磨床、数控连续轨迹坐标磨床及自动抛光机等先进设备和技术。

（5）数控测量　伴随模具制造技术的进步，模具加工过程的检测手段也取得了很大进展。三坐标测量机已开始在模具加工过程中使用，现代三坐标测量机除了能高精度地测量复杂曲面的数据外，其良好的温度补偿装置、可靠的抗振保护能力、严密的除尘措施以及简便的操作步骤，使得现场自动化检测成为可能。

3. 模具新材料及其热处理、表面处理

产品质量的提高，促使模具质量和寿命要求越来越高。开发和应用模具新材料及热处理、表面处理新工艺，不断提高使用性能，改善加工性能是提高模具质量和寿命最有效的办法。

（1）模具新材料　冷冲压模具通用的冷作模具钢分为三类：低合金类，如 9CrWMnV（01 美）；中合金类，如 Cr5Mo1V（A2 美）；高合金类，如 Cr12Mo1V1（D2 美）。目前冷作模具钢的发展趋势是在高合金钢性能基础上，分为两大分支：一种是降低含碳量和合金元素含量，提高钢中碳化物分布均匀度，提高模具的韧性。如美国钒合金钢公司的 8CrMo2V2Si、日本大同特殊钢公司的 DC53（Cr8Mo2SiV）等；另一种是以提高耐磨性为主要目的，并适应高速、自动化、大批量生产而开发的粉末高速钢，如德国的 X320CrVMo135 等。

（2）热处理、表面处理新工艺　为了提高模具工作表面的耐磨性、硬度和耐蚀性，必须采用热处理、表面处理新技术，尤其是表面处理新技术。除人们熟悉的镀硬铬、渗氮、渗硼等表面化学处理方法外，近年来模具表面性能强化技术——表面涂覆硬化处理新技术，发展很快，实际应用效果很好。如：化学气相沉积（CVD）、物理气相沉积（PVD）以及盐浴渗金属（TD）等，对提高模具寿命和减少模具昂贵材料的消耗，有着十分重要的意义。

4. 模具 CAD/CAM/CAE 技术

模具 CAD/CAM/CAE 是将计算机技术应用于模具设计和制造，它们的有机结合，形成了计算机辅助设计（CAD——Computer Aided Desing）、计算机辅助制造（CAM——Computer Aided Manufacturing）、计算机辅助工程（CAE——Computer Aided Engineering）等技术，能使工程技术人员借助计算机对产品、模具结构、成形工艺、数控加工及成本等进行设计、模拟分析，优化和缩短模具设计及制造周期、实现成形过程的模拟和数控加工过程的仿真，使设计、制造一体化。降低生产成本、提高产品质量。

5. 快速经济制模技术

为了适应工业生产中多品种、小批量生产的需要，加快模具的制造速度，降低模具生产成本，开发并应用快速经济制模技术——低熔点合金制模技术、锌基合金制模技术、环氧树脂制模技术、喷涂成形制模技术、叠层钢板制模技术等。应用快速经济制模技术制造模具，能简化模具制造工艺、缩短制造周期（比普通钢模制造周期缩短 70% ~90%）、降低模具生产成本（比普通钢模生产成本降低 60% ~80%），在工业生产中取得了显著的经济效益。对提高新产品的开发速度，促进生产的发展发挥着非常重要的作用。

复习题

1. 什么是冷冲压加工？
2. 模具与其他工艺装备相比有何特点？
3. 模具制造相对于一般零件加工有何特点？
4. 如何选择冲压设备？
5. 简述冲压技术的发展趋势。

任务 2　了解冷冲压变形基础理论及冷冲压用材料

学习目标

1. 了解冷冲压变形基础理论。
2. 了解冷冲压常用材料。
3. 会选用冷冲压常用材料。

任务描述

本任务主要介绍金属塑性变形、变形的实质、物理变化及变形的基本规律，影响金属塑性及变形抗力的主要因素，并说明了相应的注意点和金属塑性变形的趋向性及冲压成形的控制，具体说明了冷冲压用材料的冲压成形性能、基本要求和常用冷冲压用材料及其选用方法。

相关知识

一、金属塑性变形基础理论

冲压成形是金属塑性成形加工方法之一，是建立在金属塑性变形理论基础上的材料成形工程技术。

1. 金属塑性变形的概念

（1）金属塑性变形　塑性变形是指金属材料在外力的作用下产生永久变形但不破坏的能力。金属固体材料受到外力作用，发生形状、尺寸变化的现象称为变形，这种使物体产生变形的外力称为变形力，而材料内部抵抗塑性变形的能力称为变形抗力（即反作用力）。当变形力去掉后，固体能恢复原状的变形称为弹性变形；变形力去除后，不能恢复原状的变形称为塑性变形。金属材料在外力由小到大的作用下，相继产生弹性变形、弹塑变形、永久变形。

1）弹性变形。因外力不大，金属体内部原子间的位置发生变化不大，原子的间距只有微小的改变，从而引起的金属体尺寸、形状的变化也很小，当外力去除后，原子回到原来的平衡位置，该金属体就能完全恢复为原来的形状和尺寸。

2）弹塑变形。当金属体受力一定时，金属体中的一部分原子间的位置变化不大，产生弹性变形，但金属体中另一部分原子间的位置变化较大，偏离其稳定平衡位置，而达到邻近稳定平衡位置，当变形力去除后，这部分原子就不能再回到其原来的位置，而是停留在邻近的稳定平衡位置上，产生塑性变形。两者共同形成弹塑变形。

3）永久变形。当金属体受力较大时，金属体中原子间的位置变化较大，变形力去除后，原子不能再回到其原来位置，形成了不可恢复的永久变形，这就是金属的塑性变形。

（2）金属塑性变形实质　工业上用于塑性成形的金属都是多晶体，多晶体是由很多小晶体组成（小晶体类似于单晶体，单晶体只有采用特殊方法获得，小晶体外形不规则，呈颗粒状，又称晶粒）。晶粒的大小、形状、位向不同，晶粒之间又有晶界相连，因而多晶体的变形比单晶体要复杂得多。研究表明，单晶体的塑性变形是晶内的滑移和孪生，滑移变形更为普遍；多晶体的变形，既有晶内的滑移和孪生，也有晶间的相对滑动和转动。所以多晶体的变形实质上是晶内变形和晶间变形综合作用的结果。

晶体的滑移变形就是在切应力的作用下通过滑移面上的位置错动（位错）进行的。一个位错移到晶体表面形成一个原子间距的滑移量。同一个滑移面上许多位错移到晶体表面便形成明显的滑移线。许多滑移线在一起形成滑移带，如图1-4所示。这种滑移带常可在拉伸变

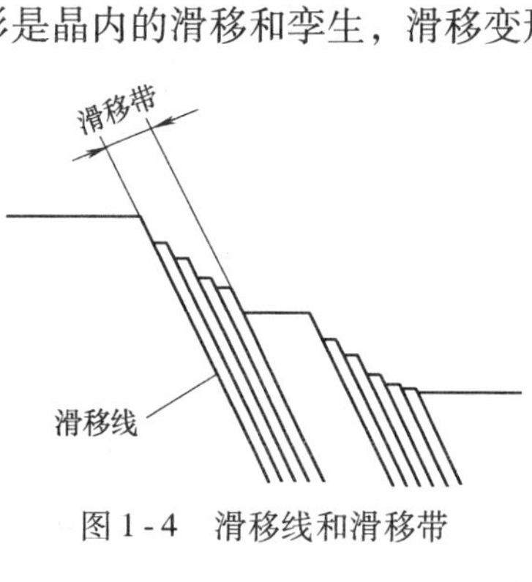

图1-4　滑移线和滑移带

形后的金属试样上观察到。

多晶体的变形还受晶粒间的晶界（晶粒之间的界面）影响。晶界内晶格畸变更甚（晶体内部原子抽象为几何点，用假想畸联线将几何点在三维方向连接构成空间格，即晶格），晶界的存在使多晶体的强度、硬度比单晶体高。多晶体内晶粒越细，晶界区所占比率也就越大，金属的强度、硬度也就越高。此外，晶粒越细，变形越易分散在许多晶粒内进行，因此变形更为均匀，不易造成应力集中而导致金属破坏，这就是一般的细晶粒金属不仅强度、硬度高，而且塑性也较好的原因。

（3）金属塑性变形的四大物理变化　金属塑性变形过程中。金属的性能和组织都可能发生变化。其中最重要的是：

1）加工硬化。随着变形程度的增加，变形阻力增大，强度和硬度升高，而塑性、韧性下降。

2）残余应力。由于变形不均匀，晶粒内部和晶粒之间会存在不同的内应力，变形后作为残余应力保留在金属内部，使经冷变形后的零件在放置一段时间后，可能自动发生变形甚至开裂。

3）纤维组织。金属塑性变形后的性能变化是其组织发生变化的结果。材料轧制时，各晶粒沿其变形最大的方向伸长，在变形程度很大时，则显著伸长，形成纤维组织。

4）各向异性。当变形程度很大时，多晶体内各个晶粒的位向会因滑移面的转向而逐渐趋向一致，形成变形织构。由于变形织构的形成，使轧制后的板料出现各向异性，即使退火，一般也难以消除，用这种材料成形的工件厚薄不均和出现沿口不齐的突耳现象。

2. 影响塑性及变形抗力的主要因素

塑性和变形抗力是两个不同的概念。通常说某种材料的塑性好坏是指受力以后临近破坏时的变形程度的大小，而不是指变形抗力的大小。如奥氏体不锈钢允许的变形程度大，称为塑性好，但其变形抗力较大，需要较大的外力才能产生塑性变形。由此可见，变形抗力是从力的角度反映塑性变形的难易程度。

影响金属塑性的主要因素见表1-3。

表1-3　影响金属塑性的主要因素

影响因素	影响规律
金属材料组织结构	面心立方结构的金属塑性好于体心立方，密排六方最差。组成金属的元素越少（如纯金属和固溶体），晶粒越细小，组织分布越均匀，则金属塑性越好
应力状态	压应力有利于封闭裂纹，阻止其继续扩展，减小或阻止晶间变形，增加晶间结合力，消除由于塑性变形引起的各种破坏；与此相反，拉应力则促使材料的裂纹扩展，加快材料的破坏。所以，在应力状态中，压应力个数越多，数值越大，则金属的塑性越好。反之，拉应力个数越大，则金属的塑性越差
变形温度	一般温度升高，塑性增加
变形速度	变形速度对塑性的影响有正反两方面，对大多数金属来说，塑性随变形速度变化的一般趋势是先降低后增加

（1）金属材料组织结构　金属本身的晶格类型、晶粒大小、形状及晶界强度，金属杂质的性质、数量及分布情况等不同，金属的塑性就不同。一般而言，组成金属的化学成分越

多越复杂，对金属的塑性及变形抗力的影响也就越大。例如，纯铁比碳钢的塑性好、变形抗力小；低碳钢比中碳钢塑性好，变形抗力小。

（2）变形温度　金属加热会软化，强度下降，塑性提高，变形抗力降低。在冲压工艺中有时采用加热冲裁、加热成形等方法来减小冲压力。此外，在有些工序（如差温拉深）中也有用局部冷却的方法，增强变形区的变形抗力，提高坯料危险断面的强度，使变形转移到其他区域，从而达到延缓破坏、增大变形程度的目的。

金属的软化与冷作硬化恰好相反，这是因为随温度增加，金属组织发生了回复与再结晶，增加了新的滑移系统，产生了新的变形方式——热塑性变形。

但金属加热产生软化的趋势不是绝对的。在加热过程的某些温度区间，会产生“蓝脆”与“热脆”，使塑性降低和变形抗力增加，这是由于过剩相的析出或相变等原因造成的。如碳钢加热到200～400℃（蓝脆区）时，因为时效作用（夹杂物以沉淀的形式在晶界滑移面上析出）使塑性降低，变形抗力增加，这时钢的性能变坏，易于脆断，断口呈蓝色；在800～950℃范围内，又会出现热脆，使塑性降低。因此，加热碳钢，选择变形温度时，应避开蓝脆区和热脆区。为了增大材料的变形程度，减小变形力，在决定变形温度时应注意。

（3）变形速度　所谓变形速度是指单位时间内应变的变化量。

一般压力机滑快的移动速度可以近似反映金属的变形速度。目前，常规压力机的工作速度较低，对金属塑性变形的影响不大。对于小零件的冲裁、弯曲、拉深、翻边等，可不必考虑速度因素常采用一般机械式压力机；对于大型复杂零件的成形，宜用低速。因为大尺寸的复杂零件成形时，各部分的变形极不均匀，易于造成局部拉裂和起皱，为了便于塑性变形的扩展，有利于金属的流动，应采用低速压力机或液压机为宜。

另外，对于不锈钢、耐热合金、钛合金等对变形速度比较敏感的材料，也宜低速成形，加载速度可控制在0.25m/s以下。

（4）应力状态　变形力使材料内部产生单位面积上的变形抗力的大小称为应力。对材料施加变形力的个数多少和方向使材料内部产生相应的单向、二向、三向压应力状态、拉应力状态。它们对塑性变形产生不同的的影响：单向的压缩变形程度比单向拉伸大得多；三向压应力状态的挤压比二向压缩、一向拉伸能发挥更大的塑性。德国学者卡尔曼对脆性材料大理石和红砂石进行了试验，试验结果是：大理石在单向压缩时缩短率不到1%就会破坏，但在765MPa静水压力（三向压力）下压缩时，缩短率可达9%左右才破坏。

可见，强化三向压应力状态能充分发挥材料的塑性。应力状态中的压应力个数多、压应力大，则塑性好；反之，压应力个数少、压应力小，甚至存在拉应力，则塑性就差。

为什么压力大金属的塑性会越好呢？这可由下列理由来解释：

1）拉应力会促进晶间变形、加速晶界的破坏；而压应力阻止或减小晶间变形，随着三向压缩作用的增强，晶间变形越加困难，使金属不易破坏。

2）压应力有利于抑制或消除晶体中由于塑性变形引起的各种微观破坏，而拉应力则相反，它促使各种破坏发展、扩大。滑移面上的破损点，在拉应力作用下将扩大；在压应力作用下将闭合或消除。

3）当变形体内原来存在着少量对塑性不利的杂质或者组织缺陷时，三向压缩作用能抑制这些缺陷，全部或部分地消除其危害。反之，在拉应力作用下，将在这些地方造成应力集中，导致金属的破坏。

3. 金属塑性变形的基本规律

（1）弹、塑变形共存规律　低碳钢试样做单向拉伸试验时，可得到如图1-5所示的拉伸曲线。由拉伸曲线可知：OA为弹性变形阶段，在这一阶段卸载，则不产生任何永久变形。AB为弹塑变形阶段，在A点以后继续拉伸至B点，材料进入均匀塑性变形阶段。拉伸至K点时材料断裂破坏。这就是说，在材料进入塑性变形阶段时，同时存在着弹性变形和塑性变形，这就是弹塑性变形共存规律。很显然，在外力去除后，弹性变形得以恢复，塑性变形得以保留。冲压时，由于弹性变形的存在，冲件的形状和尺寸与模具的形状和尺寸不完全相同，这就是影响冲件精度的重要原因之一。

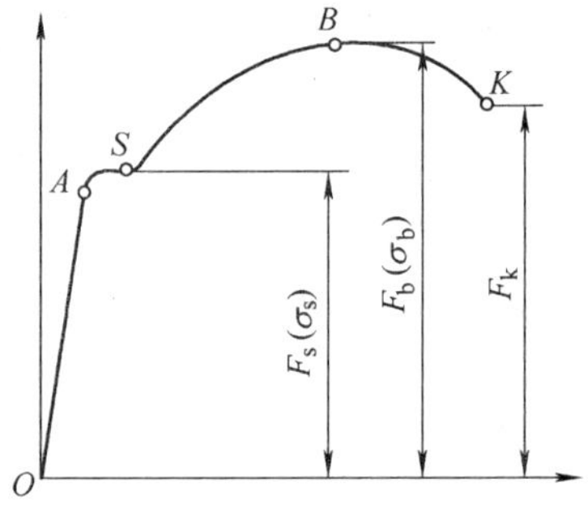

图1-5　低碳钢拉伸曲线

（2）硬化规律　冲压生产一般都在常温下进行。金属材料在这种条件下进行塑性变形，必然要引起加工硬化、塑性降低、变形抗力提高。材料不同，变形条件不同，其加工硬化的程度也就不同。材料加工硬化对冲压成形的影响既有有利的方面，又有不利的方面。有利的是板材的硬化能够减少过大的局部集中变形，使变形趋向均匀，增大成形极限，尤其对伸长类变形有利；不利的是变形抗力的增加，使变形变得困难，对后续变形工序不利，有时不得不增加中间退火工序以消除硬化。

（3）反载软化现象　在弹性变形的范围内卸载变形完全消失，没有残留的永久变形。当变形进入塑性变形范围，外载超过屈服点$A(\sigma_s)$，达到某点$B(\sigma_b)$，再逐渐减小外载，出现弹塑变形共存，如果卸载后反向加载，由拉伸改为压缩，则材料的屈服应力较拉伸时的屈服应力有所降低，出现所谓反载软化现象。关于反载软化现象，有人认为可能是因为正向加载时材料中的残余应力引起的。

（4）最小阻力定律　在冲压加工中，金属塑性变形时，破坏了金属的整体平衡而强制金属流动，当金属向几个方向流动时，总是沿着阻力最小的方向发展，这就是塑性变形中的最小阻力定律。如将一块方形板料拉深成圆筒形制件，当凸模将板料拉入凹模时，距凸模中心越远的地方（即方形料的对角线处），流动阻力越大，越不易向凹模洞口流动，拉深变形后，凸缘形成弧状而不是直线边，如图1-6所示。可见，控制金属流动就可控制变形的趋向性。

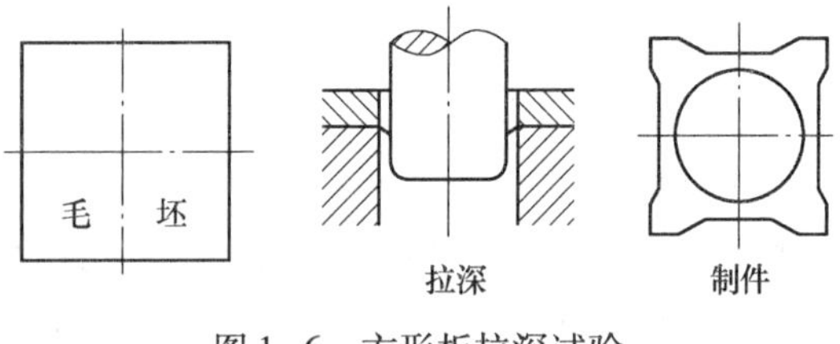

图1-6　方形板拉深试验

冲压成形必须正确控制金属流动——开流或限流。开流就是在需要金属流动的部位减少阻力，使其顺利流动，达到易于成形的目的；限流就是在不需要金属流动的地方增大阻力，限制金属流入。当某处不需要金属流入而流入金属时，多余的金属就会使该处产生起皱。当某部位需要金属流入而又流入困难时，该局部就会发生材料变薄，甚至断裂。具体控制金属流动的措施有：改变凸模与凹模工作部分的圆角半径以及改变摩擦、间隙、应力性质等；加大圆角半径和间隙，减小摩擦，均能起到开流作用；反之则起限流作用。

如矩形件拉深，当直边与四角的间隙值相同时，不是四角拉破就是直边部分起皱。若对四角部分采取开流而对直边部分采取限流措施，则可消除上述问题。方法是直边采用小间隙，四角采用大间隙；或使凹模四角的圆角半径大于直边部分的圆角半径。又如在大型覆盖件拉深成形中采取调节压边力、增设拉深筋和开切口等方法，均可调节金属流动阻力。

最小阻力定律是塑性加工中最重要的定性原理之一，它在冲压加工中有十分灵活和广泛的应用，能正确指导冲压工艺及模具设计，解决实际生产过程中出现的质量问题。

4. 金属塑性变形的趋向性及冲压成形的控制

（1）金属塑性变形的趋向性　在冲压成形过程中，坯料存在传力区和变形区，作用力通过传力区作用于坯料的变形区，使其发生塑性变形，其变形有不同的趋向性。

如图1-7所示的缩口工艺，坯料的A区是塑性变形区，B区是传力区，C区为已变形区。

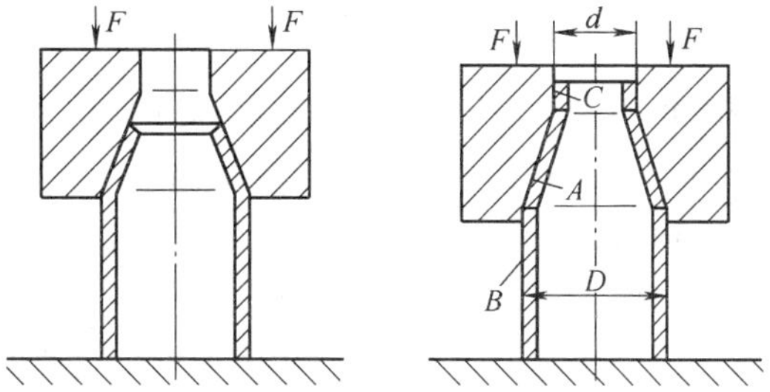

图1-7　缩口工艺示意图

分析可知，变形区和传力区同时受到变形力F的作用，但是各部分的应力、应变状态不相同，随着变形力的增加，材料总有一个部分先屈服，进入塑性状态，产生塑性变形，此部分是相对的弱区。在图1-7中，缩口变形区A（弱区）变形所需的变形力F小。

为了保证冲压过程的顺利进行，应使冲压工序中应该变形的部分（变形区）成为弱区，使传力区尽量不产生其他任何不必要的塑性变形。

由此可以得出一个十分重要的结论：在冲压成形过程中，应使变形区成为弱区，先变形，需要变形力最小。这个结论在冲压生产中具有很重要的实用意义。

当变形区和传力区有两种以上变形方式时，则首先发生的是需变形力最小的变形方式。

因此，在工艺过程设计和模具设计时，除要保证变形区为弱区外，还要保证其所需的变形方式要求最小的变形力。如在缩口时，变形区可能产生的塑性变形是切向收缩的缩口变形或在切向压应力作用下的失稳起皱；传力区可能产生的塑性变形是纵向缩短或纵向失稳弯曲。在这四种变形趋向中，只有满足缩口变形所需的变形力最小这个条件，缩口才可能正常进行。

在冲压过程中，变形区（弱区）和传力区（强区）在一定条件下是可以互相转化的，改变某些条件就可以实现对变形趋向性的控制。

（2）变形趋向性控制措施

1）改变坯料各部分的相对尺寸。改变如图1-8a所示坯料的外径D_0、内径d_0及凸模直径d_p的比例，则有三种可能的变形趋向：拉深、翻边和胀形，从而形成三种形状完全不同的冲件。

① 拉深。当坯料尺寸D_0、d_0都较小，且有$D_0/d_p<1.5\sim2$，$d_0/d_p<0.15$时，宽度为(D_0-d_p)的外环部分成为弱区，于是得到外径收缩的拉深变形，如图1-8b所示。

② 翻边。当坯料尺寸D_0、d_0都较大，且$D_0/d_p>2.5$，$d_0/d_p>0.2\sim0.3$时，宽度为(d_0-d_p)的内环部分成为弱区，于是得到内孔的翻边变形，如图1-8c所示。

③ 胀形。当坯料尺寸D_0比较大，d_0较小或无孔，且$D_0/d_p>2.5$，$d_0/d_p<0.15$时，坯

料外环的拉深变形和中间部分的翻边变形的阻力都增大了，其中间部分成为弱区，于是得到的胀形变形小，如图 1-8d 所示。

2）改变模具工作部分的几何形状和尺寸。主要是指改变凸模和凹模的圆角半径。半径增大，可以减小变形时的阻力。如图 1-8a 所示，增大凸模的圆角半径 r_p，减小凹模的圆角半径 r_d，可使翻边的阻力减小，拉深变形的阻力增大，因而有利于翻边的进行。反之，r_p 减小，r_d 增大，则有利于拉深变形。生产中经常采用修磨圆角的方法以控制坯料的变形趋向。

3）改变坯料和模具之间的摩擦阻力。如增大压边力，使坯料和压边圈及凹模端面之间的摩擦力增大，有利于翻边或胀形，而不利于拉深；减小压边力，并在坯料和凹模之间加润滑油，可以减小坯料和凹模表面的摩擦阻力，则有利于拉深变形。

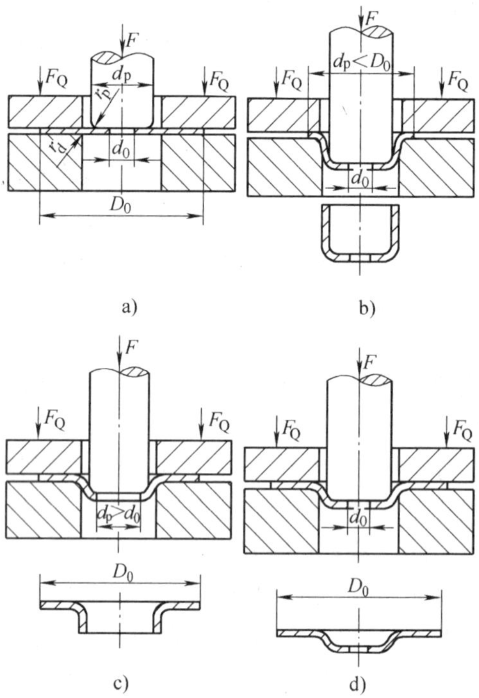

图 1-8　环形坯料的变形趋向

a）变形前的工具与坯料　b）拉深　c）翻边　d）胀形

4）改变坯料局部区域的温度。这主要是指局部加热或局部冷却的方法。如在拉深和缩口时，采用局部加热变形区的方法，使变形区得到软化，从而有利于变形的进行。又如在不锈钢工件拉深时，采用局部深冷传力区的方法，来增大其承载能力，防止大变形时拉裂。

二、材料的冲压成形性能及选用

1. 材料的冲压成形性能

材料对各种冲压成形方法的适应能力称为材料的冲压成形性能，材料的冲压成形性能的好坏，就是指材料是否容易得到高质量的冲压加工件。板料冲压成形性能是一个综合性的概念，它包括抗破裂性、贴模性和定形性。

1）抗破裂性是板料在各种冲压成形工艺中的最大变形程度，即成形极限。板料的抗破裂性越好，其成形极限就越高。

2）贴模性是指板料在冲压过程中取得模具形状的能力。在冲压成形过程中，由于各种因素的影响，板料会产生皱纹、翘曲、塌陷和鼓起等几何面缺陷，使贴模性降低。

3）定形性是指冲件脱模后保持其在模内“既得形状”的能力。冲件脱模后，常因回弹过大而产生较大的形状误差。

板料贴模性和定形性的好坏是决定冲件形状尺寸精度的重要因素，但在目前的冲压生产和板材生产中，仍主要用抗破裂性作为评定板料冲压成形性能的指标。

2. 对冷冲压用材料的基本要求及选用

冷冲压用材料应满足：

（1）使用要求　冲压制品的材料应能满足其制品相应的使用要求，如不锈、抗蚀（不锈钢餐饮具冲制品）、强度高（压力容器冲制品）等。

（2）后续加工要求　如冲压制品的后续切削加工、电镀、焊接等加工要求。

（3）冷冲压工艺要求

1）冲裁。冲裁时，板料应具有足够的塑性，不开裂；材料的硬度应低于冲模工作部分的硬度。对于绝大多数板料均可满足这两个要求，但各种材料冲裁后所得冲件的质量与模具的磨损程度相差很大。软材料（如黄铜）具有良好的冲裁性能，冲裁后可获得断面光滑和倾斜度很小的冲件；硬材料（如高碳钢、不锈钢）冲裁后质量不好，断面不平度很大，对厚板冲裁尤为严重；对于脆性材料，在冲裁后易产生撕裂现象。

2）弯曲。弯曲成形时，板料应具有足够的塑性、较低的屈服强度和较高的弹性模量，不易开裂。且在弯曲成形后回弹变形小，容易得到尺寸准确的弯曲形状。在金属板料中，碳质量分数小于0.2%的软钢、黄铜和铝等塑性好的材料，容易弯曲成形；脆性较大的材料，如磷青铜、弹簧钢等，弯曲时必须具有较大的相对弯曲半径，否则在弯曲过程中易发生开裂。

3）拉深。拉深成形时，板料要求塑性好、屈服强度低、板厚方向性系数大，一次变形的极限程度大，拉深性能好，易于拉深加工；而硬度高的材料则难于拉深加工。板厚方向性系数大于1时，材料是在宽度方向上的变形比在厚度方向上的变形容易。拉深圆角 R 值越大，在拉深过程中越不容易产生变薄和发生断裂，拉深性能就越好。拉深性能好的材料有：碳质量分数小于0.14%的软钢、软黄铜、纯铝和铝合金、奥氏体不锈钢等。

4）表面质量要求。材料的表面应光洁平整、无分层和损伤、无锈斑、无氧化皮及其他附着物。表面质量好的材料，冲压时不易破裂，不易擦伤模具，冲件的表面质量也好。

5）材料厚度公差要求。材料的厚度公差应符合国家标准。因为一定的模具间隙适用于一定厚度的材料，材料厚度公差太大，不仅直接影响冲件的质量，还可能导致废品的出现。在矫正弯曲、整形等工序中，有可能因厚度的正偏差过大而引起模具或压力机的损坏。

3. 常用冷冲压用材料

（1）材料类型　金属材料和非金属材料中只要是符合冲压条件的都可进行冷冲压，其中常用的金属材料有：黑色金属，包括普通碳素结构钢、优质碳素结构钢、合金结构钢、碳素工具钢、不锈钢、电工硅钢等；有色金属——纯铜、黄铜、青铜、铝等；非金属材料，包括纸板、胶木板、橡胶板、塑料板、纤维板和云母等。

（2）材料规格、精度、性能

1）材料规格。冲压用的金属材料大部分都是各种规格的板料、条料和带料，少数部分也用块料。

其中，板料尺寸较大，用于大型零件的冲压；条料尺寸较小，由板料剪裁而成，用于中小型零件的冲压。带料（又称卷料）有各种不同的宽度和长度，成卷状供应，适用于大批量生产的自动送料，材料厚度很小时也是做成带料供应。块料只用于少数钢种和价钱昂贵的有色金属的冲压，也是冷挤压常用的坯料。

2）材料精度、性能。按国家标准GB/T 708—2006规定，钢板按尺寸精度分为：普通厚度精度（PT. A）、较高厚度精度（PT. B）、普通宽度精度（PW. A）、较高宽度精度（PW. B）、普通长度精度（PL. A）和较高长度精度（PL. B）。

冷冲压常用金属材料力学性能见表1-4。

表 1-4　冷冲压常用金属材料的力学性能

材料名称	牌号	材料状态	力学性能			
			抗剪强度 τ/MPa	抗拉强度 σ_b/MPa	屈服点 σ_s/MPa	伸长率 δ(%)
普通碳素钢	Q195	未经退火	255～314	315～390	195	28～33
	Q235		303～372	375～460	235	26～31
	Q275		392～490	490～610	275	15～20
碳素结构钢	08F	已退火	230～310	275～380	180	2730
	08		260～360	215～410	200	27
	10F		220～340	275～410	190	27
	10		260～340	295～430	210	26
	15		270～380	335～470	230	25
	20		280～400	355～500	250	24
	35		400～520	490～635	320	19
	45		440～560	530～685	360	15
	50		440～580	540～715	380	13
不锈钢	1Cr13	已退火	320～380	440～470	120	20
	1Cr18Ni9Ti	经热处理	460～520	560～640	200	40
铝	1060、1050A、1200	已退火	80	70～110	50～80	20～28
		冷作硬化	100	130～140	—	3～4
硬铝	2A12	已退火	105～125	150～220		12～14
		淬硬并经自然时效	280～310	400～435	368	10～13
		淬硬后冷作硬化	280～320	400～465	340	8～10
纯铜	T1、T2、T3	软	160	210	70	29～48
		硬	240	300	—	3
黄铜	H62	软	260	294～300	—	25～40
		半硬	300	343～460	200	20
		硬	420	≥12	—	10
		软	240	294～300	100	40
		半硬	280	340～441	—	25
		硬	400	392～400	250	13

复习题

1. 什么叫塑性？什么叫变形抗力？塑性好的金属材料是否变形抗力就小？
2. 应力状态对金属的塑性有何有利和不利的影响？并说明理由。

3. 什么叫加工硬化？加工硬化对冲压成形有何有利和不利的影响？

4. 什么叫伸长类变形和压缩类变形？试从受力状况、材料厚度变化、工件破坏形式等方面阐述这两类变形的特点。

5. 塑性对金属材料的冲压性能有何影响？

单元2　冲裁模设计

任务1　了解冲裁模设计基础

学习目标

1. 掌握冲裁模的结构，充分了解结构组成的六大基本部分。
2. 掌握冲裁断面特征，由此能初步分析模具间隙大小、模具磨损状况及冲件质量。
3. 掌握间隙值确定的经验法。
4. 掌握凸、凹模刃口尺寸计算方法。
5. 会绘制冲裁排样图。
6. 掌握冲压力（冲裁力、卸料力、推件力和顶出力的总和）的计算方法及压力中心的确定方法。

任务描述

本任务主要介绍冲裁模（落料冲孔复合模）的结构组成、冲裁变形过程、冲裁断面特征、模具间隙值大小的影响及其确定方法，冲压力的计算方法及模具压力中心的确定方法。重点掌握冲裁模结构（如图2-1所示）、冲裁断面特征、模具间隙和冲压力的计算方法。

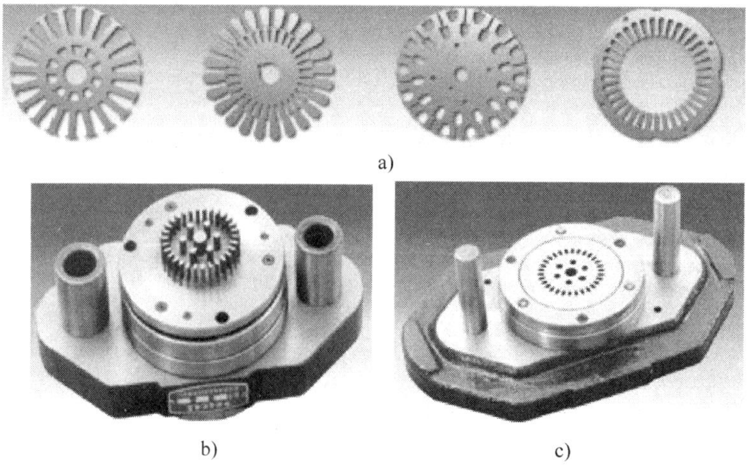

a)　b)　c)

图2-1　电动机定子、转子冲孔落料复合模
a）冲件（电动机定子、转子）　b）上模　c）下模

任务分析

以一副较典型的落料冲孔复合模为例，研究冲裁模结构的组成，可知：一般冲裁模具的基本结构由成形件、模架、定位系统、卸料装置及连接元件等组成，其中成形件最为关键，模具的大小、复杂程度、模具寿命，冲件质量、冲裁效率等都取决于成形件，那么模具成形件和其他组成怎么确定呢？首先了解其相关的基本知识。

相关知识

一、冲裁模分类及结构组成概要

1. 冲裁模分类

冲裁模是指沿封闭、半封闭或敞开的轮廓线使材料产生分离的模具。冲裁模分为落料模、冲孔模、落料冲孔复合模、切断模、切口模、切边模、剖切模等。

2. 冲裁模结构组成概要

从这些模具实物的照片（图2-1、图2-2、图2-3）中可以看出，各种冷冲模结构基本相似，一般都分为上、下模两大部分，仅成形部分不相同而已，其中以落料冲孔复合模的结构较全面、较典型。其基本结构由六块板（上模座板、凸模垫板、凸模固定板、凹模固定板、卸料板、下模座板）和成形件（凸模、凹模、凸凹模）组成。具体而言，上模部分有模柄、上模座、凸模垫板、凸模固定板、凸模及卸料装置（含卸料板、卸料螺钉、弹性元件等）、导套等，下模部分有下模座，凹模、凹模固定板、坯料导向、定位装置、导柱等。将上述各组成件，合理地配上螺钉、定位销等标准件定位固定，就组成了冲裁模的基本结构，如图2-4所示。

a)　　b)　　c)

图2-2　链接板的冲孔落料复合模

a）冲件　b）全副模　c）上、下模

其基本结构包括以下六大部分：

（1）成形系统　凸模、凹模或凸凹模等。

（2）固定系统　上、下模座，模柄，凸、凹模固定板，垫板等。

（3）定位系统　定位销、板，挡料销，导正销，导料销或导料板等。

（4）压卸料及出件系统　压、卸料板，顶、推件块，废料刀等。

（5）导向系统　导柱、导套，导板等。

（6）标准件及其他系统　螺钉，销钉，弹性元件（橡胶、弹簧）及其他零件。

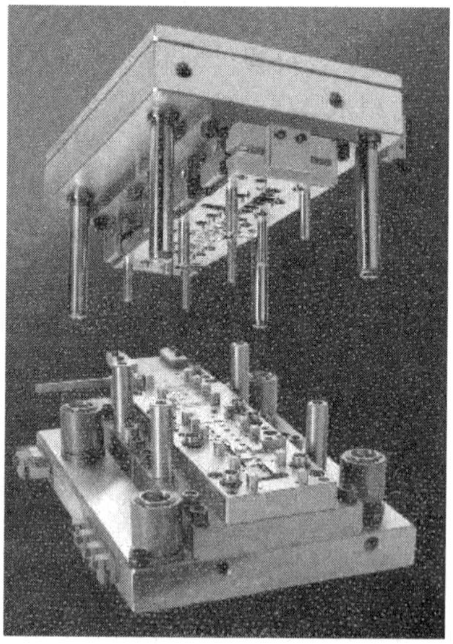

图 2-3　连续模

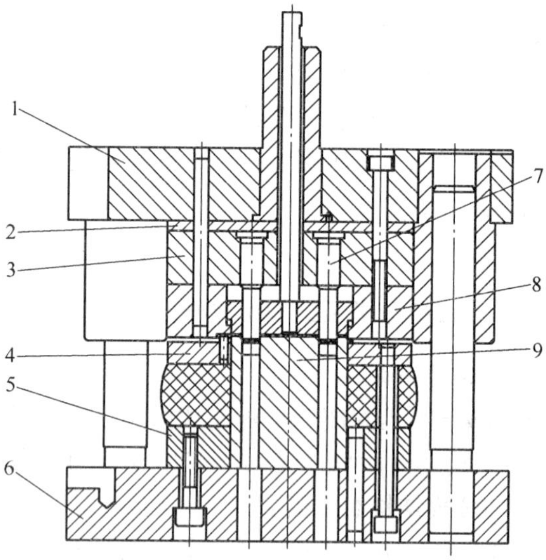

图 2-4　冲孔落料复合模结构

1—上模座板　2—凸模垫板　3—凸模固定板　4—卸料板　5—凹模固定板　6—下模座板　7—凸模　8—凹模　9—凸凹模

冷冲模零件也可按用途分为工艺零件与结构零件两大类。冲裁模零件的结构组成及其作用见表 2-1。

表 2-1　冲裁模零件的结构组成及其作用

<table>
<tr><th colspan="3">零件种类</th><th>零件名称</th><th>零件作用</th></tr>
<tr><td rowspan="13">模具结构</td><td rowspan="13">工艺零件</td><td rowspan="3">工作零件</td><td>凸模、凹模</td><td rowspan="3">直接对坯料进行加工，完成冲压件坯料的分离</td></tr>
<tr><td>凸凹模</td></tr>
<tr><td>刃口镶块</td></tr>
<tr><td rowspan="5">定位零件</td><td>定位销（定位板）</td><td rowspan="5">确定冲压加工中毛坯或工序件在冲模中的正确位置</td></tr>
<tr><td>挡料销、导正销</td></tr>
<tr><td>导料板、导料销</td></tr>
<tr><td>侧压板、承料板</td></tr>
<tr><td>定距侧刃</td></tr>
<tr><td rowspan="5">压料、卸料及出件零件</td><td>卸料板、橡皮、弹簧</td><td rowspan="5">使冲件与废料得以出模，保证顺利实现正常冲压生产</td></tr>
<tr><td>压料板</td></tr>
<tr><td>顶件块</td></tr>
<tr><td>推件块、打杆</td></tr>
<tr><td>废料切刀</td></tr>
</table>

（续）

零件种类			零件名称	零件作用
模具结构	结构零件	导向零件	导套	正确保证上、下模的相对位置，以保证冲压精度
			导柱	
			导板	
			导筒	
		固定零件	上、下模座	承装模具零件或将模具紧固在压力机上并与它发生直接联系
			模柄	
			凸凹模固定板	
			垫板	
			限位器	模具零件之间的相互连接件等，销钉起稳固定位作用
		标准件及其他零件	螺钉	
			销钉	
			键	
			弹簧等其他零件	

当然，不是所有的冷冲模都具备上述六类零件，尤其是简单冲裁模。其他类型的各种冷冲模具是在此基础上，依需要再适当增、减某些构件，就组成各种冷冲压模具。

二、冲裁变形分析

1. 冲裁变形阶段

在冲裁过程中，板料在凸、凹模相互间的两面力作用下，产生变形直至分离，其整个过程大致可分为三个阶段，如图 2-5 所示。

（1）弹性变形阶段　如图 2-5a 所示，冲裁开始时，凸模刚接近板料，凸模下部略微压入板料，并将在凹模口部的板料的另一面略微挤入凹模刃口内，形成在凹模上的板料向上翘起，凸模下部的板材向下拱弯。此阶段变形中，材料内部的应力只达到弹性极限，没有超过该材料的屈服点，材料不会屈服，所以当压力去掉之后，材料立即恢复原状。

（2）塑性变形阶段　如图 2-5b 所示，当凸模继续下行压入时，材料受力增大，材料内的应力达到屈服点，满足塑性变形条件，板料进入塑性变形阶段，材料产生塑性变形的同时，因凸、凹模有间隙存在，凸、凹模作用于板料上的力不在一条直线上，从而还伴有弯曲、拉伸和侧向挤压变形。随着凸模的继续压入，材料的变形程度不断增加，刃口附近产生应力集中，当应力达最大值时，刃口附近的材料变形开始出现微裂纹，此时塑性变形基本结束。

（3）断裂分离阶段　如图 2-5c、d 所示，当凸模再继续压入，板料内的应力达到抗剪强度，凸、凹模刃口侧面的材料变形区的上、下裂纹不断地向板料内部扩展，当上、下裂纹相遇时，则板料被剪断分离，冲裁变形全过程结束。

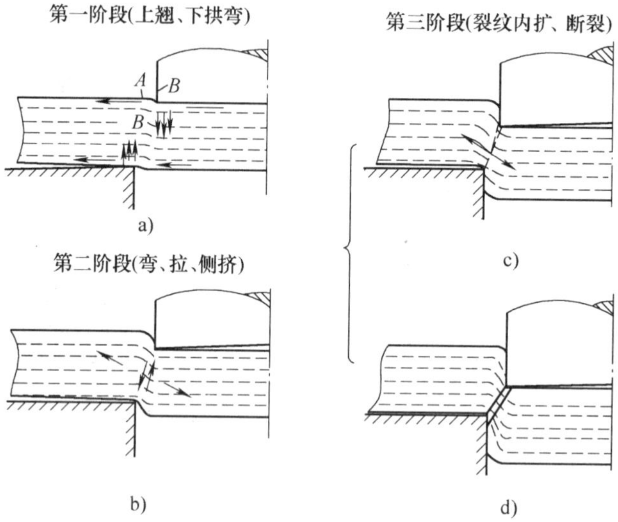

图 2-5　冲裁变形三个阶段

a）弹性变形阶段　b）塑性变形阶段　c、d）断裂分离阶段

2. 冲裁断面特征

冲裁过程中板料的变形及剪断分离形成冲裁剪切断面，其断面有四个明显的区域，如图 2-6 所示。

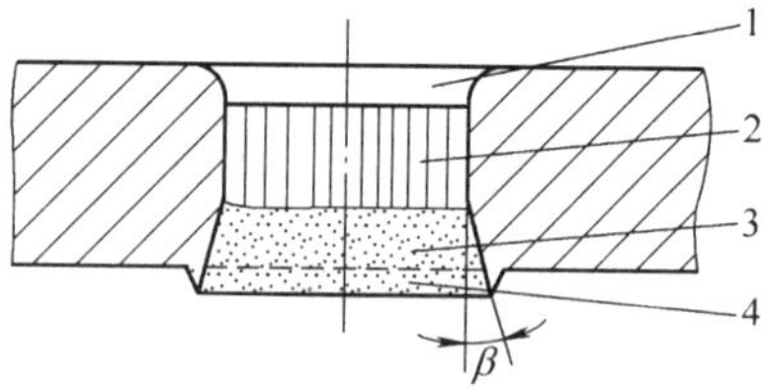

图 2-6　冲裁断面

1—塌角　2—光亮带（剪切面）

3—断裂带（剪裂带—斜 β 角）　4—毛刺

（1）塌角区　冲裁过程中，当凸模刃口压入板料时，刃口附近的材料被拉入凸、凹模刃口间隙中，产生弯曲和拉深等塑性变形而形成。

（2）光亮带区　凸模刃口切入板料后，材料内部产生相对滑移，凸、凹模的侧面挤压间隙中材料，形成垂直的光亮带面。

（3）断裂带区　刃口附近板材产生的微裂，在拉应力的作用下不断扩展而形成撕裂面，剪断分离时形成断裂带面。

（4）毛刺区　刃口尖部附近，板材在拉应力的作用下产生微裂加长，断面产生毛刺。

3. 冲裁断面分析

冲裁件质量是根据尺寸精度、形状误差、冲裁断面状况等来综合判断。尺寸精度和形状误差均应满足图样要求，它们可通过正确、合理的模具和冲裁加工（工艺及操作）得到保证；而冲裁断面要求垂直、光滑、毛刺小，其影响因素较多。

（1）冲裁件材料　材料塑性好，易变形，塌角区稍大，但冲裁裂纹出现较迟，材料被剪切深度越大，光亮带就越大，通常占断面宽的 1/3 ~ 1/2。光亮带是冲裁断面上精度最高，表面粗糙度值最小，又是与冲进表面垂直的部位（测量冲裁件尺寸应以此处为准）；材料塑性差，剪切不深，材料就出现裂纹，冲裁断面被拉断，光亮带占断面的比例不大，光亮带窄，断面粗糙，但塌角区小，可见冲裁断面以光亮带宽、塌角区小为好。

（2）模具间隙

1）间隙合适：凸、凹模刃口附近的上、下裂纹在冲裁过程中能会合成接近一条线，此时尽管断面与材料表面不垂直，但还是比较平直、光滑、毛刺较小，冲件的断面质量较好，如图2-7a所示。

2）间隙过大：材料内的拉应力增大，使得拉伸断裂发生早，于是断裂带变宽，光亮带变窄，弯曲变形增大，因而塌角和拱弯也增大。当间隙过大时，拉应力更大，弯矩大，凸、凹模刃口附近的板材上、下裂纹不重合，形成两条拉裂纹，裂纹汇合后，断裂面的斜度增大，冲件的断面出现两个斜角，断面质量也不理想。而且，由于塌角大、拱弯大、光亮带小，毛刺又高、厚、大，冲裁件质量下降，如图2-7b所示。

3）间隙过小：变形区内弯矩小、压应力大。由凹模刃口附近产生的裂纹进入凸模下面的压应力区而停止发展；由凸模刃口附近产生的裂纹进入凹模上表面的压应力区也停止发展；上、下裂纹不重合，在两条裂纹之间发生第二次剪切。当上裂纹压入凹模时，受到凹模壁的挤压，产生第二光亮带，同时部分材料被挤出，形成又薄又高的毛刺。当间隙过小时，虽然塌角小、拱弯小，但在断面中部出现夹层，断面上、下两区域呈现光亮带或断续的小光亮块，板料出口处有挤长的薄、细、长毛刺，断面质量不理想，如图2-7c所示。

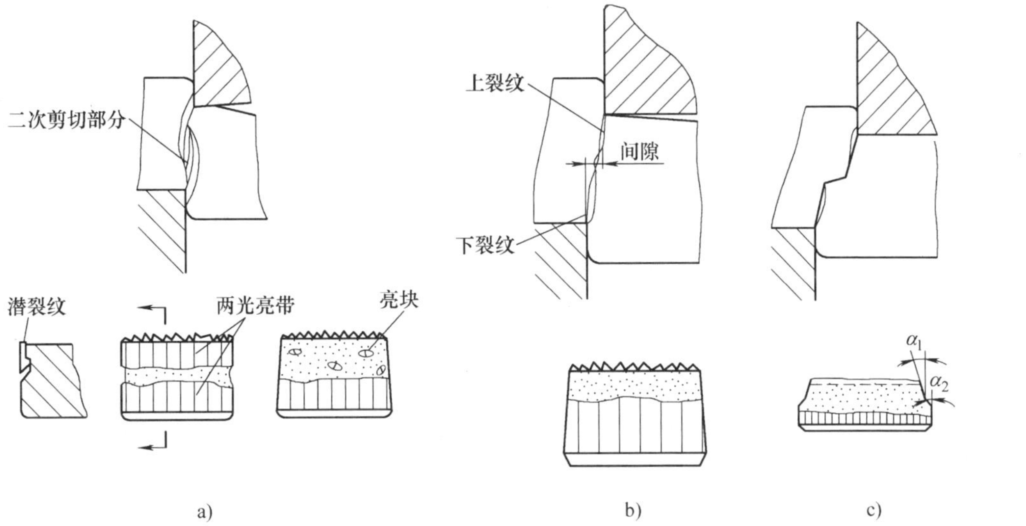

图2-7　间隙对断面质量的影响

a）间隙合理　b）间隙过大　c）间隙过小

（3）模具刃口状况　刃口磨损后呈亮圆角状，刃口变钝，剪切作用减小，挤压作用增大，应力集中相应减小，拉伸作用增大，冲裁件塌角区和光亮带增大，裂纹偏离刃口，产生明显的毛刺。凸模刃口钝冲裁件进口处（上端）产生毛刺，凹模刃口钝冲裁件出口处（下端）产生毛刺，凸、凹模刃口均钝，冲裁件上、下端都产生毛刺。

三、冲裁间隙确定

冲裁间隙是冲裁加工、模具设计中一个非常重要的工艺参数，它对冲裁件的质量、冲裁力大小和模具寿命均有很大的影响。

1. 冲裁间隙

冲裁间隙是指冲裁模中凸、凹模刃口横向尺寸的差值，如图2-8所示。即

冲裁间隙 = 凹模刃口横向尺寸 - 凸模刃口横向尺寸

间隙有双边间隙（用 Z 表示）和单边间隙（即 $Z/2$）。

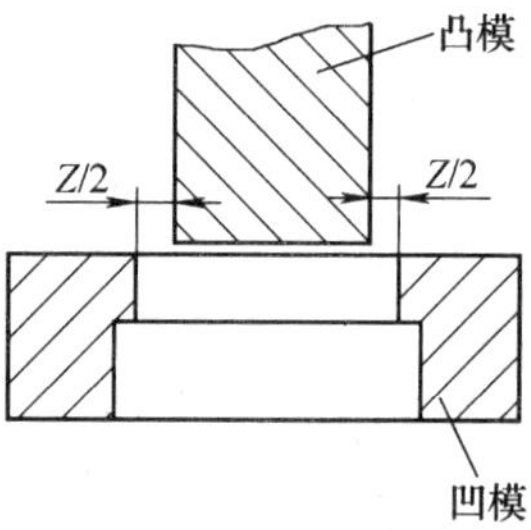

图2-8　凸、凹模间隙

2. 间隙对冲裁件尺寸精度的影响

间隙大小适当时，落料件的尺寸等于凹模尺寸，冲孔件尺寸等于凸模的尺寸；间隙过大，冲裁后因材料弹性恢复，冲裁件向实体方向收缩，落料件尺寸小于凹模尺寸；冲孔尺寸将会大于凸模尺寸。但因拱弯的弹性恢复方向与以上相反，故偏差值是二者的综合结果。间隙过小，冲裁件尺寸向实体的反方向胀大。落料尺寸将会大于凹模尺寸；冲孔尺寸将会小于凸模尺寸。

3. 间隙对冲裁件断面质量的影响

1）间隙合适：断面较平直、光滑，光亮带比撕裂面宽，塌角小，毛刺较小，冲件的断面质量较好。

2）间隙小、过小：塌角小、拱弯小，断面中部出现夹层，上下两区域呈现光亮带或断续的小光亮块，毛刺薄、细、长，断面质量不理想。

3）间隙大、过大：塌角和拱弯大，断裂带比宽光亮带宽，断裂面斜度大，毛刺高、厚、大，断面质量不理想。

4. 间隙对模具寿命的影响

模具寿命分为刃磨寿命和模具总寿命。刃磨寿命是用凸、凹模刃口两次刃磨之间的冲件合格数表示。总寿命是用模具失效为止的总的冲件合格数表示。模具失效的形式一般有：磨损、变形、崩刃、折断和胀裂。

影响模具寿命的因素很多：

1）模具本身：材料、制造精度、表面粗糙度、润滑条件等。

2）冲裁件：材料特性、冲裁件尺寸、轮廓形状。

3）冲裁操作：操作要正确，间隙要合理。

冲裁过程中冲压机作用于模具上的力，变为被冲材料的反作用力施加于凸、凹模刃口处，使其受着极大的垂直压力与侧压力的作用，此种高压力使刃口与被冲材料接触面之间产生局部附着现象，当接触面相对滑动时，附着部分就产生剪切而引起磨损。附着磨损是冲模磨损的主要形式。接触压力越大，相对滑动距离越大，则磨损量越大，若凸、凹模材料硬度不足，磨损量就大，凸、凹模很快磨损。而冲裁中的接触压力，即垂直力、侧压力、摩擦力均随间隙的减小而增大，且间隙小时，光亮带变宽，摩擦距离增长，摩擦发热严重，所以小间隙将使磨损增加，甚至使模具与材料之间产生粘结现象；而接触压力的增大，还会引起刃口的压缩疲劳破坏，使之崩刃。小间隙还会产生凹模胀裂，小凸模折断，凸、凹模相互啃刃等异常损坏。为了提高模具寿命，一般需要选用较大间隙。若采用小间隙，就必须提高模具硬度、精度，减小模具表面粗糙度值，提供良好润滑，以减小磨损。

5. 间隙值的确定方法

由以上分析可见，凸、凹模间隙对冲件质量、冲裁力、模具寿命等都有很大的影响。因此，在设计模具时一定要确定一个合理间隙值。但实际生产中影响加工的因素很多，如同一类型规格的材料，性能不能完全相同，模具制造的实际尺寸有差异或模具使用中刃口磨损先后不一等，故选择的是一个适当的合理间隙范围值。在此范围内，可以获得合格的冲裁件。这个范围的最小值称为最小合理间隙（Z_{min}），最大值称为最大合理间隙（Z_{max}）。考虑到在生产过程中的磨损使间隙变大，故设计与制造新模具时应采用最小合理间隙值 Z_{min}。影响间隙值的两大因素是冲件材料的性质和厚度，如何根据材质和料厚确定间隙值呢？其方法有三种：

（1）理论法　理论确定法的主要依据是凸、凹模刃口处产生的上、下裂纹会相互重合，且重合处为接近于一条带有斜度（β 为裂纹角）的直线，如图 2-9 中三角形 ABC 中的 AB 线，依此可以得到计算合理的双面间隙的公式如下：

$$Z = 2\delta(1 - h_0/\delta)\tan\beta \qquad (2-1)$$

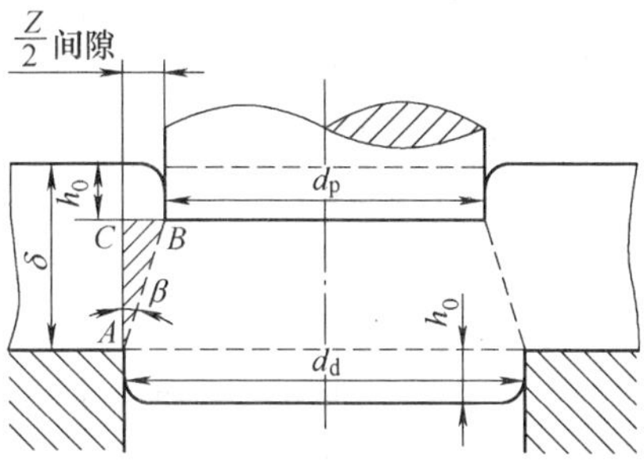

图 2-9　理论法间隙确定

从上式可看到，双面间隙与材料厚度（δ）、相对切入深度（h_0/δ）及裂纹角（β）有关，而相对切入深度及裂纹角又与材料性质有关，因此，影响间隙值的主要因素是冲料的材质和料厚。材料越硬越厚，所需合理间隙值越大。由于理论计算法在生产中使用不方便，故目前广泛采用的是经验数据。

（2）经验法　将上述式（2-1）中的 $2(1-h_0/\delta)\tan\beta$ 变数常数值 K，即可得到简易的经验法公式：

$$Z = K\delta \qquad (2-2)$$

具体方法如下：

1）取冲件料厚 δ 的一定比例数，即初步确定间隙值系数（K）的大小。

$\delta<3$mm：单边间隙取（3% ~6%）δ，双边间隙取（7% ~12%）δ。为了便于记忆，可简化为料厚的 5%（单边间隙）和 10%（双边间隙）左右。

$\delta>3$mm：单边间隙取（7% ~12%）δ，双边间隙取（13% ~26%）δ。简化为料厚的 10%（单边间隙）和 20%（双边间隙）左右。

2）依材质的不同，适当修改上述所取比例数。材料塑性好，硬度较小，比例数取小一些，即间隙小些；材料硬度较大，塑性差，比例数取大一些，即间隙大一些；但当材料脆性大时，间隙则应取小一些为好。

举例：当料厚 $\delta=1$mm 时，经验法确定的间隙值分别为：

软铝：K 为 7%，双边间隙为 0.07mm 左右。

08、10 钢：K 为 12% 双边间隙为 0.12mm 左右。

60、65 钢：K 为 10% 双边间隙为 0.10mm 左右。

经验法在实际生产中广泛使用，方便、效果较好。

（3）查表确定法　直接依据表 2-2、表 2-3 确定冲裁模凸、凹模初始双面间隙值。

表 2-2　冲裁模凸、凹模初始双面间隙值（一）　　（单位：mm）

板料厚度	08F、08、10、20、35、Q235A、Q295		16Mn		40、50		65Mn	
	Z_{min}	Z_{max}	Z_{min}	Z_{max}	Z_{min}	Z_{max}	Z_{min}	Z_{max}
小于 0.5	无　间　隙							
0.5	0.04	0.06	0.04	0.06	0.04	0.06	0.04	0.06
0.6	0.048	0.072	0.048	0.072	0.048	0.072	0.048	0.072
0.7	0.064	0.092	0.064	0.092	0.064	0.092	0.064	0.092
0.8	0.072	0.104	0.072	0.104	0.072	0.104	0.064	0.092
0.9	0.090	0.126	0.090	0.126	0.090	0.126	0.090	0.126
1.0	0.100	0.140	0.100	0.140	0.100	0.140	0.090	0.126
1.2	0.126	0.180	0.132	0.180	0.132	0.180		
1.5	0.132	0.240	0.170	0.240	0.170	0.230		
1.75	0.220	0.320	0.220	0.320	0.220	0.320		
2.0	0.246	0.360	0.260	0.380	0.260	0.380		
2.1	0.260	0.380	0.280	0.400	0.280	0.400		
2.5	0.360	0.500	0.380	0.540	0.380	0.540		
2.75	0.400	0.560	0.420	0.600	0.420	0.600		
3.0	0.460	0.640	0.480	0.660	0.480	0.660		
3.5	0.540	0.740	0.580	0.780	0.580	0.780		
4.0	0.640	0.880	0.680	0.920	0.680	0.920		
4.5	0.720	1.000	0.680	0.960	0.780	1.040		
5.5	0.940	1.280	0.780	1.100	0.980	1.320		
6.0	1.080	1.440	0.840	1.200	1.140	1.500		

注：冲裁皮革、石棉和纸板时，间隙取 08 钢的 25%。

表 2-3　冲裁模凸、凹模初始双面间隙值（二）　　（单位：mm）

板料厚度	软铝		纯铜、黄铜、硅钢片、碳的质量分数为 0.08%~0.2% 的软钢		锻铝、碳的质量分数为 0.3%~0.4% 的中等硬钢		碳的质量分数为 0.5%~0.6% 的硬钢	
	Z_{min}	Z_{max}	Z_{min}	Z_{max}	Z_{min}	Z_{max}	Z_{min}	Z_{max}
0.2	0.008	0.012	0.010	0.014	0.012	0.016	0.014	0.018
0.3	0.012	0.018	0.015	0.021	0.018	0.024	0.021	0.027
0.4	0.016	0.024	0.020	0.028	0.024	0.032	0.028	0.036
0.5	0.020	0.030	0.025	0.035	0.030	0.040	0.035	0.045
0.6	0.024	0.036	0.030	0.042	0.036	0.048	0.042	0.054
0.7	0.028	0.042	0.035	0.049	0.042	0.056	0.049	0.063
0.8	0.032	0.048	0.040	0.056	0.048	0.064	0.056	0.072
0.9	0.036	0.054	0.045	0.063	0.054	0.072	0.063	0.081

（续）

板料厚度	软铝		纯铜、黄铜、硅钢片、碳的质量分数为 0.08% ~0.2% 的软钢		锻铝、碳的质量分数为 0.3% ~0.4% 的中等硬钢		碳的质量分数为 0.5% ~0.6% 的硬钢	
	Z_{min}	Z_{max}	Z_{min}	Z_{max}	Z_{min}	Z_{max}	Z_{min}	Z_{max}
1.0	0.040	0.060	0.050	0.070	0.060	0.080	0.070	0.090
1.2	0.050	0.084	0.072	0.096	0.084	0.108	0.096	0.120
1.5	0.075	0.105	0.090	0.120	0.105	0.135	0.120	0.150
1.8	0.090	0.126	0.108	0.144	0.126	0.162	0.144	0.180
2.0	0.1	0.140	0.120	0.160	0.140	0.180	0.160	0.200
2.2	0.132	0.176	0.154	0.198	0.176	0.220	0.198	0.242
2.5	0.150	0.200	0.175	0.225	0.200	0.250	0.225	0.275
2.8	0.168	0.224	0.196	0.252	0.224	0.280	0.252	0.308
3.0	0.180	0.240	0.210	0.270	0.240	0.300	0.270	0.330
3.5	0.245	0.315	0.280	0.350	0.315	0.385	0.350	0.420
4.0	0.280	0.360	0.320	0.400	0.360	0.440	0.400	0.480
4.5	0.315	0.405	0.360	0.450	0.405	0.490	0.450	0.540
5.0	0.350	0.450	0.400	0.500	0.450	0.550	0.500	0.600
6.0	0.480	0.600	0.540	0.660	0.600	0.720	0.660	0.780
7.0	0.560	0.700	0.630	0.770	0.700	0.840	0.770	0.910
8.0	0.720	0.880	0.800	0.960	0.880	1.040	0.960	1.120

注：1. 初始间隙的最大值是考虑到凸模和凹模制造公差所增加的数值。

2. 在使用过程中，由于刃口部分的磨损间隙将有所增加，因而间隙使用较大值会超过表中所列数值。

举例：当料厚 $\delta=1$mm 时用查表法确定的间隙值分别为：

软铝：双边间隙为 0.04 ~0.06mm 左右。

08、10 钢：双边间隙为 0.10 ~0.14mm 左右。

60、65 钢：双边间隙为 0.07 ~0.09mm 左右。

查表法确定的间隙值与经验法确定的间隙值接近，均是合理的间隙范围值。

四、凸、凹模刃口尺寸计算

冲裁模设计中，凸模、凹模刃口尺寸及其公差的确定是设计的重要环节之一。因为冲裁件尺寸精度主要决定于凸模和凹模的刃口尺寸精度，模具合理间隙的数值也靠凸模和凹模刃口尺寸来保证。

1. 凸、凹模刃口尺寸计算原则

由于凸、凹模之间存在间隙，所以冲裁件断面都带有锥度，而在测量和装配中，都以光亮带的尺寸为基准。落料件的光面是因凹模刃口挤切材料产生的，而孔的光面是凸模刃口挤切材料产生的。落料件的大端（光面）尺寸等于凹模尺寸，冲孔件的小端（光面）尺寸等于凸模尺寸。冲裁过程中，凸、凹模要与冲裁零件或废料发生摩擦，凸模越磨越小，凹模越磨越大，结果使间隙越用越大，因此，在确定凸、凹模刃口尺寸时必须遵循下述原则：

（1）冲裁模刃口尺寸按其作用进行确定　冲裁模设计中刃口尺寸确定时，落料模与冲孔模不相同，常按以下原则进行：

1）落料模：先确定凹模刃口尺寸，再以凹模刃口尺寸为基准，间隙取在凸模上。即

凸模刃口尺寸 = 凹模刃口尺寸 − 冲裁间隙

2）冲孔模：先确定凸模刃口尺寸，再以凸模刃口尺寸为基准，间隙取在凹模上。即

凹模刃口尺寸 = 凸模刃口尺寸 + 冲裁间隙

（2）考虑磨损规律对冲模刃口尺寸的影响　磨损规律是孔变大，轴减小。冲裁模在使用过程中，凹模刃口尺寸磨损变大，凸模刃口尺寸磨损变小，故设计冲裁模时，应考虑各种刃口的磨损。如此，落料凹模的基本尺寸应取接近或等于工件的最小极限尺寸；冲孔凸模的基本尺寸则取接近或等于冲件孔的最大极限尺寸。这样，当凸、凹模在磨损到一定程度时，仍能冲出合格的零件，延长了模具的寿命。

按冲件精度和模具可能磨损的程度，凸、凹模磨损量应在冲件公差的0.5～1倍范围内，超过冲件公差范围，则冲件尺寸超差，不合格。

磨损量用 $X\Delta$ 表示，其中“Δ”为冲件的公差值；“X”为磨损系数，其值在0.5～1之间，与冲件制造精度有关，制造精度高，取大系数值；制造精度低，取小系数值，通常按下列关系选取：

工件公差等级在IT10以上时，$X=1$。

工件公差等级在IT11～IT13时，$X=0.75$。

工件公差等级在IT14以下时，$X=0.5$。

（3）采用最小合理间隙值（Z_{min}）　不管落料还是冲孔，新制模具其冲裁间隙一律采用最小合理间隙值（Z_{min}）。

（4）提高模具刃口制造精度　模具精度与冲件精度关系密切，常将冲件的精度提高几个级别作为模具的精度，一般模具的精度通常为6～8级，若模具刃口尺寸精度太高，即模具刃口制造公差过小，模具制造困难，生产周期延长，增加成本；若模具刃口制造公差过大，则冲件可能不合格，且因公差过大，显示精度太低，模具刃口在制造过程中有被不重视的现象存在，易制成废品（因很多机床操作员工不一定懂模具结构及模具成形件的作用）。

刃口制造公差确定的具体方法是：取冲件公差的 $1/n$ 作为刃口制造公差 δ，n 值应依冲件公差的具体大小来确定，公差大，n 大，公差小，n 小，如冲裁尺寸50mm±0.5mm，50mm±0.2mm，公差分别是100μm，40μm，n 值分别取为12和8左右，则刃口制造公差分别为0.09mm和0.05mm左右。实际生产中，一般常用的中、小型模具刃口制造公差常控制在0.1mm范围内，这是与刃口工作面的表面粗糙度值（Ra1.6～0.4μm）相匹配的，也是标准公差6～8级，尺寸范围500mm以内的最大标准值（0.097mm）。

（5）冲模刃口尺寸公差的标注规定　冲模刃口尺寸公差按“入体”原则标注为单向偏差，“入体”即是指向材料的实体方向，“入体原则”标注的具体含义是：孔（内表面）的下极限偏差为零，上极限偏差为正值；轴（外表面）上极限偏差为零，下极限偏差为负值。

（6）孔心距　当一次冲出多孔工件，且孔与孔之间有位置公差要求，冲孔距为 $L=\pm\Delta/2$ 的孔时，凹模型孔中心距 $L_凹$ 按下式确定：

$$L_凹 = L \pm \Delta/n \tag{2-3}$$

孔心距不受磨损影响，凹模上型孔的位置公差一般取工件公差的 $1/n$，通常取1/3～1/5。

其他类型刃口尺寸公差和孔距尺寸公差按双向偏差（±）标注。

2. 凸、凹模刃口尺寸计算方法

凸、凹模刃口尺寸（$d_{凸}$、$D_{凹}$）由刃口基本尺寸、磨损量、制造公差三部分组成。具体计算公式如下（孔用大“D”表示，轴用小“d”表示）：

（1）刃口基本尺寸

1）用冲件的极限尺寸（D_{max}、D_{min}；d_{max}、d_{min}）作基本尺寸。

2）用冲件的平均尺寸（$D_{平均}$、$d_{平均}$）作基本尺寸。即

$$D_{平均}=(D_{max}+D_{min})/2$$

$$d_{平均}=(d_{max}+d_{min})/2$$

（2）磨损量　是冲件尺寸公差的（0.5～1）倍。

（3）刃口制造公差　是冲件公差（Δ）的 $1/n$。

（4）凸模和凹模刃口尺寸的计算公式

1）极限尺寸法。

$$落料：D_{凹}=(d_{max}-X\Delta)^{+\delta}_{0}$$

$$d_{凸}=(D_{凹}-Z)^{0}_{-\delta}$$

$$冲孔：d_{凸}=(D_{max}-X\Delta)^{0}_{-\delta}$$

$$D_{凹}=(d_{凸}+Z)^{+\delta}_{0}$$

2）平均尺寸法。

$$落料：D_{凹}=D_{平均}{}^{+\delta}_{0}$$

$$d_{凸}=(D_{凹}-Z)^{0}_{-\delta}$$

$$冲孔：d_{凸}=d_{平均}{}^{0}_{-\delta}$$

$$D_{凹}=(d_{凸}+Z)^{+\delta}_{0}$$

举例：冲裁如图 2-10 所示零件。落料、冲孔尺寸分别为 $\phi20^{0}_{-0.52}$mm、$\phi8.5^{+0.36}_{0}$mm、40 ± 0.31mm。

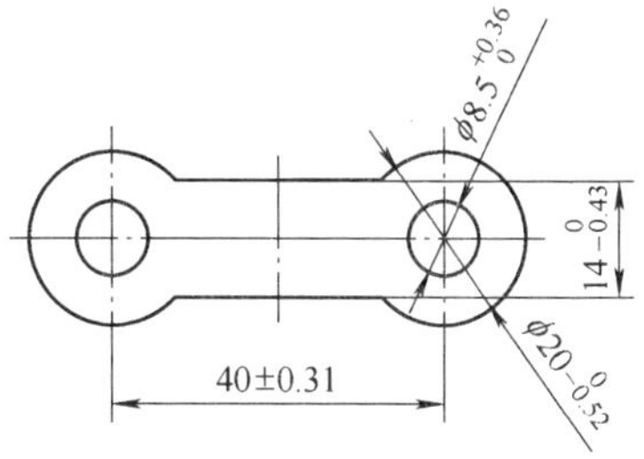

10 钢　δ=2mm

图 2-10　链板

凸模、凹模及凸、凹模刃口尺寸及公差确定如下：

（1）极限尺寸法

落料凹模：$D_{凹}=(d_{max}-X\Delta)^{+\delta}_{0}$

$=20\text{mm}-0.5\times0.52\text{mm}=19.74^{+0.03}_{0}\text{mm}$

落料凸模：$d_{凸}=(D_{凹}-Z)^{0}_{-\delta}$

$=19.74\text{mm}-0.12\text{mm}=19.62^{0}_{-0.03}\text{mm}$

冲孔凸模：$d_{凸}=(D_{max}-X\Delta)^{0}_{-\delta}$

$=8.86\text{mm}-0.5\times0.36\text{mm}=8.68^{0}_{-0.03}\text{mm}$

冲孔凹模：$D_{凹}=(d_{凸}+Z)^{+\delta}_{0}$

$=8.68\text{mm}+0.12\text{mm}=8.8^{+0.03}_{0}\text{mm}$

（2）平均尺寸法

落料凹模：$D_{凹}=D_{平均}$

$=19.74^{+0.03}_{0}\text{mm}$

落料凸模：$d_{凸}=D_{凹}-Z=19.74\text{mm}-0.12\text{mm}=19.62^{0}_{-0.03}\text{mm}$

冲孔凸模：$d_{凸}=d_{平均}$

$=8.68_{-0.03}^{\ 0}\text{mm}$

冲孔凹模：$D_{凹}=(d_{凸}+Z)$

$=8.68\text{mm}+0.12\text{mm}=8.8_{\ 0}^{+0.03}\text{mm}$

为了保证模具寿命，凸、凹模的制造公差之和与冲裁间隙之间应满足下列条件：

$$\delta_p+\delta_d\leqslant Z_{max}-Z_{min}$$

$$0.04\text{mm}+0.04\text{mm}\leqslant 0.24\text{mm}-0.12\text{mm}$$

$$即\ 0.08\text{mm}\leqslant 0.12\text{mm}$$

验算符合要求，所取凸凹模制造公差合理。

孔心距：40mm ±0.31mm

凸、凹模孔心距：40mm ±0.05mm

由于影响磨损量（$X\Delta$）的因素很多，磨损量不是一个定数，是一范围值，可大可小，随生产具体的条件变化而变化，故在现场考虑和解决问题时常用第二种公式（即平均尺寸法），心中默算一下就有结果，简单、明了、快捷、较准确，仅磨损量稍小一点而已，不会出问题。

3. 凸、凹模刃口尺寸与加工方法

凸、凹模刃口尺寸及公差的计算与加工方法有关，基本上可分为两类。

（1）凸模和凹模分开加工　这种方法主要适用于圆形或简单刃口。当凸模和凹模采用分开加工方法时，设计中，图样上应分别标注凸模（δ_p）和凹模（δ_d）刃口尺寸及制造公差，且标注的制造公差与冲裁间隙之间应满足下列条件：

1）凸、凹模刃口偏差之和≤大小间隙之差。即

$$\delta_d+\delta_p\leqslant Z_{max}-Z_{min}$$

2）因为孔比轴制造难度大些，故取 0.6 的大小间隙之差作为凹模刃口偏差，取 0.4 的大小间隙之差作为凸模刃口偏差。即

$$\delta_d=0.6\ (Z_{max}-Z_{min})$$

$$\delta_p=0.4\ (Z_{max}-Z_{min})$$

3）孔心距。当需一次在冲件上冲出孔距为 $L=\pm\Delta/2$ 的孔时，凹模型孔中心距 L_d 按下式确定：

$$L_d=L\pm\Delta/8$$

当冲制工件上的孔有位置公差要求时，则凹模上相应型孔的位置公差一般取工件公差的 1/3 ~ 1/5。

（2）凸模和凹模配合加工　配合加工方法，就是先按图样制造出合格的凹模或凸模（一般落料先加工出凹模，冲孔先加工出凸模），然后以此为基准，再按最小合理间隙配做相应的凸模或凹模。此方法容易获得很小的凸、凹模间隙，故对于冲裁薄工件的凸、凹模，即使形状简单，也常常采用。由于这种方法是直接保证冲裁间隙，故可适当扩大基准件的制造公差（一般可取工件公差的 1/4），且不必检验 $\delta_d+\delta_p\leqslant Z_{max}-Z_{min}$。同时还能大大简化设计模具绘图工作。设计时，基准件的刃口尺寸及制造公差应详细标注，而另一相应的非基准件图上只标注公称尺寸，不注公差，但在图样上应注明："凸（凹）模刃口按凹（凸）模刃口的实际尺寸配作，保证最小双面间隙值 Z_{min}。

实际生产中，凸模和凹模广泛采用配合加工方法（线切割、电火花等）制造。

五、冲裁排样图绘制

1. 排样概述

冲裁排样是将冲裁件在板料、带料或条料上进行合理排置的方法。合理的排样是降低成本和保证冲件质量及模具寿命的有效措施，排样图是工人冲裁加工操作的依据。排样时应考虑如下原则：

1）提高材料利用率（不影响冲件使用性能前提下，还可适当改变冲件形状）。

2）操作方便，劳动强度低且安全。

3）模具结构简单、寿命长。

4）保证冲件质量和冲件对板料纤维方向的要求。

2. 排样的方法

根据材料的利用情况，排样的方法可分为三种：

（1）有废料排样　沿冲件的全部外形冲裁，冲件与冲件之间、冲件与条料的各个侧边之间都存在搭边废料。有废料排样，材料利用率低，但冲裁件质量及模具寿命高，用于冲裁形状复杂、尺寸精度要求较高的冲裁件，如图2-11a所示。

（2）少废料排样　沿冲件的部分外形切断或冲裁。只在冲件与冲件之间或冲件与条料某侧边（不是所有侧边）之间留有搭边。这种排样，材料利用率较高，用于某些尺寸要求精度不高的冲裁件排样，如图2-11b所示。

（3）无废料排样　冲件与冲件之间或冲件与条料侧边之间均无搭边废料。冲件与冲件之间沿直线或曲线的切断而分开。这种排样，材料利用率最高，但对冲裁件的结构形状有要求，设计冲裁件时，应考虑这方面的工艺性，如图2-11c所示。

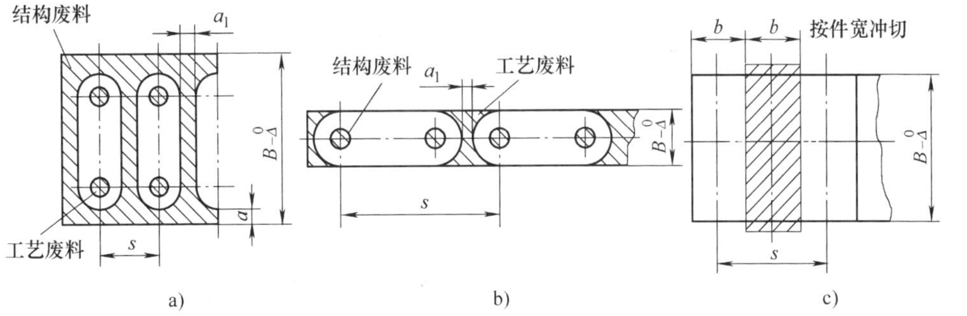

图2-11　排样方法

a）有废料排样　b）少废料排样　c）无废料排样

采用少、无废料排样可以简化冲裁模结构，减少冲裁力。但是，因条料本身的公差以及条料导向与定位所产生的误差影响，冲裁件尺寸公差等级低。同时，由于是模具单面受力（单边切断时），会加剧模具的磨损，降低模具寿命，也会影响冲裁件的冲裁断面质量。为此，排样时必须统筹兼顾、全面考虑。排样除常见的直排方式外，为提高材料利用率，针对不同冲件的外形特点，还可对冲件进行斜排、直对排、斜对排等，如图2-12所示。对于形状较复杂的冲裁件，可用厚纸片剪出3~5个样件，在摆出各种可能的排样方案后，再从中选择一个比较合理的排样形式。

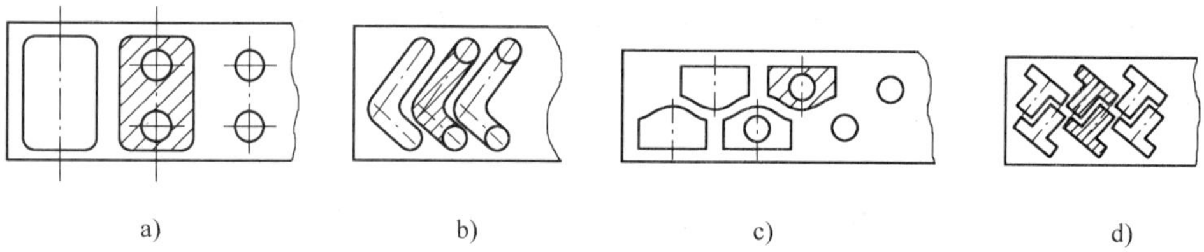

图 2-12　排样形式

a）直排　b）斜排　c）直对排　d）斜对排

3. 搭边、料宽和步距

（1）搭边　排样中相邻两个冲件之间的余料宽度及零件与条料边缘间的余料宽度称为搭边。搭边的作用之一是补偿定位误差，不会因定位误差造成冲件外形不完整；作用之二是保持条料有一定的刚度，使条料冲下冲件后变成窗口形而不容易弯曲、翘曲，造成送料不方便。

搭边值要合理确定，搭边值过大，材料利用率低；搭边值小，材料利用率高，但过小时搭边的强度和刚度不够，冲裁时容易翘曲或被拉断，不仅会增大冲裁件毛刺，有时甚至单边拉大模具间隙，造成冲裁力不均，损坏模具刃口。搭边值的大小与以下因素有关：

1）材料的力学性能。软材料、脆材料，搭边值要大一些，硬材料，搭边值可小一些。

2）材料的厚度。材料越厚，搭边值也越大。

3）零件的形状和尺寸。零件外形越复杂，圆角半径越小，搭边值越大。

4）排样的形式。对排型的搭边值大于直排型的搭边值。

搭边有头搭边 a_1、侧搭边 a_2、中搭边 a_3 等，搭边值最小宽度应大于塑性变形区的宽度，其搭边值的大小常按冲材的厚度（δ）选取，通常取（$1\sim n$）δ。一般可取 δ，常用的冲件厚度≤12mm，薄件的搭边值可取 n 个 δ，厚件的搭边值可取 $<\delta$。要因实际情况灵活掌握，具体对待，不能一成不变，如图 2-13、图 2-14 所示。

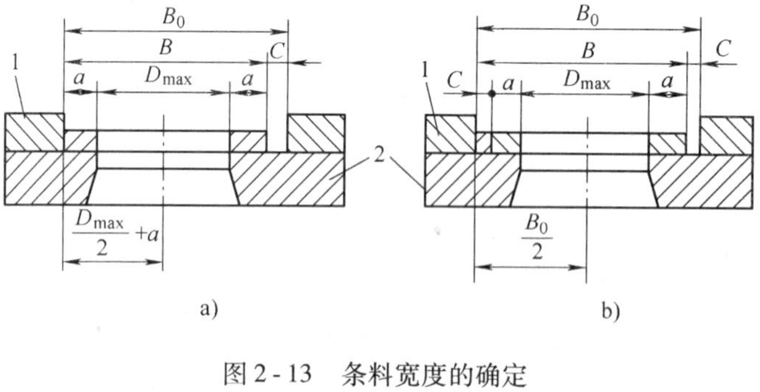

图 2-13　条料宽度的确定

a）有侧压装置　b）无侧压装置

1—导料板　2—凹模

（2）条料宽度（料宽）　条料宽度 B 是指条料横向（垂直于送料方向）的宽度。条料宽度的确定原则是：

1）保证工件周边有足够的搭边值。

2）保证与导料板之间有一定的间隙，能顺利地送进。

有侧刃时的条料宽度见图 2-15。

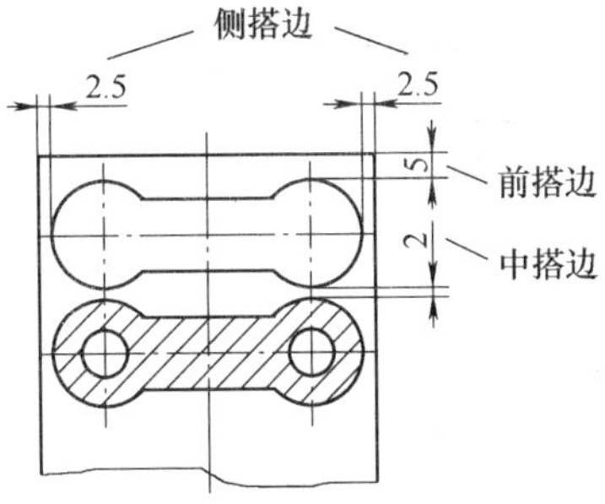

图 2-14 搭边值

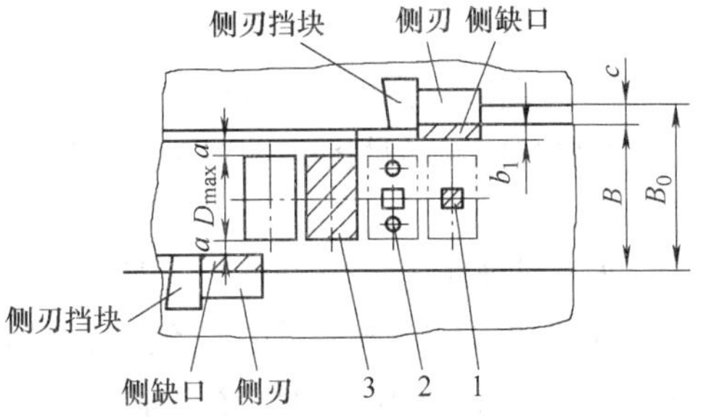

图 2-15 有侧刃时的条料宽度
1—冲方孔 2—冲两圆孔 3—落料

确定条料宽度时必须考虑到模具的结构中是否采用侧压装置和侧刃，根据不同结构分别进行计算。

$B = D_{max} + 2a_2$ 导料板间有侧压装置或用手将条料紧贴单边导料板（销）

$B = D_{max} + 2a_2 + C$ 导料板间无侧压装置

$B = D_{max} + 2a_2 + nb_1$ 侧缺口定距

式中 B——条料的宽度（mm）；

D_{max}——冲裁件垂直于送料方向的最大尺寸（mm）；

a_2——侧搭边值；

C——导料板与最宽条料之间的间隙（无侧压装置 $C = 0.5 \sim 1$mm，有侧压装置 $C = 5 \sim 8$mm，条料宽而长取大值，条料窄而短取小值）；

n——条料两侧刃数（冲一侧，n 为 1，冲两侧，n 为 2）；

b_1——侧刃冲切缺口的料边宽度（金属材料 $b_1 = 2$mm 左右，非金属材料 $b_1 = 3$mm 左右）。

条料宽度确定之后，料宽就可以从板料剪切得到，一般板料剪切是粗加工，精度较低，其尺寸偏差在 0.4～1.3mm 范围，条料长、厚，偏差大；条料短、薄，偏差小。剪切在确定裁板方法时（纵裁和横裁），应综合考虑材料利用率、纤维方向（对弯曲件）、操作方便和材料供应情况等。（注：导料板间距离为料宽 B 加上间隙值）

（3）步距 条料在模具上每次送进的距离称为送料步距（简称步距或进距）。每个步距可以冲出一个零件，也可以冲出几个零件。送料步距的大小应为条料送料方向上两个冲件（冲一件）或多个冲件（冲 n 件）相应对应点之间的距离。步距 S 的计算公式为

$$S = nD_0 + a_3$$

式中 D_0——平行于送料方向一个冲件的宽度；

a_3——冲裁件之间的搭边值。

如图 2-16 所示：$S = nD_0 + a_3$

即 $22\text{mm} = 1 \times 20\text{mm} + 2\text{mm}$

4. 排样图绘制

上面有关排样的各种数据确定后，就可绘制排样图了。

绘制排样图应注意的事项如下：

1）先绘制冲件零件图，并置于排样图附近处，如图 2 - 16a 所示。

2）再绘制排样图，如图 2 - 16b 所示。

一般常用模具的排样图中应包括：搭边值 a（头搭边值、侧搭边值、中间搭边值）料宽、料厚、条料长度、步距、排料形式和冲裁工位剖视图等。

复杂连续模的排样图中，在排样图的上方还应有零件的展开图，排样图中还应有合理的工序排位先后顺序，需要时，还应有空位、侧刃定距时侧刃冲切条料的位置。支架连续模排样图如图 2 - 17 所示。

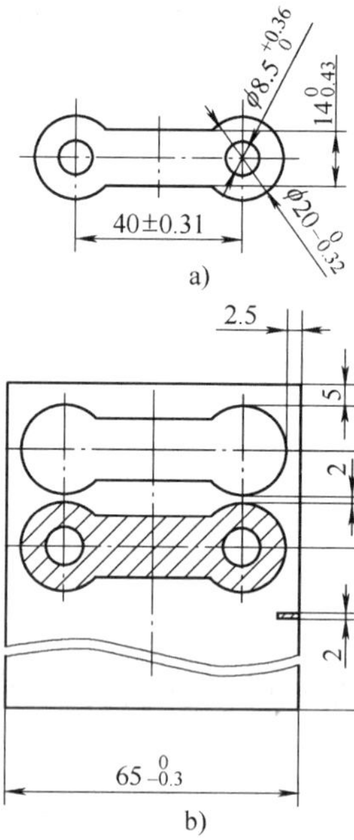

图 2 - 16　排样图

a）零件　b）排样图中应标数据

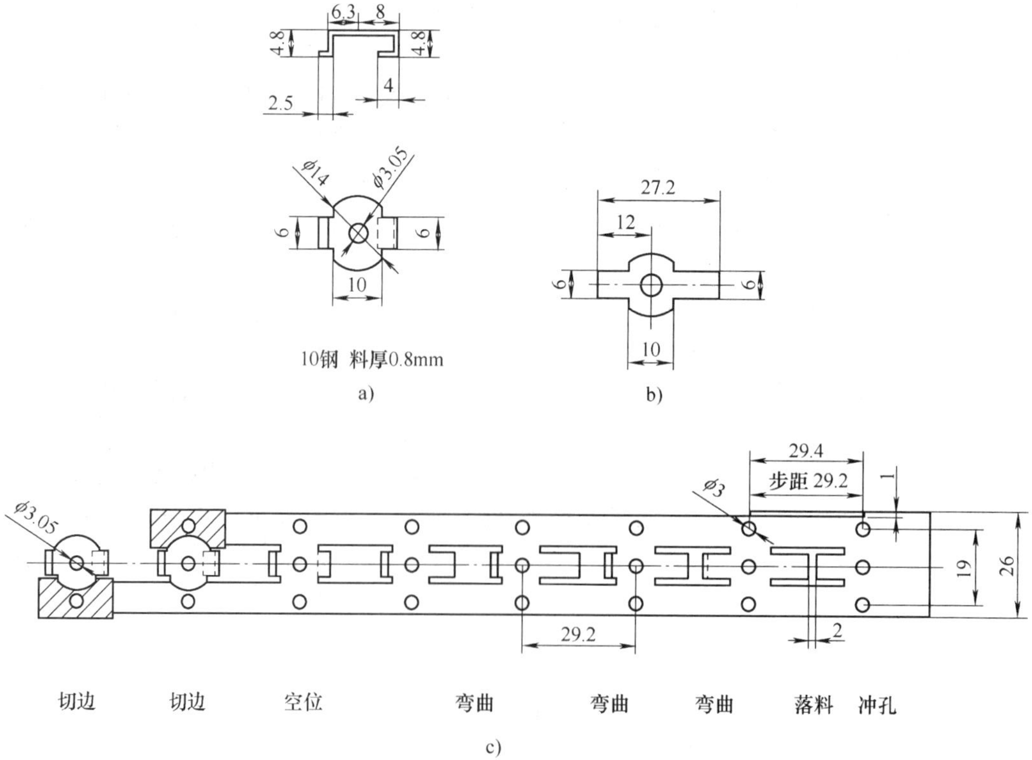

图 2 - 17　支架连续模排样图

a）零件图　b）展开坯料尺寸　c）工序排位顺序

采用斜排方法排样时，还应注明倾斜角度的大小。对有纤维方向要求的排样图，则应用箭头表示条料的纹向，斜形排样图如图2-18所示。

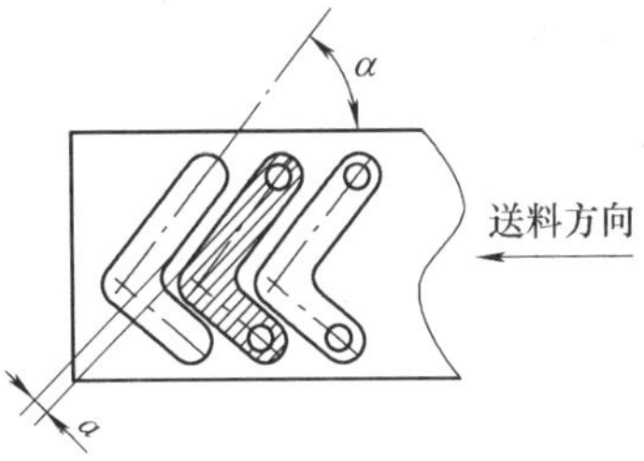

图2-18　斜形排样图

六、材料利用率

冲件大批量生产成本中，原材料费用占60%以上，排样的目的就在于合理利用原材料。衡量排样经济性、合理性的指标是材料的利用率。其计算公式如下：

一个步距内的材料利用率η为：

$$\eta = \frac{nF}{BA} \times 100\%$$

式中　F——一个步距内冲裁件面积（包括冲出的孔在内）（mm）；

n——一个步距内冲裁件数目；

B——条料宽度（mm）；

A——步距（mm）。

一张板料上总的材料利用率η_0为。

$$\eta_0 = \frac{NF}{BL} \times 100\%$$

式中　N——一张板料上冲裁件总数目；

L——板材长度（mm）。

条料、带料和板料的利用率η_0比在一个步距内的材料利用率η低。其原因是坯料不能按排样图中的料宽、料长尺寸裁成完整条数，还有料头和料尾，板料剪成条料还有料边的影响。

要提高材料的利用率，就必须减少废料面积，冲裁过程中所产生的废料可分为两种情况。

1）结构废料。由于工件结构形状的需要（如工件内孔的存在）而产生的废料，称为结构废料（俗称“料屎”），它取决于零件的形状，一般不能改变。

2）工艺废料。零件之间和零件与条料边缘之间存在的搭边，定位需要切去的料边与定位孔，不可避免的料头和料尾废料，称为工艺废料，它取决于冲压方式和排样方式。

因此，提高材料利用率主要应从减少工艺废料着手，同一个零件，可以有几种不同的排样方法。合理的排样方法，应该将工艺废料减到最小。

七、冲压力、压力机公称压力和压力中心

1. 冲压力

冲压力是选择压力机、设计模具中校核强度、刚度的重要依据。冲压力是冲裁力、卸料力、推件力和顶出力等分力的总和，如何计算呢？将各分力按需要分别计算就可确定冲压力。

（1）压力的单位　国际压力单位为帕（Pa）、兆帕（MPa）、千帕（kPa），惯用巴（bar）、工程大气压（at）等。计算冲压力时经常会遇到“N”、“MPa”、“kN”等各种压力

的单位，它们之间的关系见表2-4。

表2-4 压力的单位

Pa（帕斯卡）（SI制）	bar（巴）（国际惯用）	MPa（兆帕）	kN（千牛）	kgf（千克力）	at（中）（工程大气压）
$1Pa=1N/m^2$	1bar=100000Pa	1MPa=1000000Pa	1kN=1000N	1kgf=9.80665N	$1at=1kgf=9.8\times10^4Pa$

注：1. N（牛顿，简称牛）——作用在质量为1kg的物体上，使之产生$1m/s^2$加速度的力，为1N。
2. kgf——表示地表质量为1kg的物体受到重力的大小的力，为1kgf。
3. 工厂流行将压力机的压力大小用“吨”来称呼，如1万2千吨水压机、500吨油压机、100吨摩擦压力机、35吨冲床等，实际上准确的称呼应是12万千牛水压机、5000千牛油压机、1000千牛摩擦压力机、350千牛冲床，似乎有近“10”倍的关系，实质上这是将“质量”与“力”的概念混淆了，但是这种称呼与生活中常说的“公斤”、“吨”一样，有明显的直观感觉。

（2）冲裁力的计算　冲裁力是冲裁过程中凸模对板料的压力，它是随凸模行程的变化而变化的，常说的冲裁力是指冲裁力的最大值。影响冲裁力大小的因素有：板料的力学性能；冲裁件的厚度和冲裁轮廓周长；模具的冲裁间隙、刃口锐利状况；冲裁工艺的冲裁速度、润滑情况等。综合考虑上述影响因素，平刃口冲裁力可按下式计算：

$$F=KLt\tau$$

式中　F——冲裁力（N）；

L——冲裁件周边长度（mm）；

t——材料厚度（mm）；

τ——材料抗剪强度（MPa）；

K——系数，通常$K=1.3$。

上述公式可简化为

$$F=Lt\sigma_b$$

式中　σ_b——材料抗拉强度（MPa）。

常用冲裁材料的抗拉强度σ_b为抗剪强度τ的1.3倍。

值得指出的是：

① 式中Lt为冲件需要冲裁部位的剪切面积，L是冲裁部位周边轮廓长度，其中多边形为所有边长之和；圆周长是$2\pi r$；任何复杂异形件的周边轮廓都可分解为直线段和弧线段，分别求出各直线段和弧线段的长度，相加的总和就是复杂异形件的周边轮廓长度。长度L乘以冲材厚度t，即为冲裁部位的剪切面积Lt。需要着重说明的是：不要把圆形面积πr^2错误地当成圆形剪切面积$2\pi rt$。

② 系数K的含意是将计算的冲裁力扩大1.3倍，使依此计算的冲裁力在选择冲压设备时，有30%的安全保险量，因实际生产中各种因素（如间隙的不均匀，刃口钝化，材料强度和厚度的波动，润滑及冲裁速度的变化等）都会影响冲裁力，故选择冲压设备的压力必须比冲裁力大，且有一定的安全保险量。

（3）卸料力、推件力及顶件力的计算　当冲裁完成后，从板料上冲裁下来的冲件（或废料）由于径向发生弹性变形而扩张，会塞在凹模孔口内，或者板料上的孔沿径向发生弹性收缩而紧箍在凸模上。为了使冲裁工作继续进行，必须将工件或废料从模具内卸下或推出。从凸模上卸下紧箍的料所需要的力称为卸料力，用 $F_{卸}$ 表示；将塞在凹模内的料顺冲裁方向推出所需要的力称为推件力，用 $F_{推}$ 表示；逆冲裁方向将料从凹模内顶出所需要的力称为顶件力，用 $F_{顶}$ 表示。

卸料力、推件力和顶件力是由压力机和模具的卸料、顶件和推件装置传递的，所以在选择压力机公称压力和设计以上机构时，都需要对这三种力进行计算。这些力的基本因素与冲裁力基本相同。生产中常用下列经验公式计算：

$$F_{卸}=K_{卸}F$$

$$F_{推}=nK_{推}F$$

$$F_{顶}=K_{顶}F$$

式中　F——冲裁力（N）；

$K_{卸}$、$K_{推}$、$K_{顶}$——分别为卸料系数、推件系数和顶件系数，其值见表2-5；

n——塞在凹模孔口内的冲件数。有反推装置时，$n=1$；锥形孔口，$n=0$；直刃口，下出件凹模，$n=h/\delta$，其中 h 是直刃口部分的高度（mm），δ 是材料厚度（mm）。

表2-5　卸料力、推件力及顶件力的系数

料厚 δ/mm		$K_{卸}$	$K_{推}$	$K_{顶}$
钢	≤0.1	0.065～0.075	0.1	0.14
	>0.1～0.5	0.045～0.055	0.063	0.08
	>0.5～2.5	0.04～0.05	0.055	0.06
	>2.5～6.5	0.03～0.04	0.045	0.05
	>6.5	0.02～0.03	0.025	0.03
铝、铝合金		0.025～0.08	0.03～0.07	
纯铜、黄铜		0.02～0.06	0.03～0.09	

从上述公式和表中可以看出卸料力、推件力和顶件力均为冲裁力的10%以内，可不用查表计算，用估算方法，在现场处理问题特别方便，换句话说，按10%的冲裁力来确定卸料力、推件力和顶件力，只是将这些力扩大了一点而已，压力机按这种估算力选择，安全保险系数会大一点。但在实际生产中，生产厂家常要依本厂现有的压力机设备来选择，若这种估算冲压力稍大于或接近压力机的公称压力，压力机安全的公称压力的保险量就有问题，这时，则需要查表准确地计算冲压力。

2. 压力机公称压力

模具是安装在压力机上进行工作的，模具的轮廓尺寸（长、宽、高）必须与压力机安装模具的空间部位大小相匹配。冲压设备的选择关系到设备的使用安全性、生产效率、产品质量、模具寿命和生产成本等问题。冲压设备的选择主要包括设备的类型和规格参数两个方面。

（1）冲压设备类型、规格的选择　根据冲压的工序性质、冲压力、生产批量、冲件尺寸和精度等要求，选择冲压设备的类型。中小型冲件常用曲柄压力机，见图2-19a；大中型冲件常采用双动压力机，如图2-19b所示。

a)

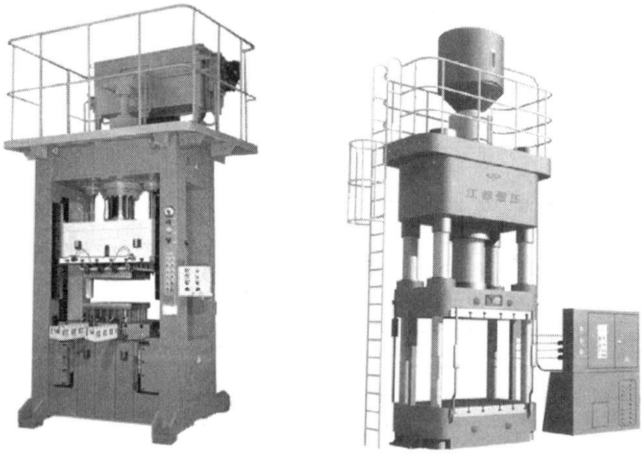

b)

图 2 - 19　压力机

a）曲柄压力机　b）双动压力机

1）压力机滑块行程。压力机的滑块行程是指滑块从上止点到下止点之间的距离。压力机行程的大小应能保证毛坯或半成品的放入以及成形零件的取出。

2）压力机闭合高度。压力机的闭合高度是指滑块在下止点时，滑块的底平面至工作台面之间的高度。调节压力机连杆的长度就可以调整闭合高度的大小。当压力机连杆调节至最上位置时，闭合高度达到最大值，称为最大闭合高度。当压力机连杆调节至最下位置时，闭合高度达到最小值，称为最小闭合高度。模具的闭合高度必须适合于压力机闭合高度范围的要求，模具闭合高度与压力机闭合高度的配合关系如图 2 - 20 所示。

3）其他参数。模具下模座的平面尺寸小于压力机工作台面尺寸，留有压板螺钉固定模具的充分空间；模具底部的漏料孔或弹顶装置尺寸必须小于压力机的工作台孔尺寸；模具的模柄直径必须和压力机滑块内模柄安装用孔的直径相一致，模柄的高度应小于模柄安装孔的深度。

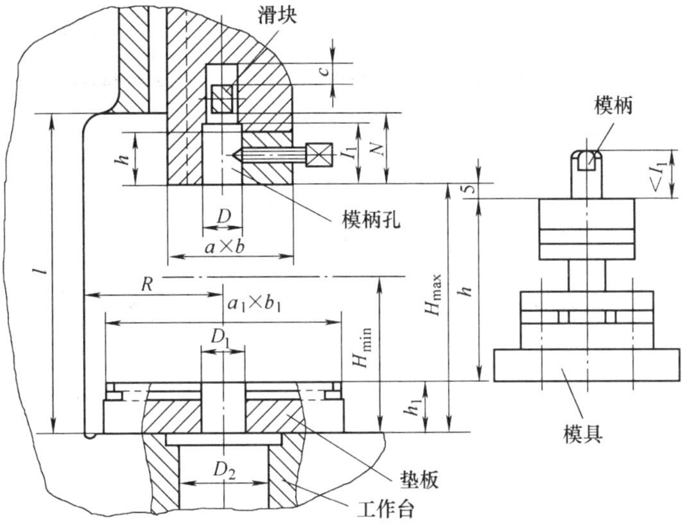

图2-20　模具闭合高度与压力机闭合高度的配合关系

（2）压力机公称压力的选择　冲压加工时，压力机的公称压力必须大于或等于冲压力（$F_{总}$）的1.3倍（即压力机的公称压力留有30%的保险量）。冲压力包含：冲裁力、卸料力、推件力、顶件力。冲压力中的冲裁力、卸料力两项是必有的，其推件力和顶件力则根据模具结构中有、无推件或顶件装置来确定，有则加这类力，无则不考虑这类力。

当冲制高强度材料、材料厚度大、周边尺寸很长的工件时，需要很大的冲裁力。而现场冲压设备的吨位又不能满足时，可采用斜刃口冲裁法、阶梯凸模冲裁法等达到降低冲裁力的目的。分析冲裁力的计算公式可知，当材料的厚度δ一定时，冲裁力的大小主要与零件的周边长度和材料的强度成正比。因此，降低冲裁力主要从这两个因素着手。

① 斜刃口冲裁法。将冲模的凸模或凹模刃口由平直刃口改制成斜刃口。由于刃口具有一定倾斜角度，冲裁时斜刃对板料可以实现逐渐剪切分离，整个周边长剪切分离存在“时间差”，因而可以减小冲裁力。

斜刃口冲裁时，会使板材产生弯曲。为了能够得到平直的零件，落料时，凹模做成斜刃口，凸模做成平直刃口；冲孔时，将凸模做成斜刃口，凹模做成平直刃口。

设计斜刃口冲模时，应注意将斜刃对称布置，防止冲裁时产生单向侧压力，影响冲裁精度和冲模使用寿命。斜刃的倾斜角ϕ越大越省力。但倾斜角过大，由于刃口上单位压力增加会使刃口磨损加剧，易崩刃，降低使用寿命。倾斜角也不宜过小，过小的倾斜角起不到减力作用。一般ϕ角度大小依冲裁料厚（δ）选取：$\delta<3$mm，$\phi<5°$，$\delta>3$mm，ϕ取$5°\sim8°$，斜刃口冲裁见图2-21。应当指出，斜刃冲模虽能降低冲裁力（约40%左右），但由于凸模进入凹模较深，斜刃冲模较平直刃冲模省力而不省功。

斜刃冲模主要缺点是刃口制造和刃磨较复杂，只适用于形状简单、精度要求不高、料不太厚的大件冲裁。

② 阶梯凸模冲裁法。在多凸模的冲模中，将多凸模的剪口端面做成不在同一水平面上，高度有阶梯差别，冲裁时使各凸模间先后冲裁，其冲裁力先后分别出现，从而达到降低冲裁力的目的。阶梯凸模不仅能降低冲裁力，在直径相差悬殊、距离很近的多孔冲裁中，还能避

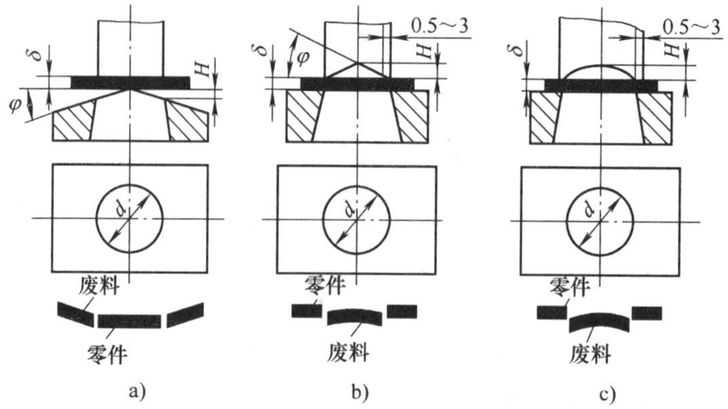

图 2-21　斜刃口冲裁
a）凸模平刃、凹模斜刃　b）、c）凹模平刃、凹模斜刃

免小直径凸模由于受材料流动挤压的作用产生的倾斜或折断现象。

③ 加热冲裁（红冲）。金属材料在常温时其强度极限是一定的，但是，当金属材料加热到一定温度之后，则其强度极限会大大降低。因而加热冲裁可以降低冲裁力。采用加热冲裁零件，断面塌角较大，一般可达板厚的 1/3 ~ 1/2，精度低，材料表面易产生氧化皮，而且工艺复杂、劳动强度大。同时热冲模要采用耐热钢，所以热冲法目前应用不多。

3. 压力中心

（1）压力中心　压力中心即模具压力中心，就是模具在一次冲压行程中各冲压部位压力的合力作用点。为什么要计算模具的压力中心呢？计算模具的压力中心就是确定模柄的中心位置，模具的压力中心通过模柄的中心传递到压力机滑块的中心，为了保证压力机和模具的正常工作，应使模具的压力中心与压力机滑块的中心线相重合，否则，因两中心的偏移，冲压时滑块就会承受偏心载荷，导致滑块导轨和模具导向部分不正常的磨损，刃口迅速变钝（无导向装置时的模具特别突出），还会使合理间隙得不到保证，严重时，会啃刃或造成设备、人身事故，从而影响制件质量和降低模具寿命甚至损坏模具等。在实际生产中，由于冲件的形状特殊或排样特殊，不可能使模具压力中心与模柄中心线重合一致，这时，应保证压力中心的偏离不超出所选用压力机允许的范围，具体而言，模具压力中心不许超出模柄在水平面上的投影面积范围。

（2）压力中心的确定　冲裁件的压力中心与冲裁件的重心不同，它是指冲裁力合力的作用中心，与冲裁力的大小及作用位置有关。而工件的重心则取决于工件的形状及其质量的分布。求压力中心的方法就是求空间平行力系的合力作用点的方法，常用的方法有两种：解析法和悬挂法。

1）解析法。

① 简单几何图形工件的压力中心。

a. 简单几何图形工件的压力中心是图形的几何中心，如直线段的中间，圆形的圆心，对称图形的对称中心等。

b. 圆弧段的压力中心是圆弧段的重心，按下面方法求出圆弧段的重心位置的 X 和 Y 坐标值即是圆弧段的压力中心，如图 2-22 所示。

$$Y=\frac{R180\sin\alpha}{\pi\alpha}=RS/b$$

即

$$Y=\frac{\text{弧宽}}{\text{弧长}}\times\text{半径}$$

由上式可见：圆弧段的压力中心在圆弧段和圆弧中心之间的对称中心半径上。

② 多凸模的压力中心。确定具有多个凸模的模具压力中心就是先分别求出每一个凸模压力中心后，再确定模具的总压力中心，方法见图 2-23。按力学原理中的各分力对某轴的力矩之和等于其合力对同轴之力矩这一定理，其方法如下：

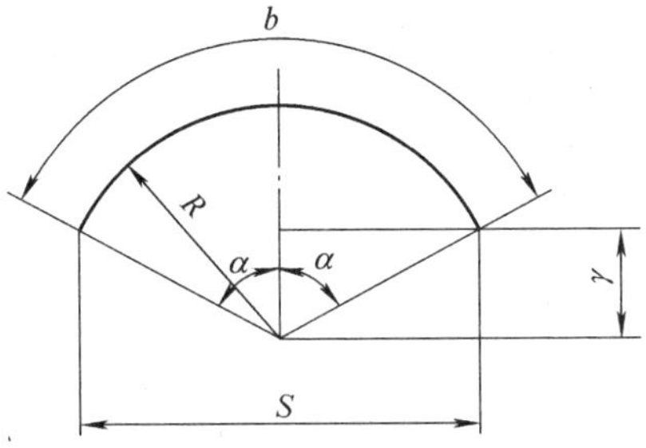

图 2-22　圆弧线段的压力中心

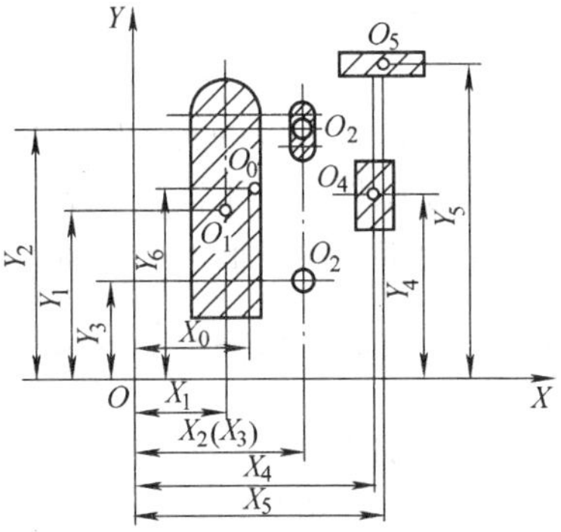

图 2-23　多凸模冲压压力中心

a. 按比例画出每一个凸模刃口轮廓位置图。

b. 在轮廓位置图附近任意位置处画出坐标 X、Y 轴线。画出坐标图时，尽量把坐标原点（O）取在某一刃口轮廓的压力中心；坐标原点最好是多个刃口轮廓压力中心的对称中心；尽量使坐标轴多通过刃口轮廓的压力中心。如此可使某些刃口轮廓的压力中心的 X、Y 值为零，从而简化计算。

c. 分别确定各刃口轮廓压力中心的 X、Y 值。

d. 分别计算各刃口轮廓的冲裁力或刃口轮廓周长。

按前面已述方法分别计算求出冲裁力 F_1、F_2、F_3、F_4、F_5……和刃口轮廓周长 L_1、L_2、L_3、L_4、L_5……

计算压力中心的 X_0、Y_0 值，确定模具压力中心的位置。

计算 X_0、Y_0 值的公式如下：

$$X_0=(F_1X_1+F_2X_2+\cdots+F_nX_n)/(F_1+F_2+\cdots+F_n)$$

$$Y_0=(F_1Y_1+F_2Y_2+\cdots+F_nY_n)/(F_1+F_2+\cdots+F_n)$$

因冲裁力 F 与周长 L 成正比，用下式同样可求出 X_0、Y_0 值。

$$X_0=(L_1X_1+L_2X_2+\cdots+L_nX_n)/(L_1+L_2+\cdots+L_n)$$

$$Y_0=(L_1Y_1+L_2Y_2+\cdots+L_nY_n)/(L_1+L_2+\cdots+L_n)$$

式中　X_0——压力中心到 Y 轴的距离；

Y_0——压力中心到 X 轴的距离；

L_1、…、L_n——各段轮廓的长度；

X_1、…、X_n——各段轮廓压力中心到 Y 轴的距离；

Y_1、…、Y_n——各段轮廓压力中心到 X 轴的距离。

③ 复杂形状工件模具的压力中心。复杂形状工件模具压力中心的确定与多凸模压力中心的确定方法相同，但需要将工件复杂形状轮廓分成若干简单的直线段和圆弧段（任何复杂形状轮廓都是由直线段和圆弧段组成），求出各线段的长度 L_1、L_2、…、L_n 和各线段的重心的位置及重心位置的 X_1、X_2、…、X_n 和 Y_1、Y_2、…、Y_n 值，代入上式即可求出压力中心的 X_0、Y_0 值，如图 2-24 所示。

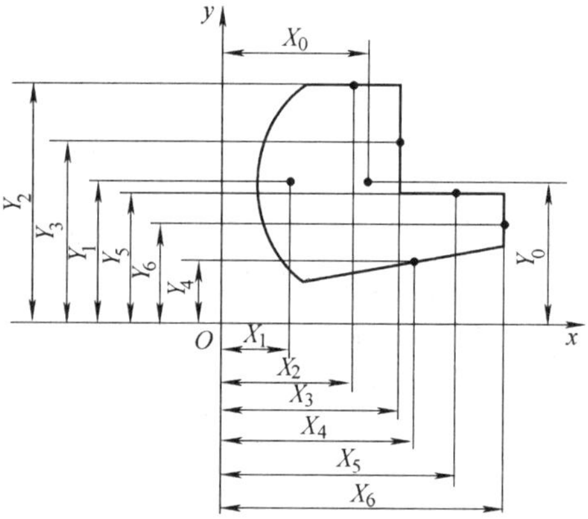

图 2-24　复杂零件冲压压力中心

2）悬挂法。用质地均匀的细金属丝围绕冲裁外形弯成需冲裁部位的轮廓模拟件，再用三条缝纫线系在模拟件三个不同位置处，将模拟件吊起来，处于水平状态，此时三条线的交汇点就是压力中心。

八、冲裁件分析及冲裁工艺方案的制定

1. 冲裁件分析

冲裁件分析即是分析冲裁件在冲压加工技术上的可行性和经济上的合理性。冲裁件的具体分析内容如下：

（1）技术分析　从冲裁件的形状特点、尺寸大小、精度要求及材料性能是否适合冲裁，模具设计制造的难易程度，冲裁加工操作的方便性等方面进行分析，才能确定该冲裁件是否适应冲压加工的要求，这是制定工艺方案的重要环节。为此，必须对冲裁件进行工艺设计。

冲裁工艺设计包括冲裁件的工艺性分析和冲裁工艺方案的确定。良好的工艺性和合理的工艺方案，可以用最少的材料、最少的工序数和工时，使得模具结构简单且寿命长，能稳定地获得合格冲件，因而可以减小劳动量和冲件成本。劳动量和冲裁件成本是衡量冲裁工艺设计合理性的主要指标。

1）工艺性分析。对冲裁件的结构形状、尺寸大小、公差等级、材料及厚度等进行分析，看是否符合冲裁的工艺要求，冲裁加工中的难易程度取决于冲裁件的工艺性分析。所谓冲裁工艺性好是指能用普通冲裁方法，在模具寿命和生产率较高、成本较低的条件下得到质量合格的冲裁件。

① 对冲裁件的要求。

a. 冲裁件形状。冲裁件的形状应尽可能简单、对称、有圆角过渡，冲裁最小圆角半径 R 值参照表 2-6 选取，以便模具加工，减少热处理或冲压时在尖角处开裂的现象，同时也可以防止尖角部位刃口的过快磨损。

表 2-6　冲裁最小圆角半径

零件种类		黄铜、铝	合金钢	软钢	备注/mm
落料	交角≥90°	0.18δ	0.35δ	0.256	>0.25
	<90°	0.35δ	0.70δ	0.5δ	>0.5
冲孔	交角≥190°	0.2δ	0.45δ	0.3δ	>0.3
	<90°	0.4δ	0.9δ	0.6δ	>0.6

b. 冲裁件局部凸、凹部分。应避免窄长凸条和窄长的切口，冲裁件的切口和切槽如图 2-25 所示，否则会降低模具寿命和冲裁件质量。一般要求：B 应不小于 1.5δ；当冲件材料为黄铜、铝、软钢时，$B \geqslant 1.2\delta$，$L \leqslant 5B$；当冲裁件材料为高碳钢时，$B \geqslant 1.9\delta$；当材料厚度 $\delta < 1$mm 时，按 $\delta = 1$ 计算。

c. 冲裁件孔径。孔径太小时，凸模易折断或压弯。冲孔的最小尺寸取决于材料的力学性能、凸模强度和模具结构。冲裁件孔边距如图 2-26 所示。各种形状孔的最小尺寸应满足如下要求：圆孔 $d \geqslant (0.8 \sim 1.5)\delta$，其他孔最窄处宽度 $b \geqslant (0.5 \sim 1.35)\delta$。当冲材质硬、力学性能好时，则取大系数，反之取小系数；冲小孔的凸模，如果采用保护套，凸模不易损坏，稳定性提高，则取小系数；最小冲孔尺寸可以减小，无保护套取大系数，参考表 2-7、表 2-8。

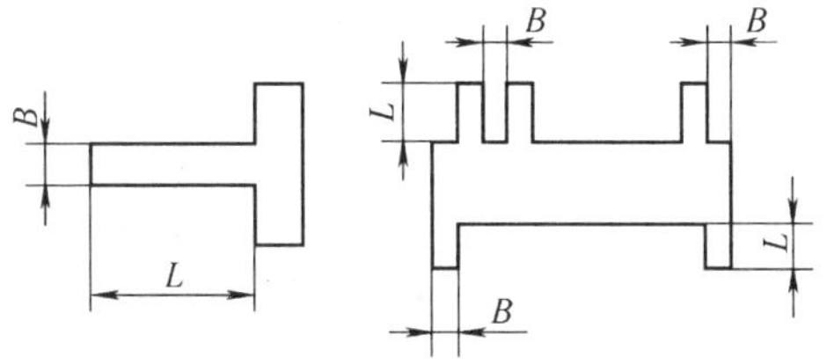

图 2-25　冲裁件的切口和切槽

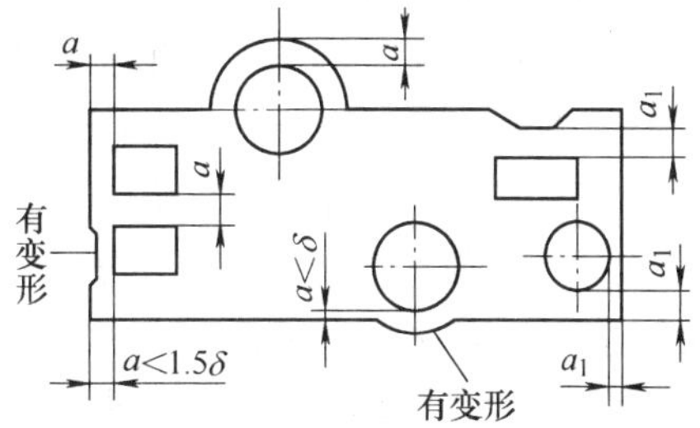

图 2-26　冲裁件孔边距

表 2-7　用无保护套凸模冲孔的最小尺寸　（单位：mm）

	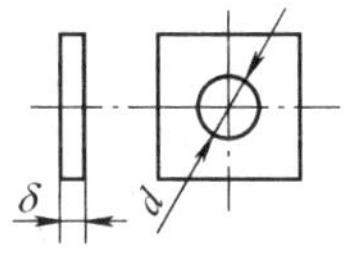	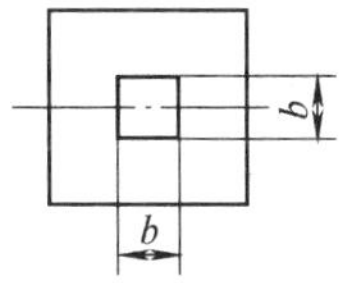	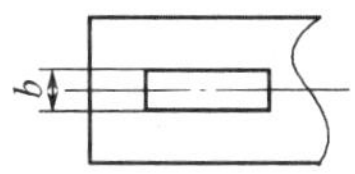	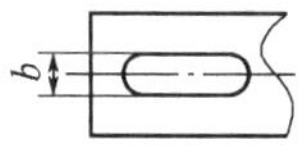
钢 $\tau > 685$MPa	$d \geqslant 1.5\delta$	$b \geqslant 1.35\delta$	$b \geqslant 1.2\delta$	$b \geqslant 1.1\delta$
钢 $\tau \approx 390 \sim 685$MPa	$d \geqslant 1.3\delta$	$b \geqslant 1.2\delta$	$b \geqslant 1.0\delta$	$b \geqslant 0.9\delta$
钢 $\tau \approx 390$MPa	$d \geqslant 1.0\delta$	$b \geqslant 0.9\delta$	$b > 0.8\delta$	$b \geqslant 0.7\delta$
黄铜、铜	$d \geqslant 0.9\delta$	$b \geqslant 0.8\delta$	$b \geqslant 0.7\delta$	$b \geqslant 0.6\delta$
铝、锌	$d \geqslant 0.8\delta$	$b \geqslant 0.7\delta$	$b \geqslant 0.6\delta$	$b \geqslant 0.5\delta$

注：δ 为料厚，τ 为抗剪强度。

表 2-8　保护套凸模冲孔最小尺寸　（单位：mm）

材料	圆形（直径 d）	长方孔宽（孔宽 b）
硬钢	0.5δ	0.4δ
软钢及黄铜	0.35δ	0.3δ
铝、锌	0.3δ	0.28δ

注：δ 为料厚。

d. 冲裁件孔边与孔边、孔边与边缘的间距。距离不应过小，否则会产生孔与孔间材料的扭曲或使边缘材料变形，冲裁件孔边距如图 2 - 26 所示。复合冲裁时，因模壁过薄，模具强度无法保证而容易破损；分别冲裁时，也会因材料容易被拉入凹模而影响模具寿命。特别是冲裁小孔距的小孔时，经常会发生凸模弯曲变形而卡住模具的现象。当冲孔边缘与冲件外形边缘不平行时，$a \geqslant \delta$，平行时 $a \geqslant 1.5\delta$。

e. 冲裁件尺寸标注。根据基准的选用原则，冲压时的定位基准应与冲裁件设计基准重合，以避免基准不重合误差，反过来，在设计冲裁件尺寸时，其设计基准也应尽可能与其冲压时的定位基准重合，并选择在冲裁过程中基本上不变动的面或线上。如图 2 - 27a 所示的尺寸标注，对于孔距要求较高的冲裁件是不合理的。这是因为当两孔中心距要求较高时，尺寸 B 和 C 标注的公差等级就高，而模具（同时冲孔与落料）的磨损，使尺寸 B 和 C 的精度难以达到要求。改用如图 2 - 27b 所示的标注方法就比较合理，这时孔中心距尺寸不再受模具磨损的影响。

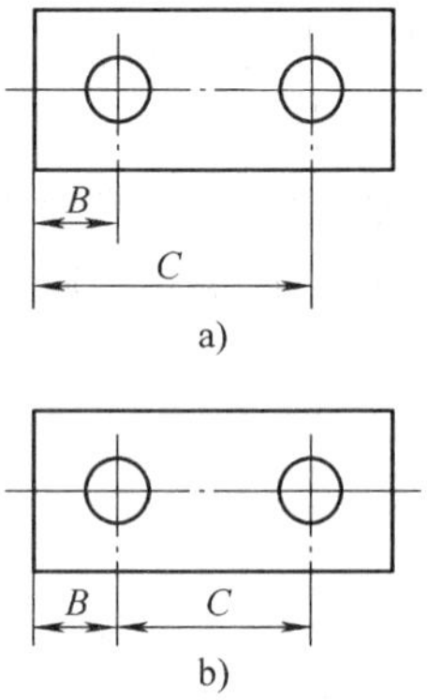

图 2 - 27　冲裁件尺寸标注
a）不合理　b）合理

② 冲裁件能达到的精度。冲裁件不可能达到机械切削加工方法所能达到的高精度，冲裁件精度常用尺寸精度、冲裁断面粗糙度、毛刺高度三个指标来衡量。冲件的精度一般分为两类：

a. 精密级：尺寸精度（IT9 ~ IT11）；冲裁断面粗糙度 Ra12.5 ~ 3.2μm；毛刺高度 0.1mm 以内。

b. 经济级：尺寸精度（IT12 ~ IT14）；冲裁断面粗糙度 Ra50 ~ 12.5μm；毛刺高度 0.15mm 以内。

精密级是指冲压工艺在技术上所允许的最高精度，经济级是指模具达到最大许可磨损时，其所完成的冲压加工在技术上可以实现而在经济上又最合理的精度。为降低冲压成本，获得最佳的技术经济效果，在不影响冲件使用要求的前提下，应尽量采用经济精度。若冲裁件有较高的尺寸精度和断面质量要求，则需要采用精密冲裁或其他整修工艺才能达到。

2）冲裁工艺方案的确定。在冲裁工艺性分析的基础上，根据冲件的特点确定冲裁工艺方案。包括冲裁的工序数、冲裁工序的组合、冲裁工序顺序等。冲裁工序可分为单工序冲裁、复合工序冲裁和连续冲裁。单工序冲裁是在压力机一次行程中完成一道工序；复合工序冲裁是在压力机一次行程中，在模具的同一位置同时完成两道或两道以上工序；连续冲裁是把完成一个冲件的几个工序排列成一定的顺序，组成连续模，在冲裁过程中，条料在模具中依次在不同的工序位置上，分别完成冲件所要求的工序，除最初几次冲程外，以后每次冲程都可以完成一个或几个冲裁件。组合冲裁工序比单工序冲裁生产效率高，加工的公差等级高。

① 冲裁的工序数：根据冲裁件所需要冲裁加工的部位多少、加工要求等来确定。

② 冲裁工序的组合：

a. 根据生产批量确定。一般来说小批量与试制生产采用单工序冲裁，中批量和大批量生产采用复合冲裁或连续冲裁。

b. 根据冲裁件尺寸和公差等级来确定。复合冲裁所得到的冲裁件尺寸公差等级高，避免了多次单工序冲裁的定位误差，并且在冲裁过程中可以进行压料，冲裁件较平整。连续冲裁比复合冲裁的冲裁件尺寸公差等级低。

c. 根据对冲裁件尺寸形状的适应性来确定。当冲裁件的尺寸较小时，考虑到单工序送料不方便和生产效率低，常采用复合冲裁或连续冲裁。对于尺寸中等的冲裁件，由于制造多副单工序模具的费用比复合模具昂贵，则采用复合冲裁；当冲裁件上孔与孔之间或孔与边缘之间的距离过小时，不宜采用复合冲裁或单工序冲裁，宜采用连续冲裁。所以连续冲裁可以加工形状复杂、宽度很小的异形冲裁件，且可冲裁的材料厚度比复合冲裁时要厚，但连续冲裁受压力机台面尺寸与工序数的限制，冲裁件尺寸不宜太大。

d. 根据模具制造、安装、调整的难易和成本的高低来确定。对复杂形状的冲裁件来说，采用复合冲裁比采用连续冲裁较为适宜，因为模具制造安装调整较容易，且成本较低。

e. 根据操作是否方便与安全来确定。复合冲裁出件或清除废料较困难，工作安全性较差，连续冲裁较安全。

综上所述，对于一个冲裁件，可以得出多种工艺方案。必须对这些方案进行比较，选取在满足冲裁件质量与生产率的要求下，模具制造成本较低、寿命较高、操作较方便及安全的工艺方案。

③ 冲裁顺序的安排。

a. 连续冲裁顺序的安排。先冲孔后落料，先冲孔或冲缺口，最后落料或切断，将冲裁件与条料分离。首先冲出的孔可作为后续工序的定位孔。当定位也要求较高时，则可冲裁专供定位用的工艺孔（一般为两个），连续冲裁顺序如图2-28所示。

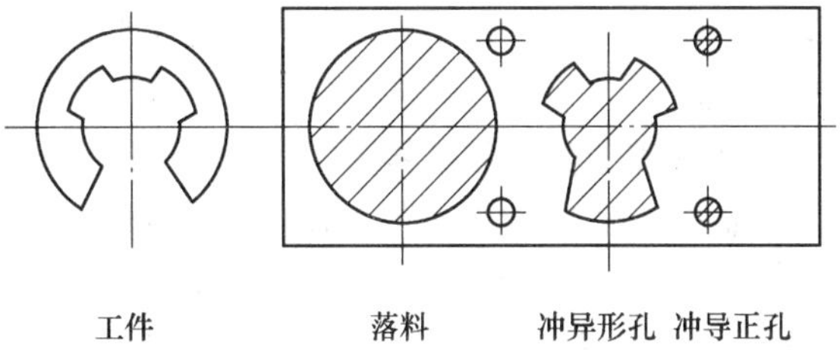

图2-28 连续冲裁顺序（一）

先同时冲料侧定距缺口和导正孔，当采用定距缺口，或定距缺口与导正孔同时定位时，定距侧刃冲缺口工序与首次冲孔同时、首先进行，连续冲裁顺序，如图2-29所示，以便控制送料进距。再冲裁其他工序。采用两个定距侧刃时，可以安排成一前一后并分布于条料两侧。

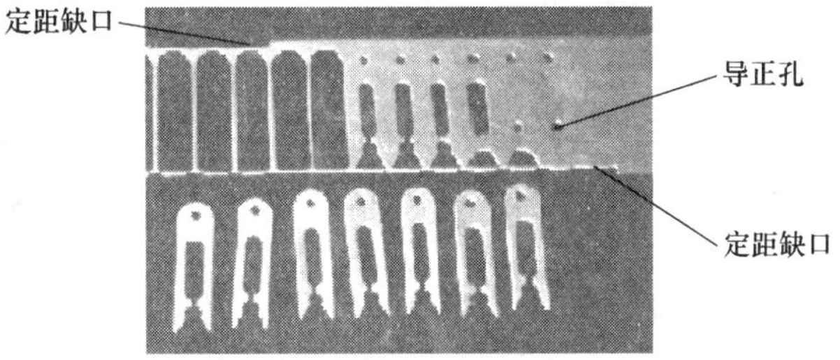

图2-29 连续冲裁顺序（二）

b. 多工序冲裁件用单工序冲裁时的顺序安排。

先落料后冲孔。先落料使坯料与条料分离，再冲孔或冲缺。后继工序的定位基准要一致，以避免定位误差和尺寸链换算。

先冲大孔后冲小孔。冲裁大小不同、相距较近的孔时，为减少孔的变形，应先冲大孔后冲小孔。

根据冲裁件的生产批量、尺寸精度的高低、尺寸大小、形状复杂程度、材料厚薄、冲模制造条件与冲压设备条件、操作方便与否等多方面因素，拟定出多种可能的不同工艺方案进行全面分析和研究，从中选择出技术可行、经济合理、满足产量和质量要求的最佳冲裁工艺方案。

工艺方案确定之后，需进行必要的工艺计算和初选设备，为模具设计提供必要的依据。

（2）经济分析　主要根据冲件的生产批量，分析产品成本，阐明采用冲压加工能否取得良好的经济效益。

综上所述，冲裁件分析即是分析该冲裁件在冲压加工技术上的可行性和经济上的合理性，从而得出冲裁件是否能冲、好不好冲、是否有经济效益的结论，供下一步思考作依据。

2. 冲裁工艺方案的制定

对于任一冲裁件，尤其是形状复杂的冲裁件，采用冲压加工时往往有不同的工艺方案。应首先列出各种可能的工艺方案，然后通过对产品质量、生产效率、设备条件、制模条件、模具寿命、冲压操作和安全以及经济性等方面的综合分析与比较，确定出一种最佳方案。

九、冲裁模的典型结构

模具结构不管是一般还是先进，是简单还是复杂，只要是实用、合理且经济，能实现冲压工艺方案，保证冲压零件的质量，按时完成生产任务，该模具就是一副好模具。依冲件的要求，设计制造符合实际要求的模具是冲压生产的首要任务。

由于冲裁件形状、尺寸、精度和生产批量及生产条件不同，冲裁模的结构类型也不同，本节主要对冲压生产中常用的或特殊的典型冲裁模的类型和结构特点、结构类型的选择加以分析介绍。

1. 冲裁模的类型和结构

冲裁模常按工序组合分为单工序冲裁模、复合模和连续模三种。

（1）单工序冲裁模　单工序冲裁模指在压力机一次行程内只完成一种冲压工序，不论冲裁的凸（凹）模是单个还是多个。单工序模有落料模、冲孔模、切断模、切口模、切边模等。

1）单工序落料模。

① 单工序无导向开式落料模（简单型）。

该类模具结构如图2-30所示，上模部分由模柄1、凸模2组成，并通过模柄安装在压力机滑块上。下模部分由固定卸料板3、导料板4、凹模5、下模座6和定位板7等组成。其结构特点是上、下模部分无导柱、导套进行导向，采用固定卸料板卸料，结构简单，制造容易，可用边角余料冲裁。这种模具在每次安装使用时，要调整凸模、凹模之间的间隙，且调整后的间隙均匀性还要靠压力机滑块的导向精度来保证，若压力机滑块与滑块座中的导向滑轨间的配合精度不高，则冲模的寿命

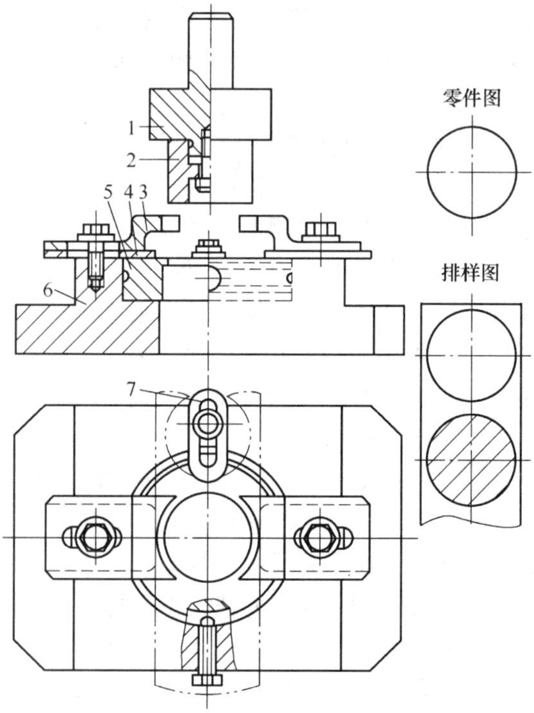

图2-30　无导向开式落料模

1—模柄　2—凸模　3—固定卸料板　4—导料板　5—凹模　6—下模座　7—定位板

较低，易损坏，冲件精度较差。该类槽具常用于坯料较厚而精度要求低的小批量冲裁件的生产。

② 导柱式弹顶落料模（较复杂型）。其模具结构特点如图 2 - 31 所示：利用安装在上模座 1 中的两个导套 20 与安装在下模座 14 中的两个导柱 19（导柱 19 与下模座 14 的配合、导套 20 与上模座 1 的配合均为 H7/r6）之间 H7/h6 或 H6/h5 的滑动配合导向，实现上、下模部分的精确定位，从而保证冲裁间隙的均匀性。并且该模具是采用弹压卸料和弹顶顶出的结构分离废料和工件，工件的变形小，平面度高。该种结构广泛用于材料厚度较小，且有平面度要求的金属件和易于分层的非金属件。导柱式冲裁模由于间隙稳定，冲裁冲件的精度较高，模具寿命较长，适用于大批量生产。

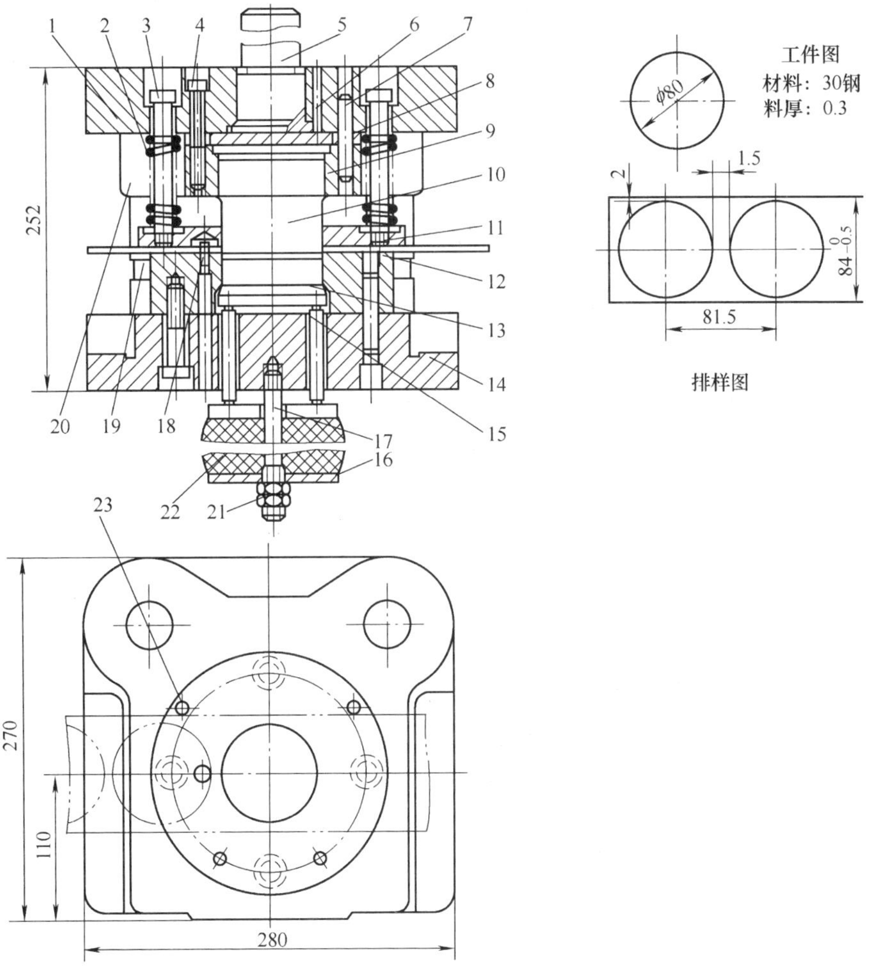

图 2 - 31　导柱式的弹顶落料模

1—上模座　2—卸料弹簧　3—卸料螺钉　4—螺钉　5—模柄　6—止转销　7—圆柱销　8—垫板　9—凸模固定板　10—落料凸模　11—卸料板　12—落料凹模　13—顶件板　14—下模座　15—顶杆　16—圆板　17—螺栓　18—固定挡料销　19—导柱　20—导套　21—螺母　22—橡胶　23—导料销

2）单工序冲孔模。

① 悬臂式冲侧孔模（简单型）。工作时将工件套在支架上，凸模下行，橡胶首先压紧筒

形壁部，继续压缩橡皮露出凸模，凸、凹模工作冲出第一个孔。之后将工件逆时针转动，当定位销插入已冲的孔后冲第二个孔。依次冲完 3 个等分孔。因凹模支架是悬臂梁结构，故孔的尺寸受到限制。小孔冲裁力引起的挠度不会影响冲孔精度。这种结构简单，适用于生产批量不大的空心件的侧面冲孔或冲槽。

② 斜楔滑块式水平冲孔模（较复杂型）。该模具结构如图 2-32 所示，依靠固定在上模的斜楔 1 把压力机滑块的垂直运动变为推动滑块 4 的水平运动，使凸模 5 做水平方向移动（凸模 5 与和凹模 6 的对准依靠滑块在导滑槽内的滑动来保证），完成筒形件或者 U 形件的侧壁冲孔、冲槽、切口等工序。斜楔的返回行程运动靠橡胶或弹簧完成。斜楔的工作角度以 40°～50°为宜。40°的斜楔滑块机构的机械效率最高，45°时滑块的移动距离与斜楔的行程相等。需较大冲裁力的冲孔件，工作角度口也可采用 30°，以增大水平推力。此种结构凸模常对称布置，最适宜壁部对称孔时的冲裁。这种模具主要用于冲空心件或弯曲件等成形零件的侧孔、侧槽、侧切口等。

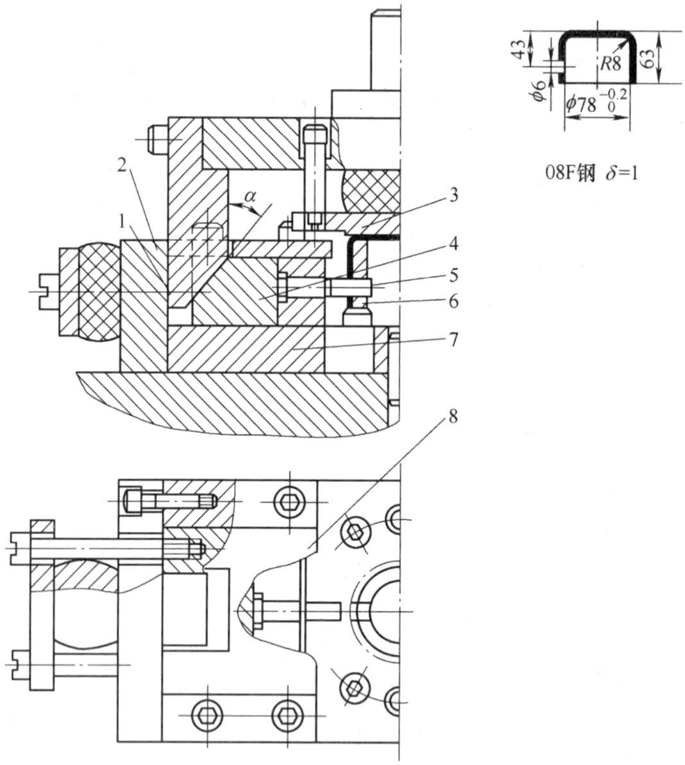

图 2-32　斜楔式侧面冲孔模

1—斜楔　2—座板　3—弹压板　4—滑块　5—凸模　6—凹模　7—导滑槽底板　8—导滑槽盖板

③ 多凸模冲孔模。其特点是一副同时冲两孔的多凸模冲孔模，外形尺寸已裁剪好的黄铜片用竹夹类工具放入定位板中定位，冲孔完成后，弹压卸料板将黄铜片从凸模上退出落入定位板中，再用竹夹将工件取出。凹模固定板中间的凹槽就是为取工件而设计加工的。

3）特殊结构冲裁模。下面介绍一些在实际生产中应用的、平时不常遇到的特殊结构冲裁模：

① 錾切模。该模具用于批量錾切热力背贴（俗称“狗皮膏药”）的胶布，由于胶布很薄，又是纤维组织，用普通冲裁的模具很难将胶布冲切断，特别是易形成纤维相连，即“藕断丝不断”的现象，很麻烦。此模落料剪口是锐角较小的尖锐锋利口形，冲裁时，胶布带置于下模板 7（砧板）上，剪口下行接触砧板，冲裁完成，近似于切菜动作。结构如图 2 - 33 所示。

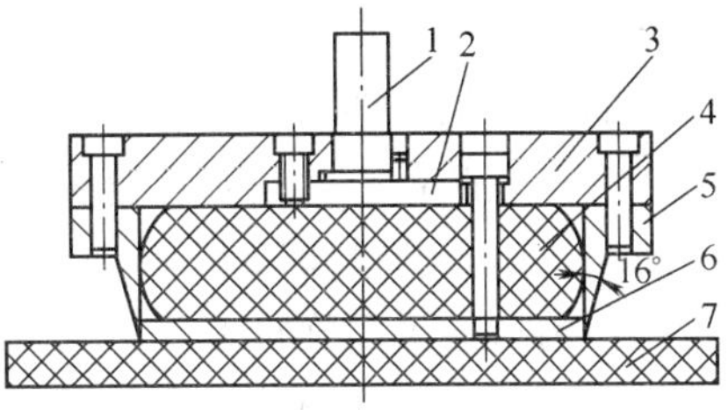

图 2 - 33　錾切模

1—模柄　2—垫板　3—上模座　4—橡皮　5—刃口　6—推板　7—下模板

② 拉深件口边旋切模。该模用于拉深件高度修边工序，它是利用凸、凹模之间的平面旋转运动（相当于石磨的上、下磨之间的平面旋转运动）所产生位置差，将拉深件在拉深过程中形成有突耳的口边旋转切断，进行拉深件的高度修边工作，结构如图 2 - 34 所示。其工作过程如下：

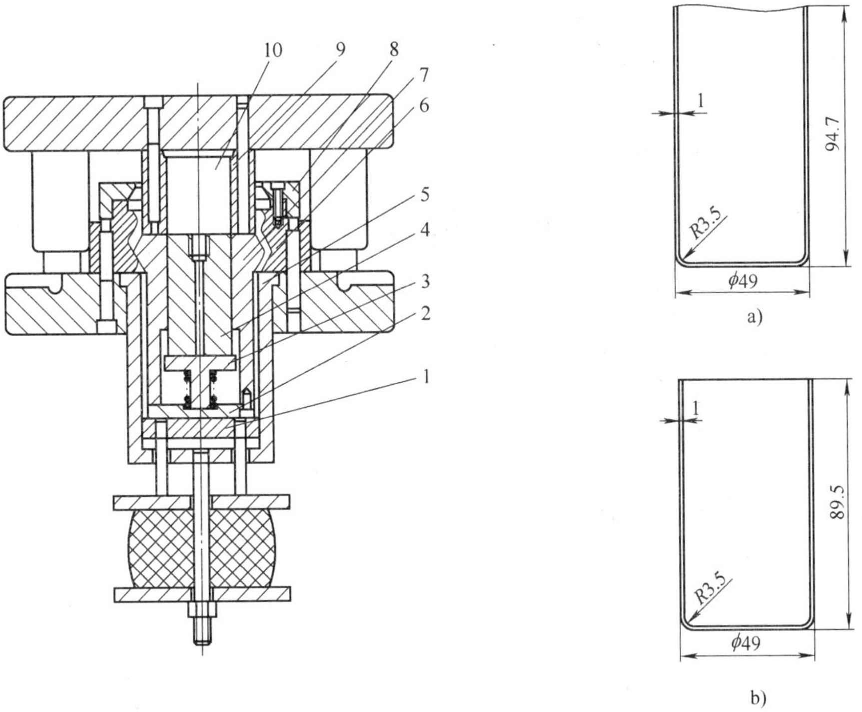

图 2 - 34　拉深件口边旋切模

a）拉深待切口边　b）旋切口边后拉深

1—顶板　2—下托板　3—上托板　4—内衬托芯　5—套筒　6—内螺纹旋转定位芯

7—外螺纹旋切凹剪口　8—盖　9—外托芯　10—凸模剪口

上模部分固定安装在压力机的上工作台，下模部分固定安装在压力机的下工作台，开、合模，调整好工作台行程后，开模时，件 7 外螺纹旋切凹剪口的上端面处在与件 6 内螺纹旋转定位芯上端面同一水平面的位置，将待修边拉深件置于外螺纹旋切凹剪口 7 中定位，再在拉深件内放置内衬托芯 4，防旋切时外向的径向旋切力将圆形拉深件推成瘪圆。合模时上模部分下行，凸模剪口 10 推动外螺纹旋切凹剪口 7 同时向下移动，由于外螺纹旋切凹剪口 7

有外螺纹，向下移动受到件6内螺纹旋转定位芯的内螺纹限制，向下移动变成螺纹旋转下移，同时也带动工件一同旋转下移，又由于凸模剪口已轴向固定，不能径向移动，因凸模剪口上带有定位凸台，此凸台在合模时已插入内衬托芯中，使内衬托芯、工件都无法径向移动。不过，由于凸模剪口10推动凹剪口7向下移动时，还形成有径向平面移动，这种凸模剪口与凹剪口的平面旋转差动，就能将工件的口边旋切掉。

③ 冲小孔模。超短凸模的小孔冲模，如图2-35所示，采用缩短凸模长度的方法来防止其在冲裁过程中产生弯曲变形而折断。采用这种结构制造比较容易，凸模使用寿命也较长。这副模具采用冲击块5冲击小凸模2、3、4进行冲裁工作。小冲头安装在小压板7上进行定位导向，而小压板由两个小导柱6进行导向。当上模下行时，大压板8与小压板7先后压紧工件，当小压板压紧工件后，小冲头被反推，上端露出小压板的上平面，上模继续下行，冲击块5冲击小凸模2、3、4对工件进行冲孔。卸件工作由大压板8完成。冲裁件在凹模上由定位板9与1定位，并由后侧压块10使冲裁件紧贴定位面。

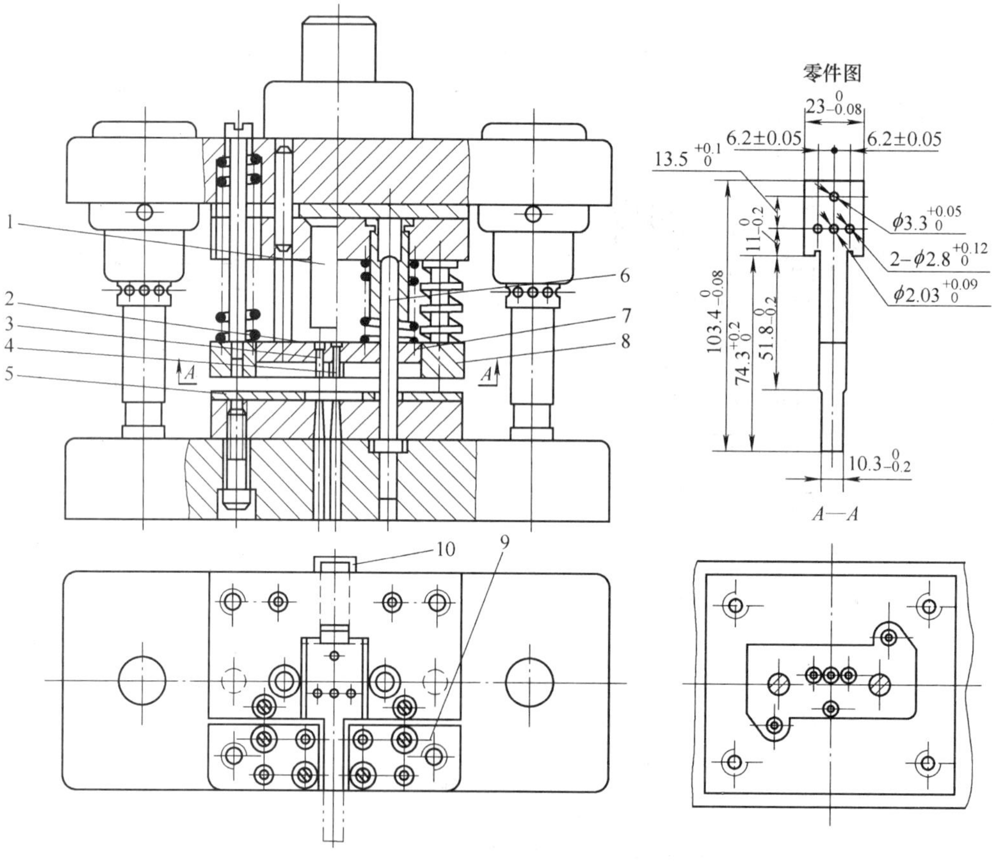

图2-35 超短凸模的小孔冲模

1、9—定位板 2、3、4—小凸模 5—冲击块 6—导柱 7—小压板 8—大压板 10—侧压块

（2）复合模 在压力机的一次工作行程中，在模具同一位置上（只有一个工位）同时完成几个不同的冲压工序的模具，称为复合模。冲孔落料复合模是最常用的复合冲裁模。复合模的特点是：结构紧凑，生产率高，冲件精度高，特别是冲件孔对外形的位置精度容易保证。但复合模结构复杂，对模具精度要求较高，制造难度较大，主要用于批量大、精度要求

高的冲裁件的生产。冲孔落料复合模是最常用的复合冲裁模。其中将落料凹模装在上模的复合模，称为倒装复合模，反之称为正装复合模。倒装复合模在生产中应用较广。

1）倒装式落料冲孔复合模。如图2-36所示是实际生产中用于冲裁不锈钢弧形垫片的倒装式落料冲孔复合模，该模具采用倒装式复合模结构，落料凹模装在上模部分，并在凹模中装推件装置。开始工作时，将条料放在卸料板6上，并由挡料销16、导料销15定位。当压力机滑块下行，上模下降，卸料板受上模作用随之下降，聚氨酯5压缩，条料被压紧。当上模继续下行时，上下模闭合，凸凹模4与凹模7相对作用将工件外缘冲裁切断，并顶入凹模中，与此同时，凸模13与凸凹模4内孔相对作用冲出内孔，工艺废料进入凸凹模4中，并因自重而自由落下，工件冲裁完成。此时，滑块回升带动上模上升，由于进入凹模7中的冲裁件使推件块相对凹模上移，压力机上的横扛（俗称“扁担”）阻止推件装置中的打杆11上行，横杆反向推动打杆向下，打下推件块14，将冲裁件推出凹模外，而卸料板在橡胶的反作用下，将条料刮出凸凹模，完成冲裁全过程。

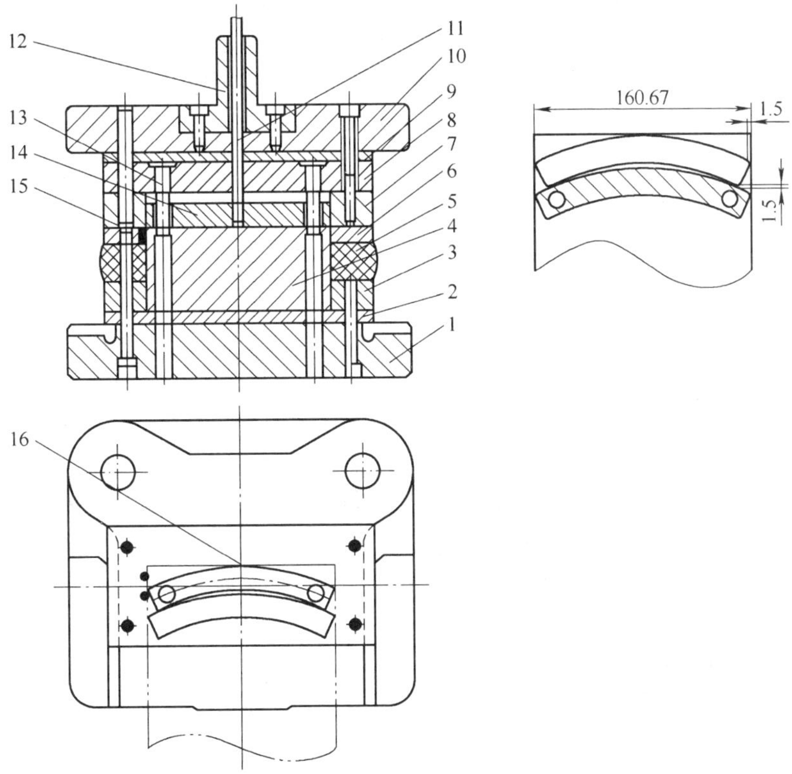

图2-36　倒装式落料冲孔复合模

1—下模座板　2—螺钉　3—凸凹模固定板　4—凸凹模　5—聚氨酯　6—卸料板　7—凹模　8—凸模固定板　9—垫板　10—上模座板　11—打杆　12—模柄　13—凸模　14—推件块　15—导料销　16—挡料销

2）正装式冲孔落料复合模。如图2-37所示，该模具采用正装式复合模结构。落料凹模8装在下模部分，并在凹模中装有顶板顶件，凸凹模6中装有推料装置，每次冲裁行程完成，推料装置中得到打杆1推动推板3并推动推杆4推出冲孔废料。它的特点是冲孔废料可从凸凹模中推出，使型孔内不积聚废料，凸凹模胀裂力小，故凹模壁厚比倒装复合模最小壁厚小，冲件平直度较高。

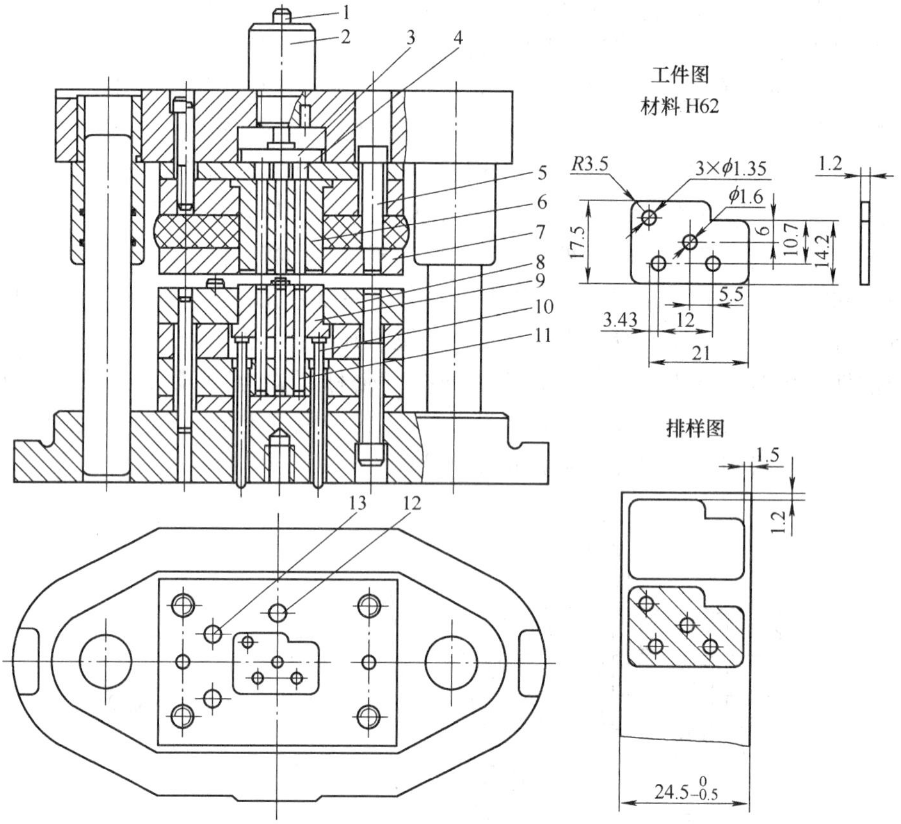

图 2-37　正装式冲孔落料复合模

1—打杆　2—模柄　3—推板　4—推杆　5—卸料螺钉　6—凸凹模　7—卸料板　8—落料凹模
9—顶件块　10—带肩顶杆　11—冲孔凸模　12—挡料销　13—导料销

（3）连续模　连续模是指在压力机一次工作行程中，在一副模具上依次在几个不同的位置同时完成多道工序的冲模。由于用连续模冲压时，冲裁件是依次在几个不同位置上逐步冲出的，因此要控制冲裁件的孔与外形的相对位置精度就必须严格控制送料步距。为此，连续模有多种基本结构类型。

2. 冲裁模结构类型的选择

模具结构类型的选择是以合理的工艺方案为基础的，在综合考虑冲裁件的结构特点、公差等级、尺寸形状和厚度、材料种类、生产批量以及制模条件、压力设备等因素之后，合理选择模具结构类型，确定冲裁模的组合方式时，一般根据以下条件：

1）根据冲裁件生产批量的多少，来确定是采用简易冲裁模结构还是复杂冲模结构。一般来说，生产批量小、试制生产时，考虑采用寿命短、成本低的简易单工序冲裁模较为合适，中批和大批生产时，考虑采用复合冲裁模和连续冲裁模较为合适。

2）根据冲裁件的尺寸要求来确定冲裁模类型。一般复合模冲裁的冲件质量高（复合模因为避免了多次冲压时的定位误差，其尺寸精度最高能达到 IT9 级以上，再加上复合模结构本身的特点，制件的平整度也较高，尤其是正装复合模），简易冲裁模冲裁的冲件质量较差，连续模冲裁的冲件质量一般高于简易模而低于复合模。

3）从实现冲压生产机械化与自动化生产的角度来说，选用连续模比选用复合模和单工序模具容易些。这是因为复合模的废料和工件排除较困难。

4）从生产的通用性来说，单工序模具通用性最好，不仅适合于中小批量的中小型冲件的生产，也适合大型冲件的生产。连续模不适合大型工件的生产。

5）必须根据压力设备资料选择模具结构类型，特别是首先要根据冲裁件加工厂的现有压力设备选择模具结构，现有压力设备不足才考虑外借和购买压力设备。

6）从冲压生产的安全性来说，连续模比单工序模和复合模安全。

综上所述，在确定冲裁模的工序组合方式时，对于精度要求高、小批量及试制生产或工件外形较大，厚度又较厚的工件，应该考虑用单工序模具。而对精度要求高、生产批量大的工件的冲压，应采用复合模；对精度要求一般，又是大批量生产时，应采用连续模结构。

任务准备

模具挂图、模具实物及拆该模具的工具，多种冲件实物。

任务实施

1）课堂上结合挂图，模具实物讲述，并将模具实物大体拆开观看，观察冲件实物。

2）布置相关课外作业。

3）课程进行一定程度时，安排到多媒体教室进行视频教学。

4）实习期间详细反复拆装模具实物。

检查评议

检查项目、考核要求及评分标准见表 2-9。

表 2-9　检查评分表

序号	检查项目	考核要求	配分	评分标准	得分
1	课前准备	模具结构图、实物及冲件实物的识别	5	具备模具结构图、实物及冲件实物的识别的能力	
2	冲裁模结构组成	充分熟悉模具结构	20	能结合图或物详细地说明模具结构的六大组成部分	
3	冲裁断面分析	熟悉冲裁断面特征	10	能从冲裁断面状况分析间隙大小、模具刃口状况等	
4	冲裁间隙确定	熟悉间隙值确定方法	15	熟练掌握间隙值确定的经验法	
5	凸、凹模刃口尺寸计算	熟悉凸、凹模刃口尺寸计算原则和计算方法	20	可熟练确定各类型凸、凹模刃口尺寸	
6	冲裁排样图绘制	熟悉冲裁排样图中的各项内容及确定方法	10	能完整准确地绘制冲裁排样图	
7	冲裁力、冲压力及压力中心确定	熟悉冲压力的计算方法及压力中心的确定方法	20	会计算冲压力及确定压力中心	

问题及防治

对模具各组成部分作用了解不透；挡销料在凹模刃口边的位置不会确定；模柄和防转销的类型不会配合使用，常发生旋入式模柄使用圆柱销钉；同时使用的一组卸料螺钉长短不一；误把冲裁力当冲压力；误把圆面积当成圆剪切面积；模具拆、装时操作不规范，不对号入座，正、反面，前后方向装错；不会根据冲裁断面进行分析等。针对上述等问题详细讲述和反复实际演练。

复习题

1. 何谓冲裁间隙？如何按经验法确定冲裁间隙？

2. 根据冲裁件断面的四个特征区（　　）、（　　）、（　　）、（　　）分析冲裁件质量模具状况等。

3. 搭边值最小宽度大于（　　），一般可取（　　），步距等于（　　）。

4. 冲压力包括（　　）、（　　）、（　　）、（　　）等。

5. 简述压力中心的确定方法。

6. 简述冲裁模结构的大概组成部分。

7. 按图 2-38 所示冲裁零件，确定其冲孔落料复合模的凸模、凹模刃口尺寸、间隙大小及冲裁力。（参考数据：材料 10#，$\sigma_b = 335\text{MPa}$，零件公差等级为 IT13 级，X 取 $X = 0.75$）

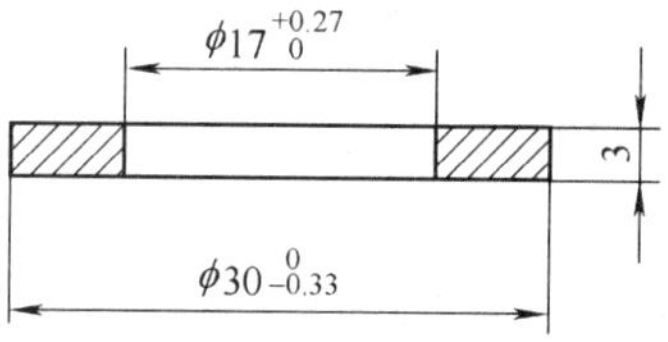

图　2-38

任务 2　设计冲裁模零部件

学习目标

1. 重点掌握凸、凹、凸凹模结构及尺寸设计。

2. 重点了解凸、凹、凸凹模的制造工艺过程，掌握常用的制造方法及 1 ~2 种先进制造方法。

3. 会进行定位零件的设计。

4. 掌握标准模架及标准件的选用方法。

5. 熟悉冲裁模材料及热处理要求并会选用。

任务描述

本任务主要介绍冲裁模中各组成件的作用与设计，叙述了冲裁模材料及热处理要求、成形零件制造方法及标准模架及各种标准件的选用。

任务分析

根据任务描述，冲裁模设计及制造应注意以下几个方面的问题：

1）模具结构设计的合理性。

2）模具材料的选用及热处理要求。

3）拟定合理的加工工艺。

4）合理选用标准模架及各种标准件。

相关知识

一、成形零件的设计

由于冲压模的结构、形式等与模具尺寸有关，首先要明确小、中、大型模具类型的小、中、大的具体概念，才能进一步确定冲压模的结构、形式，从而进行成形零件的具体设计。目前，一般以模具底座的半周长——长（L）+宽（B）来划分模具的大小类型：

小型冲压模：$L+B<1400\text{mm}$。

中型冲压模：$1400\text{mm}\leqslant L+B\leqslant 2500\text{mm}$。

中大型冲压模：$2500\text{mm}<L+B\leqslant 4500\text{mm}$。

大型冲压模：$L+B>4500\text{mm}$。

1. 凸模

凸模是冲裁模中被冲制件或废料所包容的重要工作零件，它与凹模配合直接对材料进行分离工作。

（1）凸模结构与固定　由于冲件的形状和尺寸不同，凸模的种类、结构形式、固定方式也不同。按凸模的工作截面断面分为圆形凸模、方形凸模、矩形凸模和异形凸模；按凸模的结构分为整体式凸模和镶拼式凸模；按凸模的固定方式分为台肩固定凸模、螺钉销钉固定凸模、浇铸法固定凸模等多种。圆形凸模结构与固定如图 2-39 所示，异形凸模结构与固定如图 2-40、图 2-41 所示。

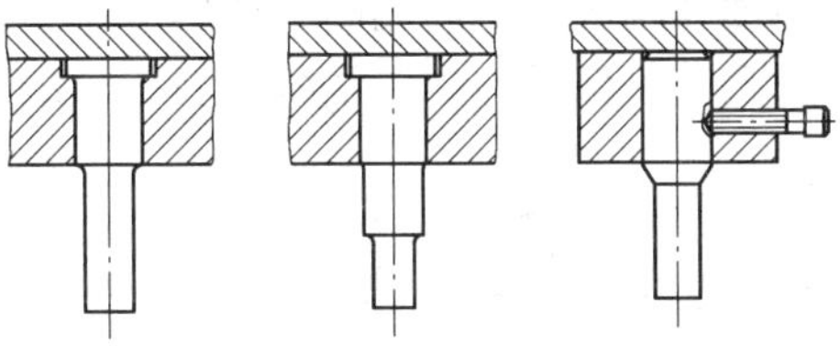

a)　b)　c)

图 2-39　圆形凸模结构与固定

a）大直径的凸模　b）较小直径的凸模　c）快换式的小凸模

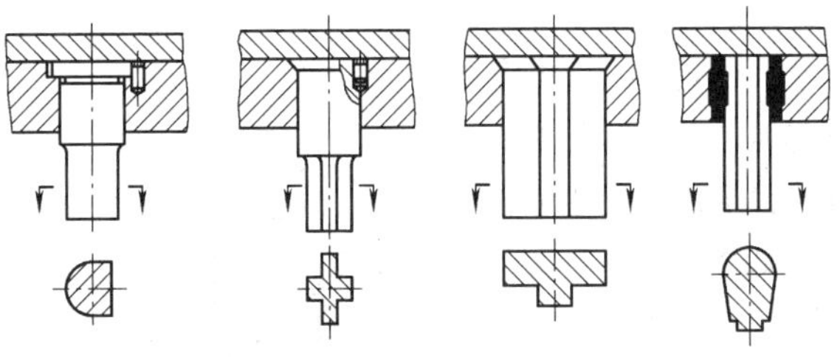

a)　b)　c)　d)

图 2-40　异形凸模结构与固定（一）

a）过渡配合固定（台肩式）　b）铆接固定（台阶式）

c）铆接固定（镶拼直通式）　d）浇铸法固定（直通式）

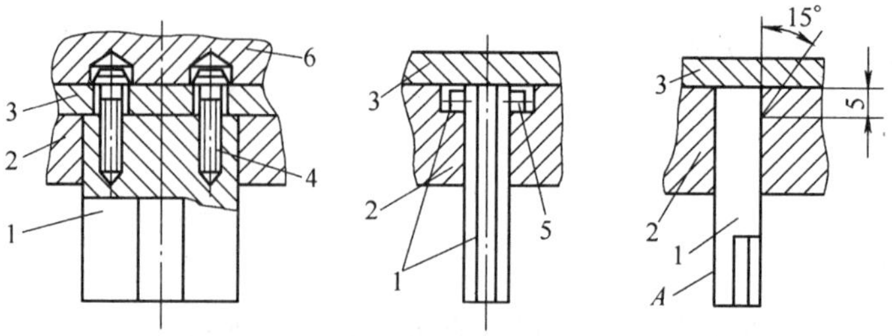

图 2-41　异形凸模结构与固定（二）
1—凸模　2—凸模固定板　3—垫板　4—吊装螺钉　5—吊装横销　6—上模座板

凸模不管其断面形状如何，其基本结构均由安装固定部分和工作部分两大部分组成。整体直通式凸模的工作部分和固定部分的形状与尺寸做成一致，这类凸模便于进行成形磨削或线切割加工，容易保证加工精度；而整体台阶式凸模的工作部分非圆形截面，加工比较麻烦，固定部分其截面可做成圆形，制造方便，但必须安装防转销，防止工作时凸模转动打坏模具。

台阶式的凸模强度刚性较好，装配修磨方便，轴向采用台肩和垫板固定，径向采用过渡配合与凸模固定板固定，应用较广泛；直通式凸模可用铆接固定，铆接部位的硬度要比工作部分的硬度低（此部位局部退火处理）；直通式凸模也可用低熔点合金浇注或粘结剂固定，当多凸模冲裁时（如电机定、转子冲槽孔），可以简化多凸模固定板加工工艺，便于在装配时保证凸模与凹模合理均匀的间隙。

冲裁加工中，常遇到小孔冲裁。所谓小孔，一般是指孔径 d 小于被冲板料的厚度或直径 $d<1\text{mm}$ 的圆孔或面积 $A<1\text{mm}^2$ 的异形孔。冲小孔的凸模强度和刚度差，容易弯曲和折断，所以必须采取措施提高它的强度和刚度，从而提高其使用寿命。常用护套来保护凸模，并以卸料板导向，其效果较好，小孔凸模保护与导向结构如图 2-42 所示。

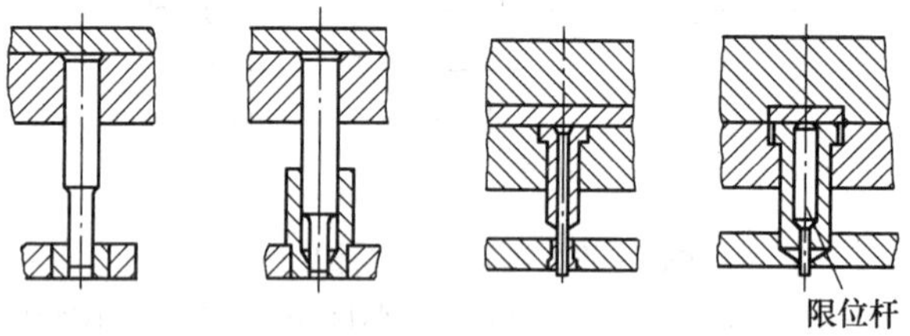

图 2-42　小孔凸模保护与导向结构

（2）凸模长度计算　凸模长度尺寸应根据模具的具体结构，并考虑凸模修磨量、固定板与卸料板之间的安全距离及装配等的需要来确定，凸模长度尺寸如图 2-43 所示。

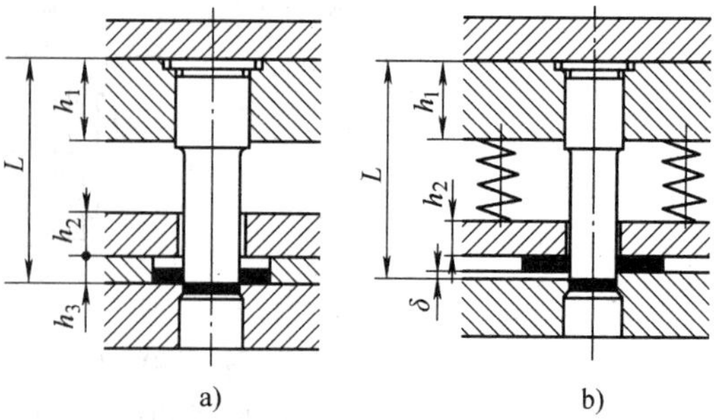

图 2-43　凸模长度尺寸

当采用固定卸料板时（如图 2-43a 所示），凸模长度按下式计算：

$$L=h_1+h_2+h_3+h$$

当采用弹性卸料板时（如图 2-43b 所示），凸模长度一般按下式计算：

$$L = h_1 + h_2 + \delta + h$$

式中　L——凸模长度（mm）；

h_1——凸模固定板厚度（mm）；

h_2——卸料板厚度（mm）；

h_3——导料板厚度（mm）；

δ——材料厚度（mm）；

h——增加长度，它包括凸模的修模量，凸模进入凹模的深度，凸模固定板与卸料板之间的安全距离等。一般取 $h = 10 \sim 20$mm。

有时为了安装适当的弹簧，让弹簧能正常工作，按照上述方法计算出的凸模长度还要适当进行调整，并参考国家标准得出凸模的实际长度。冷冲模国家标准对凸模长度已系列化，长度有 30mm、32mm、36mm、38mm、40mm、42mm、45mm、48mm、50mm、52mm、55mm、58mm、60mm、65mm、70mm、80mm、90mm、100mm 等。

（3）凸模的强度校核　在一般情况下，凸模的强度和刚度是足够的，无需进行强度核算。但对特别细长的凸模或凸模的截面尺寸很小而冲裁的板料厚度较厚的凸模，则必须进行承压能力和抗纵弯曲能力的校核。其目的是检查凸模的危险断面尺寸和自由长度是否满足要求，以防止凸模纵向失稳和折断。冲裁凸模的强度校核计算公式见表 2-10。

表 2-10　冲裁凸模的强度校核计算公式

<table>
<tr><th>校核内容</th><th colspan="3">计算公式</th><th>式中符号意义</th></tr>
<tr><td rowspan="3">弯曲应力</td><td>简图</td><td>无导向
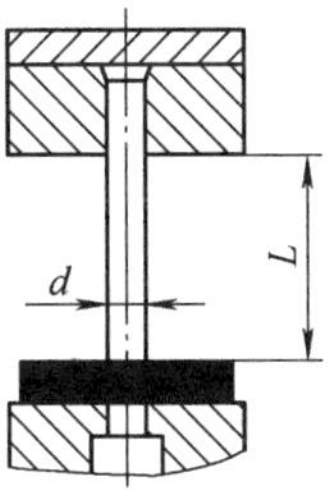</td><td>有导向
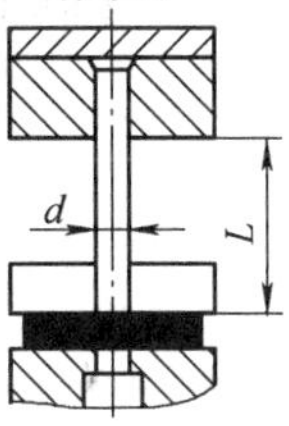</td><td rowspan="5">L——凸模允许的最大自由长度（mm）
d——凸模最小直径（mm）
τ——凸模最小断面（mm²）
J——凸模最小断面的惯性矩（mm⁴）
F——冲裁力（N）
t——冲压材料抗剪强度（MPa）
$[\sigma_{压}]$——凸模材料的许用压应力（MPa），碳素工具钢淬火后的许用压应力一般为淬火前的 1.5～3 倍</td></tr>
<tr><td>圆形</td><td>$L = \leqslant 90\frac{d^2}{\sqrt{F}}$</td><td>$L = \leqslant 270\frac{d^2}{\sqrt{F}}$</td></tr>
<tr><td>非圆形</td><td>$L \leqslant 416\sqrt{\frac{J}{F}}$</td><td>$L \leqslant 1180\sqrt{\frac{J}{F}}$</td></tr>
<tr><td rowspan="2">压应力</td><td>圆形</td><td colspan="2">$d \geqslant \frac{4t\tau}{[\sigma_{压}]}$</td></tr>
<tr><td>非圆形</td><td colspan="2">$d \geqslant \frac{F}{[\sigma_{压}]}$</td></tr>
</table>

2. 凹模

凹模是在冲压过程中，与凸模配合直接对材料进行分离的重要工作零件。其结构有整体式和镶拼式两种，其刃口形状有平刃口和斜刃口两种，下面以整体式凹模进行介绍。

（1）凹模刃口形状　凹模刃口形状是指凹模型孔的轴剖面形状，其基本形式有以下两种：

1）直筒式（直壁式）。孔刃口侧直壁面与孔刃口顶面相互垂直，刃口横向尺寸不随顶面修磨而增大。故冲件精度较高，刃口强度也较好，加工较方便。但刃口冲裁时磨损较大，且孔口侧直壁面磨损后会形成倒锥形，因此每次修磨时刃口的修磨量大，总寿命低。冲裁时，由于刃口侧直壁面有一定的直壁高度，工件或废料不是每次冲裁完成后落下出模，易在孔内积存，严重时会导致凹模胀裂。该结构形式主要用于冲裁形状复杂或精度要求较高的冲件。

2）锥口式（斜壁式）。其特点与直壁式相反，在一般的工件或废料向下落的模具中应用广泛。

上述两种凹模刃口形式、应用范围及主要参数可查表2-11。

表2-11　冲裁凹模刃口形式、应用范围及主要参数

刃口形式	序号	简图	特点及适用范围
直筒形刃口	1	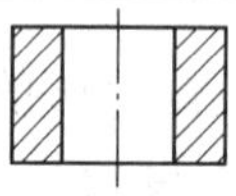	1. 刃口为直通式，强度高，修磨后刃口尺寸不变 2. 用于冲裁大型或精度要求较高的零件，模具装有顶出装置，不适用于下漏料的模具
	2	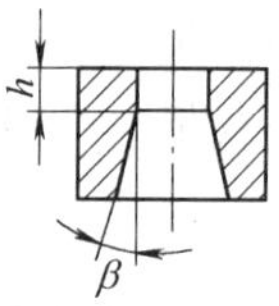	1. 刃口强度较高，修磨后刃口尺寸不变 2. 凹模内易积存废料或冲裁件，尤其间隙较小时，刃口直壁部分磨损较快 3. 用于冲裁形状复杂或精度要求较高的零件
	3	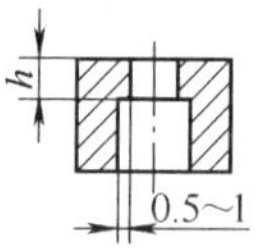	1. 特点同序号2，且刃口直壁下面的扩大部分可使凹模加工简单，但采用下漏料方式时刃口强度不如序号2的刃口强度高 2. 用于冲裁形状复杂或精度要求较高的中、小型件，也可用于装有顶出装置的模具
	4	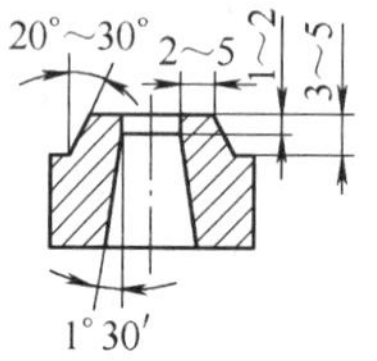	1. 凹模硬度较低，一般为40HRC（有时可不淬火），可用于锤子敲击刃口外侧、斜面以调整冲裁间隙 2. 用于冲裁薄而软的金属或非金属零件
锥形刃口	5	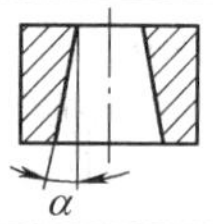	1. 刃口强度较差，修磨后刃口尺寸略有增大 2. 凹模内不易积存废料或冲裁件，刃口内壁磨损较慢 3. 用于冲裁形状简单、精度要求不高的零件
	6	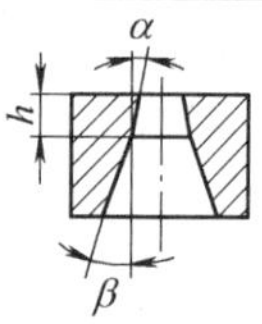	1. 特点同序号5 2. 可用于冲裁形状较复杂的零件

主要参数	材料厚度 δ/mm	α/′	β/°	刃口高度 h/mm	备注
	<0.5 0.5~1 1~2.5	15	2	≥4 ≥5 ≥6	α值适用于钳工加工。采用线切割加工时，可取$\alpha = 5' \sim 20'$
	2.5~6	30	3	≥8	
	>6			≥10	

（2）凹模的外形及尺寸确定

1）凹模的外形。依冲裁件的形状而确定，一般为圆形和矩形两种。当冲裁中小型工件时，常采用圆形凹模；大型工件的冲裁，则采用矩形凹模。

2）凹模的外形尺寸。指其平面尺寸和厚度，它是确定全副模具中各组成件的关键尺寸，一经确定，其他组成件尺寸相应而生。由于冲裁时凹模承受冲裁力和侧向挤压力的作用，受力状态比较复杂，目前还不能用理论方法精确计算，在实际生产中凹模刃口的横向尺寸，常采用经验法概略确定，且不必进行刚度、强度的校核，即可满足要求，凹模外形尺寸计算如图2-44所示。

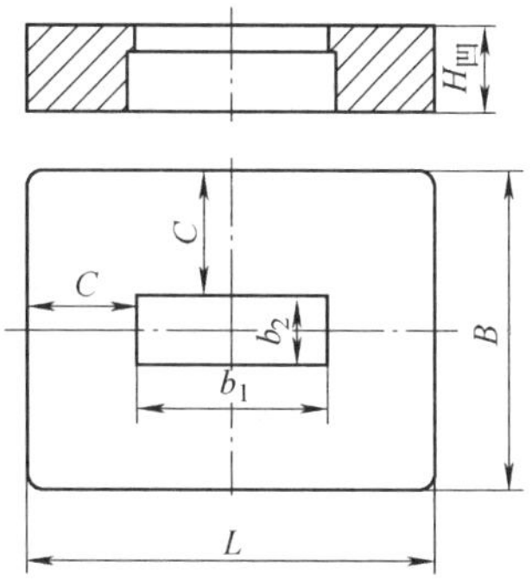

图2-44　凹模外形尺寸计算

① 经验公式。

a. 凹模厚度 $H_凹$（≥15mm）。$H_凹 = Kb_1$。

若凹模中有推件块装置，则需要考虑一定的推出距离。

b. 凹模壁厚 C。$C =（1.5 \sim 2）H_凹$（≥30～40mm）

式中　b_1——凹模刃口的最大基本尺寸（即工件冲裁部位的长边尺寸）（mm）；

K——系数（0.1～0.6），长边尺寸大且料薄，取小值；尺寸小且料厚，取大值。

c. 刃口与刃口之间的壁厚。可按凸凹模最小壁厚计算，即为冲件料厚的2～3.5倍。

② 经验数据。直接取 C 为50mm左右（注：略大于设计要求 C≥30～40mm，此尺寸已考虑凹模的刚度、强度、安装空间、标准模架尺寸等，对小型及中型偏小的模具适用，对中大型的模具可加大此值。这一方法在模具谈判现场报价，工厂的模具设计和制造中，非常适用）。

对于多孔凹模，刃口与刃口之间的距离，应满足强度要求，可按复合模的凸凹模最小壁厚进行设计。

此外，凹模用销钉和螺钉固定时，其螺孔、销孔与凹模刃口边缘的距离、螺孔、销孔至凹模外边缘的距离，均不应过小，以防强度降低。一般取孔径值的1～2倍（小孔取大值，大孔取小值）；螺孔与销孔之间的距离一般不应小于3～5mm。

综合考虑上述诸多因素设计后，计算出凹模外形尺寸，再用国家标准得出凹模外形实际尺寸。

（3）凹模强度校核　按上述方法确定凹模外形尺寸，即可保证凹模有足够的强度和刚度，故对凹模一般不进行强度校核。校核凹模强度的目的主要是检查其厚度 H。因为凹模下面的模板或垫板上的孔口较凹模孔口大，使凹模工作时受弯曲，若凹模厚度不够便会产生弯曲变形以至损坏。因此，当凹模平面尺寸较大（尤其是大型工件的落料凹模）且厚度较薄时，必须进行弯曲应力的校核。

3. 凸凹模

凸凹模是落料冲孔复合模中同时具有落料凸模和冲孔凹模作用的重要工作零件。它的内外缘均为刃口，冲裁件的尺寸要求决定了凸凹模内外缘之间的壁厚值，从强度方面考虑，其壁厚应受到最小值的限制，其大小与哪些因素有关呢？

（1）凸凹模的最小壁厚值　凸凹模的最小壁厚与模具结构有关：当模具为正装结构时，刃口内孔中不积存工件或废料，胀力小，最小壁厚可以小些；当模具为倒装结构时，若内孔为直筒形刃口形式，且采用下漏料方式，则刃口内孔中易积存工件或废料，胀力大，故最小壁厚应大些。

凸凹模的最小壁厚值，目前一般按经验数据确定，倒装复合模的凸凹模最小壁厚为冲件料厚的 2 ~3.5 倍，见表 2-12。正装复合模的凸凹模最小壁厚可比倒装的小些。

表 2-12　倒装复合模的凸凹模最小壁厚 δ

简图	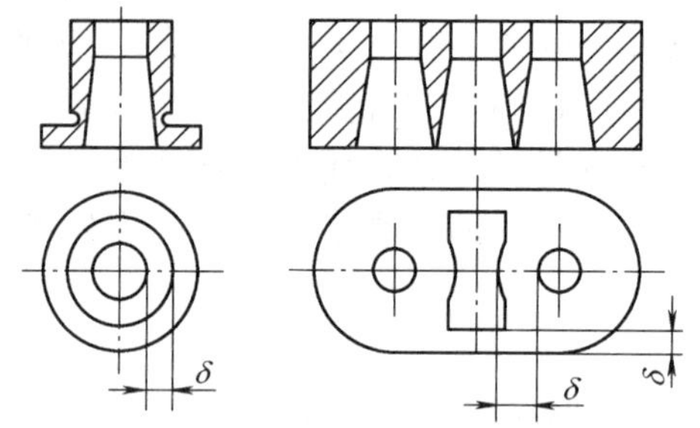										
材料厚度 t/mm	0.4	0.6	0.8	1.0	1.2	1.4	1.6	1.8	2.0	2.2	2.5
最小壁厚 δ/mm	1.4	1.8	2.3	2.7	3.2	3.6	4.0	4.4	4.9	5.2	5.8
材料厚度 t/mm	2.8	3.0	3.2	3.5	3.8	4.0	4.2	4.4	4.6	4.8	5.0
最小壁厚 δ/mm	6.4	6.7	7.1	7.6	8.1	8.5	8.8	9.1	9.4	9.7	10

（2）凸凹模的镶拼结构

1）镶拼结构的应用场合及镶拼方法。大、中型的凸凹模以及形状复杂、局部薄弱的小型凸凹模，一般均采用镶拼结构，如果采用整体式结构，将会给锻造、机械加工或热处理带来困难，而且当发生局部损坏时，整个凸凹模就会报废。

镶拼结构有镶接和拼接两种：镶接是将局部易磨损部分另做成一块，然后镶入凹模体或凹模固定板内，镶接结构如图 2-45 所示；拼接是整个凸凹模的形状按分段原则分成若干块，分别加工后拼接起来，拼接结构如图 2-46 所示。

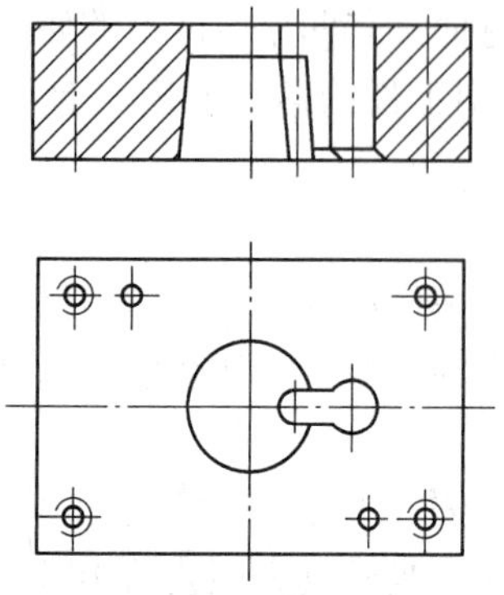

图 2-45　镶接结构

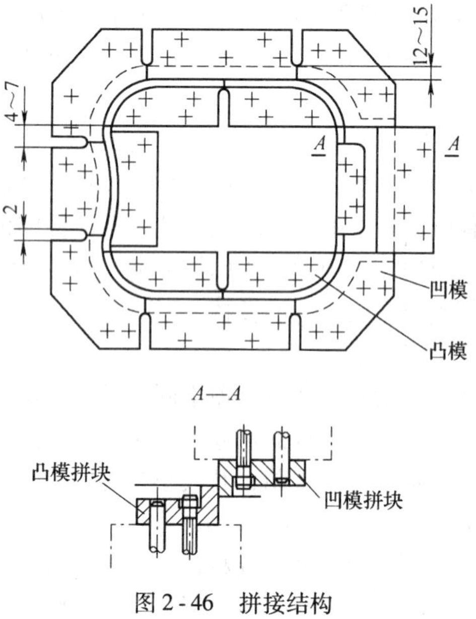

图 2-46　拼接结构

2）镶拼结构设计的一般原则。凸模和凹模镶拼结构设计的依据是凸凹模形状、尺寸及其受力情况、冲裁板料厚度等。为便于加工制造，改善加工工艺性，减少钳工工作量，提高模具的加工精度，镶拼结构设计的一般原则如下：

① 尽量将形状复杂的内形加工变成外形加工，以便于切削加工和成形磨削，同时拼块断面可以做得均匀，以减少热处理变形；见图2-47a、b、c、d、e、f、g、i、j、k等。

② 沿对称轴线分割，使分割后拼块的形状、尺寸相同，可以几块同时加工和磨削，见图2-47a、c、d、f、g、i、k等。

③ 应沿转角、尖角分割，并尽量使拼块角度大于或等于90°，见图2-47j。

④ 圆弧部分尽量单独做成一块，拼接线应在离切点（圆弧与直线的相交点）4～7mm的直线段处，大圆弧段、长直线段可以分为几块拼接，结构见图2-46。

⑤ 拼接线应与刃口垂直，而且不宜过长，一般为12～15mm；拼接线应错开至少3～5mm，结构见图2-46。

⑥ 便于装配调整和维修。

⑦ 比较薄弱或容易磨损的局部凸出或凹进部分应单独分割，做成一块，镶拼结构如图2-47k件3所示。

⑧ 拼块之间的接合面，应能通过磨削或增减垫片方法调整其间隙或保证中心距公差，如图2-47h、i所示。

⑨ 拼块之间应尽量以凸凹槽形镶嵌，便于拼块定位，防止在冲压过程发生相对移动，如图2-47k所示。

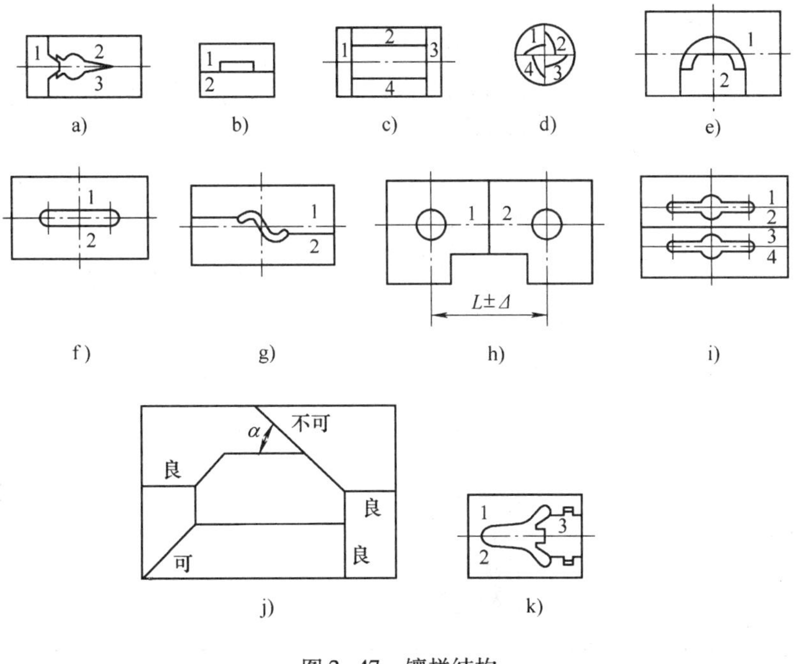

图2-47　镶拼结构

⑩ 满足冲裁工艺要求。为提高冲件质量，减少不必要的冲裁毛刺，凸模与凹模的拼接线应错开3～5mm，以免相接处缝隙相对而产生冲裁毛刺。为了减少冲裁力，大型冲裁件或

厚板冲裁的镶拼模，可以把凸模（冲孔时）或凹模（落料时）制成波浪形斜刃，波浪形斜刃拼块结构如图2-48所示。斜刃应对称，拼接面应取在最低或最高处，每块一个或半个波形，斜刃高度H一般取1~3倍的板料厚度。

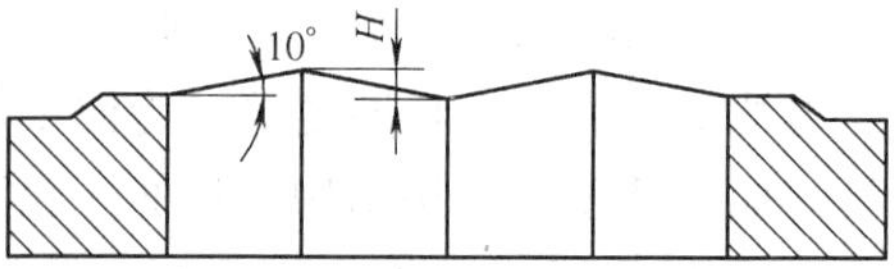

图2-48 波浪形斜刃拼块结构

3）凸凹模镶拼结构的固定方法见表2-13。

表2-13 凸凹模镶拼结构的固定方法

固定方法	简 图	特点及适用范围
平面固定	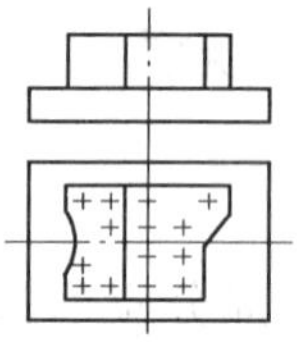	把拼块直接用螺钉、销钉紧固定位于固定板或模座平面上，这种固定方法加工调整方便，主要用于冲裁料厚大于2.5mm的大型镶拼凸凹模
嵌入固定	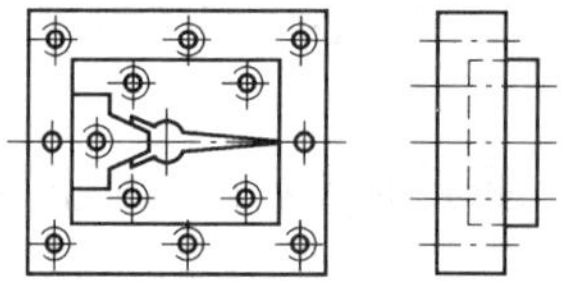	把各拼块拼合后采用过渡配合（如K7/h6）嵌入固定板凹槽内，再用螺钉紧固，主要用于中小型镶拼凸凹模
压入固定	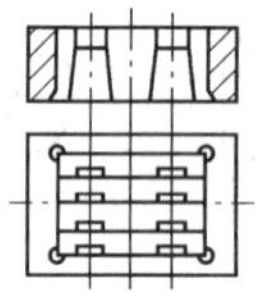	把各拼块拼合后，以过盈配合压入固定板孔内，常用于形式简单的小型拼块
斜楔式固定	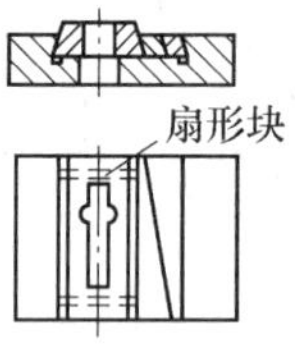	用斜楔将凹模压紧在凹模框中，凹模、模板及斜楔之间无间隙
浇注固定	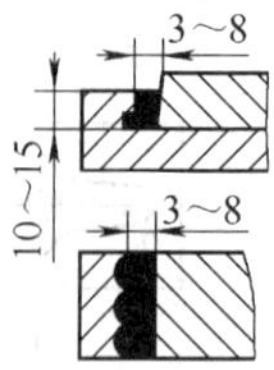	用粘结剂浇注固定，此法固定后调整困难

二、定位零件的设计

冲模的定位零件是用来控制条料的正确送进及单个坯料在模具中的正确位置。条料在模具送料平面中必须有两个方向的限位：一是条料沿正确送进方向上（侧向）的送进限位，称为送进导向或导料；二是条料沿正确送进方向上（轴向）一次送进的距离（步距）限位，称为送料定距或挡料。

当冲制件的毛坯料是块料或工序件时，其定位基本也是上两个方向上的限位，只是定位零件的结构形式与条料的有所不同而已。

导向的定位零件有导料销、导料板、侧压板等；定距的定位零件有挡料销、导正销、侧刃等；属于块料或工序件的定位零件有定位销、定位板等。选择定位方式及定位零件时应满足坯料形式、模具结构、冲件精度和生产率等要求。

1. 导料销、导料板

导料销、导料板的作用是使条料或带料的侧向进行导向，以免送偏。

（1）导料销　导料销导向定位多用于单工序模和复合模中。通常选用一般的标准销钉即可，一般用两个，也可用多个（冲件大）。所有导料销位于条料的同侧，其直径大小一致，中心位置在一条中心线上。销与销之间按冲件的尺寸大小有一定的距离，导料销可设在凹模面上，也可以设在弹压卸料板上，还可以设在固定板或下模座平面上，导料销结构如图 2-49 所示。

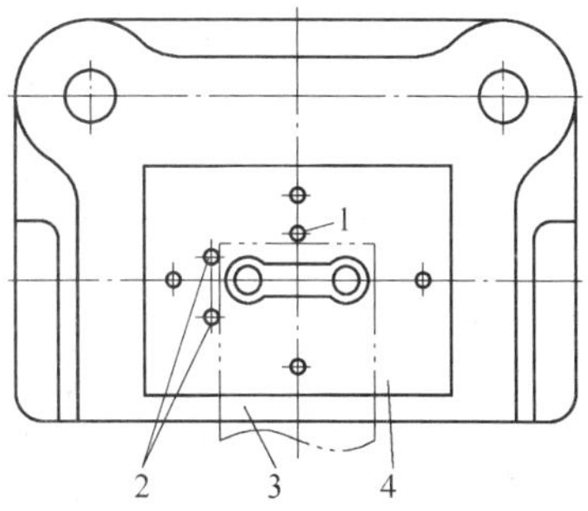

图 2-49　导料销结构

1—挡料销　2—导料销　3—条料　4—凹模

（2）导料板　单工序模或连续模，常采用这种导料板送料导向结构。

导料板一般设在条料两侧，其结构有两种：一种是标准结构，如图 2-50a 所示，它与卸料板（或导板）分开制造；另一种是与卸料板制成整体的结构，如图 2-50b 所示。为使条料顺利通过，两导料板间距离应等于条料宽度加上一个间隙值（见排样及条料宽度计算）。导料板的厚度 *H* 取决于导料方式和板料厚度，见表 2-14。

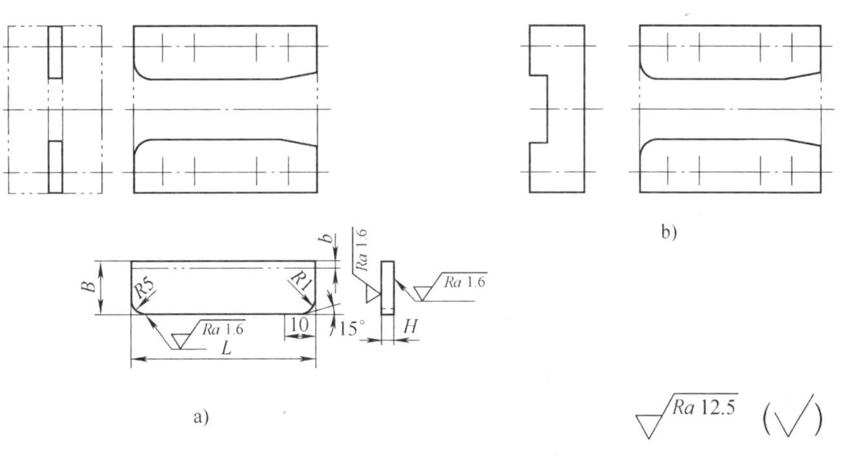

图 2-50　导料板结构

a）分开式　b）整体式

表 2-14　导料板的厚度

简图

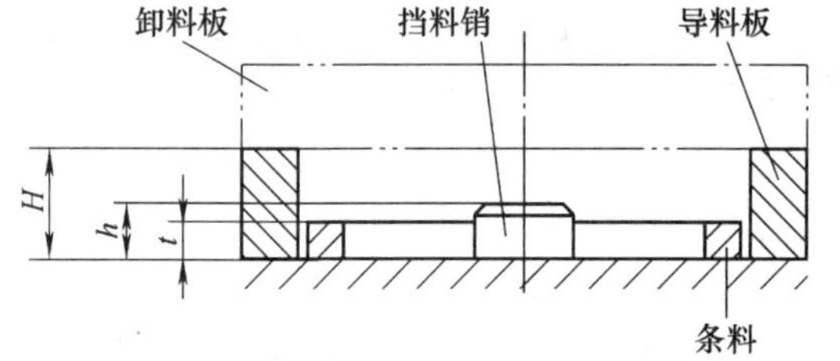

材料厚度 t	挡料销高度 h	导料板厚度 H	
		固定导料销	自动导料销
0.3～2	3	6～8	4～8
2～3	4	8～10	6～8
3～4	4	10～12	8～10
4～6	5	12～15	8～10
6～10	8	15～25	10～15

2. 侧压板

条料在剪切宽度时公差较大，为保证条料在导料板中顺利通过，导料板与条料之间的间隙要求也相应比较大，如此，送料时条料易偏摆，易使冲件偏移条料的中心位置，最小搭边值得不到保证，甚至某一侧的搭边被冲掉，形成冲件外形不完整、条料刚度不足、不易送进等弊病，故在送料方向的一侧，在导料板间加装侧压装置，迫使条料始终紧靠另一侧导料板送进，如图 2-51 所示的件 4、5。

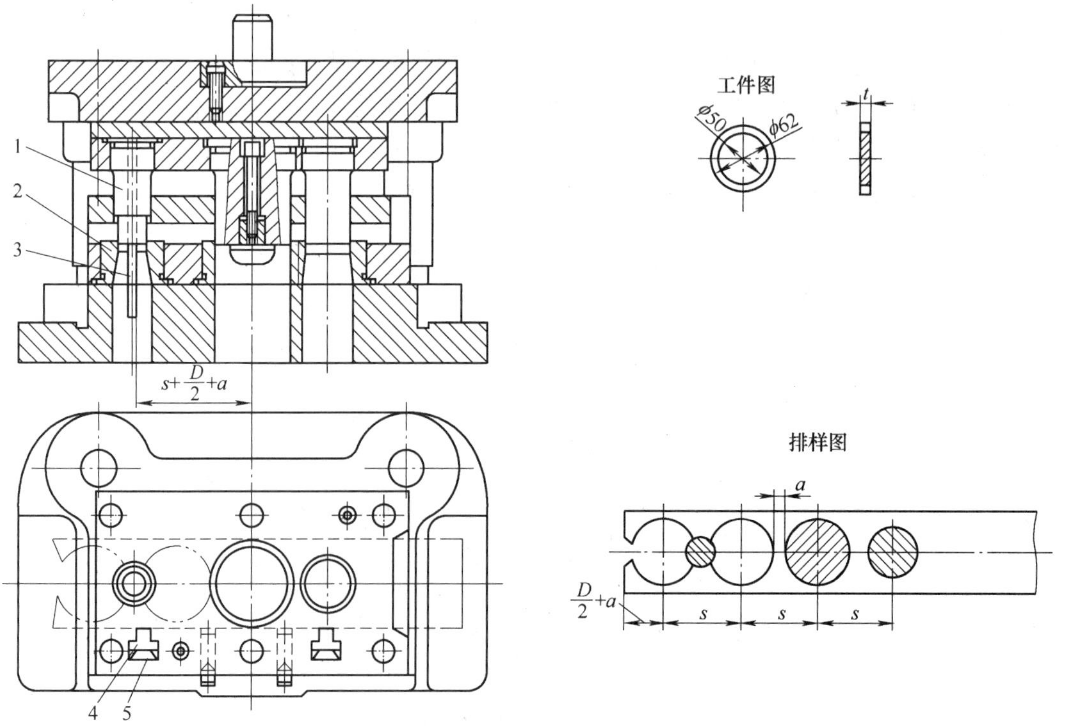

图 2-51　有侧压装置的连续模

1—凸模　2—凹模　3—挡料杆　4—侧压板　5—侧压簧片

侧压装置有多种结构形式，如图2-52所示。如图2-52a所示是弹簧式侧压装置，其侧压力较大，宜用于较厚板料的冲裁模；如图2-52b所示为簧片式侧压装置，侧压力较小，宜用于板料厚度为0.3~1mm的薄板冲裁模。如图2-52c所示是簧片压块式侧压装置，其应用场合同2-52b所示；如图2-52d所示是板式侧压装置，侧压力大且均匀，一般装在模具进料一端，适用于侧刃定距的连续模中。侧压装置结构形式的选用按上述要求进行，其数量和位置没有一定的规定，则要根据实际需要而设计确定。应该注意的是，板料厚度在0.3mm以下的薄板不宜采用侧压装置。另外，由于有侧压装置的模具，送料阻力较大，因而备有辊轴自动送料装置的模具也不宜设置侧压装置。

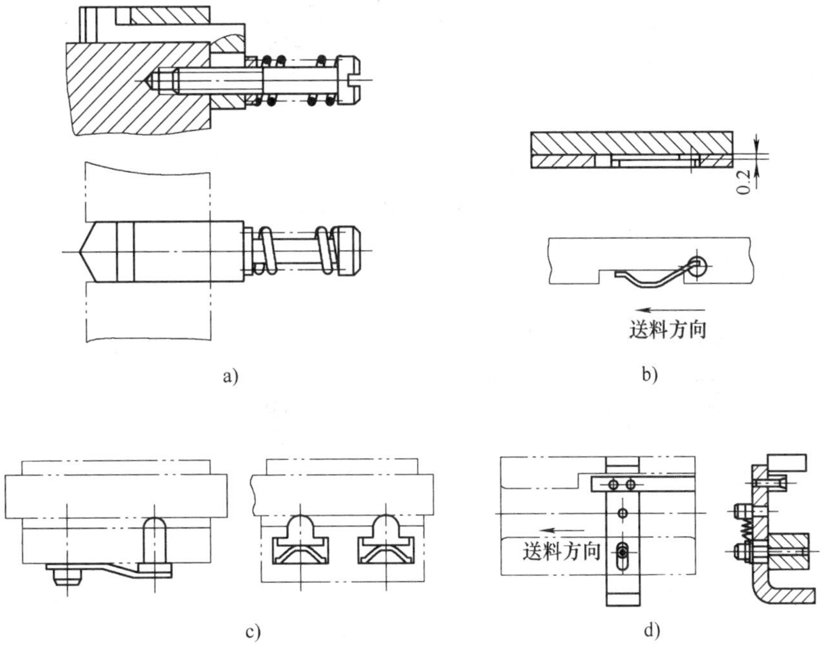

图2-52　侧压装置

a）弹簧式　b）簧片式　c）簧片压块式　d）板式

3. 挡料销

顾名思义挡料销是挡住条料的送进，限定条料的送进距离。它可分为固定挡料销、活动挡料销。

（1）固定挡料销　常采用标准圆柱销，若冲件的搭边值小，其销孔离凹模刃壁较近，会削弱凹模的强度。为此需要采用标准挡料销（如图2-53a所示）或钩形挡料销（如图2-53b所示）。这种挡料销的销孔距离凹模刃壁较远，不会削弱凹模强度。但为了防止钩头在使用过程发生转动，需考虑防转。

（2）活动挡料销　有弹簧式弹顶挡料装置（见图2-54a）、扭簧式弹顶挡料装置（见图2-54b）、橡胶式弹顶挡料装置（见图2-54c）、回带式挡料装置（见图2-54d）等形式。其中回带式挡料装置的挡料销对着送料方向带有斜面，送料时搭边碰撞斜面使挡料销跳起并越过搭边，然后将条料后拉，挡料销便挡住搭边而定位。即每次送料都要先推后拉，作方向相反的两个动作，操作比较麻烦。采用哪一种结构形式的挡料销，需根据卸料方式、卸料装置的具体结构及操作等因素决定。回带式的常用于具有固定卸料板的模具上；其他形式的常用于具有弹压卸料板的模具上。

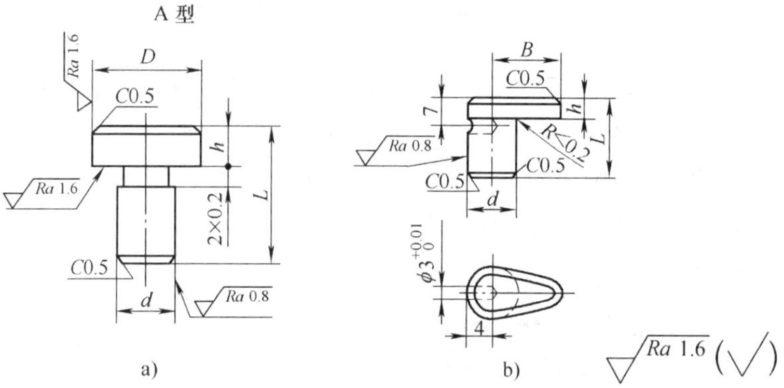

图 2-53　固定挡料销

a）标准挡料销　b）钩形挡料销

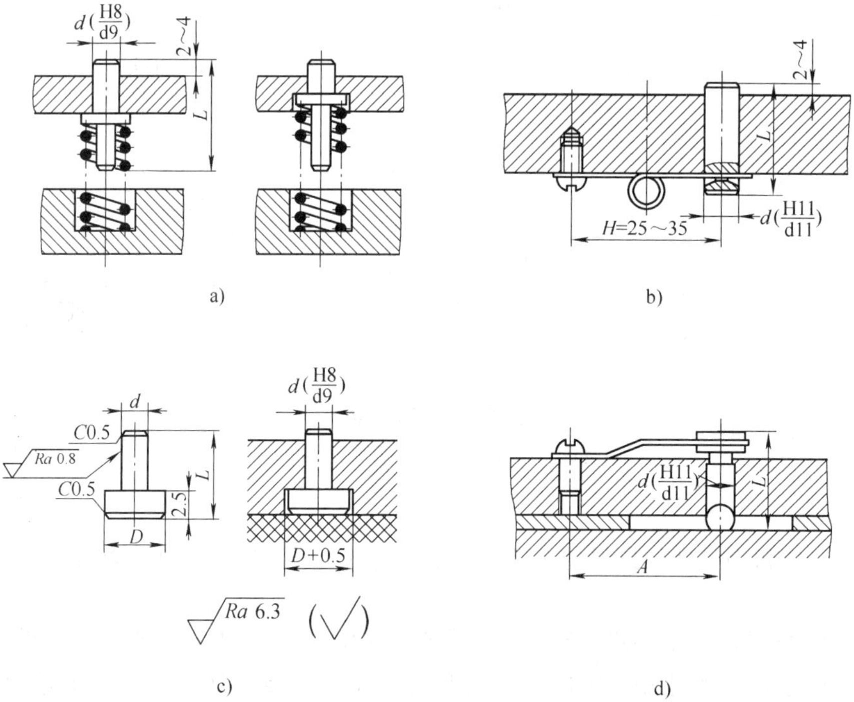

图 2-54　活动挡料销

a）弹簧式　b）扭簧式　c）橡胶式　d）回带式

4. 侧刃

（1）侧刃的概念　侧刃是在条料侧边冲切出一定尺寸缺口的凸模。冲缺口的作用是为了控制条料的送进距离，它定距精度高、可靠，一般用于薄料、定距精度和生产效率要求高的情况，连续模中侧刃定距如图 2-55 所示。

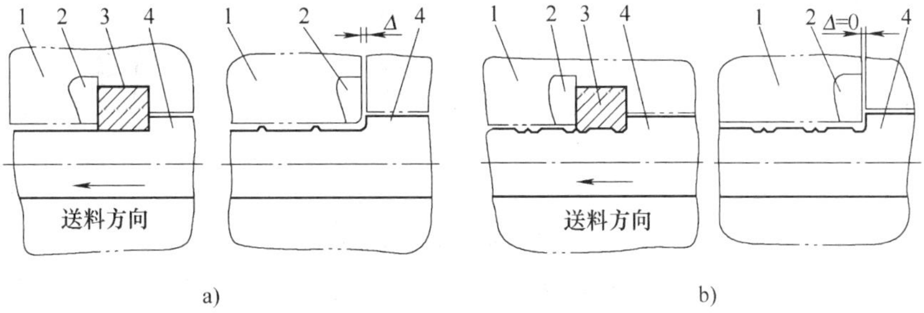

图 2-55　连续模中侧刃定距

1—导料板　2—侧刃挡块　3—侧刃　4—条料

侧刃结构如图 2-56、图 2-57、图 2-58 所示。按侧刃的工作端面形状分为平直型（Ⅰ型）和台阶型（Ⅱ型）两类。Ⅱ型的多用于厚度为 1mm 以上较厚板料的冲裁。冲裁前凸出部分先进入凹模导向，可避免侧压力导致侧刃的损坏（工作时侧刃是单边冲切）。侧刃的截面形状有长方形侧刃、成形侧刃和尖角形侧刃等。如图 2-56 所示，Ⅰ型为长方形侧刃，其结构简单，制造容易，但刃口尖角易磨损，冲裁形成的毛刺会影响送进和定位的准确性，一般用于板料厚度小于 1.5mm，冲裁件精度要求不高的送料定位；如图 2-57 所示，Ⅱ型侧刃，如果条料侧边形成毛刺，由于毛刺离开了导料板和侧刃挡板的定位面，所以送料仍然顺利，定位准确，但侧刃较复杂，制造较难，且这种侧刃使切边宽度增加，耗料增多，用于板料厚度小于 0.5mm，冲裁件精度要求较高的送料定距。

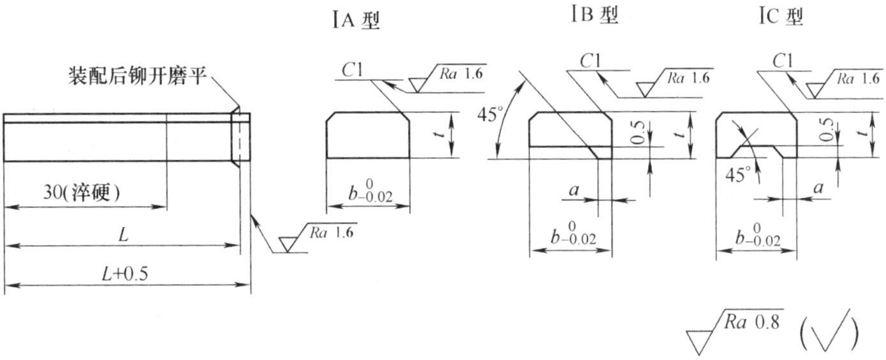

图 2-56　Ⅰ型侧刃结构

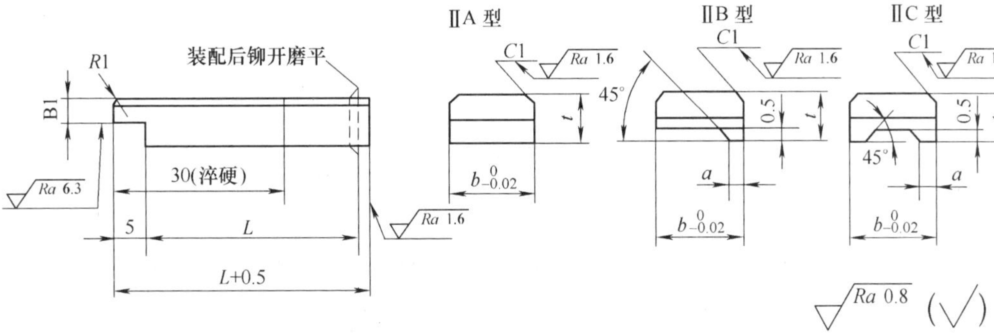

图 2-57　Ⅱ型侧刃结构

如图2-58所示为尖角形侧刃，它与弹簧挡销配合使用。侧刃先在料边冲一缺口，条料送进时，当缺口直边滑过挡销后，再向后拉条料，至挡销直边挡住缺口为止。这种侧刃定距，材料消耗少，但操作不便，生产率低，此侧刃可用于冲裁贵重金属。

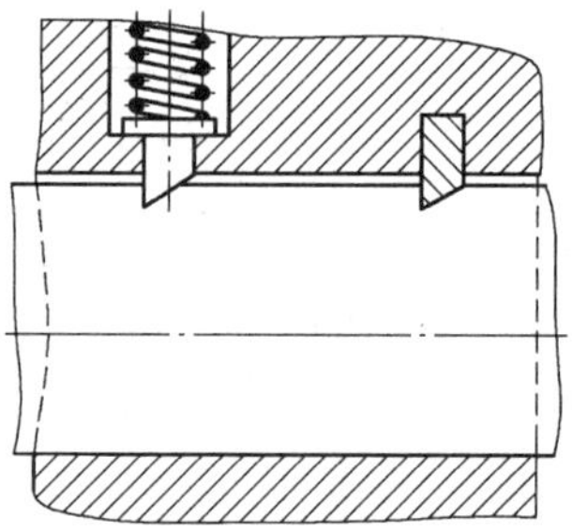

图2-58　尖角形侧刃

侧刃已标准化，除宽度尺寸 b 外，其他尺寸按标准规定。宽度 b 原则上等于送料步距 S，但在侧刃与导正销兼用的连续模中，其宽度 $b=S+(0.05\sim0.1)$ mm；侧刃数量可以是一个，也可以两个，两个侧刃可以在条料两侧并列布置，也可以对角布置，对角布置能够保证料尾的充分利用。

（2）侧刃的选用　一般在下列情况下，采用侧刃来控制条料的送进步距。

1）连续模中，一般采用侧刃来控制条料的送进步距，可以提高生产率。

2）冲裁窄长的工件时，由于步距小，采用定位钉定位困难，这时也采用侧刃来控制条料的送进步距。

3）需要切除条料的侧边作为工件的外形时，采用侧刃定距。

4）被冲材料的厚度较薄（$t<0.5$mm）时，可以采用侧刃定距。

5）被冲材料宽度较大、厚度较小、工位数目较多、冲裁件的精度要求较高时，可以采用双侧刃。采用双侧刃时，两个侧刃可以对称布置，并将两个侧刃一前一后地布置。这种布置方法常用于工步较多的条料、卷料冲压中，这可以降低条料的宽度误差、提高工件的精度、节约料尾。用双侧刃定距时，定位精度高，但材料的利用率要低一些。

5. 导正销

冲裁中先进入已冲孔中，准确地导正条料的位置的定位销称为导正销。主要用于连续模，连续冲裁中，导正销先进入已先冲好的孔中，准确导正条料的位置，消除送进导向、定距的预定位误差，保证孔与外形相对位置公差的要求。导正销通常与挡料销配合使用，也可以与侧刃配合使用。

（1）导正销直径 d　为了使导正销工作可靠，避免折断，一般导正销的直径 $d\geqslant2$mm。若冲件本身有孔径小于2mm的孔，则不宜用导正销导正，但可另外冲直径大于2mm的工艺孔进行导正。

（2）导正销形状　导正销导入部分（即头部）为圆锥形或圆球锥形（俗称“子弹头形”），导正部分、固定部分为圆柱形。导正部分的直径比导正孔径小0.04～0.2mm，见表2-15。

表2-15　导正直径比导正孔径减小值

材料厚度 t/mm	冲孔凸模直径 d_T/mm						
	1.5～6	>6～10	>10～16	>16～24	>24～32	>32～42	>42～60
<1.5	0.04	0.06	0.06	0.08	0.09	0.10	0.12
>1.5～3	0.05	0.07	0.08	0.10	0.12	0.14	0.16
>3～5	0.06	0.08	0.10	0.12	0.16	0.18	0.20

（3）导正销导正部分的高度尺寸见表 2 - 16

表 2 - 16 导正销导正部分的高度尺寸

型式	简 图	特点及适用范围
固定式导正销	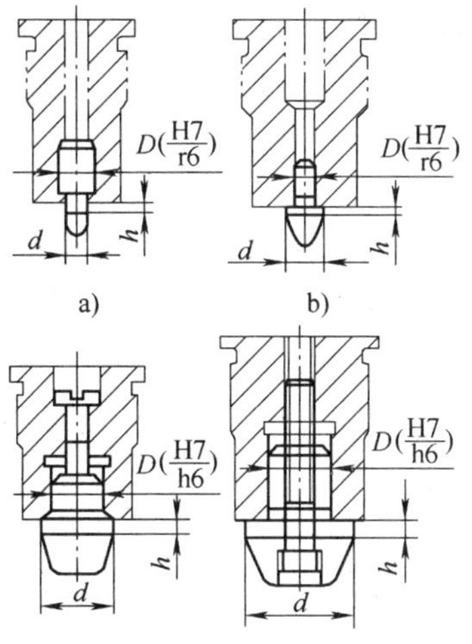 a) b) c) d)	1. 导正销固定在凸模上，与凸模之间不能相对滑动，送料失误时易发生事故 2. 常见于工位少的连续模中。图 a 所示用于 $d<6$mm 的导正孔；图 b 所示用于 $d<10$mm；图 c 所示用于 $d=10\sim30$mm；图 d 所示用于 $d=20\sim50$mm
活动式导正销	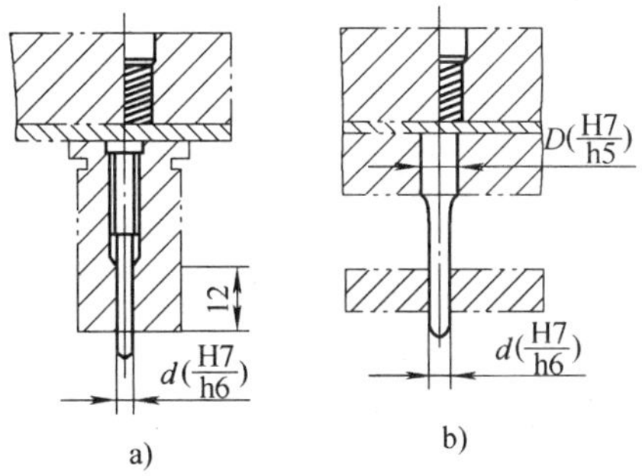 a) b)	1. 导正销装于凸模（图 a）或固定板（图 b）上，与凸模之间能相对滑动，送料失误时导正销可缩回，故在一定程度上能起到保护模具的作用 2. 活动导正销最常见于多工位自动连续模中，一般用于 $d\leqslant10$mm 的导正孔

注：1. 导正销导正部分的直径 d 与导正孔之间的配合一般取 H7/h6 或 H7/h7。
2. 导正销导正部分的高度 h 与料厚 δ 及导正孔有关，一般取 $h=(0.5\sim1.5)\delta$，料薄时取大值，导正孔大时取大值。

6. 定位板和定位销

定位板和定位销是用于单个坯料进行冲裁的定位装置，它们是利用坯料的外形轮廓或内孔部位进行定位，其装置简单，制造容易。其定位方式的选择是根据坯料或工序件的形状复杂性、尺寸大小和冲压工序性质等具体情况决定。外形比较简单的冲件，一般可采用外缘周边定位，如图 2 - 59 所示；外轮廓较复杂的冲件，一般可采用内孔定位，如图 2 - 60 所示。其定位装置中的定位板厚度及定位销中的定位部分的高度（h）等于或略大于坯料厚度尺寸 0 ~ 2mm，即 $h=\delta+(0\sim2)$ mm。

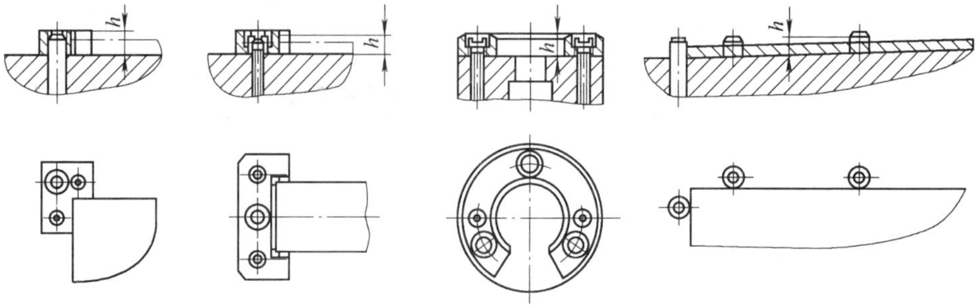

图 2-59　外缘周边定位

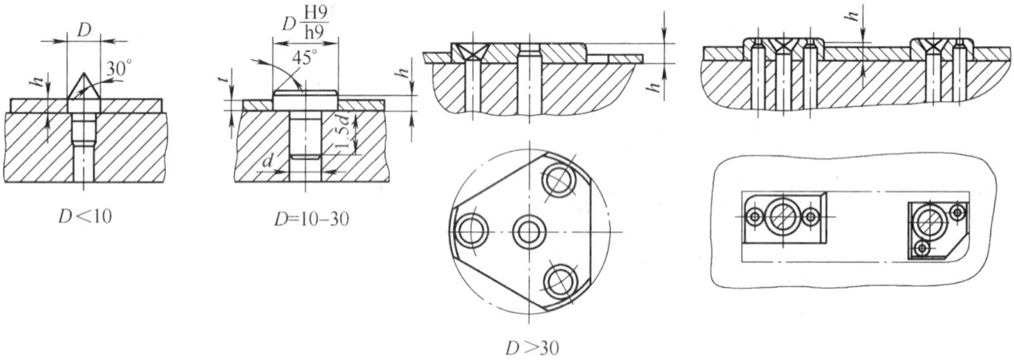

图 2-60　内孔定位

三、卸料装置与推、顶装置的设计

1. 卸料装置

根据冲压工序的不同，一般卸料装置常起压料、卸料的双重作用，压料是冲压前瞬间将已定位好的坯料压紧再冲，卸料是将已冲压完成后卡箍在凸模上或凸凹模上的条料、冲裁件或废料卸掉。有时卸料装置兼起凸模（如小冲头）的导向作用，保证凸模的刚度、强度。卸料装置结构可分为固定卸料装置、弹压卸料装置和废料切刀三种。

（1）固定卸料装置　固定卸料装置由卸料板、螺钉、销钉等组成，装于下模的凹模上，结构简单，卸料力大，使用安全可靠，用于硬料、厚料（$\delta>0.8$mm），平直度要求不是很高的工件的冲裁，多用在连续模中。固定卸料装置如图 2-61 所示，其中图 2-61a、b 所示用于平板的冲裁卸料。图 2-61a 所示的卸料板与导料板为一整体；图 2-61b 所示的卸料板与导料板是分开的。图 2-61c、2-61d 所示一般用于成形后的工序件的冲裁卸料。卸料板与凸模或凸凹模之间的双边间隙一般为 0.2～0.5mm，板料薄时取小值；板料厚时取大值。

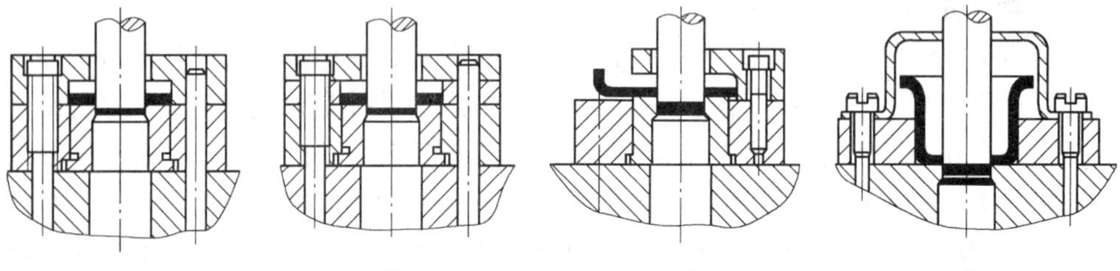

图 2-61　固定卸料装置

（2）弹压卸料装置　弹压卸料装置是由卸料板、弹性元件（弹簧或橡胶）、卸料螺钉等零件组成，见图2-62。既可装于上模上，又可装于下模上，由于卸料力由弹性元件提供，卸料力一般较小，所以多用于薄料、平面度要求高的零件的冲压。当弹压卸料板用作凸模导向时，弹压卸料板与凸模的间隙必须小于冲裁间隙，而且弹压卸料板本身需要用两根以上的小导柱导向，以避免弹压卸料板的摆动和倾斜，增强其导向刚度。

如图2-62a所示的形式用于简单冲裁模。如图2-62b所示是以导料板为送进导向的冲模中使用的弹压卸料装置，卸料板凸台部分的高度伸入导料板压紧坯料。它们都属于正装式模具的弹压卸料装置，装在上下模部分。如图2-62c所示是以弹压卸料板作为细长小凸模的导向，卸料板本身又以两个以上的小导柱导向，以免弹压卸料板产生水平摆动，从而保护小凸模不被折断；如图2-62d、e所示是倒装式模具的弹压卸料装置，装在下模部分。

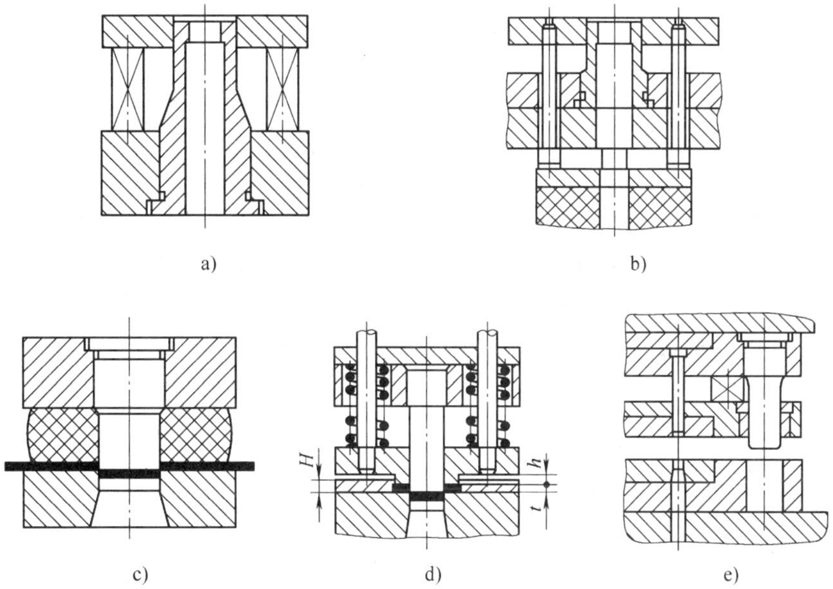

图2-62　弹压卸料装置

固定卸料板孔与凸模的单边间隙一般取（0.1～0.5）δ；弹压卸料板孔与凸模的单边间隙取（0.1～0.2）δ。若卸料板孔兼作凸模导向时，则与凸模的配合应为H7/h6，但其间隙应比凸凹模间隙小。

固定卸料板厚度一般取凹模厚度的0.8～1.0倍，其平面外形尺寸一般与凹模相同；弹压卸料板的厚度应适当薄些，其平面外形尺寸一般等于或大于凹模尺寸。弹压卸料板在模具非闭合的自由状态下，应高出凸模刃口面0.5～1mm，以便顺利卸料。

卸料板一般采用Q235或Q255钢制造；起导向作用的卸料板宜用45钢制造，热处理硬度为40～45HRC。导向部分表面粗糙度值应达到Ra1.6～0.8μm。

（3）废料切刀　对于大型落料件或带凸缘拉深件切边时的卸料工作，往往采用废料切刀代替卸料板将废料切开而卸料。当凹模向下切边时，同时把已切下的废料压向废料切刀上，从而将其切开。对于冲裁形状简单的冲裁模，一般设两个废料切刀且对称布置。对于冲件形状复杂的冲裁模，可以用弹压卸料加废料切刀进行卸料，其结构及工作原理如图2-63、2-64所示。

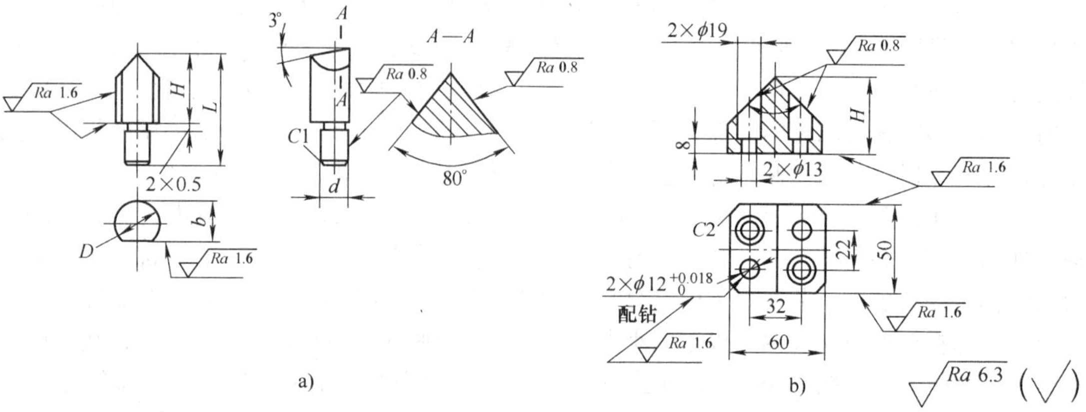

a)　　b)

图 2-63　废料切刀结构

如图 2-63 所示为国家标准规定的废料切刀的结构。其中图 2-63a 所示为圆废料切刀，用于小型模具和薄板废料的切割；图 2-63b 所示为方形废料切刀，用于大型模具和厚板废料的切削。废料切刀刃口的长度应比废料宽度略大些，刃口比凸模刃口低 h，h 大约为板料厚度的 2.5 ~4 倍，并且不小于 2mm，见图 2-64。

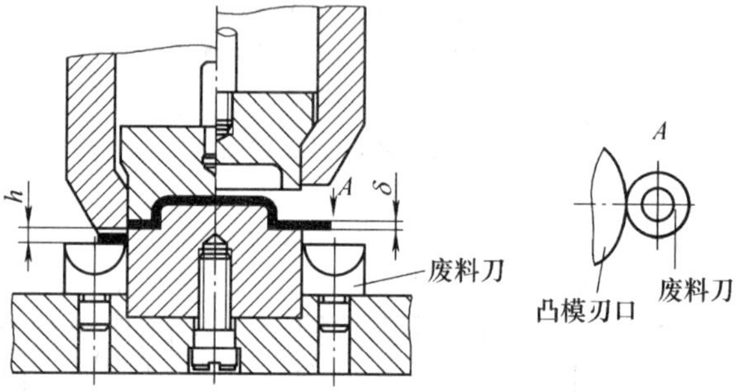

图 2-64　废料切刀工作原理

2. 推、顶出件装置

为了从模具的凹模中推出或顶出已冲件或废料，模具中设置出件装置。向下推出的机构称为推件装置，有刚性推件装置和弹性推件装置两种。向上顶出的机构称为顶件装置。

（1）刚性推件装置　一般装在上模内，其基本结构由打杆、推板、连接推杆和推件块组成，如图 2-65a 所示。也有不需要中间传递结构（由推板和连接推杆组成），而由打杆直接推动推件块，甚至直接由打杆推件，如图 2-65b 所示。

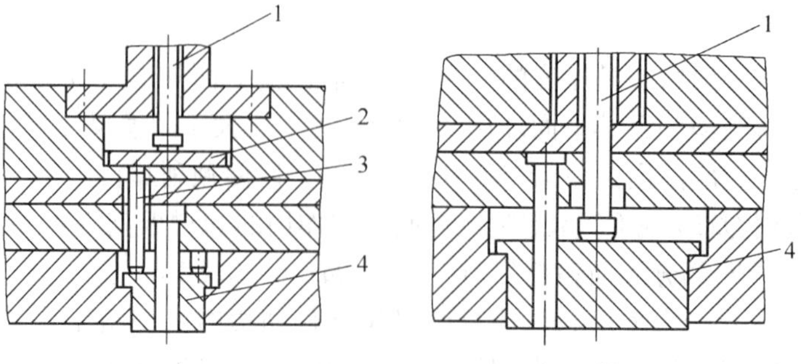

a)　　b)

图 2-65　刚性推件装置

1—打杆　2—推板　3—连接推杆　4—推件块

其工作原理是在冲压结束后上模回程时，压力机滑块上的打料横扛（俗称“扁担”），撞击到模具内的打杆与推件板（块），将含在凹模内的工件或废料推出，其推件力大，工作可靠，较为常用。为了保证不歪斜而平衡地推出工件或废料，连接推杆需要 2 ~ 4 根，长短应一致，且均匀分布；推板要有足够的刚度，其外形及平面尺寸要能够覆盖到连接推杆，不必太大。上述要求在设计时可根据实际需要确定。

（2）弹性推件装置　将弹力元件弹簧或橡皮等装于上模或下模内，如图 2-66 所示。弹性出件装置兼起压料和出件两个作用，尽管出件力不大，但出件平稳无撞击，故多用于冲压大型薄件以及工件精度要求较高的模具。

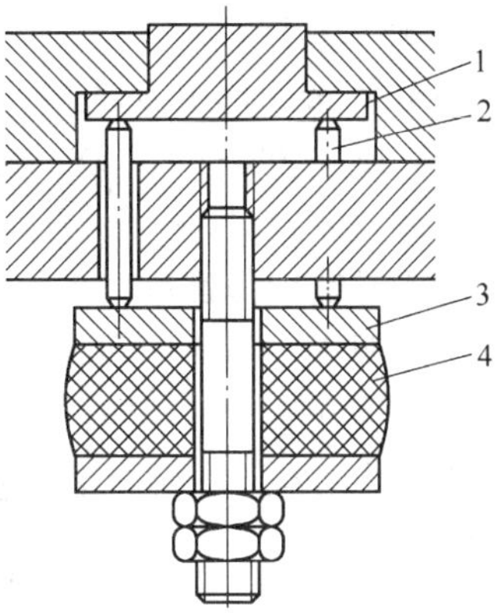

图 2-66　弹性推件装置

1—顶件块　2—顶杆　3—托板　4—橡胶

（3）顶件装置　常装在下模座底部，其基本结构由顶杆、顶件块和弹顶器组成。其作用与推件装置的一样，顶杆的要求与推杆的要求相同；弹性元件也是弹簧或橡胶等，下弹顶装置如图 2-67 所示。这种结构的顶件力容易调节，工作可靠，冲件平直度较高。

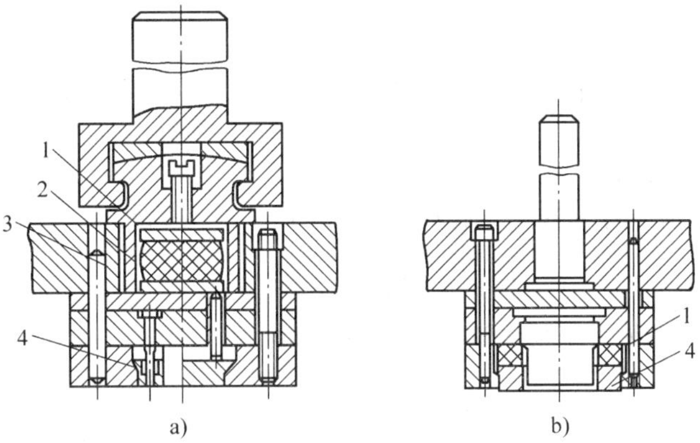

图 2-67　下弹顶装置

1—顶件块　2—顶杆　3—托板　4—橡胶

上述推、顶件装置中，冲压时推件块或顶件块是在凹模中运动的，故它们与凹模应有足够的运动空间，即要求模具处于闭合状态时，其工作面要缩进凹模剪口平面内，缩进距离为一个冲件料厚 δ，加上凸模剪口含在凹模内的深度（约 1mm 左右）；其背后还要有一定空间，作修磨和调整用。模具处于开启状态时，必须顺利复位，且工作面要伸出凹模剪口平面，能保证把冲件或废料推、顶件推出凹模外，以便继续冲裁。它与凹模和凸模的配合应保证顺利滑动，不发生互相干涉。为此，推件块和顶件块与凹模为松动间隙配合，其外形尺寸一般按公差与配合标准 h8 制造。推件板及顶件板一般选用 45 钢制造，热处理硬度为 43 ~ 48HRC。表面粗糙度值应达到 $Ra1.6 \sim 0.8\mu m$。

推、顶件装置中应用的弹性元件是弹簧、橡胶（含聚氨酯），下面以卸料为例，介绍弹簧和橡皮的选用。

3. 弹性元件

（1）弹簧的选用与计算　弹簧的种类很多，常用的有圆钢丝螺旋弹簧、方钢丝螺旋弹簧等，如图2-68所示，现已标准化。模具中应用最多的是圆、方形钢丝螺旋压缩弹簧，设计弹性卸料装置时，一般按标准选用即可。

圆钢丝螺旋弹簧负载小，如图2-68a所示。方型钢丝螺旋压缩弹簧负载大，它有高压缩量型（见图2-68b）和高负载型（见图2-68c）两种。为了区别负载的大小，在高负载型压缩弹簧上常涂有不同颜色，以便选用。其中：黄色表示极轻负载型；蓝色表示轻负载型；红色表示中负载型；绿色表示重负载型；棕色表示极重负载型；黑色表示超重负载型。

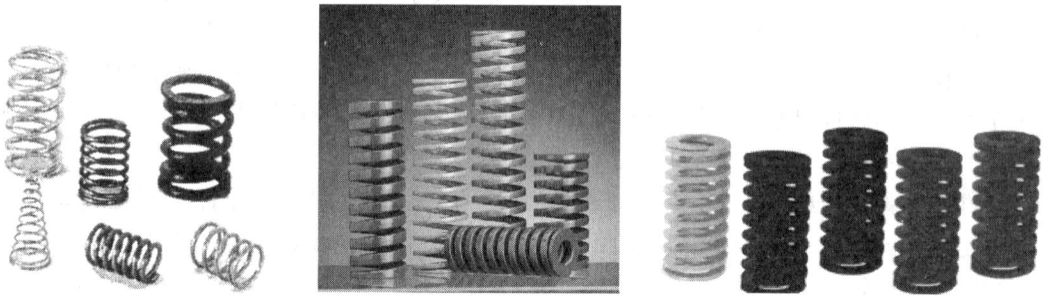

a)　　b)　　c)

图2-68　弹簧的种类

a）圆钢丝螺旋弹簧　b）高压缩量型弹簧　c）高负载型弹簧

1）弹簧选用的具体要求：

① 弹簧的总预压力（$F_{总预}$）必须略大于卸料力（$F_{卸}$）。即

$$F_{总预} \geqslant F_{卸}$$

② 弹簧的压缩量必须小于最大许可压缩量。即

$$H_{许} \geqslant H_{预} + H_{工} + H_{修}$$

式中　$H_{许}$——弹簧的允许最大压缩量（mm），压缩量大了，弹簧的簧距压小了，弹簧压短，弹性减小，不能恢复原有的长度；

$H_{预}$——弹簧的预压缩量（mm）；

$H_{工}$——卸料板的工作行程（mm），一般取$\delta + 1$mm，δ为材料厚度；

$H_{修}$——凸模的总修磨量，一般取5～10mm。

③ 弹簧尺寸数量必须符合模具结构中安装弹簧的空间大小。即选用的弹簧尺寸、数量，应能在模具上安装得下。

2）弹簧的计算与选择步骤。

① 初选弹簧数目n和每个弹簧应承担的$F_{卸}/n$。依据模具结构空间尺寸和$F_{卸}$的大小进行计算。

② 选择弹簧规格。根据$F_{预} = F_{卸}/n$的要求，使所选弹簧的允许最大工作载荷$F_{许} > F_{卸}$。

③ 选用弹簧的预压缩量。根据弹簧压力与其压缩量成正比的特性，弹簧特性曲线见图2-69，可按下式求得弹簧的预压缩量：

$$H_{预} = F_{预} H_{许} / F_{许}$$

式中　$H_{预}$——弹簧的预压缩量（mm）；

$H_{许}$——弹簧的允许最大压缩量（mm）；

$F_{预}$——弹簧的预压力（N）；

$F_{许}$——弹簧的允许最大工作负荷（N）。

④ 检查最大允许压缩量是否满足要求

$$H_{许} \geqslant H_{预} + H_{工} + H_{修}$$

如满足该式，说明所选弹簧合适，否则应按上述步骤重选。

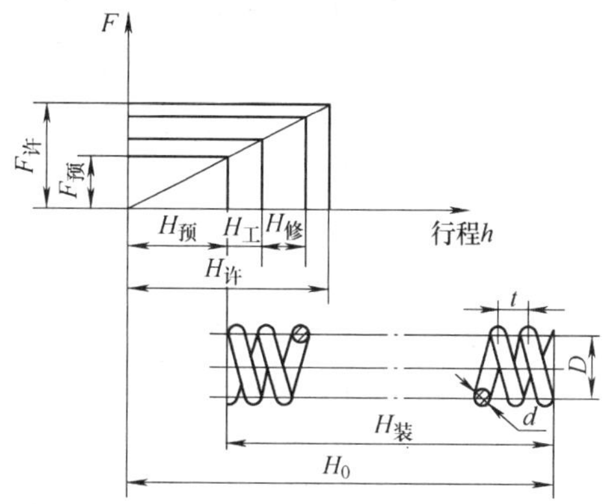

图 2-69　弹簧特性曲线

⑤ 确定弹簧安装高度。即

$$H_{装} = H_0 - H_{预}$$

式中　$H_{装}$——弹簧安装高度（mm）；

H_0——弹簧自由高度（mm）。

⑥ 选用圆钢丝螺旋弹簧时，为了防止弹簧在压缩时平面移动和扭曲变形，在弹簧内径中应装有弹簧导销；因模具结构空间有限，安装不下，则一般改选用碟形弹簧。碟形弹簧结构紧凑，承载能力大。

（2）橡胶的选用与计算　由于橡胶允许承受的载荷较大，且安装调整方便，因而在模具中广泛使用。橡胶的选用与弹簧相似，也应满足冲压工艺和模具结构空间的要求。

1）橡胶选用具体要求。

① 压力的要求：

$$F_{预} \geqslant F_{卸}$$

橡胶所能产生的压力为

$$F = Ap$$

式中　A——橡胶垫的横截有效面积（mm^2）；有效面积为橡胶横截面积减去被去除的面积（螺钉、销钉、凸模等穿孔面积）；

p——橡胶的单位压力（MPa），与橡胶垫的压缩量、形状及尺寸大小有关，橡胶压缩量与单位压力查表 2-17。

表 2-17　橡胶压缩量与单位压力

压缩量（%）	10	15	20	25	30	35
单位压力 p/MPa	0.26	0.50	0.74	1.06	1.52	2.10

② 压缩量的要求。即

$$H_{许} \geqslant H_{预} + H_{工}$$

式中　$H_{许}$——橡胶的允许最大压缩量（mm），一般取：$H_{许}$ =（35% ~45%）H_0，以保证橡胶不致过早损坏，H_0 为橡胶的自由高度；

$H_{预}$——橡胶的预压缩量（mm），一般可取：$H_{预}=(10\%\sim15\%)H_0$；

$H_{工}$——橡胶的工作行程（mm），它包括卸料板工作行程 $h_{工}$ 和凸模总修磨量 $h_{修}$，即 $H_{工}=h_{工}+h_{修}$，其中 $h_{工}=\delta+1\text{mm}$（δ 为料厚），$h_{修}$ 一般取 5 ~ 10mm。

③ 模具结构空间的要求。即所选橡胶装在模具上后，橡胶垫周围应留有足够的空隙，以容纳橡胶压缩时断面尺寸的胀大量。

2）橡胶选用步骤。

① 确定橡胶垫的自由高度 H_0：$H_0=(3.5\sim4)H_{工}$。

② 确定橡胶垫的横截面积 A：$A=F_{卸}/p$。

③ 确定橡胶垫的平面尺寸：横截面积 A 确定后，再依橡胶垫的形状（圆筒形、圆柱形和矩形等），反推算其平面尺寸，橡胶的截面尺寸见表 2-18。

表 2-18　橡胶的截面尺寸

橡皮垫型式	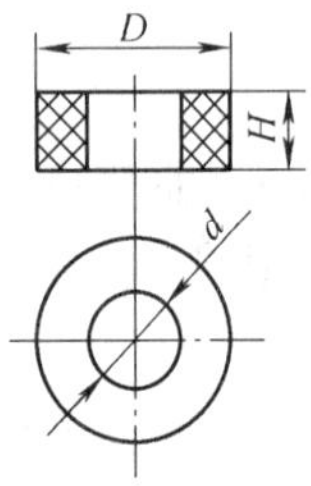		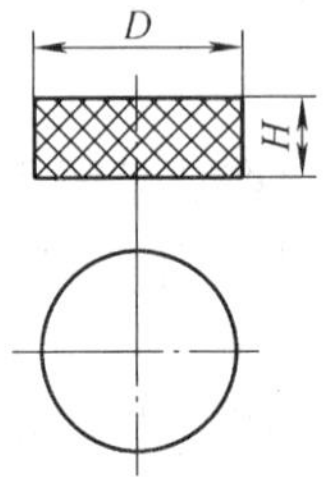	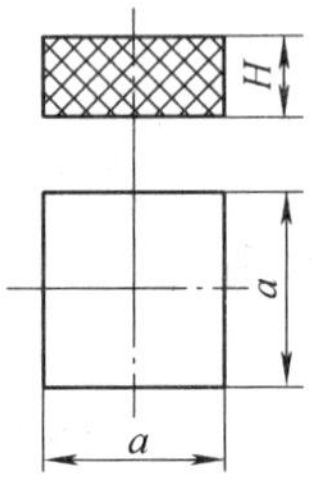	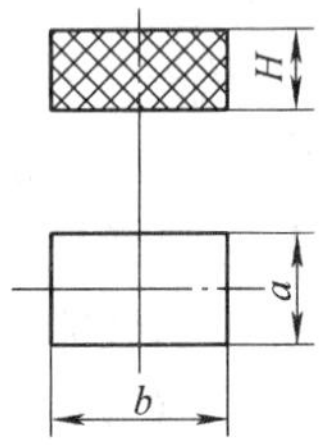	
项目	d	D	D	a	a	b
公式	按结构选用	$D=\sqrt{d^2+1.27\frac{F_{xy}}{p}}$	$D=\sqrt{1.27\frac{F_{xy}}{p}}$	$a=\sqrt{\frac{F_{xy}}{p}}$	$a=\frac{F_{xy}}{bp}$	$b=\frac{F_{xy}}{ap}$

注：F_{xy}—所需工作压力（N）。　p—压缩 10% ~35% 时的单位压力（MPa）。

④ 校核橡胶垫的自由高度 H_0。橡胶垫自由高度 H_0 与其直径 D 之比应在 0.5 ~ 1.5 之间，如果超过 1.5，应将橡胶分成若干层后，在其间垫以钢垫片。若小于 0.5，则应重新确定其高度。只有这样，才能保证橡胶垫正常工作。

⑤ 确定橡胶垫安装高度 $H_{装}$：$H_{装}=H_0-H_{预}$。

聚氨酯是橡胶中较特殊的一种，它具有高强度、高弹性、高耐磨性和易于机械加工的特性，在冲模中的应用越来越多。如图 2-70 所示是国家标准规定的聚氨酯弹性体。其选用、计算同上，但聚氨酯橡胶的压缩量比普通橡胶小，一般为 10% ~25%。经济型聚氨酯压缩量与负载见表 2-19。

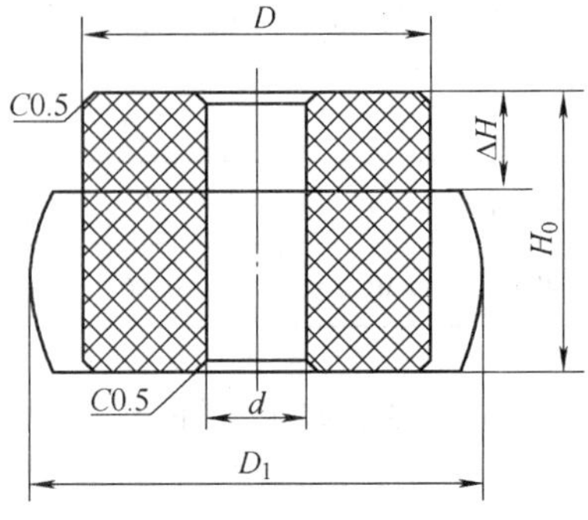

图 2-70　聚氨酯弹性体

表2-19 经济型聚氨酯压缩量与负载（冷冲模弹性元件）

$F=L\times15\%$（F为压缩量）		$F=L\times20\%$		$F=L\times25\%$			圆柱形型号
F/mm	负载 N/(kgf)	F/mm	负载 N/(kgf)	F/mm	负载 N/(kgf)	V(压缩后外径) /mm	$D\times d\times L$(外径×内径×长度) /(mm×mm×mm)
3.8	539 (55)	5	735 (75)	6.3	932 (95)	18	15×7×25
4.5		6		7.5			15×7×30
5.3		7		8.8			15×7×35
6		8		10			15×7×40
3.8	1079 (110)	5	1373 (140)	6.3	1667 (170)	24	20×8.5×25
4.5		6		7.5			20×8.5×30
5.3		7		8.8			20×8.5×35
6		8		10			20×8.5×40
3.8	1569 (160)	5	2059 (210)	6.3	2550 (260)	30	25×11×25
4.5		6		7.5			25×11×30
5.3		7		8.8			25×11×35
6		8		10			25×11×40
6.8		9		11.3			25×11×45
7.5		10		12.5			25×11×50
4.5	2452 (250)	6	2844 (290)	7.5	3334 (340)	37	30×14×30
5.3		7		8.8			30×14×35
6		8		10			30×14×40
6.8		9		11.3			30×14×45
7.5		10		12.5			30×14×50
8.3		11		13.8			30×14×55
9		12		15			30×14×60
6	4315 (440)	8	5099 (520)	10	5982 (610)	48	40×14×40
7.5		10		12.5			40×14×50
9		12		15			40×14×60
7.5	7355 (750)	10	8728 (890)	12.5	10297 (1050)	60	50×14×50
9		12		15			50×14×60
12		16		20			50×14×80
7.5	12356 (1260)	10	14318 (1460)	12.5	16769 (1710)	72	60×14×50
9		12		15			60×14×60
12		16		20			60×14×80

四、导向装置的设计

模具中通常采用导柱和导套组件进行导向，保证上模与下模之间的相对正确运动，导柱和导套组件已标准化。

1. 导柱

标准的导柱结构形式如图 2-71、图 2-72 所示。

图 2-71　导柱、导套组合件

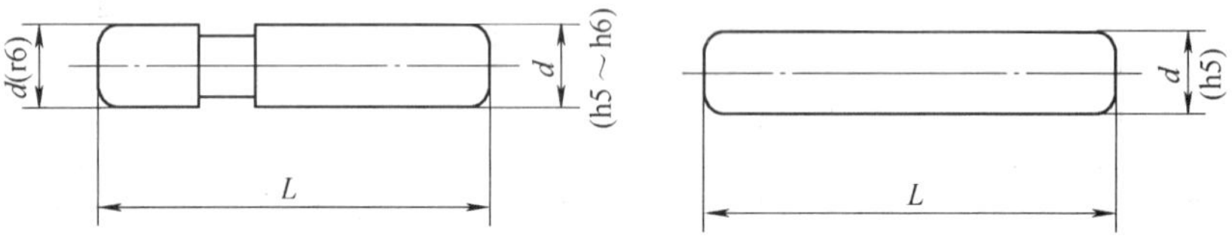

图 2-72　导柱、导套单件

图 2-73　常用的导柱形式

常用的导柱形式如图 2-73 所示，用于滑动导向，其结构简单，制造方便，但装拆麻烦，导柱采用过盈配合（H7/r6）压入下模座的导柱安装孔中，导柱与导套间的配合为间隙配合（H7/h6 或 H7/h5），其配合间隙必须小于冲裁间隙。

2. 导套

常用的导套形式如图 2-74 所示，最常用的形式是 A 型。值得指出的是导套安装在上模座的导柱安装孔中，与该安装孔采用过盈配合（H7/r6）压入，因此，导套在压入模座部分的轴向长度范围内的孔径，要比与导柱配合的孔径稍大（大 0.2 ~ 0.5mm），其目的是为了保证压入后的孔径缩小后，不妨碍导柱导套间的相对运动。

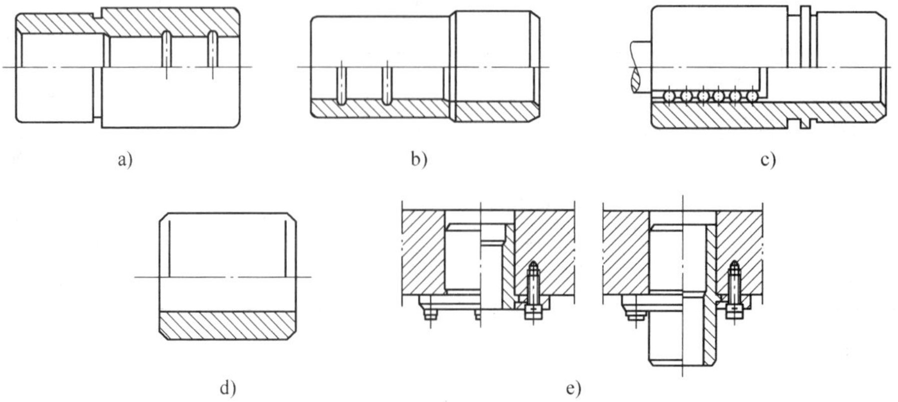

图 2-74　导套的形式

a）A 型导套　b）B 型导套　c）C 型导套　d）小导套　e）压圈固定导套

滚珠导向装置是一种无间隙导向，其精度高、寿命长。滚珠导向装置及钢球保持器如图 2-75 所示。滚珠导向装置及其组成零件均已标准化。滚珠在导柱和导套之间应保证导套内径与导柱在工作时有 0.01 ~ 0.02mm 的过盈量。滚珠导向用于精密冲裁模、硬质合金模、高速冲模以及其他精密模具上。

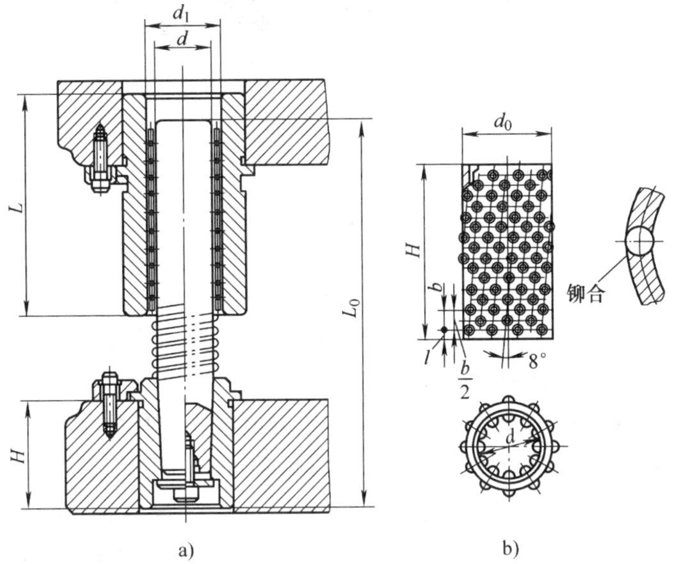

图 2-75　滚珠导向装置及钢球保持架
a）滚珠导向装置　b）钢球保持架

导柱、导套的安装应符合图 2-76 所示的要求，导套的上端面与上模座的上平面有一定的安全距离，导柱的下端面与下模座的下平面有一定的安全距离，即俗称“上不顶天，下不入地”。根据所设计模具的实际闭合高度，一般应保证有足够的导向长度。导柱、导套一般选用 20 钢制造，为了增加表面硬度和耐磨性，应进行表面渗碳处理，渗碳后的淬火硬度为 58 ~ 62HRC（单件或少量生产可用高碳钢制造并热处理）。

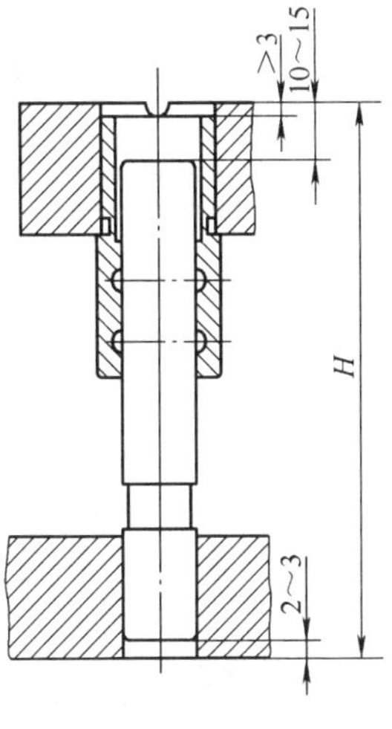

图 2-76　常用导柱、导套安装

五、标准模架的设计与选用

模架是模具零件的载体，模具的全部零件都固定在它的上面，并承受冲压过程的全部载荷。模架的上模座与冲压设备的滑块（中小压力设备）或上工作台的下平面（大压力设备）固定，下模座与工作台的平面固定。上、下模座间所需的相对精确位置，由导柱、导套组件的导向来实现。模架已标准化。

1. 模架组成

模架主要由上模座（或弹压导板）、下模座、导柱、导套等组成，一般标准模架不包含模柄，如图 2-77 所示。

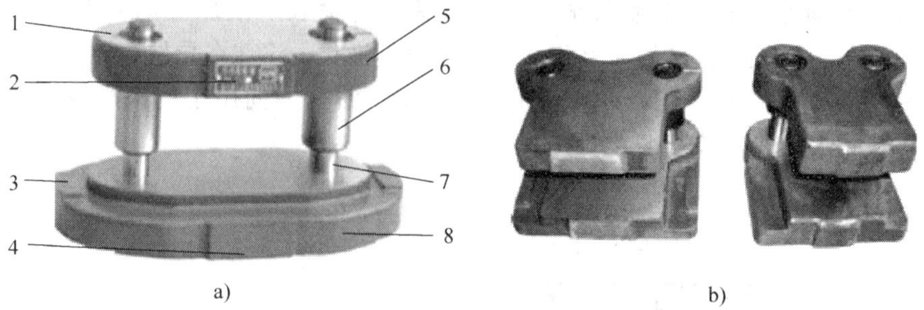

图 2-77　模架实物图片

a）对置式　b）后置式

1—加油槽　2—制造商标牌　3—压板位　4—打标记处　5—上模座　6—导套　7—导柱　8—下模座

2. 模架结构形式

模架主要有两大类：导柱式模架和弹性式导板模架。

（1）导柱式模架　分为滑动导向和滚动导向两种，每类模架中，由于导柱的安装位置和导柱数量不同，又分为多种模架形式。

① 滑动导向模架：分为对角导柱模架、后侧导柱模架、后侧导柱窄型模架、中间导柱模架、中间导柱圆形模架、四角导柱模架，如图 2-78 所示。

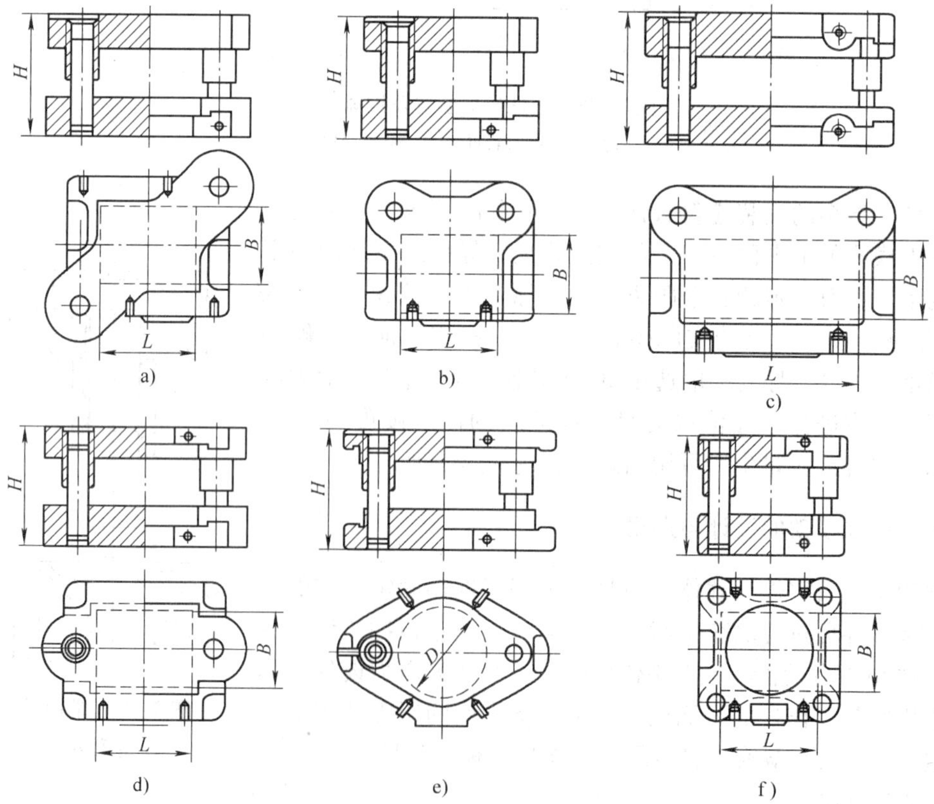

图 2-78　滑动导向模架

a）对角导柱模架　b）后侧导柱模架　c）后侧导柱窄型模架

d）中间导柱模架　e）中间导柱圆形模架　f）四角导柱模架

对角式、中间式、四角式三种导柱模架的共同特点是：导向装置都是安装在模具的对称线上，滑动平稳，导向准确可靠。所以要求导向精确可靠的都采用这三种结构形式。对角式模架中模座的工作平面横向尺寸一般大于纵向尺寸，常用于横向送料的连续模，纵向送料的单工序模或复合模。中间式模架只能纵向送料，一般用于单工序模或复合模。四角式模架常用于精度要求较高或尺寸较大冲件的生产及大批量生产用的自动模。后侧式模架的特点是导向装置在后侧，横向和纵向送料都比较方便，但如果有偏心载荷，压力机导向又不精确，就会造成上模歪斜，导向装置和凸、凹模都容易磨损，从而影响模具寿命。此模架一般用于较小的冲模。

② 滚动导向模架：也可分为对角式、中间式、四角式等多种，如图2-79所示。在导柱和导套间装有带保持架的钢球。由于导柱、导套间的导向通过钢球的滚动摩擦实现，导向精度高，使用寿命长，主要用于高精度、高寿命的硬质合金模、薄材料的冲裁模以及高速精密连续模中。

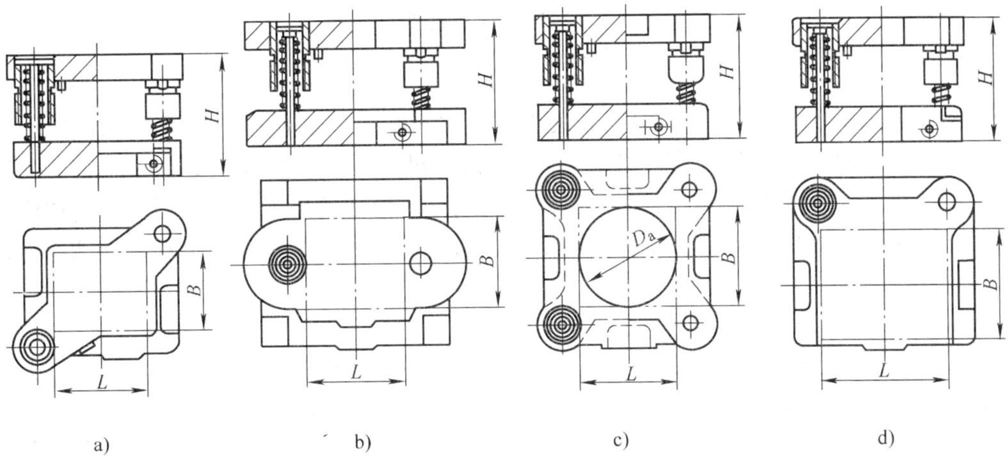

图2-79　滚动导向模架

a）对角式导柱模架　b）中间式导柱模架　c）四角式导柱模架　d）后侧式导柱模架

滑动导向模架的导柱、导套结构简单，加工、装配方便，应用最广泛。滚动模架在导套内镶有成行的滚珠，导柱通过滚珠与导套实现有微量过盈的无间隙配合（一般过盈量为0.01～0.02mm），因此，这种滚动模架导向精度高，使用寿命长，运动平稳。

（2）弹性式导板模架　由弹压导板、下模座、导柱、导套组成的弹性式导板模架，其特点是：作为凸模导向用的弹压导板与下模座以导柱、导套为导向构成整体结构。凸模与固定板是间隙配合而不是过渡配合，因而凸模在固定板中有一定的浮动量。这种结构形式可以起到保护凸模的作用，一般用于带有细凸模的连续模，它有对角导柱弹压模架、中间导柱弹压模架两种形式，导板模架结构如图2-80所示。

在上述模架中，除后侧导柱模架外，为防止上、下合模时误装，或上模误转180°合模，造成模具损坏，可将模架中两个导柱套做成直径大小不同的两个组件，一般直径相差2～5mm。

3. 模架尺寸和公差等级

（1）模架尺寸　模座一般分为上、下模座，其形状基本相似。模座的平面外形尺寸比凹模板的外形周边尺寸大50～70mm，作为安装固定模具的压板部位尺寸；模座的厚度一般

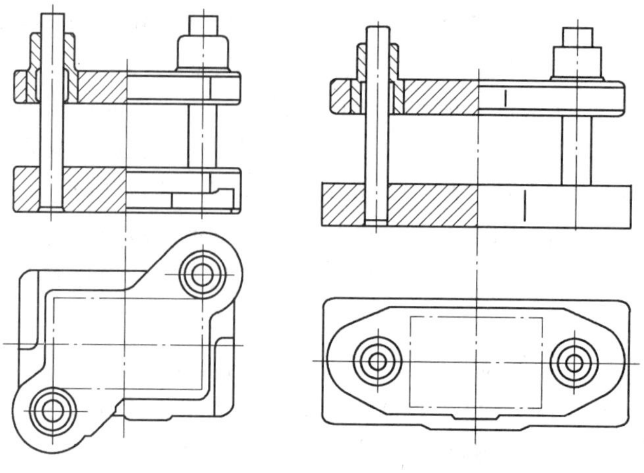

a) b)

图 2-80 导板模架
a）对角导柱弹压模架 b）中间导柱弹压模架

为凹模板厚度的 1.0～1.5 倍，以保证有足够的强度和刚度（上模座的厚度可比下模座的厚度稍薄一些）。下模座的最小外形周边尺寸应比压力机工作台漏料孔大 50mm 左右。上述所设计的模架尺寸按标准模架的尺寸可稍作修改，向标准模架的尺寸靠近，即可选用相应的标准模架。对于大型非标准模座，还必须根据实际需要，按铸件工艺性要求和铸件结构设计规范进行设计。

（2）公差等级

1）模座的上、下表面的平行度应达到要求，平行度公差一般为 4 级。

2）上、下模座的导套、导柱安装时孔中心距必须一致，精度一般要求在 ±0.02mm 以内；模座的导柱、导套安装孔的轴线应与模座的上、下平面垂直，安装滑动式导柱和导套时，垂直度公差一般为 4 级。

3）模座的上、下表面粗糙度值为 $Ra1.6\sim0.8\mu m$，在保证平行度的前提下，可允许降低为 $Ra3.2\sim1.6\mu m$。

国家标准将模架公差等级分为 0Ⅰ级、Ⅰ级和 0Ⅱ、Ⅱ级。Ⅰ级和Ⅱ级为滑动导向模架用精度，0Ⅰ级和 0Ⅱ为滚动导向模架用精度。

4. 模座坯料

模座坯料常用型材（结构钢 Q235、Q255 板料）、铸铁件（灰铸铁 HT200、HT250）、铸钢（ZG35、ZG45，大型精密模具用）。

5. 模架选用

模架的选用择应从三方面入手：依据产品零件精度、模具工作零件配合精度的高低确定模架精度；根据产品零件精度要求、形状、条料送料方向选择模架类型；根据凹模周界尺寸确定模架的大小规格。依上述三方面要求所选用或设计的模座必须与所选压力机的工作台和滑块的相关尺寸相适应，并进行必要的校核。如下模座的最小轮廓尺寸应比压力机工作台上漏料孔的尺寸每边至少要大 40～50mm；下模座的最大轮廓尺寸应比压力机工作台面尺寸小，有模具装压空间尺寸。

导板导向装置分为固定导板和弹压导板导向两种，导板的结构已标准化。

六、连接件与固定零件的设计与选用

模具的连接件与固定零件有模柄、固定板、垫板、销钉、螺钉等。这些零件大都可按国家标准选用。

1. 模柄

使模具的中心线与压力机的中心线重合，并把上模固定在压力机滑块的连接零件上，常用于 1000kN 以下压力机上的中、小型模具安装。安装的基本要求是：一要与压力机滑块上的模柄孔正确配合，安装可靠；二要与上模座正确、可靠地固定连接。

模柄结构形式已标准化，模柄的国家标准结构形式如图 2-81 所示，以下对模柄结构类型分别予以介绍：

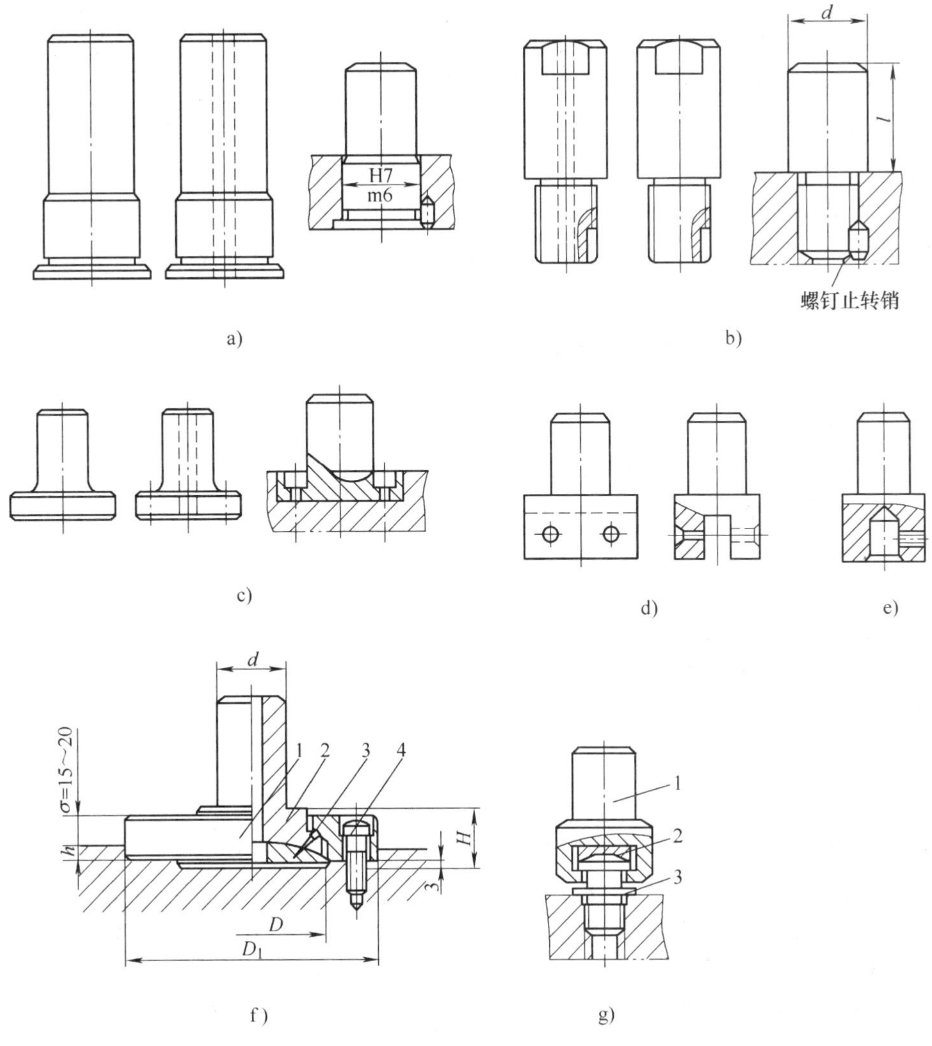

图 2-81　模柄类型

a）压入式模柄　b）旋入式模柄　c）凸缘式模柄　d）槽形模柄　e）通用模柄　f）浮动式模柄　g）推入式活动模柄

1—模柄接头　2—凹球面垫块　3—活动模柄　4—螺钉

1）压入式模柄如图 2-81a 所示，它与模座孔采用过渡配合 H7/m6，并加销钉防转。这种模柄可较好保证轴线与上模座的垂直度。适用于各种中、小型冲模，生产中最常用。

2）旋入式模柄如图 2-81b 所示，通过螺纹与上模座连接，为防止松动，常用防转螺钉紧固，这种模柄装拆方便，但模柄轴线与上模座的垂直度较差，多用于有导柱的小型冲模。

3）凸缘式模柄如图 2-81c 所示，用 3～4 个螺钉固定在上模座的螺钉孔内，模柄的凸缘与上模座的模柄凸缘定位孔采用 H7/js6 过渡配合。多用于较大型的模具。

4）槽形模柄和通用模柄如图 2-81d、e 所示，均用手直接固定凸模，也称为带模座的模柄，它更换凸模方便，主要用于简单模。

5）浮动式模柄如图 2-81f 所示，主要特点是压力机的压力通过凹球面模柄和球面垫块传递到上模，可以消除压力机导向误差对模具导向精度的影响，主要用于硬质合金等精密导柱模。

6）推入式活动模柄如图 2-81g 所示，压力机的压力通过模柄接头 1、凹球面垫块 2 和活动模柄 3 传递到上模，它也是一种浮动模柄。因模柄的槽孔单面开通（呈 U 形），所以使用时导柱、导套不宜脱离，主要用于精密模具。

选择模柄时应注意模柄安装直径 d 和长度 L 应与滑块模柄孔尺寸相适应。模柄直径可取与模柄孔相等，采用间隙配合 H11/d11，模柄长度应小于模柄孔深度 5～10mm。

模柄通常采用 Q235 或 Q275 钢制造，其支撑面应垂直于模柄的轴线（垂直度不应超过 0.02∶100）。压入式模柄配合面的表面粗糙度值应达到 $Ra1.6 \sim 0.8\mu m$，模柄压入上模座后，应将底面磨平。

中、小型模具的上模部分都是通过模柄固定在压力机滑块上的。借助模柄，使模具的中心线与压力机滑块的中心线重合。对于大型模具则可用螺钉、压板直接将上模座固定在压力机滑块上。

模柄有刚性模柄和浮动模柄两大类。刚性模柄与上模座是刚性连接，用螺钉止动，两者不能发生相对运动。浮动模柄则能相对上模座作微小的摆动。采用浮动模柄后，压力机滑块直线方向的运动误差不会影响上、下模的导向。用了浮动模柄后，导柱和导套不能脱离。浮动模柄用于精密模具。

模柄通常采用 Q235 或 Q275 钢制造，其支承面应垂直于模柄的轴线（垂直度不应超过 0.02/100）。压入式模柄配合面的表面粗糙度值应达到 $Ra1.6 \sim 0.8\mu m$。

2. 固定板

固定板是用于固定工作零件（凸模、凹模、凸凹模）的板状零件，将凸模或凹模按一定相对位置压入固定后，作为一个整体安装在上模座或下模座上。模具中最常见的是凸模固定板。固定板分为圆形固定板和矩形固定板两种，主要用于固定小型的凸模和凹模。

凸模固定板的厚度一般取凹模厚度的 0.6～0.8 倍，其平面尺寸可与凹模、卸料板外形尺寸相同。但还应考虑紧固螺钉及销钉的位置。固定板的凸模安装孔与凸模采用过渡配合 H7/m6、H7/n6，压装后将凸模端面与固定板一起磨平。

固定板材料一般采用 Q235、Q255 或 45 钢制造，无需热处理淬硬。

3. 垫板

垫板的作用是直接承受和扩散凸模传递的压力，以降低模座所受的单位压力，防止模座被局部压陷。模具中最为常见的是凸模垫板，它被装于凸模固定板与模座之间。模具是否加装垫板，要根据模座所受压力的大小进行判断，若模座所受单位压力大于模座材料的许用压应力（表 2-20），则需加垫板。可按下式校核：

$$p = \frac{F_{总}}{A}$$

式中　p——凸模固定端平面对模座的单位压力（N）；

$F_{总}$——凸模承受的总压力（N）；

A——凸模固定端平面支承面积（mm^2）。

表 2-20　模座材料的许用压应力

铸铁 HT250	$[\sigma_{bc}] = 90 \sim 140MPa$
铸钢 ZG310－570	$[\sigma_{bc}] = 110 \sim 150MPa$
低碳钢板 Q195、Q215、Q235	$[\sigma_b] = 195、215、235MPa$

垫板外形尺寸可与固定板相同，其厚度一般取 3～10mm。垫板材料为 45 钢，淬火硬度为 43～48HRC。垫板上、下表面应磨平，表面粗糙度值为 *Ra*1.6～0.8μm，且应保证平行度要求。为了便于模具装配，垫板上圆柱销通过孔直径可比圆柱销直径增大 0.3～0.5mm。螺钉通过孔也类似。

4. 螺钉与圆柱销

螺钉与圆柱销都是标准件，设计模具时按标准选用即可。螺钉用于固定模具零件，而圆柱销则起定位作用。模具中广泛应用的是内六角螺钉和圆柱销，其中 M6～M16 的螺钉和 $\phi 6 \sim \phi 12$mm 的圆柱销最为常用。

弹性卸料板上的卸料螺钉，用于连接卸料板，主要承受拉应力。根据卸料螺钉的头部形状可分为内六角和圆柱头两种。圆形卸料板常用 3 个卸料螺钉，矩形卸料板一般用 4 或 6 个卸料螺钉。由于弹性卸料板在装配后应保持水平，故卸料螺钉的有效长度应保持一致。

七、冷冲模材料及热处理要求

模具材料的选用不仅关系到模具的使用寿命，而且也直接影响到模具的制造成本，因此是模具设计中的一项重要工作。冷冲模在冲压过程中，模具承受冲击载荷且是连续工作，凸模、凹模受到强大压力和剧烈摩擦，工作条件极其恶劣，所以，模具的材料应具有足够的强度、硬度、耐磨性，较好的耐冲击、耐疲劳性，良好的淬透性以及较容易切削加工等特点，且价格应尽可能低廉。选用模具材料时，上述各项要求很难同时达到，但应综合考虑模具工作特性、受力状况以及冲压材料性能和冲压生产批量等因素，侧重其中的主要因素，以使所选材料尽可能合理，总之，在满足模具使用要求的前提下，应使模具制造成本尽可能低。

1. 冷冲模常用材料

在模具材料选用中，最重要的是模具成形部分和具有相对运动部位的零件材料的选用。概括来说，冷冲模是一般常用的冷作类模具，其材料常选用：优质碳素结构钢、工具钢、合金工具钢等。其中，成形部分材料最起码应选用工具钢（T7～T13），进而选用合金工具钢（9Mn2V、4Cr5MoSiV1、Cr12、Cr12MoV、Cr12MoV1、GCr15、轴承钢、高速工具钢、硬质合金等）；模具结构中具有相对运动部位零件的材料常选用优质碳素结构钢、工具钢等；模具中其他非相对运动部分的材料，一般选用碳素结构钢即可。常用模具钢性能的比较见表 2-21。

表 2-21　常用模具钢的性能比较

类别	牌号	耐磨性	耐冲击性	淬火不变形性	淬硬深度	热硬性	脱碳敏感性	切削加工性
碳素工具钢	T7、T8	差	较好	较差	浅	差	大	好
	T9～T13	较差	中等	较差	浅	差	大	好
合金工具钢	Cr12	好	差	好	深	较好	较小	较差
	Cr12MoV	好	羞	好	深	较好	较小	较差
	9Mn2V	中等	中等	好	浅	差	较大	较好
	CrWMn	中等	中等	中等	浅	较差	较大	中等
	9CrWMn	中等	中等	中等	浅	较差	较大	中等
	Cr4W2MoV	较好	较差	中等	深	中等	中等	中等
	6W6Mo5Cr4V	较好	较好	中等	深	中等	中等	中等
	5CrMnMo	中等	中等	中等	中	较差	较大	较好
	5CrNiMo	中等	较好	中等	中	较差	较大	较好
高速工具钢	W18Cr4V	较好	较差	中等	深	好	小	较差
	W6Mo5Cr4V2	较好	中等	中等	深	好	中等	较差
	W6Mo5Cr4V3	好	差	中等	深	好	较小	差

2. 冷冲模工作零件热处理

冷冲模的工作零件需淬火与回火处理，其热处理硬度要求常为 60HRC 左右，模具中其他具有相对运动部位的零件及定位件的热处理硬度要求常为 55～60HRC。从设计要求进行分析，凹模表面积比凸模的表面积大一些，板料放在上面接触面大一些，所以凹模硬度可比凸模低一些；但从生产、维修、经济性等方面进行分析，凹模制造难、维修难，价格成本高，凸模易制造、易维修、更换，故为了延长凹模的使用寿命，通常使凹模的硬度略大于凸模 2～3HRC（硬度值）左右。然而，在工厂实际设计加工中，对于表面积不大的上下模，一般都将硬度设计成一样，以利在生产过程中，受摩擦、受剪切所表现的优势一样。

在冷冲模中最常用的是 Cr12MoV，现将其化学成分、特性、热处理工艺介绍如下：

（1）Cr12MoV 化学成分　$w(C)=1.45\%\sim1.70\%$；$w(Si)\leqslant0.40\%$；$w(Mn)\leqslant0.40\%$；$w(S)\leqslant0.030\%$；$w(P)\leqslant0.030\%$；$w(Cr)=11.00\%\sim12.50\%$；$w(Ni)\leqslant0.25\%$；$w(Cu)\leqslant0.30\%$；$w(V)=0.15\%\sim0.30\%$；$w(Mo)=0.40\%\sim0.60\%$。

（2）Cr12MoV 特性

① 性能优良。Cr12MoV 是在 Cr12 钢中适当加入 Mo、V 等合金元素后冶炼而成的，它们同属于高碳（$w(C)=1.45\%\sim1.70\%$）高铬（$w(Cr)11.00\%\sim12.50\%$）的钢，其组织均为莱氏体，加入 Mo、V 元素后，形成 Mo、V 元素的碳化物，可阻止加热时晶粒长大，起到细化晶粒和共晶碳化物的作用，同时提高钢的强度、韧性与耐磨性，还可提高钢的淬透

性。Mo 元素还可以改善钢的回火脆性。由于加入 Mo、V 等合金元素，Cr12MoV 的淬透性、硬度、耐磨性、强度均比 Cr12 钢高，热处理时体积变形小，并有良好的热加工性，碳化物分布均匀。截面 300mm 以下可以完全淬透，淬火时体积变化也比 Cr12 钢要小。

② 碳化偏析物较严重。未经锻造的 Cr12MoV 钢原材料组织中碳化偏析物较严重，易在热处理时变形或开裂以及在生产过程中出现崩刃等现象，在选择材料时应特别注重比较原材料的金相组织。应选择原材料中金相组织的碳化物细小、呈断续网状、分布比较均匀的 Cr12MoV。

（3）热处理工艺　Cr12MoV 淬火后硬度值为 64HRC 左右，回火后硬度值为 59 ~ 61HRC。为了使 Cr12MoV 在热处理后获得符合使用要求的莱氏体组织，对于较大型、复杂、精度要求高的冷作模中的成形凸模、凹模、凸凹模等常按下面的要求进行处理。

① 毛坯原材料锻造并退火处理。Cr12MoV 碳化物含量高，约占 20%，且常呈带状或网状不均匀分布，偏析严重，而常规热处理又很难改变碳化物偏析的状况，严重影响了钢的力学性能与模具的使用寿命。而碳化物的形状、大小对钢的性能也有很大的影响，尤其大块状尖角碳化物对钢基体的割裂作用比较大，往往成为疲劳断裂的发源地，为此必须对原材料轧制钢材进行改锻，充分击碎共晶碳化物，使之呈细小、均匀分布，纤维组织围绕型腔或无定向分布，从而改善钢材的横向力学性能。轧制钢材进行锻造后必须进行退火处理，以降低硬度，增加塑性，消除锻造应力。

② 加工件淬火与回火处理。Cr12MoV 加工件淬火有三种：低温淬火、中温淬火和高温淬火，根据模具零件不同的热处理要求分别采用。低温淬火：980℃淬火，180 ~ 200℃低温回火，低温回火后硬度小于 60HRC，回火两次，适用于低负荷、高速度的冷冲模；中温淬火：中温淬火（1025 ~ 1030℃），在低温回火（180 ~ 200℃）获得最高的硬度（62 ~ 63HRC）和最佳的耐磨性，但韧性稍低，不能在重负荷的冷冲模中使用。中温淬火后，若在 380 ~ 400℃回火，硬度将下降到 58HRC 左右，可获得最佳的强韧性和抗断裂能力，但耐磨性下降。适合冷锻模使用；高温淬火：1050℃以上温度淬火均属于高温淬火并进行三次回火。淬火硬度降低至 55HRC 左右，韧性强度降低，耐磨性也有所降低，但热硬性提高，适用于热冲模等。

③ 低温化学热处理。冷冲模成形件经上述处理后，可获得最高的硬度和最佳的耐磨性，若再采用离子渗氮、气体氮碳共渗等常用的低温化学热处理，其表面渗层有显著的抗冲击粘着作用，使其模具的寿命提高很多，资料显示，比常规淬火、回火处理的同类模具寿命提高 10 倍以上。

3. 冲压模具新材料

目前冷作模具钢的发展趋势是在高合金钢 D2（相当于我国的 Cr12MoV）性能基础上进行改进，改进分为两大分类：一种是降低含碳量和合金元素量，提高钢中碳化物分布均匀度，突出提高模具的韧性。如美国钒合金钢公司的 8CrMo2V2Si、日本大同特殊钢公司的 DC53（Cr8Mo2SiV）等。另一种是以提高耐磨性为主要目的，以适应高速、自动化、大批量生产而开发的粉末高速钢，如德国的 320CrVMo13.5 等。

4. 热处理、表面处理新工艺

为提高模具工作表面的耐磨性、硬度、耐蚀性，应采用热、表处理新技术，尤其是表面处理新技术。除常用的镀硬铬、氮化等表面硬化处理方法外，现常采用模具表面性能强化技术，实际应用效果很好。其中，化学气相沉积（CVD）、物理气相沉积（PVD）以及盐浴渗金属（TD）的方法是几种发展较快、应用最广的表面涂覆硬化处理的新技术。它们对提高模具寿命和减少模具昂贵材料的消耗，有着十分重要的意义。模具一般零件的常用材料及热处理要求见表2-22。

表2-22 模具一般零件的常用材料及热处理要求

零件名称	使用情况	材料牌号	热处理硬度HRC
上、下模座	负荷一般或较大	HT200、HT250、Q235	
	负荷特大	45	26～29（调质）
	用于大型模具	HT250、ZG310-570	
模柄		Q235、45	
导柱、导套	单件生产	T10A、9Mn2V	56～60
	大量生产	20	58～62（渗碳淬硬）
垫板	一般用途	45	43～48
推板、顶板		Q235、45（43～48HRC）	
推杆、顶杆	一般用途	45	43～48
	重要用途	CrWMn	56～60
导正销	一般用途	T10A、9Mn2V	52～56
	高耐磨	Cr12MoV	60～62

复习题

1. 凸模长度如何计算？
2. 直壁式与斜壁式凹模各有何特点？
3. 如何选用标准模架及标准件？
4. 模架由哪几种零件组成？它在模具中起什么作用？

任务3 设计整体冲裁模

学习目标

1. 掌握冲裁模设计步骤。
2. 熟悉冲裁模设计要点，重点掌握冲裁模设计的经验设计法。
3. 会撰写模具设计说明书。

任务描述

本任务主要介绍冲裁模设计的全部过程，包括冲裁模的设计步骤、设计要点、经验设计法及模具设计说明书等内容。

任务分析

通过该任务的学习和进行课程设计，即可初步进行冲裁模的设计，完成其设计的全部过程。

相关知识

一、冲裁模设计步骤

1）收集原始资料。包括加工零件图、零件作用、材料、材料性能、生产纲领、设备等。

2）对加工零件作技术、经济分析，从而制定加工零件的冲裁工艺方案。

3）确定冲裁的工艺方案（如先冲孔后落料单工序冲裁；先落料后冲孔单工序冲裁；冲孔落料复合冲裁；连续冲裁等）。

4）初步确定模具结构形式（如凸、凹模结构形式及安装方法、定位方式、卸料出件方式、导向方式等）及模具外形尺寸。

5）工艺计算（坯料尺寸、排样、材料利用率、冲压力、压力中心、弹性元件等的确定与计算）。

6）确定模具主要零部件的结构与尺寸。

7）选择压力机。

8）绘制模具总装图和非标准件的零件图。

9）校核模具图样。

二、冲裁模设计要点和经验设计法

模具结构初步确定后，就是模具结构的具体细化，其中最重要的是模具的各种结构尺寸计算，其设计计算方法有两种：理论计算法和实际经验法。理论计算法有理论依据，较准确，但需要有较深的理论知识，繁琐，所需时间长，在工厂快节奏生产中较难适应；实际经验法能把复杂的设计简单化，而且方便、快捷、适用，特别是在经营模具设计制造谈判现场及工厂的模具设计和制造中，非常适用。

（1）设计要点

1）模具的外形一般不是圆形就是矩形（含方形）。

2）选择模架的关键是确定型腔模板的周界尺寸（长×宽×厚），以确保模具的刚度和强度。

3）冷冲孔模中的复合落料冲孔、多孔、多件同时冲加工的模具结构，是依生产纲领、工件形状、模具孔间距、孔边距的刚度和强度、模具复杂程度、设备状况等多因素综合考虑而定。

4）冷冲孔模一般不进行刚度和强度验算。

5）在实际生产中用经验法确定的模具各模板尺寸，可确保刚度和强度，可免刚度、强度的校核计算，且快捷、方便、适用。各模板尺寸确定后，可将其尺寸进行圆整，再选用标准模架。

6）经验法中的关键点就是依凹模型腔的长边尺寸来确定凹模的外形尺寸，从而确定其他各模板零件的平面尺寸及部分零件的高度尺寸。

7）模具材料选用。最重要的是模具成形部分和具有相对运动部位的零件材料的选用，概括来说，冷冲模（模温为室温）是冷作类模具，一般常常选用冷作模具钢——优质碳素结构钢、工具钢、合金工具钢等。具体而言，就是选用综合性能比45钢好的钢材，即工具钢中的T7～T13，合金工具钢中的9Mn2V、4Cr5MoSiV1、Cr12、Cr12MoV、Cr12MoV1、GCr15等。其中，冷冲模的成形部分材料最起码应选用工具钢，进而选用合金工具钢等；具有相对运动部位的零件选用工具钢，其他零件一般选用碳素结构钢即可。

8）模具热处理。冷冲模的成形部分零件需淬火与回火处理，其热处理硬度要求常为60HRC左右，模具中具有相对运动部位的零件及定位件，其热处理硬度要求常为55～60HRC左右。

（2）经验设计方法　凹模尺寸确定后，其他零件的尺寸可依凹模的尺寸相应地确定，达到迎刃而解。具体方法如下：

冲裁凹模外形尺寸计算见图2-82。

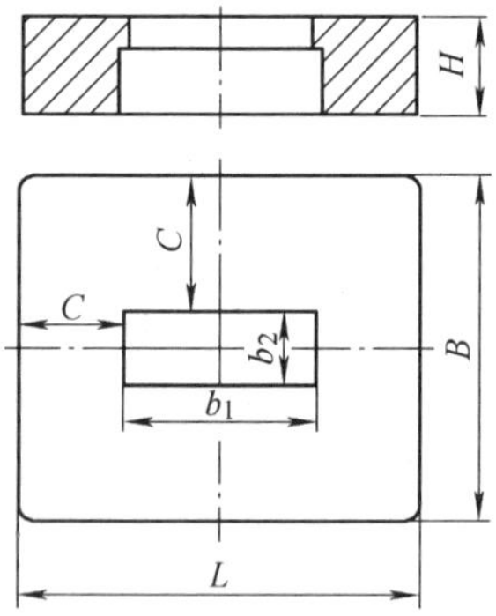

图2-82　冲裁凹模外形尺寸计算

① 凹模厚度。

$$H = K \times b_1 \ (\geqslant 15\text{mm 左右})$$

式中　H——凹模厚度（mm）；

b_1——凹模刃口横向最大尺寸；

K——系数0.1～0.6，长边尺寸大，取小值，尺寸小，取大值。

② 凹模壁厚。

a. $C = (1.5 \sim 2)H$（≥30～40mm），式中C为凹模壁厚（mm）。

b. 直接取C为50mm左右。

c. 凹模平面尺寸：$L = b_1 + 2C$；$B = b_2 + 2C$。

③ 垫板、凸模固定板、卸料板、橡皮、凸凹模固定板等的平面尺寸与凹模平面尺寸相同。

④ 上、下模座板的平面尺寸：等于凹模平面尺寸＋压板位尺寸（约50mm左右/单边）。

⑤ 上、下模座板高度尺寸：等于（1～1.5）H。

⑥ 凸模固定板凸凹模固定板高度：等于凸模、凸凹模高度的1/4～1/2左右。

⑦ 垫板高度：6～10mm；卸料板高度：12mm左右。

⑧ 弹性元件高度。

前面总结的模具设计要点和经验设计方法，对于中小型、常用的一般模具很适用，对于初学者，可以说是将他们引进了模具设计的“入门”阶段，为其打下了基础，至于其“修行”则需在实际工作中，进一步学习提高。

三、模具设计说明书

模具设计说明书是模具设计的最后阶段整理、编辑而写出的，是冲压设计的重要技术文件，是审核冲裁工艺、确定模具结构方案的理论文件，是日后查阅或改进工艺及模具设计方案时的参考文件。实际生产中，一般模具设计不写模具设计说明书，但生手、重要的、大型等模具设计，其模具设计说明书非写不可，模具设计说明书一般包括下列内容：

（1）设计题目　包括产品零件名称及零件图、原材料种类及规格、生产批量（万件/年）、技术要求等。

（2）冲裁件的工艺分析　工艺分析是制定工艺方案的依据，含技术分析和经济分析两方面内容。

1）技术分析是审查冲裁件的冲裁工艺性，就是分析冲裁件的形状特点、尺寸大小、精度要求及材料性能等是否符合冲压加工的要求。

2）经济分析是分析冲件采用冲压加工在经济上的可行性。即根据冲件的生产批量分析产品成本，阐明采用冲压加工能否取得良好的经济效益。

（3）冲裁工艺方案制定　任何简单或复杂冲件，尤其是形状复杂的冲件，采用冲压加工时，同一冲件会有不同的冲压工艺方案。必须列出几种可行的冲压工艺方案，然后通过比较，即对产品质量、生产效率、设备条件、制模条件、模具寿命、冲压操作和安全以及经济性等方面的综合分析与对比，选择确定一种最佳方案。

（4）工艺计算　模具设计过程中，工艺计算是模具结构确定和具体设计的依据，工艺计算主要包括：

1）坯料尺寸计算。

2）排样及裁板方式的经济性分析，材料利用率计算。

3）冲压工艺计算及设备选择。

4）模具压力中心的计算。

5）弹性元件的选用与计算。

6）凸、凹模工作部分尺寸及公差的确定。

（5）模具总体结构的合理性分析

1）绘制一定比例的模具总装简图。

2）分析模具结构的合理性（如正、倒装结构，卸料、出件、压料方式，定位、导向方式等的选择理由）。

（6）模具主要零件结构设计的分析与说明　主要包括零件结构形式的分析，模具材料选择、公差配合选择及技术要求的有关说明等。

（7）其他需要说明的内容

（8）主要参考资料

复习题

1. 冲裁模设计步骤有哪些？
2. 模具设计计算说明书一般包括哪些内容？

任务4　了解冲裁模重要组成件的制造

学习目标

1. 掌握成形件毛坯的正确选择方法。
2. 熟悉冲裁模凸、凹、凸凹模加工工艺过程，会编制其工艺过程卡。
3. 掌握模架的加工工艺及制造方法。

任务描述

本任务主要讲述冲裁模各成形零件的加工工艺和模架的加工工艺。

任务分析

通过该任务的学习，了解冲裁模各成形零件的加工工艺和模架的加工工艺，再通过实训完成模架的加工全过程和成形零件的部分加工工序。

相关知识

在金属切削加工中，通常按照零件结构特征和加工工艺过程的相似性，一般将金属切削零件分为：轴类、套类、板（盘）类和箱体类等。模具组成件一般属于前三类零件，箱体类零件较少。下面仅以中小型冲裁模为例介绍其主要零件的制造。

一、冲裁模成形零件的加工工艺

（1）成形零件的加工方案　模具的成形件（即工作零件）属于板块类，它是模具中最重要的零件，其加工精度高、加工难度大、材料多种多样，涉及的加工技术又多又复杂。掌握模具制造技术的关键在于模具成形零件的制造。由于模具结构复杂、模具材料性能好、难加工，所以模具制造方法既采用一般的机械切削加工，又采用先进的电加工（电加工主要加工高性能、难加工材料，复杂型腔、型孔、小孔、窄槽等）和特种加工等方法。

由于需要冲裁的工件千变万化，造成冲裁模中的凸、凹模的形状、尺寸差别较大，加工要求较高且各种各样，概括而言，其尺寸精度在IT6～IT9之间，工作表面粗糙度值为$Ra1.6\sim0.4\mu m$，非工作表面粗糙度值为$Ra3.2\sim12.5\mu m$；材料一般是碳素工具钢或合金工具钢，热处理后的硬度为58～62HRC。它们的加工质量直接影响模具的使用寿命及冲裁件的质量。

凸模和凹模的加工方案一般有两种：分开加工和配合加工，见表2-23。

表2-23　凸模和凹模的加工方案及适用范围

加工方案	加工特点	适用范围
分开加工	1. 凸、凹模分别按图样加工至尺寸要求 2. 冲裁间隙是由凸、凹模加工后的实际尺寸之差来保证	1. 凸、凹模刃口形状较简单，特别是圆形直径一般大于5mm时，基本都用此法 2. 凸模或凹模具有互换性要求 3. 凸模或凹模批量生产 4. 加工手段比较先进，分开加工能保证尺寸精度
配作加工	1. 先加工好凸模，再以凸模为基准配作凹模，并保证凸模和凹模之间的规定间隙值 2. 先加工好凹模，再以凹模为基准配作凸模，保证凹、凸模之间的规定间隙值	1. 刃口形状比较复杂，非圆形冲孔模 2. 非圆形落料模 3. 凸、凹模间的配合间隙比较小

（2）成形零件的加工工艺过程　金属机械切削加工中，凡是重要的零件（包含模具成形零件）一般按下面的工艺过程安排加工：

1）传统工艺过程：下料→锻造→热加工（退火）→粗加工→热加工（调质）→半精加工→热加工（淬火与回火）→精加工。

① 下料：通常将型材锻打成锻造毛坯，型材按与成形零件等质量法，再略加大进行下

料（加大量是加工余量和锻造损耗量）。

② 锻造：可消除型材内应力，改善金属内部组织，提高力学性能。作为模具成形零件毛坯的锻件，要求其形状与成形件相似，尺寸略大于成形件（成形件是单件生产，通常进行自由锻造，故余量应略为偏大，一般是尺寸<630mm，单面留5~10mm加工余量）。

③ 退火：因模具成形件材料的含碳量较高，锻造后在空气中冷却，冷却速度稍快时，表层硬度较高，造成切削加工困难，为了消除锻造内应力，降低硬度，锻件应退火处理。

④ 粗加工：尽量按图形要求，将所需加工面的大部分余量切除掉。

⑤ 调质：粗加工时，因切除余量较多，产生的内应力较大，易引起变形而必须消除，同时为了稳定组织和尺寸，得到良好的综合力学性能，重要零件粗加工后必须调质处理。

⑥ 半精加工：为了消除调质后的热处理变形和表层烧损，使淬火前应加工完成的加工部分（如螺孔、销孔及不重要部位等）有加工基准面，调质后必须安排半精加工。

⑦ 淬火与回火：为了提高成形件的强度和硬度，增加耐磨性，增加使用寿命，必须进行淬火与回火处理（淬火与回火通常联系在一起，淬火后进行回火是为了得到需要的硬度）。

⑧ 精加工：通过精加工（含精整加工）的各种手段，达到成形件的各种高精度要求，完成加工。

2）先进工艺过程：下料→锻造→退火→粗加工→半精加工→淬火与回火→精加工→电加工（线切割、电火花）→精整加工。此工艺路线主要用于以线切割加工为主要工序的凸、凹模加工，尤其适用于形状复杂、热处理变形大的直通式凸模、凹模零件。线切割电火花加工的使用可大大减小传统工艺过程中成形部位完成后再进行淬火与回火的热处理变形。

概括而言，上述两大工艺过程就是粗、半精、精、精整加工过程中适当地将退火、调质、淬火与回火穿插其中进行。

（3）成形零件的具体加工方法　凸模加工主要是外形加工，凹模加工主要是孔（系）加工，而外形加工比较简单。凸模和凹模的加工方法除与工厂的设备条件有关外，主要取决于凸模和凹模的形状和结构特点，冲裁凸模和凹模的加工方法见表2-24、表2-25。

表2-24　冲裁凸模的加工方法

凸模形式		常用加工方法	适用场合
圆形凸模		车削加工毛坯，淬火后精磨，最后工件表面抛光及刃磨	各种圆形凸模
非圆形凸模	带安装台肩式	方法一：凹模压印修锉法。车、铣或刨削加工毛坯，磨削安装面和基准面，划线铣轮廓，留0.2~0.3mm单边余量，凹模（已加工好）压印后修锉轮廓，淬硬后抛光、磨刃口	无间隙模或设备条件较差的工厂
		方法二：仿形刨削加工。粗加工轮廓，留0.2~0.3mm单边余量，用凹模（已加工好）压印后仿形精刨，最后淬火、抛光、磨刃口	一般要求的凸模
	直通式	方法一：线切割。粗加工毛坯，磨安装面和基准面，划线加工安装孔、穿丝孔，淬硬后磨安装面和基准面，切割成形、抛光、磨刃口	形状较复杂或较小、精度较高的凸模
		方法二：成型磨削。粗加工毛坯，磨安装面和基准面，划线加工安装孔，加工轮廓，留0.2~0.3mm单边余量，淬硬后磨安装面，再成形磨削轮廓	形状不太复杂、精度较高的凸模或镶块

表 2-25　冲裁凹模的加工方法

型孔形式	常用加工方法	适用场合
圆形孔	方法一：钻铰法。车削加工毛坯上、下底面及外圆，钻、铰工作型孔，淬硬后磨上、下底面和工作型孔、抛光	孔径小于5mm的情况
	方法二：磨削法。车削加工毛坯上、下底面，钻、镗工作型孔，划线加工安装孔，淬硬后磨上、下底面和工作型孔、抛光	孔较大的凹模
圆形孔系	方法一：坐标镗削。粗、精加工毛坯上、下底面和凹模外形，磨上、下底面和定位基面，划线、坐标镗削型孔系列，加工固定孔，淬火后研磨抛光型孔	位置精度要求高的凹模
	方法二：立铣加工。毛坯粗、精加工与坐标镗削方法相同，不同之处为孔系加工用坐标法在立式铣床上加工，后续加工与坐标镗削方法也一样	位置精度要求一般的凹模
非圆形孔	方法一：锉削法。毛坯粗加工后按样板轮廓线，切除中心余料后按样板修锉，淬火后研磨抛光型孔	设备条件较差的工厂加工形状简单的凹模
	方法二：仿形铣。凹模型孔精加工在仿形铣床或立铣床上靠模加工（要求铣刀半径小于型孔圆角半径），钳工锉斜度，淬火后研磨抛光型孔	形状不太复杂，精度不太高，过渡圆角较大的凹模
	方法三：压印加工。毛坯粗加工后，用加工好的凸模或样冲压印后修锉，再淬火研磨抛光型孔	尺寸不太大、形状不复杂的凹模
	方法四：线切割。毛坯外形加工好后，划线加工安装孔，淬火，磨安装基面，割型孔	各种形状复杂、精度高的凹模
	方法五：成形磨削。毛坯按镶拼结构加工好，划线粗加工轮廓，淬火后磨安装面，成形磨削轮廓，研磨抛光	镶拼凹模
	方法六：电火花成形加工。毛坯外形加工好后，划线加工安装孔，淬火，磨安装基面，做电极或用凸模打凹模型孔，最后研磨抛光	形状复杂，精度高的整体凹模

注：表中所列加工方法应根据工厂设备情况和模具要求具体选用。

现以图 2-83、图 2-84、图 2-85 所示链接板的落料冲孔复合模的凸模、凹模、凸凹模为例介绍具体加工过程，见实用型模具制造工艺卡片（见表 2-26、表 2-27、表 2-28）。

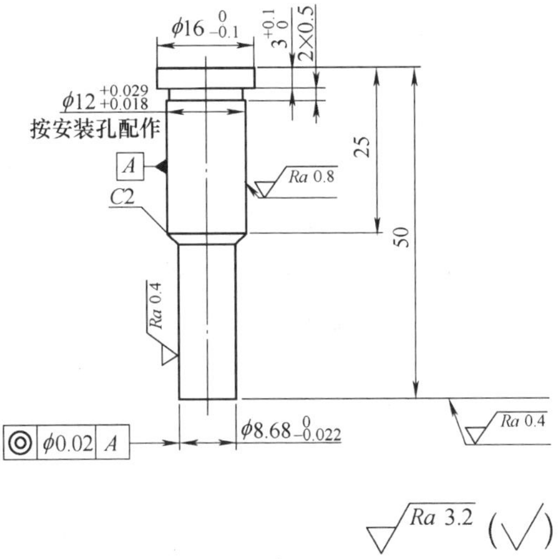

图 2-83　凸模

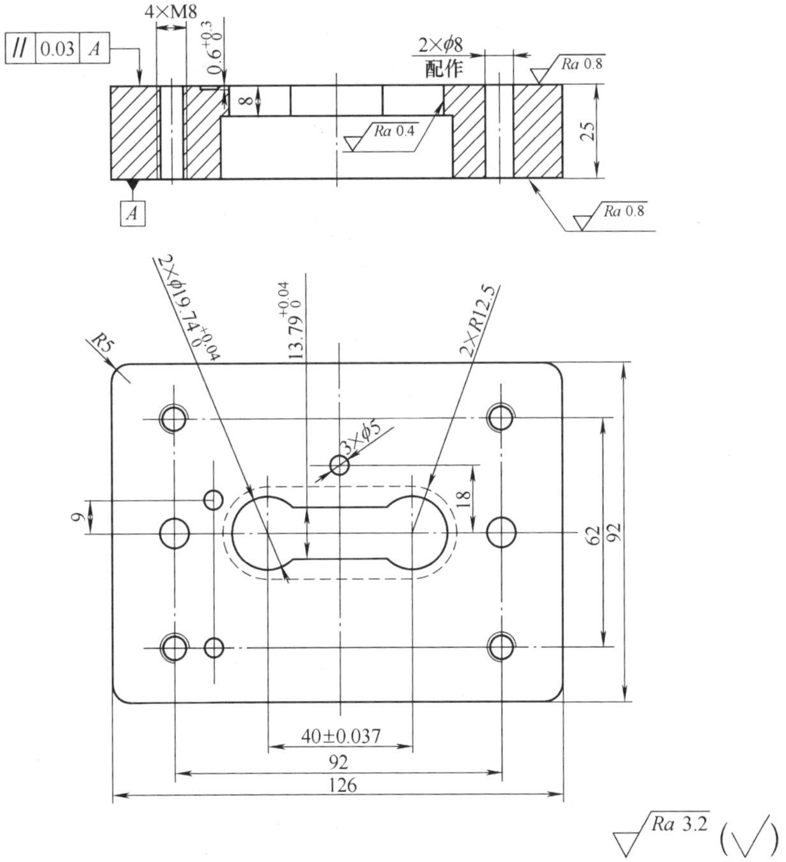

图 2-84　凹模

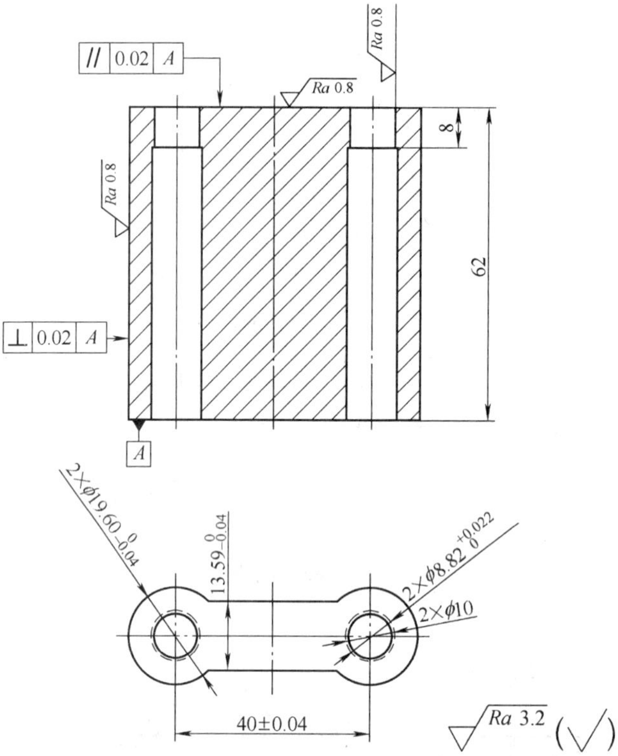

图 2-85　凸凹模

表 2-26　凸模工艺卡片

模具名称	链板落料冲孔复合模	零件名称	凸模	图号	LCM-0806-001-14
材料牌号	Cr12	毛坯种类	型材	数量	2 件
工序名称	工序简图	工序内容			
1. 备料		圆棒 φ20×60			
2. 车	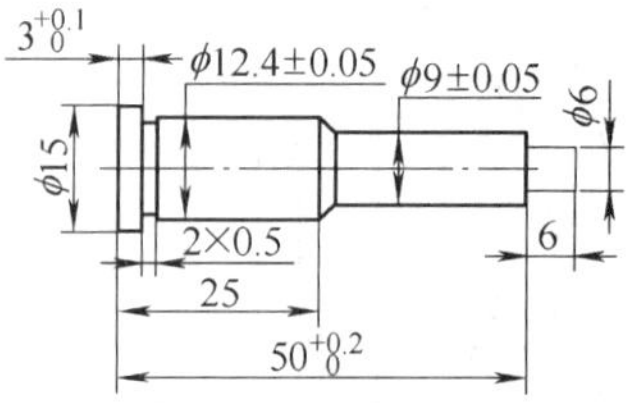	按工艺图半精车，表面粗糙度值达 $Ra3.2\mu m$，外圆留精加工余量 0.3；一端打中心工艺孔，另一端按图留工艺凸台并打中心孔；长短按图车成			
3. 热处理		淬火、回火达 58～62HRC			
4. 珩磨		珩磨两端中心孔			
5. 磨		按零件图磨外圆成功			
6. 线切割		去工艺凸台			
7. 检验					
8. 平磨	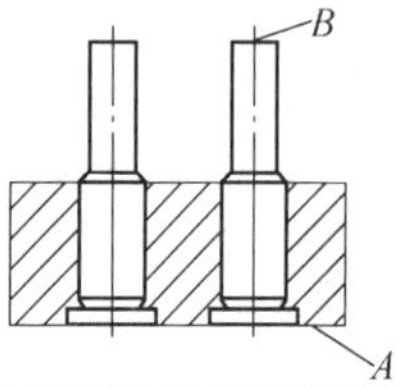	将凸模装入固定板，将 A 面磨平 $Ra0.4\mu m$，再以 A 面为基准，将 B 面磨平保证一致			
工艺编制		工艺校核		日期	

表 2-27 凹模工艺卡片

<table>
<tr><td>模具名称</td><td>链板落料冲孔复合模</td><td>零件名称</td><td>凹模</td><td>图号</td><td>LCM－0806－001－12</td></tr>
<tr><td>材料牌号</td><td>Cr12</td><td>毛坯种类</td><td>锻件</td><td>数量</td><td>1 件</td></tr>
<tr><td>工序名称</td><td>工序简图</td><td colspan="4">工序内容</td></tr>
<tr><td>1. 备料</td><td></td><td colspan="4">$\phi70\times135$（4.1kg，按重量留有 10% 左右的锻造损耗量）</td></tr>
<tr><td>2. 锻造退火</td><td></td><td colspan="4">将毛坯料锻成 $134\times100\times34$ 的方料（约 3.6kg）并退火</td></tr>
<tr><td>3. 铣</td><td>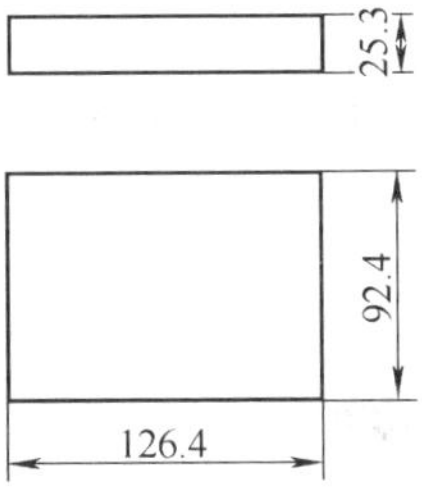</td><td colspan="4">按工艺图粗铣达 $126.4\times92.4\times25.3$ 成功，表面粗糙度值达 $Ra6.3\mu m$，相邻边相互垂直，垂直度为 0.1mm</td></tr>
<tr><td>4. 热处理</td><td></td><td colspan="4">调质 26～29HRC</td></tr>
<tr><td>5. 粗磨</td><td>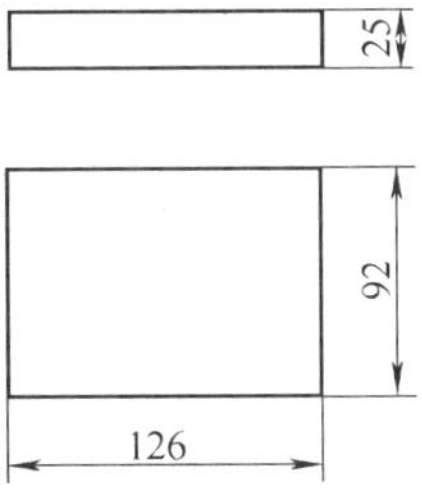</td><td colspan="4">磨六面，表面粗糙度值达 $Ra1.6\mu m$，相邻边互相垂直，垂直度公差为 0.03mm，上、下两平面留 0.4mm 余量</td></tr>
<tr><td>6. 钳工</td><td>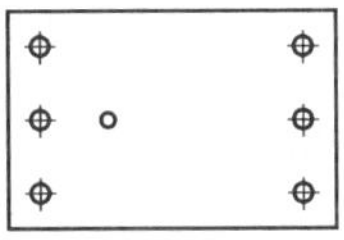</td><td colspan="4">去毛刺，各边倒钝
划螺钉孔、销孔位置线，穿丝孔位置线
按图加工螺钉孔，销孔，穿丝孔成功</td></tr>
<tr><td>7. 铣</td><td>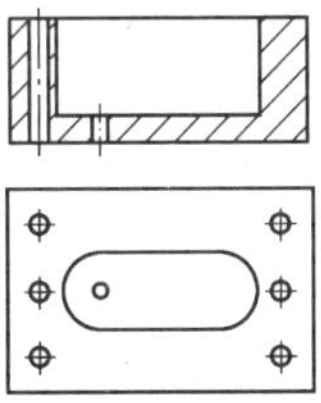</td><td colspan="4">按零件图铣漏料孔成功</td></tr>
<tr><td>8. 热处理</td><td></td><td colspan="4">淬火、回火达 60～63HRC</td></tr>
<tr><td>9. 磨</td><td></td><td colspan="4">磨上、下两平面 25 成功，$Ra0.8\mu m$，平行度为 $0.02\mu m$</td></tr>
<tr><td>10. 线切割</td><td></td><td colspan="4">按零件图线切割刃口达到要求。刃口各尺寸单面留 0.15 的修研余量</td></tr>
<tr><td>11. 钳工</td><td></td><td colspan="4">修研刃口达到设计要求，待装</td></tr>
<tr><td>12. 检验</td><td></td><td colspan="4"></td></tr>
<tr><td>工艺编制</td><td></td><td>工艺校核</td><td></td><td>日期</td><td></td></tr>
</table>

表 2-28　凸凹模工艺卡片

<table>
<tr><td>模具名称</td><td>链板落料冲孔复合模</td><td>零件名称</td><td>凸凹模</td><td>图号</td><td>LCM-0806-001-08</td></tr>
<tr><td>材料牌号</td><td>Cr12</td><td>毛坯种类</td><td>锻件</td><td>数量</td><td>1 件</td></tr>
<tr><td>工序名称</td><td>工序简图</td><td colspan="4">工序内容</td></tr>
<tr><td>1. 备料</td><td></td><td colspan="4">ϕ80×75 棒料（约 3kg）</td></tr>
<tr><td>2. 锻造退火</td><td></td><td colspan="4">将毛坯料锻成 120×68×37 的方料，退火</td></tr>
<tr><td>3. 铣</td><td>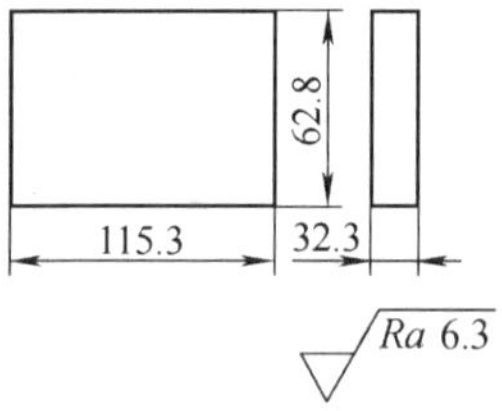</td><td colspan="4">按工艺图粗铣成 115.3×62.8×32.3，相邻边垂直，垂直度为 0.1mm</td></tr>
<tr><td>4. 热处理</td><td></td><td colspan="4">调质 25～29HRC</td></tr>
<tr><td>5. 平磨</td><td>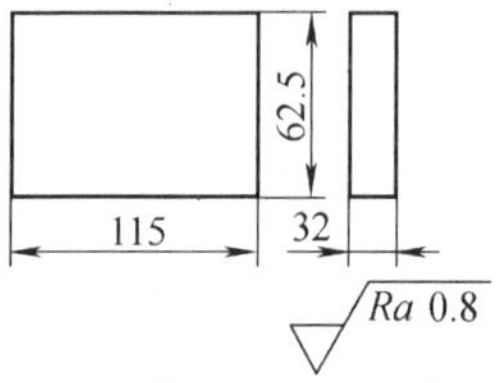</td><td colspan="4">磨六面：尺寸按左图磨成；相邻边互相垂直，垂直度为 0.02mm</td></tr>
<tr><td>6. 钳工</td><td>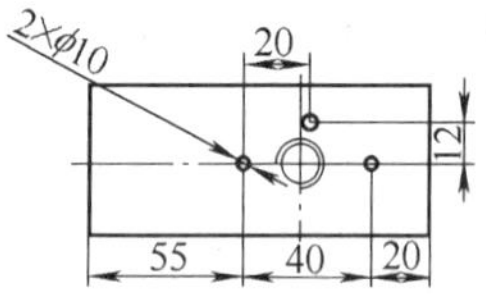</td><td colspan="4">去毛刺，各边倒钝
划螺钉孔、穿丝孔等位置线
按图加工螺钉孔，穿丝孔成功</td></tr>
<tr><td>7. 铣</td><td>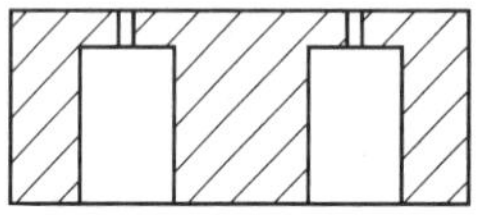</td><td colspan="4">按零件图铣漏料孔成功</td></tr>
<tr><td>8. 热处理</td><td></td><td colspan="4">淬火、回火达 60～63HRC</td></tr>
<tr><td>9. 磨</td><td>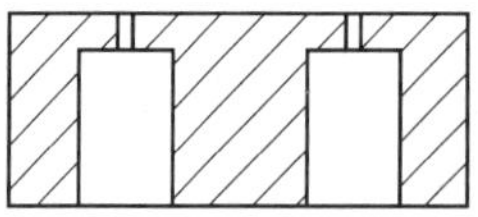</td><td colspan="4">磨上、下两平面 62 成功，表面粗糙度值达 Ra0.4μm，平行度为 0.02mm</td></tr>
<tr><td>10. 线切割</td><td></td><td colspan="4">按零件图线切割刃口达到要求，刃口各尺寸单面留 0.15 的修研余量。压紧尺寸 55 的一端</td></tr>
<tr><td>11. 钳工</td><td></td><td colspan="4">修整达到设计要求，待装</td></tr>
<tr><td>12. 检验</td><td></td><td colspan="4"></td></tr>
<tr><td>工艺编制</td><td></td><td>工艺校核</td><td></td><td>日期</td><td></td></tr>
</table>

二、模架的加工工艺

模架的制造主要是指模座和导柱导套的加工，这些零件已标准化，可直接按规格购买。

对于一些非标准的模架只能自己设计制造，也有一些中小型企业为了节约开支，模架特别是上、下模座仍然自己设计制造，下面介绍少量生产上、下模座的主要加工工艺。

模架中的上、下模座是板类零件，具有板类零件的加工特点。上、下模座的加工主要是平面加工和孔系加工。依据“先面后孔”的加工原则，在每个加工阶段都应先加工平面，再以平面定位加工孔系。为了保证导柱、导套孔与模座底面垂直，在加工孔系前要将模座上、下表面磨削加工，保证模座上、下两平面的平行度要求，否则难以达到孔与模座底面垂直度的要求。

具体加工时，通常先采用铣、刨等方法加工外形各平面，并将主要平面留有适当的精加工余量，非主要平面则加工完成；其次，平磨上、下两平面达到要求；再次，由钳工划线、钻孔、攻螺纹、配合加工上、下模座的导柱、导套孔成功；最后铣削或车削模柄孔成功，即全部加工完成。具体加工工艺如下：

现以对称式导柱的上、下模座（如图 2-86、图 2-87 所示）为例介绍其加工工艺流程，具体见表 2-29、表 2-30。

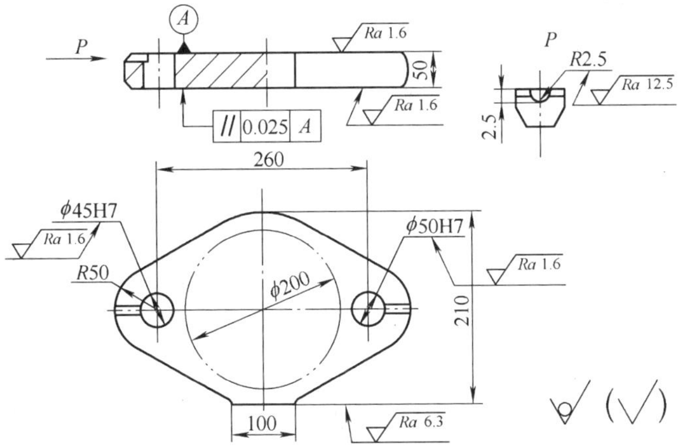

图 2-86　上模座零件图

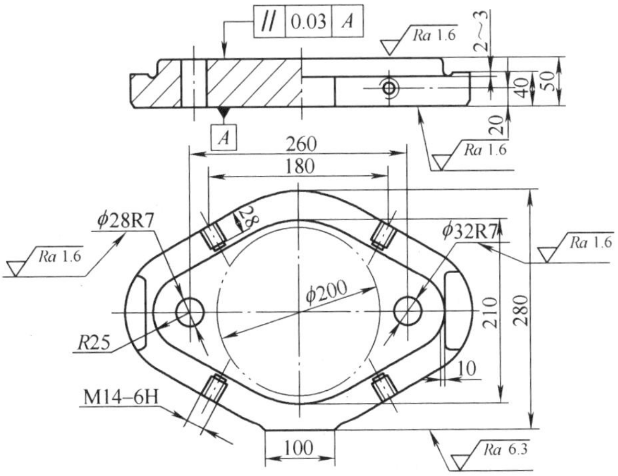

图 2-87　下模座零件图

表 2-29　上模座加工工艺流程

工序号	工序名称	工序内容	推荐设备	工序图
1	备料	按图样要求备好铸件毛坯		
2	刨或铣	加工上、下平面达尺寸 50.8mm，表面粗糙度值为 $Ra6.3\mu m$	牛头刨床或铣床	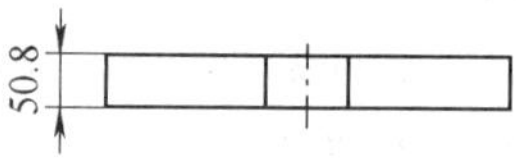
3	磨	磨上、下平面，保证尺寸 50mm，且保证上、下平面平行度为 0.03mm，表面粗糙度值为 $Ra1.6\mu m$	平面磨	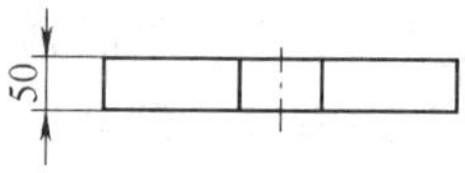
4	划线	（1）划模座标记处线，尺寸为 210mm （2）划导套孔位置，中心距为 260mm		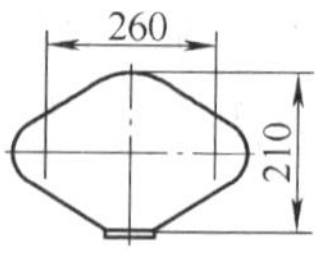
5	铣	模座标记处小面达尺寸 210mm	立式铣床	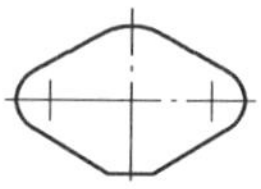
6	钻孔	钻 ϕ48mm、ϕ43mm 孔	立式铣床或立式钻床	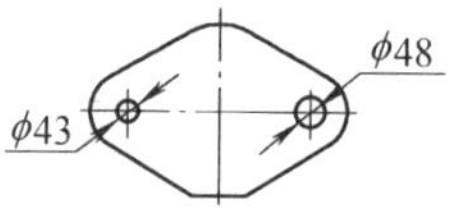
7	镗孔	上、下模座按装配时工作面相对位置重合配镗 ϕ45H7 和 ϕ50H7 两孔	镗床或立式铣床	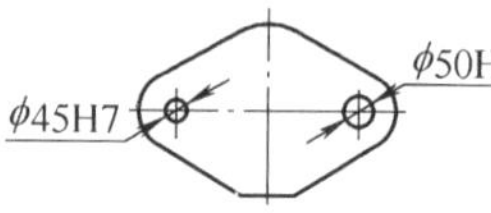
8	铣	铣削加工 $R2.5$mm 圆弧加油槽	立式铣床	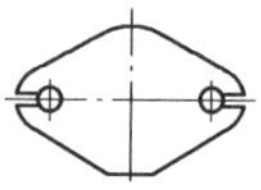
9	检查			

表 2-30　下模座加工工艺流程

工序号	工序名称	工序内容	推荐设备	工序图
1	备料	按图样要求备好铸件毛坯		
2	刨	刨上、下平面达尺寸 50.8mm	牛头刨床	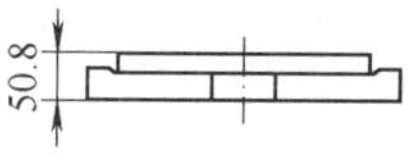
3	磨	磨上、下平面达尺寸 50mm；且保证上、下面平行度 0.03mm	平面磨床	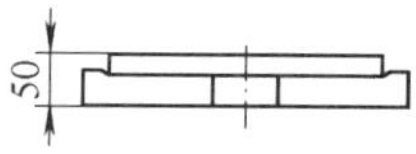

（续）

工序号	工序名称	工序内容	推荐设备	工序图
4	划线	（1）划模座标记处线，尺寸为 280mm （2）划导套孔位置，中心距为 260mm （3）划起吊螺钉孔中心线，尺寸为 180mm		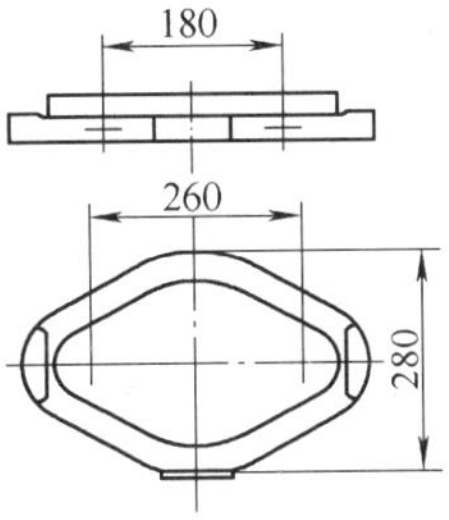
5	铣	铣加工模座标记处小平面达 280mm；固定模具用压板固定处小面达尺寸 40mm		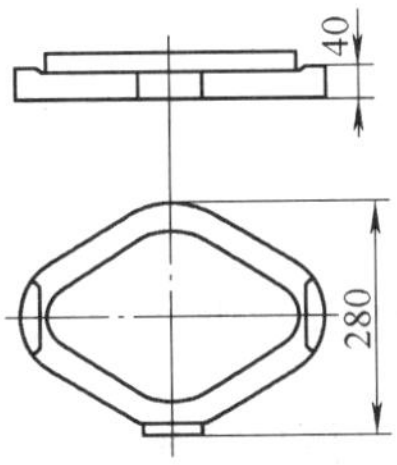
6	钻孔	（1）钻 ϕ26mm、ϕ30mm 孔 （2）按划线位置钻起吊螺钉孔底孔	立式钻床	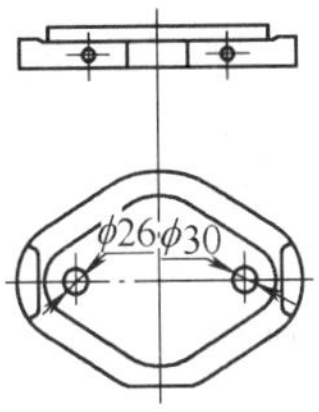
7	镗孔	上、下模座按装配时工作面相对位置重合 ϕ28R7 和 ϕ32R7 两孔		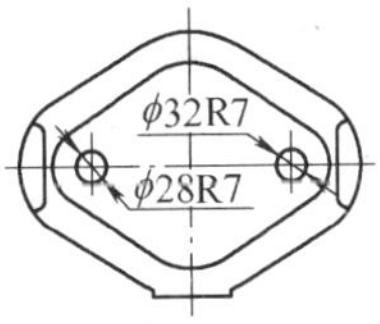
8	攻螺纹	攻 4 × M14 – 6H 螺纹		
9	检验			

复习题

1. 模具成形件的毛坯常会选择锻件，为什么？
2. 简述成形零件的加工工艺过程。
3. 成形零件加工工艺过程中的几种热处理目的是什么？
4. 编制导套的加工工艺。
5. 简述上、下模座中导柱、导套孔的加工方法。

任务5　冲裁模的装配、调试与维修

学习目标

1. 熟悉冲裁模装配的技术要求、工艺要点及装配顺序。
2. 会进行一般冲裁模组件的装配和总装。
3. 会在冲床上进行一般冲裁模的安装和调试。
4. 了解冲裁模常见的问题、产生原因及调修方法，会进行简单的维修。

任务描述

本任务主要讲述冲裁模装配、调试和维修，并通过实例介绍冲裁模组件的装配和总装的具体方法。

任务分析

通过该任务的学习，了解冲裁模装配的技术要求、工艺要点、装配顺序及组件的装配和总装的具体方法，学会冲裁模装配后的安装与调试，再根据前面冲裁件断面质量分析，可判断该冲裁模出现的质量问题并进行一般的相应处理。

相关知识

一、模具的装配

模具生产属于单件或小批量生产，具有成套性和装配精度高的特点，模具的装配就是按照模具总装图要求，以一定的装配顺序和方法，将符合图样技术要求的合格模具组成零件，经修整加工，组装成满足使用要求的模具。在装配过程中，既要保证相互配合零件间的配合精度，又要保证各零件之间的位置精度，对于具有相对运动的零（部）件，还必须保证它们之间的运动精度。因此，模具装配的好坏是模具制造过程中的关键工序。模具装配的质量直接影响制件的冲压质量、模具的使用与模具寿命。

模具装配常用的方法有互换法、修配法和调整法。由于修配法和调整法相对于互换法而言可以放宽零件的制造公差，便于加工，虽然装配较费时费工，且需要高技能的模具钳工，但此法能保证较高的装配精度，目前使用广泛。随着模具加工设备的现代化，零件制造精度越来越高，越来越能满足互换法的要求，互换法的应用也会越来越多。

1. 冲裁模装配的技术要求

冲裁模装配后，应达到下述主要技术要求：

1）模架（选用标准或自制）必须按模具图样要求（大小、精度、闭合高度等）进行。

2）上、下模座间的导柱、导套滑动应平稳、可靠，运动间隙应小于冲裁间隙。

3）凸、凹模间的间隙值大小应符合模具图样要求，且间隙应均匀分布。凸模或凹模的工作行程符合技术条件的规定。

4）定位、挡料装置的相对位置应符合图样要求；导料板间距应与图样规定一致；导料面应与凹模送料方向的中心线平行；带侧压装置的导料板，其侧压板应滑动灵活、工作可靠。

5）卸料、顶件装置的相对位置应符合设计要求，超高量在许用规定范围内，工作面不允许有倾斜或单边偏摆，以保证制件或废料能及时卸下和顺利顶出。

6）落料孔或出料槽应畅通无阻，保证制件或废料能自由排出。

7）标准件应能互换，螺钉、销与其孔的配合正常。

8）模具的安装尺寸应符合选用的压力设备要求，起吊零件应安全可靠。

9）模具应在正常生产的条件下进行试冲，冲出制件应达到质量要求，试冲一定数量的合格制品后，才能交付批量生产使用。

2. 冲裁模装配的工艺要点

在模具装配之前，要认真研究模具图样，根据其结构特点和技术条件，制定合理的装配方案，并对提交的零件进行检查，除了必须符合设计图样要求外，还应满足装配工序对各类零件提出的要求，检查无误方可按规定步骤进行装配。装配过程中，要合理选择检测方法及测量工具。

冲模装配工艺要点是：

（1）选择装配基准件　装配时，先要选择基准件。选择基准件的原则是按照模具主要零件加工时的依赖关系来确定。可以作为装配基准件的主要有凸模、凹模、导向板及固定板等。

（2）组件装配　组件装配是指模具在总装前，将两个以上的零件按照规定的技术要求连接成一个组件的装配工作。如模架的组装，凸模和凹模与固定板的组装，卸料与推件机构各零件的组装等。这些组件，应按照各零件所具有的功能进行组装，这会对整副模具的装配精度起到一定的保证作用。

（3）总体装配　总装是将零件和组件结合成一副完整的模具过程。在总装前，应选好装配的基准件和安排好上、下模的装配顺序。

（4）调整凸、凹模间隙　在装配模具时，必须严格控制及调整凸、凹模间隙的均匀性。调整后，才能紧固螺钉及销钉。

（5）检验、调试　模具装配完毕后。必须保证装配精度，满足规定的各项技术要求，并要按照模具验收技术条件，检验模具各部分的功能。在实际生产条件下进行试模，并按试模生产制件情况调整、修正模具，当试模合格后，模具加工、装配才算基本完成。

3. 冲裁模装配顺序确定

为了便于对模，总装前应合理确定上、下模的装配顺序，以防出现不便调整的情况。上、下模的装配顺序与模具的结构有关。一般先装基准件，再装其他件并调整间隙。不同结构的模具装配顺序说明如下：

（1）无导向装置的冲模　这类模具的上、下模，其间的相对位置是在压力机上安装时调整的，工作过程中由压力机的导轨精度保证，因此装配时，上、下模可以独立进行，彼此基本无关。

（2）有导柱的单工序模　这类模具装配相对简单。如果模具结构是凹模安装在下模座上，则一般先将凹模安装在下模上，再将凸模与凸模固定板装在一起，然后依据下模配装上模。其装配路线如下：

模柄装配→模架→装配下模部分→装配上模部分→试模

（3）有导柱的连续模　通常导柱导向的连续模都以凹模作装配基准件（如果凹模是镶拼式结构，应先组装镶拼式凹模），先将凹模装配在下模座上，凸模与凸模固定板装在一起，再以凹模为基准，调整好间隙，将凸模固定板安装在上模座上，经试冲合格后，钻铰定位销孔。

（4）有导柱的复合模　复合模结构紧凑，模具零件加工精度较高，模具装配的难度较大，特别是装配对内、外形有同轴度要求的模具，更是如此。

（5）复合模　复合模属于单工位模具，其装配程序和装配方法相当于在同一工位上先装配冲孔模，然后以冲孔模为基准，再装配落料模。基于此原理，装配复合模时应遵循如下原则：

1）复合模装配应以凸凹模作装配基准件。先将装有凸凹模的固定板用螺栓和销钉安装、固定在指定模座的相应位置上；再按凸凹模的内形装配、调整冲孔凸模固定板的相对位置，使冲孔凸、凹模间的间隙趋于均匀，用螺钉固定；然后再以凸凹模的外形为基准，装配、调整落料凹模相对凸凹模的位置，调整间隙，用螺钉固定。

2）试冲无误后，将冲孔凸模固定板和落料凹模分别用定位销，在同一模座经钻铰和配钻、配铰销孔后，打入圆柱销定位。

4. 冲裁模组件装配

（1）凸模、凹模与固定板的装配　凸、凹模的常用固定方法有：紧固件法、压入法、粘结法、铆接法等。

1）紧固件法。此法是用螺钉将凸模进行轴向紧固，将带有螺孔的凸模或凹模等压入固定板孔内，确保其轴线与固定板安装平面垂直，然后用螺钉紧固，不许有松动。凸模为硬质合金时螺孔用电火花加工。凸模定位部分与固定板采用 H7/m6 或 H7/n6 配合。

2）压入法。凸、凹模与固定板之间采用 H7/n6 或 H7/m6 配合，靠过盈量将两者固定，是模具装配中的常用方法之一。此法牢固可靠，但对压入的型孔精度要求较高，尤其是复杂型孔或孔距中心要求严格的多型孔，加工较困难。

3）粘结法。粘结法广泛应用于凹、凸模的固定，导柱、导套与模座的粘结。粘结法采用的材料有无机粘结剂、环氧树脂、低熔点合金和厌氧胶等。凸、凹模等的固定还可采用低熔点合金粘结、环氧树脂粘结、无机粘结等方法。

① 低熔点合金固定法。如图 2-88 所示，浇注时，以凹模的型孔作定位基准安装凸模，调整好凸、凹模间的间隙，再用螺钉和平行夹头将凸模 7、凸模固定板 4 和托板 2 固定，再将低熔点合金浇注其中，冷却后凸模即固定。

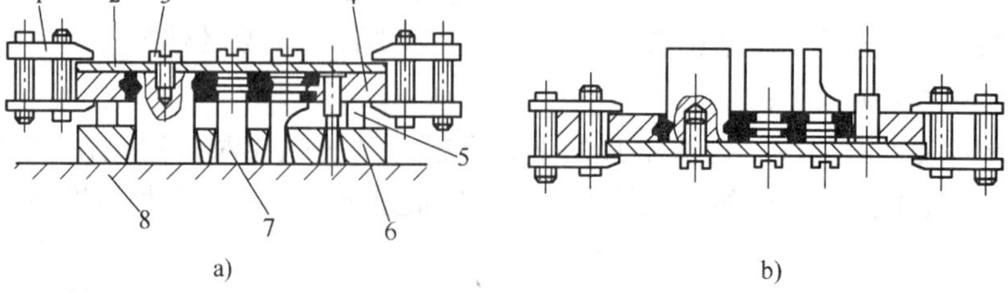

图 2-88　浇注低熔点合金

a）固定凸模　b）浇注低熔点合金

1—平行夹头　2—托板　3—螺钉　4—凸模固定板　5—等高垫铁　6—凹模　7—凸模　8—平板

② 环氧树脂固定法见图2-89。

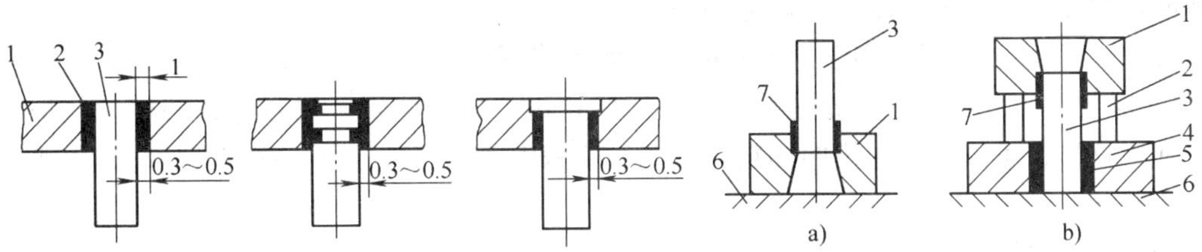

图2-89 用环氧树脂粘结固定法

a）凸模固定的形式 b）粘结剂浇注固定凸模

1—凹模 2—垫块 3—凸模 4—固定板 5—环氧树脂 6—平台 7—垫片

③ 无机粘结法。与环氧树脂粘结法相似，采用氢氧化铝的磷酸溶液与氧化铜粉末混合作为粘结剂。

4）铆接法。铆接法是先将凸模或凹模等非剪口一端局部进行退火处理，降低此部分的硬度，再用铆接的方法锤敲此端，将凸模或凹模铆接在固定板上，然后与凸模固定板一起磨平。

粘结法和铆接法主要用于冲裁薄料的场合。

(2) 弹压卸料板的装配 装配前，先将弹压卸料板套放在已装入固定板的凸模内，应保证它与凸模之间具有适当的间隙，在固定板与卸料板之间垫上平行垫块，并用平行夹板将它们夹紧，然后，按照卸料板上的螺孔在固定板上钻出锥窝，拆开后钻固定板上的螺钉过孔。装配时，一组卸料螺钉长短应一致，卸料板的水平面不能倾斜，其水平面与凸模刃口端面有一定的差距（凸模端面缩在卸料板孔内0.5～1mm左右），以便压紧冲料后再进行冲裁。

(3) 冲裁模总装

1）冲裁模总装的具体技术要求。

① 装配好的冲模，其闭合高度应符合设计要求。

② 模柄装入上模座后，其轴线对上模座上平面的垂直度误差，在全长范围内不大于0.05mm。

③ 导柱和导套装配后，其轴线应分别垂直于下模座的底平面和上模座的上平面。

④ 上模座的上平面应和下模座的底平面平行。

⑤ 装入模架的每对导柱和导套的配合间隙值应符合规定要求。

⑥ 装配好的模架，其上模座沿导柱上、下移动应平稳，无阻滞现象。

⑦ 装配后的导套、导柱端面与相应的上模座的上平面，下模座的下平面，应保留一定的安全距离。

⑧ 凸模和凹模的配合间隙应符合设计要求，沿整个刃口轮廓应均匀一致。

⑨ 定位装置要保证定位正确可靠。

⑩ 卸料及顶件装置灵活、正确、出料孔畅通无阻，保证制件及废料不卡在冲模内。

2）装配原则。上、下模的装配次序与冲裁模的结构有关，通常是以上、下模中结构较复杂、组件多且相互间位置所受的限制大，较难调整的上模或下模先装，再用另一相对的上模或下模部分作位置调整。一般冲裁模的上、下模装配次序可以按如下原则来选择：

① 对于无导柱模具，凸、凹模的间隙是在冲模安装到机床上时进行调整的，上、下模的装配次序没有严格的要求，可以分别进行装配。

② 对于凹模装在下模座上的导柱模，一般先装下模。

③ 对于导柱复合模，一般先装上模，然后找正下模的位置，按照冲孔凹模型孔加工出漏料孔。这样，可以保证上模中卸料装置能与模柄中心对正，并避免漏料孔错位，否则，将会无法装配。

3）冲裁模冲裁间隙的调整。模具总装中，最关键的是保证凸、凹模之间配合间隙的均匀性。凸、凹模的配合间隙是否均匀，不仅影响冲模的使用寿命，而且对于保证冲件质量也十分重要。调整冲裁间隙一般有以下几种方法：

① 测量法。将凸模插入凹模内（通过导向装置），将塞尺塞入凸、凹模之间的间隙中，依手感和塞入尺片的厚薄大小，判断间隙是否均匀，根据测量结果进行校正，直至间隙均匀后再拧紧螺钉、配作圆柱销孔及打入圆柱销。

② 透光法。凭肉眼观察凸、凹模间隙中透过光线的强弱来判断间隙的大小和均匀性。使用时将模具翻过来，把模柄夹在虎钳上，用手灯照射，从下模座的漏料孔中观察间隙大小是否均匀并调整。有经验的操作者凭透光法来调整间隙可达到较高的均匀程度。

③ 试切法。模具装配好后，可试切片纸（或其他薄片），观察试件四周毛刺的分布情况和大小，来判断间隙的均匀程度，再作适当的调整。

④ 垫片法。如图 2-90 所示，在凹模刃口四周的适当的部位，均匀地放置多个厚度等于单边间隙值的垫片，然后在上、下模之间垫上等高垫铁，再将上、下模慢慢合模。合模过程中，观察凸模是否顺利进入凹模并与垫片接触，若有的部位与垫片接触过紧，有的部位松，说明间隙不均匀，可用敲击固定板的方法调整间隙直到其均匀为止，再将上模座上事先松动的螺钉拧紧，再试冲，观察间隙是否均匀。不均匀时再调整，直至均匀后再将上模座与固定板配作定位销孔，并打入定位销。

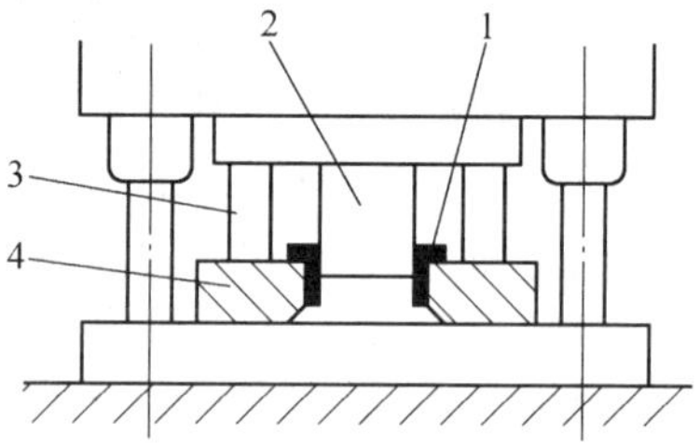

图 2-90　垫片法调整间隙
1—垫片　2—凸模
3—等高垫铁　4—凹模

⑤ 镀层法。在凸模的工作段镀上厚度为单边间隙值的铜（或锌）层来代替垫片。由于镀层均匀，可提高装配间隙的均匀性。镀层本身会在冲模使用中自行剥落而无需安排去除工序。

⑥ 涂层法。与镀铜法相似，仅在凸模工作段涂以厚度为单边间隙值的涂料（如磁漆或氨基醇酸绝缘漆等）来代替镀层。

4）装配要领步骤。

① 清理上、下模，要求干净无异物，并给导柱涂油。

② 按装配原则选定上、下模中的某一部分作装配基准（如以下凹模部分作基准）。

③ 稍稍拧松上凸模部分的固定螺钉。

④ 在凸、凹模间隙的周边处塞入多个等厚垫片（垫片厚度为凸凹模横向实际尺寸之差的 1/2）。

⑤ 合模，水平调整上模部分凸模的位置，保证凸模、凹模之间的间隙均匀。

⑥ 锁紧上模螺钉，重新检查间隙，保证均匀。

⑦ 配作上模部分的凸凹模与固定板的定位销孔成功，并打入定位销。

⑧ 卸料板、弹性件、卸料螺钉等卸料组件套装在凸模上，要求凸模剪口端面缩在卸料板内，且不倾斜，上下活动自如，与凸模周边不干涉。

⑨ 凸凹模上平面装入挡料销、导料销等元件。

⑩ 总装后，上模座的上平面、下模座的下平面不许有螺钉头部、定位销端面等超出。

⑪ 上、下模合成一体，涂油，准备试模。

5. 冲裁模的装配实例

以如图 2-36 所示的冲孔模为例，说明冲裁模的装配方法。

（1）装配准备

① 熟悉图样。读图了解该模具结构、装配关系及各项要求，确定合理装配基准、装配方法以及装配顺序。

② 清、检零件。按装配图明细表，清齐零件、去毛刺、倒角（剪口处不许倒角）、清洗，并检查零件精度、形状以及有关的配合关系等是否符合要求。

③ 布置场地。清理工作台，准备必须的工夹量具、辅料等，并连同所有模具零件、相关件、同类件整齐摆放在顺手之处。

（2）装配　装配分为组件装配和总装两部分。

1）组件装配。

① 模架组装。

a. 按要求选配导柱、导套，两者之间手动试配松紧程度，以滑动自如又保证其间隙值小于冲裁间隙值为准；导套、导柱与上、下模座的配合为 H7/r6，装配时遵守“上不顶天，下不入地”的安全原则。

b. 压入导柱。如图 2-91 所示将导柱头部放入下模座导柱孔位中，用直角尺在多个垂直方向上检测校正导柱的垂直度，符合要求后，将压块放在导柱中心位置（即导柱中心孔处），轻试压（或锤击）压块，初步将导柱压入模座中的深度为 3～4mm，再检查垂直度，符合要求，方可压入下模座内（导柱下端面与下模座的底平面留有 2～3mm 的间隙，即“下不入地”，导柱上端面与上模座的上平面留有 10～15mm 的安全距离，即“上不顶天”）。

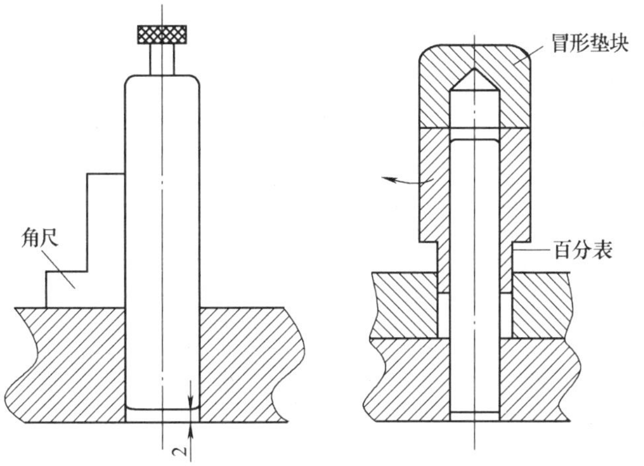

图 2-91　导柱的压入

c. 压导套。将上模座反置套在导柱上，再套上导套，转导套，用百分表检查同轴度（将同轴度的最大误差放在两导套孔的中心连线的垂直方向上），再用帽形垫块将导套压入上模座内（导套上端面与上模板的上平面留有3～5mm防堵塞油槽和安全距离），如图2-92所示。

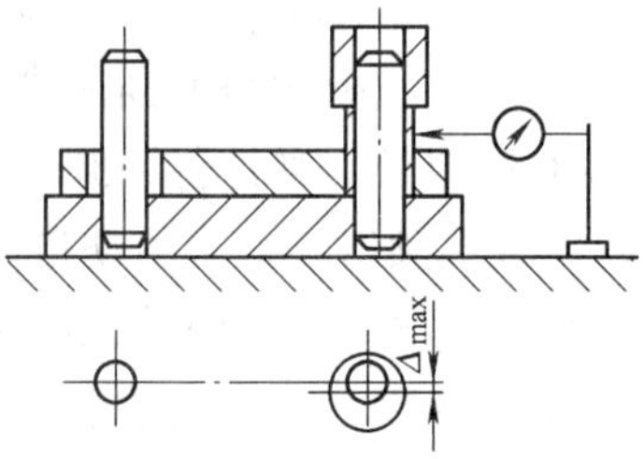

图2-92　导套的压入

d. 装模柄。模柄与上模座为H7/m6配合。装配时，将模柄部分装入上模座的模柄孔中，用直角尺检查模柄与上模座上平面的垂直度，其误差不大于0.05mm。再在压力机上将模柄压入，模柄垂直度经检查合格后，再加工骑缝销钉孔或螺纹孔。然后，把模柄端面在平面磨床上磨平，模柄的装配如图2-93所示。

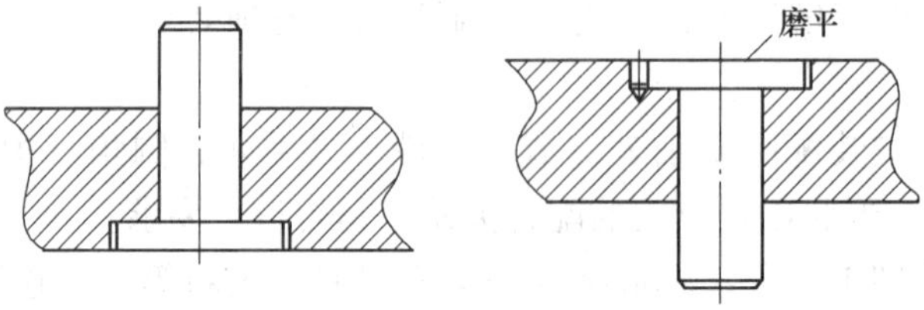

图2-93　模柄的装配

② 上模部分的凸模、凹模及其固定板组件组装。

a. 垂直将凸模压入固定板中（不许有切边现象），保证垂直度。

b. 凸模台肩与固定板*A*面磨平。

c. 以*A*面为基准，平磨两凸模*B*面，两凸模高度保持一致，且与凹模高度基本一致，如图2-94所示。

d. 将此组件用螺钉连接在上模座上，略锁紧。

e. 将推件组件放在凹模推件安装处，并将推件块套在凸模上，保证活动自如。

f. 将凹模贴紧固定板下平面，用螺钉略锁紧。

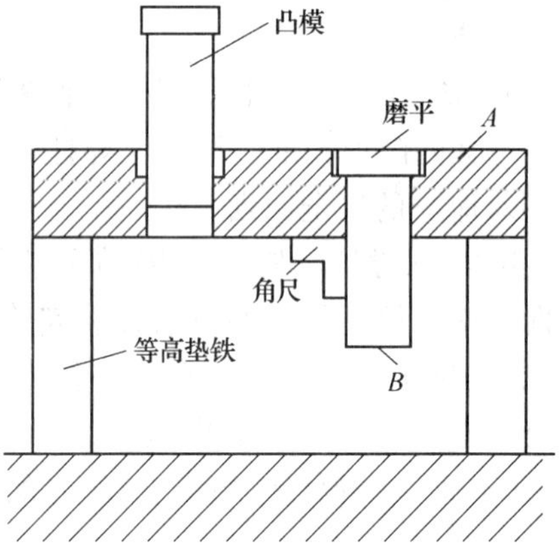

图2-94　凸模的装配

③ 下模部分的凸凹模及其固定板件组件组装。

a. 垂直将凸凹模压入固定板中，垂直度及过盈量符合图样要求，并保证两件的下平面处于同一平面，如图2-95所示。

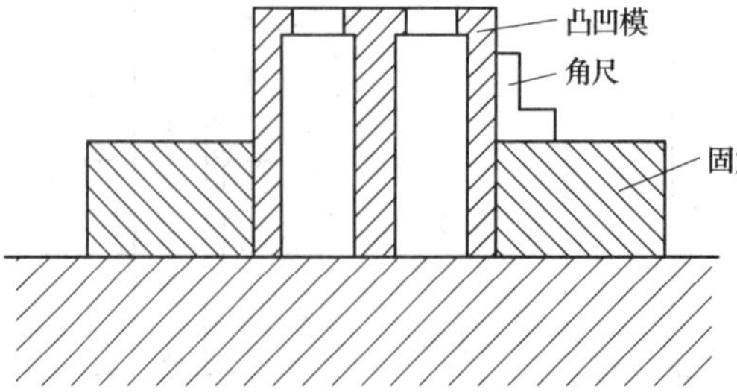

图2-95　凸凹模的装配

b. 将此组件装在下模座上，用螺钉锁紧，配作定位销孔成功，并打入定位销。

④ 弹压卸料板的装配。装配前，先将弹压卸料板套在已装入固定板的凸模内，应保证它与凸模之间具有适当的间隙，在固定板与卸料板之间垫上平行垫块，并用平行夹板将它们夹紧，然后，按照卸料板上的螺孔在固定板上钻出锥窝，拆开后钻固定板上的螺钉过孔。装配时，一组卸料螺钉长短应一致，卸料板的水平面不能倾斜，其水平面与凸模刃口端面有一定的差距（凸模端面缩在卸料板孔内 0.5 ~ 1mm 左右），以便压紧冲料后再进行冲裁。

2）总装。一般冲裁模的上、下模两部分各自装配好后，在导柱套上涂油，再按上述间隙调整法中的一种（常用垫片法）进行上、下合模，调整间隙，使间隙均匀性符合要求，然后锁紧螺钉（指凸、凹模组件中未装定位销的上模或下模部分的螺钉）分开上、下模，再将凸、凹模组件中未装定位销的上模或下模部分加工定位销孔，并打入定位销，再合模检查间隙的均匀性。上述过程反复进行，直至间隙的均匀性符合要求为止。总装完成涂油防锈待调试。

对于连续模，因一次冲裁行程过程中有多个凸模同时工作，保证各组成件的高精度制造、各凸模与其对应型孔冲裁间隙的均匀性是装配的关键所在。为此在制造中，应保证固定板与凹模、卸料板与凸模固定板的对应孔的位置、尺寸、形状等的一致性，同时应使用高导向性精度的滚珠式导柱、导套组成件等，否则将给装配造成困难，甚至无法装配。在可能的情况下，采用低熔点合金和粘结技术固定凸模，以降低固定板的加工要求，或将凹模作成镶拼结构，以使装配时调整方便。

为了保证冲裁件的加工质量，在装配连续模时要特别注意保证送料长度和步距之间的尺寸精度要求。

模具装配是一项技术性很强的工作，传统的装配作业主要靠手工操作，机械化程度低。在装配过程中常常要反复多次将上、下模搬运、翻转、装卸、开合、调整、试模，劳动强度大。对那些结构复杂，精度要求高的模具（如复合模、连续模）和大型模具，越显突出。为了减轻劳动强度，提高模具装配的机械化程度和装配质量，缩短装配周期，国外进行模具装配时较广泛地采用模具装配机（也有称模具翻转机的）。

模具装配机主要由床身、上台板、工作台（下台板）及传动机构等组成。装配时在上台板及工作台上可分别固定上、下模座，使其具有可以分别装配模具零件的功能。上台板上的滑块可根据上模座的大小确定位置，通过螺钉和压板将上模座固定在适当位置上。

上台板通过左、右支架以及四根导柱与工作台和床身连接，再通过相关机构可使上台板在 360°范围内任意翻转、平置定位，沿导柱上、下升降，从而能调整模具的闭合高度以及对准上下模、合模，调整凸、凹模配合间隙。模具可在装配机上进行试冲。

有的模具装配机还设置有钻孔装置，可以在模具装配正确后直接在装配机上钻销钉孔。但是，不设钻孔装置的装配机结构简单，装配时自由空间较大，装配更为方便。

二、冲裁模的调试

调试指冲裁模的试冲和调整。冲裁模具在装配以后，先由模具装配者进行试冲检查，初步认定合格后，再在生产条件下进行调试，并对冲制件进行严格的检查。通过试冲可以发现模具设计与制造的缺陷，找出产生原因，对模具进行适当的调整和修理后再进行试冲，直到模具能正常工作，才能将模具正式交付生产使用。生产调试分为准备阶段与安装试冲阶段两部分。

1. 准备阶段

① 熟悉冲裁模具、熟悉冲压件图、冲压工艺、冲裁模结构和冲裁模的安装关系。

② 清洁工作场地，检查冲裁模的安装条件（如闭合高度是否与指定的压力机相适应）；安装槽（孔）的位置是否与压力机上的一致；打料杆直径与长度是否与压力机上的打料机构相适应等。

③ 检查压力机的技术状态，如压力机的刹车、离合器、平衡气缸、油压系统及操作机构的工作是否正常。

④ 检查冲裁模具的送料、挡料、漏料、退料及定位等部位能否正常工作。

2. 安装试冲阶段

① 通过压力机的点动按钮或用手扳动飞轮，将压力机滑块慢慢升至上极点，擦净压力机台面、滑块底面及冲裁模的上、下面，然后将冲裁模放在压力机工作台面的工作位置上。

② 调整压力机闭合高度，使之大于模具的闭合高度。然后将滑块下降至相应的位置，调节滑块高度，模柄放入滑块的模柄孔中，使其底面与冲模上平面紧密接触，并用螺钉压紧模柄，使上模部分紧固在压力机滑块上。

③ 调整下模部分在压力机台面上的位置，使其与上模部分相对应，上、下模初步闭合，并用压板螺钉预压下模，但不拧紧压板螺钉（即下模没有压紧，处于松动状态）。

④ 将滑块向上调一点距离，使上、下模分开，以免试冲时上、下模顶死。然后开动压力机，把滑块升至上极点。

⑤ 让滑块空行程运动几次，使上模部分进行空车试冲，空车试冲正常后，逐步调节滑块到所需高度，使上下模处于闭合高度状态（即凸模伸入凹模深 1mm 左右），检查凸、凹模之间的间隙是否均匀，否则，调节间隙使其均匀。

⑥ 拧紧下模座的螺钉，然后开动压力机，使滑块升到上极点。

⑦ 在导柱上加润滑油，并检查冲模工作部分有无异物，然后开动压力机使滑块上下运动，在上、下模合模状态下空冲数次，再用纸或者铝等强度、硬度不高的材料进行试冲，获得多个试冲样件。

⑧ 检查试冲样件的冲裁断面及其形状、尺寸等是否符合要求，否则将模具作适当的修理、调试，再重复上述过程。冲裁模具经过调试，清除了各种故障、缺陷和影响安全生产等因素，使模具和冲制件均已符合图样的技术要求后，还要进行交付使用前的试冲。试冲时至少要连续冲出 100 ~ 500 个合格的冲件，才能将模具交付生产使用。

三、冲裁模维修

各种类型的模具，其维修原理、修改程序等是类同的，维修模具的重点是：熟悉模具的结构、制造、装配工艺，熟悉其各组成件的作用，清楚它们的各种精度要求，特别是模具中产品的成形部位、相对运动部位的关系要非常了解，这是最容易出问题的地方，清楚了它们的各种精度要求和关系就能“对症下药”修理模具。下面以冲裁模为例进行介绍：

冲裁模在试模及使用中常会出现各种问题，其产生原因及调修方法见表 2 - 31。

表2-31 冲裁模常见的问题、产生原因及调修方法

问 题	产生原因	调修方法
送料不通畅或卡死	1. 两导料板之间的尺寸过小或有斜度 2. 板料裁得不规矩，宽窄不均匀 3. 导料板的工作面与侧刃不平行，条料冲后形成锯齿形，易使条料卡住 4. 侧刃与导料板挡块间有缝隙，形成较大毛刺	1. 重新安装导料板，或修大两导料板之间尺寸，保证两导料板之间导向面相互平行 2. 控制裁板宽度 3. 重新调整导料板的安装位置 4. 修整侧刃及挡块之间间隙，使之密合
卸不下料来	1. 卸料装置没有动作，卸料螺钉与螺钉过孔配合太紧，或卸料螺钉有卡死现象 2. 卸料弹力不够 3. 卸料孔不通畅，废料卡在排料孔内 4. 顶出器过短 5. 凹模有倒锥度	1. 重新装配和修整扩大螺钉过孔，做到没有卡死现象 2. 更换弹性元件，保证弹力足够 3. 加大排料孔，检查凹模的排料孔与下模座的排料孔位置是否对正 4. 将顶出器的顶出部分加长 5. 修整凹模
制件有毛刺	1. 刃口不锋利或刃口硬度不够高 2. 凸、凹模配合间隙过大或过小，间隙不均匀	1. 重新更换淬火硬度高的凸模或凹模 2. 合理地调整凸、凹模间隙及刃磨工作部分的刃口，保持刃口锋利，间隙均匀
制件的形状和尺寸不正确	凸模与凹模的形状尺寸不正确	修整凸模或凹模的形状和尺寸不正确的部分，再调整冲模的合理间隙
凹模被胀裂	1. 凹模孔口有倒锥现象，上口大，下孔小 2. 冲裁间隙过小，凹模本身设计强度不够	1. 修整凹模孔，使其消除倒锥现象 2. 更换强度足够的凹模
凸模折断	1. 冲裁时产生的侧向力未抵消 2. 卸料板倾斜 3. 凸、凹模位置变化	1. 采用反侧压块来抵消侧向力 2. 修整卸料板或使凸模加导向装置 3. 调整凸、凹模相对位置
啃口	1. 导柱与导套间隙过大 2. 推件块上的孔与其端面不垂直，使小凸模偏位 3. 垂直 4. 平行度误差的积累	1. 修整或更换导柱、导套 2. 修整或更换推件块 3. 重新装配，保证垂直度要求 4. 重新修磨、装配
制件不平	1. 凹模有倒锥现象 2. 顶件杆与制件接触面积过小	1. 修整凹模后角 2. 加大顶件杆的接触面积
外形与内孔偏移	1. 在连续模中孔与外形偏心，并且所偏的方向一致，表明侧刃的长度与步距不等，有误差 2. 连续模多件冲压时，其他孔形正确，只有一件孔偏心，表明该孔的凸、凹模位置不正确 3. 对复合冲裁主要是凸、凹模孔形不正确	1. 加大（减小）侧刃长度或磨小（加大）挡块尺寸 2. 重新调整其位置，使凸、凹模位置符合要求 3. 更换孔与外形正确的凸、凹模
剪切断面光带太宽，甚至出现毛刺	冲裁间隙太小	适当放大冲裁间隙，对于冲孔模，间隙加大在凹模方向上；对于落料模，间隙加大由减小凸模尺寸得到
冲裁断面光亮带宽窄不均，局部发生毛刺	冲裁间隙不均匀	修磨或重装凸模及凹模，调整间隙使之均匀

复习题

1. 简述成形零件的加工工艺过程。
2. 冲模装配的工艺要点有哪些？
3. 冲裁模冲裁间隙的调整方法有哪些？
4. 常用的垫片法调整冲裁间隙的关键点是什么？
5. 模架如何装配？
6. 如何确定上、下模的装配次序？
7. 模具调试前的准备工作有哪些？
8. 模具在冲床上如何安装试冲？
9. 冲裁模失效的原因有哪些？
10. 简述冲裁模维修的步骤。
11. 凸模、凹模间隙不均匀如何维修？
12. 凸模折断如何维修？
13. 简述凹模胀裂的原因。
14. 制件毛刺不合理时，模具如何修整？

单元3 精密冲裁

3

学习目标

1. 懂得精密冲裁工艺方法。
2. 熟悉精密冲裁与普通冲裁的六大不同点。
3. 掌握强力齿圈压板精冲及模具。
4. 了解、学会光洁冲裁方法、对向凹模精冲法。

任务描述

本任务主要介绍精密冲裁（简称精冲）的各种工艺方法，精冲与普通冲的不同点，重点叙述强力齿圈压板精冲及模具。

任务分析

本任务详细分析了精冲的各项不同之处及要求：精冲机理中冲裁区压力状态（三向压应力）与普通冲的不同、精冲模具与普通冲模的压板、冲裁间隙、凹凸模刃口非锐角不需要顶卸料装置、润滑和排气系统、导向结构六大不同之处。精冲压力机必须具有三向作用力、精度高，压力机滑块与滑块座之间采用无间隙导向等要求；精冲件材料应有良好的塑性，较大的变形能力（即屈强比 σ_s/σ_b 越小越好）和良好的组织结构。精冲时应使用润滑剂。此外还详细分析了强力齿圈压板精冲及模具结构，简要叙述了精冲的其他工艺方法。

相关知识

一、精密冲裁概述

精密冲裁简称精冲，是在普通冲压技术的基础上发展起来的一种精密冲压方法，它也是冷冲压中的分离工序，其冲裁原理和技术要求比普通冲裁前进了一步，与普通冲裁相比，精冲能获得尺寸精度高（IT8 ~ IT9 以上）、冲裁断面光洁（$Ra3.2 \sim 0.20\mu m$）、平面度小（0.02mm/10mm）、塌角小[（10% ~25%）δ]、互换性好（去毛刺后可直接进行装配）、成本低（省掉普通冲压后所需的切削、磨、矫平等其他加工工序）的优质冲裁件，达到产品质量的改善。目前，汽车、摩托车、纺织机械、农用机械、计算机、家用电器、仪器仪表、量刃具、精密电子、照相机等领域的多种零件，均是采用精密冲裁工艺来制造的。通过图3-1～图3-4所示可对精密冲裁有一个大概的了解。

精冲工艺流程与普通冲裁工艺相比流程复杂，实现精冲工艺的方法很多，依据模具特点、精冲过程中的动作方式、材料变形特征，精冲工艺分为下述几种：强力齿圈压板精冲、光洁精冲（极小间隙圆角刃口冲裁、负间隙冲裁、整修等）和对向凹模、对向凸模精冲法。

强力齿圈压板精冲是最常用的精冲方法。下面以强力齿圈压板精冲为例进行介绍。

图3-1 精冲车间

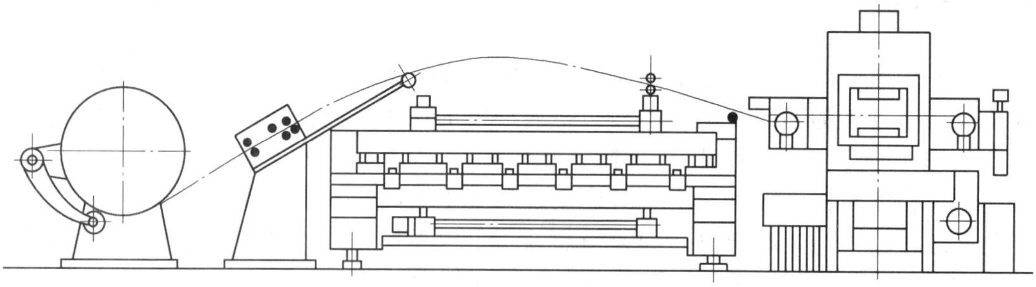

图3-2 生产线示意图

图3-3 精冲件样品

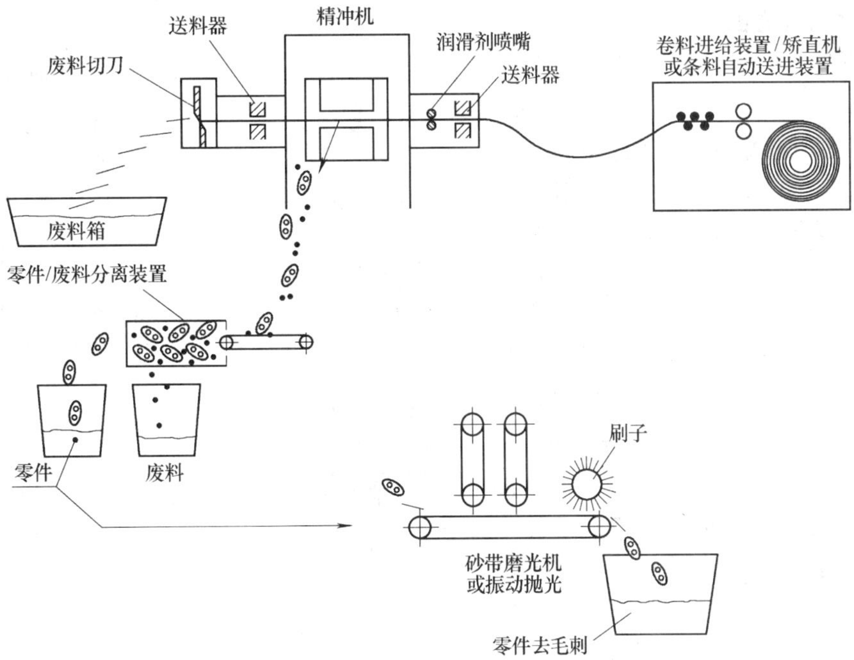

图 3-4 精冲工艺流程

二、精冲与普通冲裁的不同点

精冲与普通冲裁的不同之处包括精冲机理、精冲工艺、精冲模具、精冲机床、精冲材料、精冲润滑等方面。普通冲裁与精冲特征的对比见表3-1。

表3-1 普通冲裁与精冲特征的对比

技术特征	普通冲裁	精密冲裁
1. 材料分离形式	剪切变形、断裂分离	塑性剪切变形
2. 尺寸精度	IT11～IT13	IT8～IT9以上
3. 冲裁断面质量： 表面粗糙度值 $Ra/\mu m$ 垂直度 平面度	 $>Ra6.3\mu m$ 大 大	 $=Ra1.6\sim0.4\mu m$ 小（单面0.0026mm/1mm） 小（0.10mm/100mm×100mm）
4. 模具：（1）间隙	单边（5%～12%）δ	单边0.5%δ
（2）刃口	锋利	小圆角
5. 冲压材料	无要求	塑性好（球化处理）
6. 毛刺	双向、大	单向、小
7. 塌角	（20%～30%）δ	（10%～25%）δ
8. 压力机	普通（单向力，小）	特殊（三向力，大）
9. 润滑	一般	特殊
10. 成本	低	高（回报周期短）

1. 精冲原理方面

精冲原理与普冲原理的不同之处在于冲裁区压力状态不同，如图 3-5 所示。精冲时，凸模在接触材料之前，由带有 V 形齿的压边圈上的 F_R 力使 V 形齿压入材料内，将材料压紧在凹模上，进行强力压紧，并在 V 形齿的内面产生横向侧压力，以阻止材料在剪切区内撕裂和金属的横向流动。在凸模压入材料的同时，顶件板 4 的反向压力 F_G 也将材料压紧，并在压紧状态中，利用冲裁力 F_S 的作用完成冲裁。可见，精冲时其剪切区内的金属处于三向压应力状态，增强了静水压力（作用于静止液体两部分的界面上或液体与固体的接触面上的法向力）的作用，抑制材料在剪切面撕裂横向流动，只沿着凹模的刃边形状，呈纯剪切的形式进行冲裁。故冲裁断面上无撕裂现象，剪切面几乎全部是光面（光亮带达料厚的 90% ~100%）。

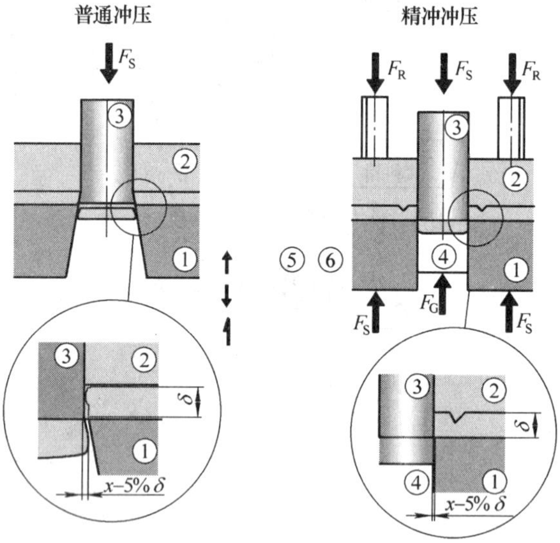

图 3-5　普、精冲的冲裁区压力状态对比

1—凹模　2—退料板　3—凸模　4—顶件板

F_S—剪切力　F_R—齿圈压边力　F_G—反顶力

2. 精冲模具方面

精冲模具与普通冲裁模具的不同之处是：

1）精冲模中常采用 V 形齿压板和反压板结构。压料装置中的压料板上带有凸出的 V 状齿，加大压力并施以大的反顶压力，减小材料的弯曲，同时起到增加压应力的作用。材料在压边圈和凹模、反压板和凸模的压紧下实现冲裁，其压边力和反压力大于普通冲裁的卸料力、顶件力，以满足在变形区建立起三向不均匀压应力状态，因此精冲模受力比普通冲模大，刚性要求更高。由于精冲时压边圈上带有 V 形齿圈，故搭边、边距和步距数值都较普通冲裁为大（即考虑普通冲裁的搭边值外，还要加上 V 形齿宽度值的影响）。

2）凸、凹模之间的冲裁间隙小，甚至为零或负间隙。为使变形区的拉应力尽量小，压应力增大，精冲凸模和凹模之间的间隙减小，单间隙边约为料厚的 0.5%，而普通冲裁模的间隙约为料厚的 5% ~15%。

3）凹模或凸模等刃口处有小圆角。凹模（或凸模）刃口处制造出 0.02 ~0.2mm 或小于 10%δ 左右的小圆角，避免刃口处应力集中，增大压应力和减小拉应力，抑制剪裂纹的发生，限制断裂面的形成，有利于工件断面的挤光作用。

4）精冲模不需要顶件和卸料装置。冲裁完毕模具开启时，反压板将零件从凹模内顶出，压边圈将废料从凸模上卸下，不需要顶件和卸料装置。

5）精冲模具需设计专门的润滑和排气系统。精冲时的高压力和极小冲裁间隙所产生摩擦高温，会使凸、凹模形成氧化磨损，应使用润滑剂，减小摩擦因数，降低摩擦温度，从而减少氧化磨损，提高模具寿命。由于高压力将 V 形齿圈压入冲材内，形成密闭的一圈，加上凸、凹模之间的极小冲裁间隙，如此形成密闭腔，凸、凹模的相对运动会使此闭腔圈减小，气压增大，故必须将完整的 V 形齿圈间隔切断，以便排气。

6）精冲模的上、下模的导向、预压装置的导向，均采用滚珠式导向结构。为使变形区的拉应力尽量小，压应力增大，精冲凸模和凹模之间的单边间隙极小，大约是料厚的 0.5%，为了保证凸、凹模间的相对准确位置，其相应部位常采用滚珠式导向结构。

3. 精冲压力机方面

精冲压力机有机械式和液压式两种，如图 3-6 所示为 YJ 系列精密冲裁机，它与普通压力机的不同之处如下：

图 3-6　YJ 系列精密冲裁机

1）精冲压力机必须具有三向作用力，即冲裁力、压边力、反压力，且三力可各自独立调节；冲裁力由滑块运动产生，压边力、反压力分别由上、下活塞运动产生，见图 3-7。

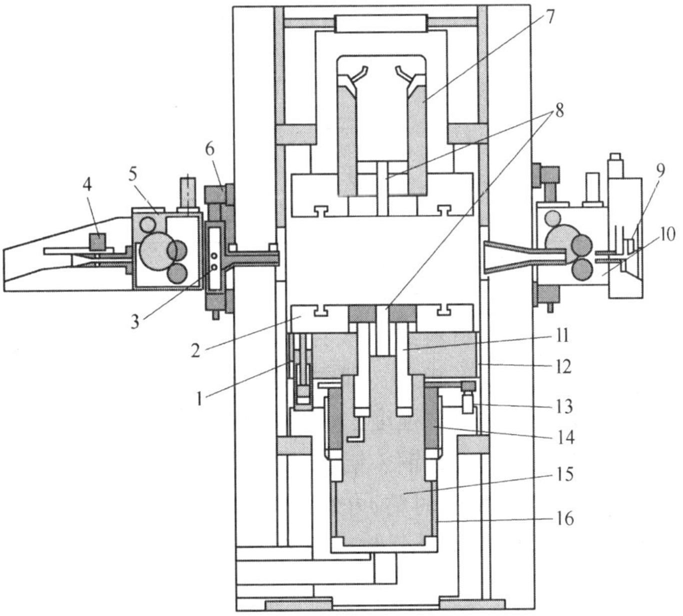

图　3-7

1—快速闭合活塞　2—垫板可更换式夹紧工作台　3—润滑装置　4—送料辊子箱　5—送料装置　6—送给高度调节装置　7—齿形压边活塞　8—中心支撑　9—废料切断装置　10—废料排出进给装置　11—反压活塞　12—滑块导轨　13—调节电机　14—固定挡块　15—主活塞　16—滑块导轨

2）压力机滑块与滑块座之间采用无间隙导向，如图 3-8 所示。

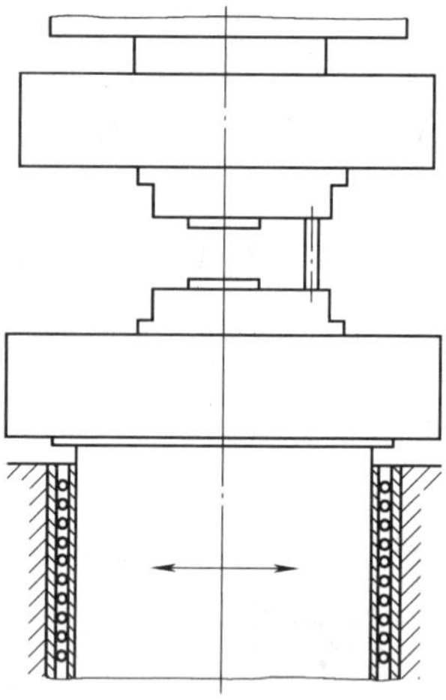

图 3-8　滑块与滑块座间滚珠式导向

JC－Y 液压机精冲机型号及技术参数见表 3-2。

表 3-2　JC－Y 液压机精冲机型号及技术参数

型号	冲裁力/kN	压边力/kN	反压力/kN
JC－Y40	400	200	80
JC－Y63	630	300	120
JC－Y100	1000	500	200
JC－Y160	1600	800	300
JC－Y200	2000	1000	400
JC－Y315	3150	1500	600
JC－Y320	3200	1500	750
JC－Y500	5000	2400	1000
JC－Y630	6300	3000	1200

4. 精冲件材料方面

精冲件材料要求严格，精冲件材料约 90% 用钢，约 10% 用铜、铝及铜铝合金。精冲件材料必须有良好的塑性，较大的变形能力（即屈强比 σ_s/σ_b 越小越好）和良好的组织结构。其中，低碳钢塑性较大，有一定的抗拉强度，精冲效果最好；中碳钢、高碳钢及一些合金钢需经珠化退火处理，精冲效果也较好；铜、铝及铜铝合金材料精冲时，其精冲效果受到某些限制：如铝合金的抗拉强度 <250MPa 时精冲效果才较好；对于铜合金来说，黄铜（铜锌合金）中铜的质量分数 $\geqslant 63\%$，锌的质量分数 $\leqslant 37\%$，且不含铅时精冲效果较好，青铜中的铝青铜、青铜和白铜精冲效果一般。

5. 精冲工艺润滑方面

精冲时，材料受到三向高压力的作用，在凸、凹模极小的间隙间进行塑性变形，以及凸凹模工作侧面与材料剪切面的摩擦产生高温，如此，使金属微粒与模具工作面发生“冷焊”现象。“冷焊”处又因压力机继续运动而相互拉断，产生粘附磨损。与此同时，压力、相对运动和摩擦还会导致模具金属微粒氧化，形成氧化磨损，使模具刃口钝化。为此，精冲时应使用润滑剂以提高模具寿命和冲件质量。

由于精冲过程压力大，模具间隙小，对润滑剂的减摩、抗磨及润滑性能要求高。既要求具有较低摩擦系数的润滑剂能在剪切面快速形成吸附膜，又要求润滑剂吸附膜与金属表面发生化学反应形成的化学反应膜具有较低剪切强度，以便吸附膜失效时易清除。

润滑剂如 WORLDLY 8310、WORLDLY K8310，粘度低，易清洁，散热快，可提高精冲件的精度和光洁度，并环保，适用范围广。适合合金钢、碳钢、镀锌钢板、不锈钢、铜铝及其他合金的精冲。

6. 精冲工艺方面

精冲工艺方法与普通冲裁也有很多不同，精冲工艺的方法有：齿圈压板精冲、光洁精冲、对向凹模、对向凸模精冲等。其中强力齿圈压板精冲是目前应用最多的精冲工艺方法。

三、强力齿圈压板精冲

强力齿圈压板精冲的特点是采用了带有 V 形齿的齿圈压板和反压板，它们将冲料正、反两个方向相对压紧，压边力增大很多，冲料在大压力下压紧，特别是齿圈压板的 V 形齿的楔入压紧，使冲料很难拉伸流动；模具冲裁间隙小（1%δ），凸、凹模刃口有小圆弧，故剪切断面光洁、平面度小、塌角小，制件精度高。

1. 强力齿圈压板精冲过程（见图 3-9）

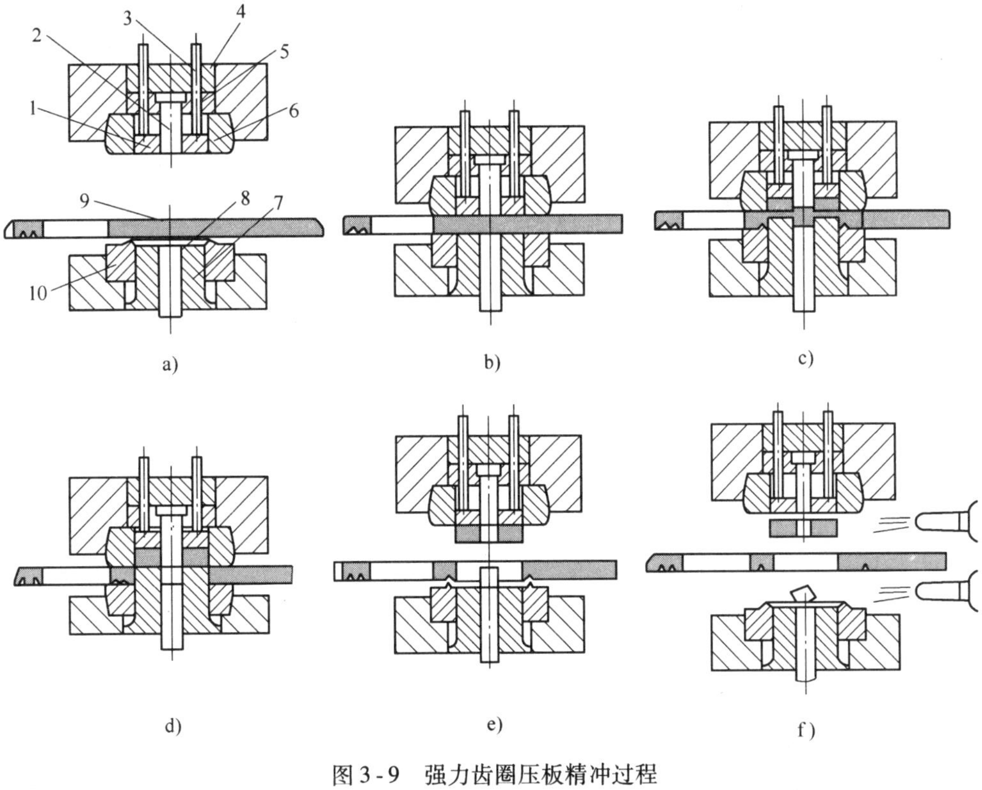

图 3-9 强力齿圈压板精冲过程

1—推件板 2—冲孔凸模 3—顶杆 4—垫板 5—凸模固定板 6—凹模 7—凸模 8—顶杆 9—条料 10—齿圈压板

a）送料 → b）V 形齿压边圈和反压板压紧材料 → c）冲裁 → d）冲裁结束 → e）模具开启卸料、顶件 → f）吹出工件及废料，再送料，冲裁过程结束。

2. 强力齿圈压板齿形结构

所谓齿圈压板是指在压板和凹模上，围绕零件冲裁外形一定距离设置的 V 形凸起齿。然而，根据料厚、材质和零件的功能性要求，也可不带齿圈进行精冲。

（1）齿圈压板的作用　压紧冲裁，其中 V 形凸起齿可阻止剪切区以外的金属，在剪切过程中随凸模流动，从而在剪切区内产生压应力，避免材料受弯曲或拉伸，抑制水平侧向力对冲件的影响，提高了被加工材料的塑性变形能力，使冲件塌角减小。另外齿圈压板兼起卸料作用。

（2）齿圈的分布

① 一般 V 形齿圈布置在刃口的外围，与刃口的形状一致（见图 3-10a）。

② 冲件塌角较小的部分，V 形齿圈与刃口形状可以不一致（见图 3-10b）。

③ 同一零件中既有塌角大又有塌角小的部分，齿圈与刃口的形状复合分布（见图 3-10c）。

④ 冲小孔小槽时，一般不需要 V 形齿圈；冲大孔时（直径在 30 ~ 40mm 以上），建议在顶杆上加 V 形齿圈。

⑤ 冲料薄（$t<3$mm）时，可不使用 V 形齿圈压板；冲料厚（$t \leq 4.5$mm）时，使用单齿圈（齿圈压板或者齿圈凹模）；冲料厚（$\delta>4.5$mm）时，或材料强度高（$\sigma_b \geq 800$MPa）时，或为齿轮件及带锐角的零件，通常使用双齿圈：齿圈压板和齿圈凹模。压板上做的齿圈与凹模上做的齿圈应相对，其错开量为（0.7 ~ 0.8）δ。

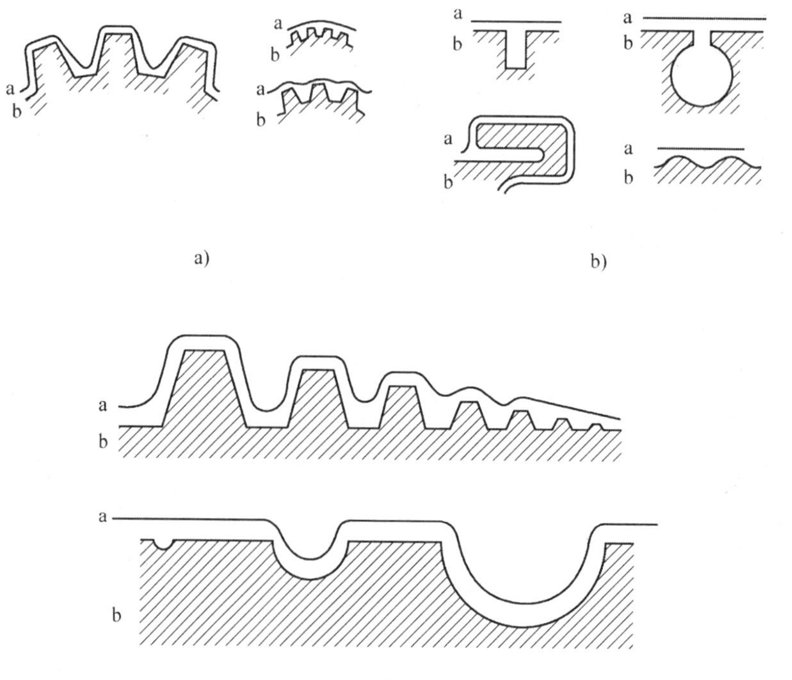

a)　b)　c)

图 3-10　齿圈的分布

(3) 齿圈的结构和尺寸　如图3-11所示为V形齿形及尺寸，精冲齿圈的齿圈形式有V形凸起齿、台阶形和圆锥形，使用最多的是V形凸起齿。下面仅介绍V形凸起齿。

① V形齿齿形角（α和β）。可相等也可不相等，一般α选择$\alpha=30°\sim45°\alpha+\beta=75°\sim90°$，其中$\alpha=\beta=45°$最好。

② V形齿高度（h）。$h=(0.2\sim0.3)\delta$，齿圈高度h与材料厚度、力学性能和齿圈位置等因素有关。材料越厚，强度越低，齿圈高度越大，反之越小。h太小，不能起到对材料的挤压作用，不利于精冲变形；h太大，压边力增大，模具弹性变形值增大，影响模具寿命。

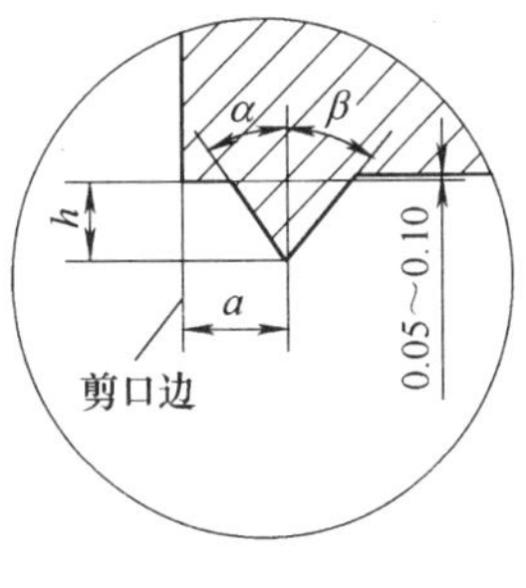

图3-11　V形齿形及尺寸

③ 齿顶宽（b）。$b=0.1\sim0.2\text{mm}$。

④ 齿距（a）。$a=(0.6\sim0.75)\delta$（a是V形齿中心线至刃口边的距离）。

⑤ 齿形圈上应有间断槽。沿冲裁轮廓线等距离布置的齿形圈不应是完整的一圈，整个齿圈线是断续的，上有间断槽，即在齿圈线相应的部位（内弧部位、长线段中部、冲件局部异形深槽等加工部位）开设三角形的间断槽，将封闭的整圈齿形切断，以利于排气和存留多余的润滑剂。间断槽个数依需要而定，一般开3~4个，如图3-12所示。

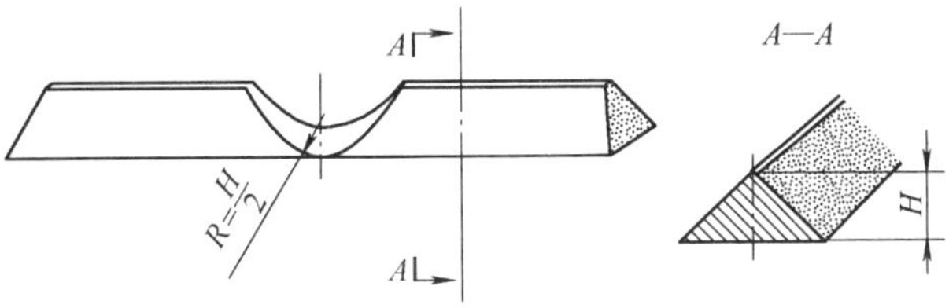

a)

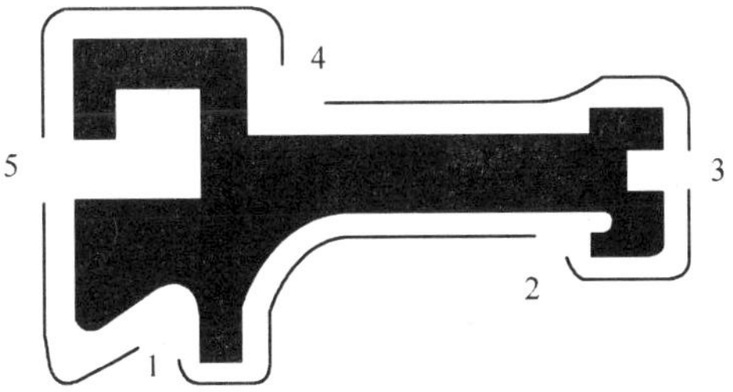

b)

图3-12　齿形圈上的间断槽

(4) 齿圈的保护　精冲时，为了防止齿形圈的齿尖直接与凹模相碰，或者防止在使用双齿圈时两齿尖互撞，造成破坏，在齿圈压板上或凹模上设计有保护销（或块），销（或块）的保护高度H必须小于料厚δ，以免冲裁时发生干涉。一般：

一齿：$H=(0.6\sim0.8)\delta$；双齿：$H=(0.3\sim0.4)\delta$

保护销一般设置多个，多个保护销（或块）高度必须一致，避免工作时产生倾斜力。

3. 闭销锁结构

因精冲间隙很小，冲裁力又很大，为了防止凸、凹模之间在承受冲裁过程中产生横向力而发生横向移动，造成凸、凹模间隙不均匀，影响冲裁质量。在凸、凹模之间应设置闭销锁。闭锁销常在凹模上对称设置两个，置于吹除范围之外。其结构尺寸如图 3 - 13 所示，图中挡板 a 可防止零件或内孔废料落入下部孔内。闭锁销进入闭销锁孔内的深度一般为 12mm 左右。

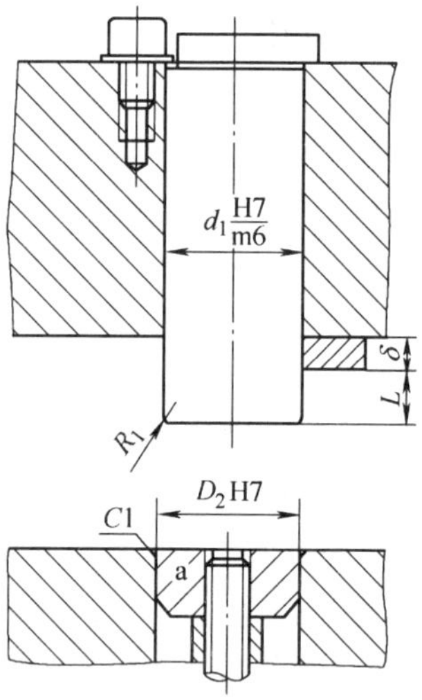

图 3 - 13　闭销锁结构

4. 弹顶销

由于精冲中使用了润滑剂，冲裁小而薄的工件时，工件易粘在顶件器和顶杆上，故设置塑料制成的弹顶销，它伸出顶件器端面一定距离（h 为 1mm 左右），以便将工件从顶件器表面抬起，保证工件能吹掉，如图 3 - 14 所示。弹顶销的尺寸，见表 3 - 3。

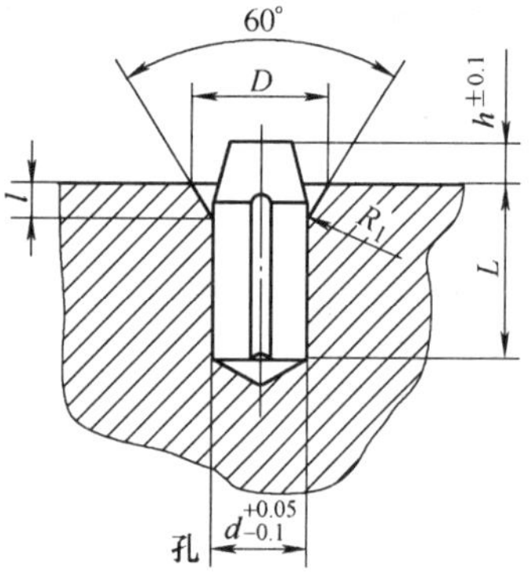

图 3 - 14　弹顶销结构

表 3 - 3　弹顶销的尺寸

d/mm	L/mm	t/mm	h/mm
2	4	0.5	0.4
3	4	0.8	0.6
4	6	1.2	0.8
5	6	1.5	0.9
6	7	1.8	1.0
7	10	2.5	1.2
8	12	3.0	1.5

5. 润滑系统结构

精冲时，为了保持良好的润滑，应在导板、顶件器和顶杆上倒角，以便储油；并将凹模及导板上距离 h（约 2δ）处，各加工去尺寸 A（1mm 左右）、B（0.5mm），防止油从板料表面挤掉，如图 3 - 15 所示。而且还要开润滑槽，润滑槽尺寸参数如图 3 - 16 所示，润滑槽各尺寸参数见表 3 - 4。

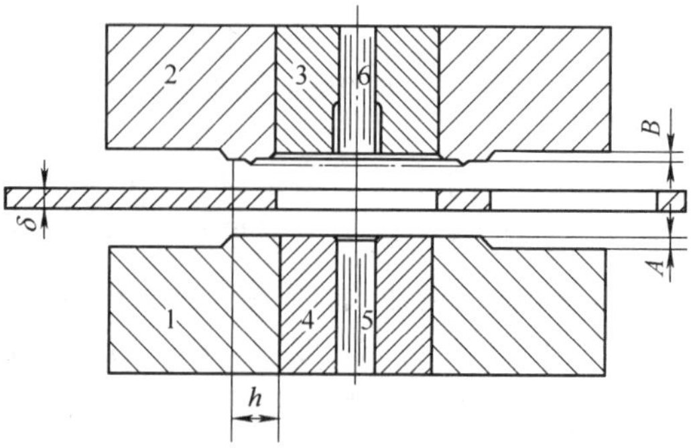

图 3 - 15　润滑系统结构

1—凹模　2—导板　3—冲裁凸模　4—顶件器　5—冲孔凸模　6—顶杆

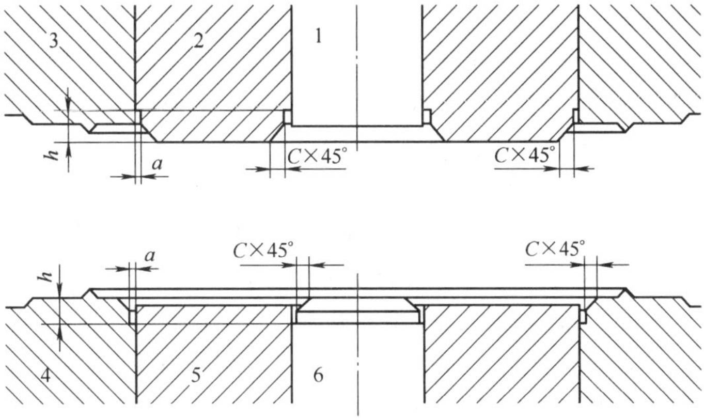

图3-16 润滑槽尺寸参数

1—冲孔凸模 2—顶件器 3—凹模 4—压板 5—凸凹模 6—顶杆

表3-4 润滑槽各尺寸参数

料厚 S/mm	a/mm	c/mm	h/mm
$S \leqslant 2$	0.04	$0.1 \times S$	2
$2 < S \leqslant 4$	0.06		3
$4 < S \leqslant 8$	0.08	$0.08 \times S$	4
$8 < S \leqslant 12$	0.10		5

6. 强力齿圈压板精冲模实例

精冲模实物图如图3-17所示。

图3-17 精冲模实物图

(1) 强力齿圈压板落料冲孔复合精冲模 如图3-18所示是采用强力齿圈压板的落料冲孔复合精冲模，其精冲过程如下：

上模部分做下行运动，V形齿压板6通过氮气弹簧9加压将板料压紧。同时，凸凹模8随之下行，冲孔凸模4则相对反向压板5向上产生相对运动，随着上模部分不断下行至下死点时，完成落料冲孔成形全过程。上模部分上行过程中，V形齿压板和卸料杆7分别在氮气弹簧9和碟簧12的作用下完成卸料过程。反向压板在氮气弹簧24作用下向上运动，顶出工件，冲裁工艺完成。图中齿圈压板与凸凹模之间采用高精度滑动配合，而齿圈压板与齿圈压板固定板又采用无间隙自锁锥度配合，加上齿圈压板固定板又有导套导向，上下凸、凹模之间又设置有锁闭销，故上下凸、凹模之间的相对位置精度很高，可保证它们之间的间隙均匀，符合要求。压、卸料、推料顶件时采用了强力的碟簧和氮气弹簧进行。氮气弹簧是将高压氮气密封在确定的容器中，外力通过柱塞杆将氮气压缩，当外力去除时靠高压氮气膨胀来获得一定的弹压力，氮气弹簧具有体积小、弹力大、寿命长、弹压力恒定的特点。它可节约模具空间，减少弹簧数量，减少模具维修次数，因此降低了模具的总成本。

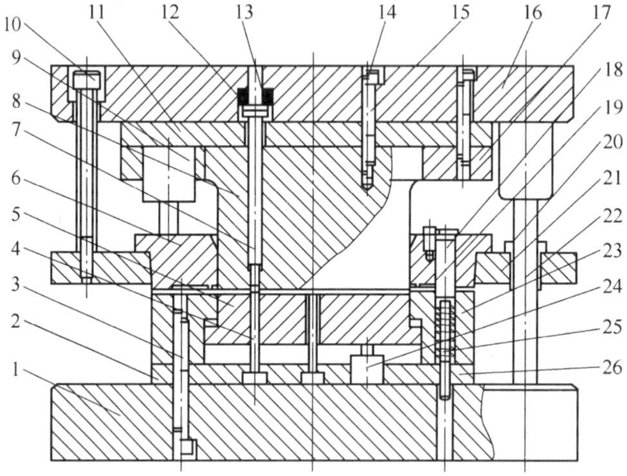

图3-18　落料冲孔复合精冲模

1—下模座　2、14—销钉　3、10、15—螺钉　4—凸模　5—反向压板　6—V形齿压板
7—卸料杆　8—凸凹模　9、24—氮气弹簧　11—垫板　12—碟簧　13—传力杆　16—上模座
17—氮气弹簧固定板　18—锁闭销　19—板料　20—导套　21—压边圈固定板
22—导柱　23—凹模　24—氮气弹簧　25—弹簧　26—凸凹模固定板

（2）活动凸模式复式精冲模　结构如图3-19所示。

四、其他精冲

1. 光洁精冲

（1）极小间隙圆角刃口冲裁　极小间隙圆角刃口冲裁是采用模具冲裁间隙极小的一种光洁冲裁方法，其特点是：强力齿圈压板精冲，凸、凹模刃口也制成小圆角，主要不同点是模具冲裁间隙极小。由于V形齿压边圈加强了冲裁区的静水压力，起到了抑制裂纹的作用，可采用小圆角刃口和极小的冲裁间隙进行精冲。落料时，凸模制成普冲形式，凹模则制成小圆角刃口；冲孔时，凹模则制成普冲形式，凸模制成小圆角刃口，小间隙圆角刃口冲裁如图3-20所示。凸模或者凹模本身的小圆角应均匀一致，与相邻处应光滑过渡连接，小圆角半径值一般小于10%δ；模具间隙极小，且与冲料厚度无关，一般小于0.01～0.02mm。此方

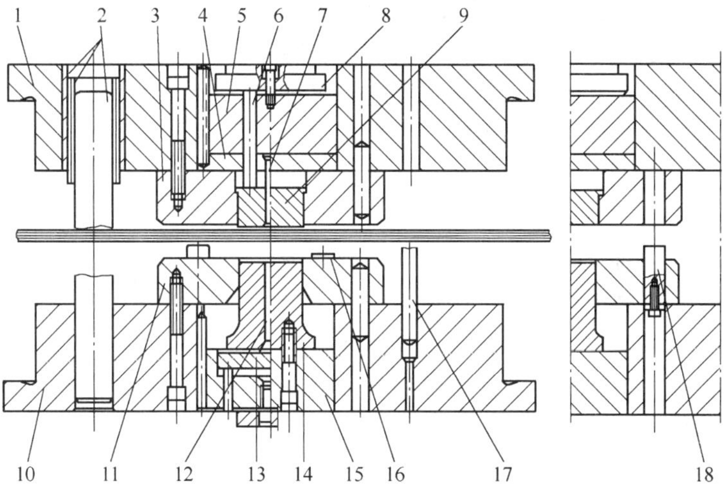

图3-19 活动凸模式复式精冲模

1—上模座 2—导向装置 3—凹模 4—凸模座板 5—垫块 6—传力杆 7—冲孔凸模 8—压头 9—退件器 10—下模座 11—齿圈压板 12—顶杆 13—桥板 14—冲裁凸模 15—凸模座 16—齿圈护板 17—导料销 18—闭锁销

法适用于塑性较好的材料的冲裁，如软铝、纯铜、软黄铜、05F 和 08F 等软材料。制件公差可达 IT8 ~ IT11 级，断面粗糙度值可达 $Ra1.6 \sim 0.4\mu m$，但冲裁力比普通时大 50% 左右。

（2）负间隙冲裁 负间隙冲裁是采用凸模刃口尺寸大于凹模刃口尺寸的一种光洁冲裁方法，其冲裁机理与极小间隙圆角刃口冲裁工艺基本相同。负间隙冲裁的凹模也带有小圆角刃口，其半径可取材料厚度的 5% ~10%；凸模刃口无小圆角，是锋利的尖锐刃口，且越锋利越好。由于凸模刃口尺寸比凹模刃口尺寸大，间隙为负值，故冲裁时，凸模不能进入凹模中，即凸模刃口工作端面不能与凹模工作端面接触，而有 0.1 ~0.2mm 的距离，冲件未能全部冲入（实为挤入）凹模内，也就是说，冲件未完全断离冲裁，这可借助冲下一个冲件时模具的另一工位处的装置，将它全部挤入并推出凹模，如图 3-21 所示。因此，冲裁力比普通冲裁大得多（冲裁铝件时，大 30% ~60%；冲裁软黄铜时，大 2.25 ~2.8 倍)，凹模也容易开裂。

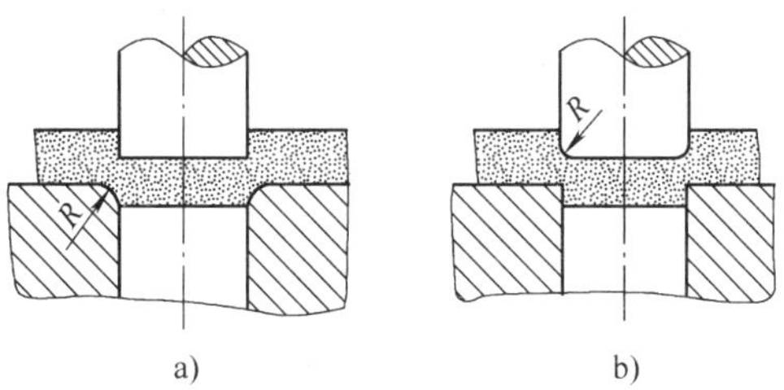

图3-20 小间隙圆角刃口冲裁

a）落料—凹模刃口带圆角 b）冲孔—凸模刃口带圆角

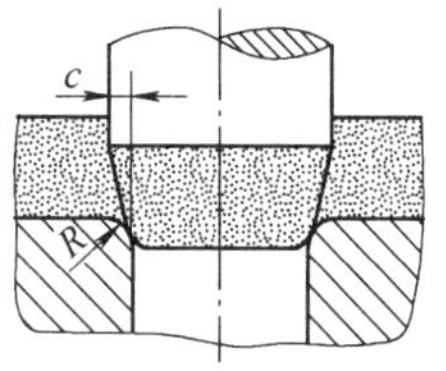

图3-21 负间隙冲裁

为负间隙冲裁时，由于凸模比凹模尺寸大，刃口处出现的裂纹方向与普通冲裁相反，形成倒锥形冲裁断面，倒锥形落料冲件从凹模中挤出，相当于整修过程，故可认为负间隙冲裁是落料与整修复合的工序。该工艺只适用于塑性较好的铝、铜和软钢。

（3）整修冲裁　整修是将普通冲裁刮削件放在整修模中，沿原冲裁断面刮削一层薄薄的切削层，降低原普冲断面的粗糙度值和锥度，从而得到光滑平整的断面的一种方法。经整修后，零件的尺寸精度可达IT6～IT7级，表面粗糙度值可达 $Ra0.4\sim0.8\mu m$，如图3-22所示。

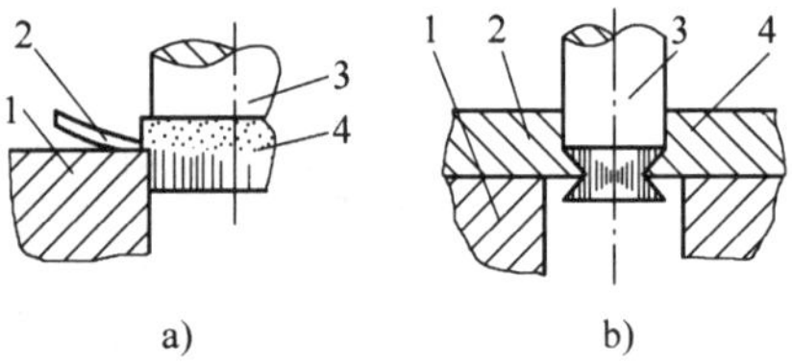

图3-22　精冲整修方法

a）外缘整修　b）内孔整修

1—凹模　2—切屑　3—凸模　4—工件

整修机理与冲裁机理完全不同，它是利用整修模具将已冲裁的冲件冲裁断面切去一层余量。切削余量的大小与原冲件的材料、厚度、形状，模具冲裁间隙，冲裁断面状况等有关。余量大整修次数多，余量小可一次整修完成。每次整修的单边余量为（8%～10%）δ。

2. 对向凹模精冲法

对向凹模精冲法是在冲裁部位的上、下两个方向，相对设置两种凹模。一种是凸起凹模（其内包容有冲裁凸模），另一种是平凹模。利用与负间隙整修相似的“准切削机理”，将冲裁搭边向外挤压流动的同时，进行冲裁的方法。需在三动或四动压力机上，进行对向凹模精冲，它具有冲裁面冷作硬化小、塌角小、冲裁力小、能冲高强度材料和厚板等特点。

（1）对向凹模精冲法的冲裁机理　冲裁时，凸起凹模将搭边向外挤压。使金属向外和沿凸起凹模的周边流动，同时部分材料也被挤入平凹模内。如图3-23所示，在平凹模刃口 A 与凸起凹模外侧刃口 C 的连接面附近，产生了强烈的剪切变形。剪切变形面 AC 与工件轮廓冲裁面 AB 成倾角 θ。工件轮廓冲裁面 AB 不发生畸变，而在冲裁搭边内产生畸变（这恰好和强力压板精冲相反）。挤压时，在凸起凹模和平凹模间的材料，类似于镦压变形，挤入材料到一定的深度时，冲裁凸模工作，将冲件与材料分离。

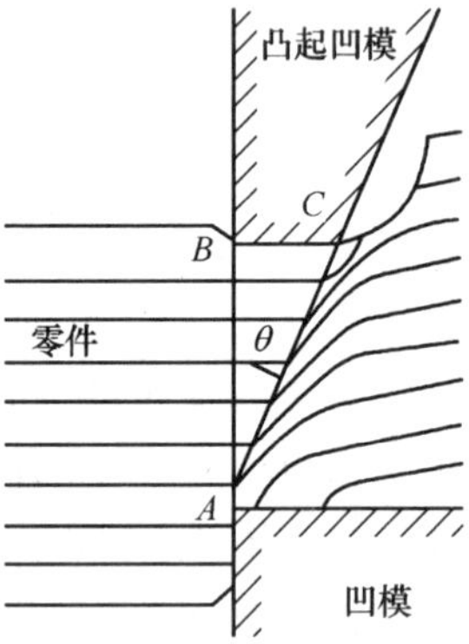

图3-23　对向凹模精冲机理

（2）对向凹模精冲法的工作过程　如图3-24所示。

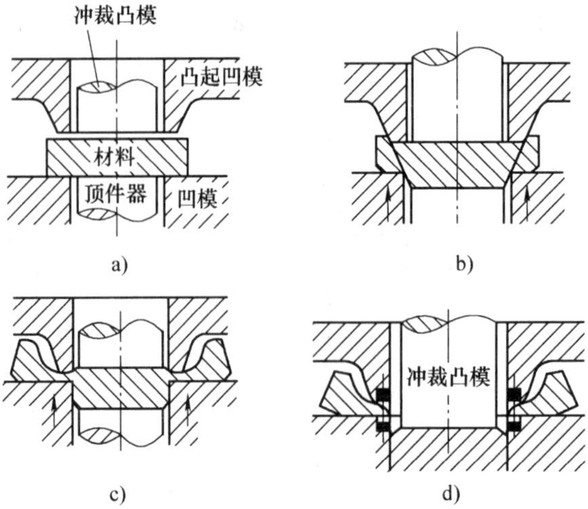

图3-24　对向凹模落料过程

a）送进　b）开始挤入　c）挤入一定深度　d）凸模下冲完成

① 模具开启，材料送进（见图3-24a）。

② 模具闭合，凸起凹模开始挤入材料，并使材料顶住冲裁凸模的底平面，此时它与冲裁凸模无相对运动，金属只沿其周围和向外流动，少部分材料进入平凹模内（平凹模刃口有小圆角）（见图3-24b）。

③ 当凸起凹模挤压进入材料一定深度（$h=0.7t\sim0.8t$）时，挤压结束。此时材料大量流入平凹模内和少量流入凸起凹模内（见图3-24c）。

④ 在凸起凹模和平凹模强力压紧下，冲裁凸模（冲裁凸模和凸起凹模有一定的高度差，$\Delta h=0.25\delta$）下冲，使冲件与冲裁分离，最后顶出工件（见图3-24d）。

3. 对向凸模精冲

对向凸模冲孔时，两凸模相对，一个凸模采用凸起凸模形式，凸模内开有足够容纳废料的空间废料仓，以便向内挤压废料，如图3-25所示。

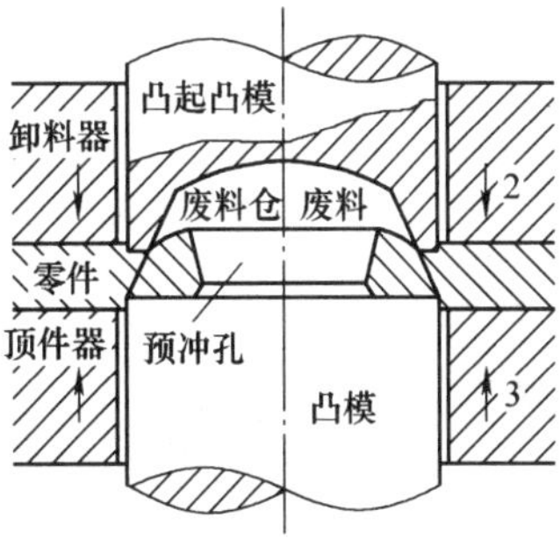

图3-25 对向凸模冲孔

由图3-25可以看出，下面的凸模带预冲孔部分可以排料，但当孔径 d 大于料厚6倍时（$d>6t$），即使不预冲孔，只通过废料的弯曲，也可以进行必要的排料。

复习题

1. 精冲有哪些工艺方法？
2. 精冲与普通冲有哪些不同点？
3. 精冲件实物有哪些特征？
4. 简述强力齿圈压板齿形结构的要求和作用。
5. 简述闭销锁、润滑系统的具体结构要求。
6. 简述强力齿圈压板精冲模的结构组成。
7. 几种光洁精冲的主要特点是什么？
8. 何谓对向凹模精冲？

单元4　多工位连续模设计

4

任务1　认识多工位连续模

学习目标

1. 了解多工位连续模的特点。
2. 了解多工位连续模的分类。

任务描述

本任务主要介绍多工位连续模概述、特点与四种类型，多工位连续模设计的关键问题（冲件坯料截取、冲压工序、工序组合排序），关键问题的处理方法以及多工位连续模结构设计制造、装配与调试。

任务分析

本任务开始介绍了什么是多工位连续模，其特点类型，以便形成对多工位连续模的初步认识。重点介绍了连续模设计的关键问题，即排样的相关知识，以便掌握如何进行连续模排样，为设计连续模解决关键问题。此外还介绍了连续模的几种典型结构及连续模的设计制造、装配与调试等。

相关知识

一、多工位连续模概述

连续模又称级进模或跳步模，是指压力机在一次冲压过程中，依次在模具几个不同的工位处同时完成多道冲压工序的冲压模。整个制件的成形是在级进过程中逐步完成的。它可使切边、切口、切槽、冲孔、成形、落料等多种不同性质的冲压工序在一副模具上完成。模具回程中，坯料手动或自动向移动方向定距前移一次，待完成下一次冲压行程，如此连续不断，故称为连续模。它是在普通冲压模的基础上发展起来的一种高精度高生产率模具。可设置多至几十个的工位，将厚度较薄的带料或条料由模具入口端送进后，在严格控制步距精度的条件下，按照设定的顺序，通过各工位的连续冲压，通常在最后工位经落件或切断后，便可冲出符合要求的冲压件。

多工位连续模通常是将材料的局部分离（如冲缺、切边、切槽、切缝等）与连续成形有机结合在一起的模具，主要用于冲压批量大、厚度薄（0.1～2mm）、形状复杂、精度要求较高的中、小型零件。多工位连续模如图4-1所示。

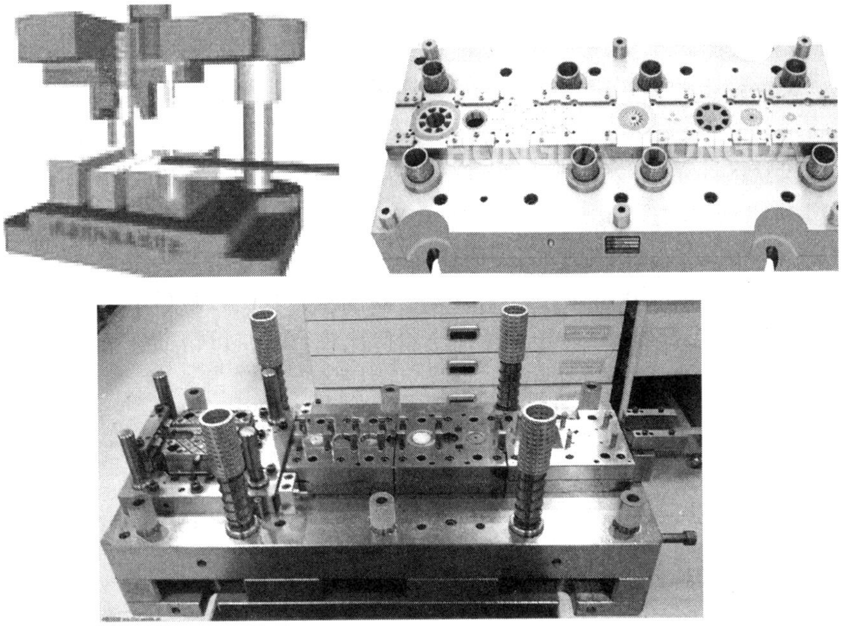

图4-1　多工位连续模

二、多工位连续模的特点与分类

1. 多工位连续模特点

多工位连续模与普通冲模相比，具有如下显著的特点：

（1）冲压生产效率高　可在一副模具内同时连续完成复杂零件的冲裁、弯曲、拉深、翻边、成形等，显著提高了生产效率。

（2）安全性好，自动化程度高　连续模中有自动送料、出料装置，模具安全检测装置，冲压加工发生误送或其他意外时，压力机能自动停机；一人能多机操作，操作时手不需要进入危险区。实现了安全操作和高自动化。

（3）产品质量较高　连续模能够保证产品零件的加工精度达IT10级，但精度高到IT10级以下则不宜。

（4）模具寿命长　因采用多工位连续模冲压，可将复杂内、外形分解，并在不同工位逐段冲切，从而可以简化凸、凹模的刃口形状。在工序集中的区域可增设空位，从而避免了凹模型孔间壁厚过小的问题，实现了工作零件结构的优化，延长了模具的使用寿命。

（5）设计、制造难度大，但冲压总成本不高　多工位连续模设计和制造难度大、周期长、制造费用高，材料利用率比较低，但由于连续模生产效率高，压力机占有数少，需要的操作工人数和车间面积少，不需要半成品的储存和运输环节，因而产品零件的综合生产成本并不高，仍然具有较好的经济效益。这也是多工位连续模得到广泛应用的根本原因。

（6）贵重金属不宜　利用率较低。

2. 多工位连续模的分类

一般按工序的排样、主要工序的加工方法进行分类，通常分为：冲孔落料多工位连续模、冲裁弯曲多工位连续模、冲裁拉深多工位连续模以及落料复位成形多工位连续模四个基本类型。

（1）冲孔落料多工位连续模　对于材料厚度较薄形状又复杂的平板类零件，用普通冲裁模具冲裁，会面临很大的困难。采用多工位连续冲裁模，因其工位数量的设置有一定的灵活性，可以将形状复杂的型孔或外形轮廓分解成若干个形状简单的型孔或分段组成的轮廓，安排在相邻工位顺次冲切，最后经分离，便可冲出一个完整的冲裁件。

如图 4-2 所示是一副多工位的双侧刃冲孔落料连续模，该产品的特点是：材料贵、薄（$\delta=0.3$mm 的锡青铜带）；冲件尺寸小、形状不复杂、孔壁厚；有一定的精度要求。故上、下模座间采用滚珠式导向，排样采用双侧载体、斜排样、双侧刃缺口定位，工位数少，没有设置空工位。因此该模具结构不复杂，设计、制造比较容易，可帮助理解连续模。

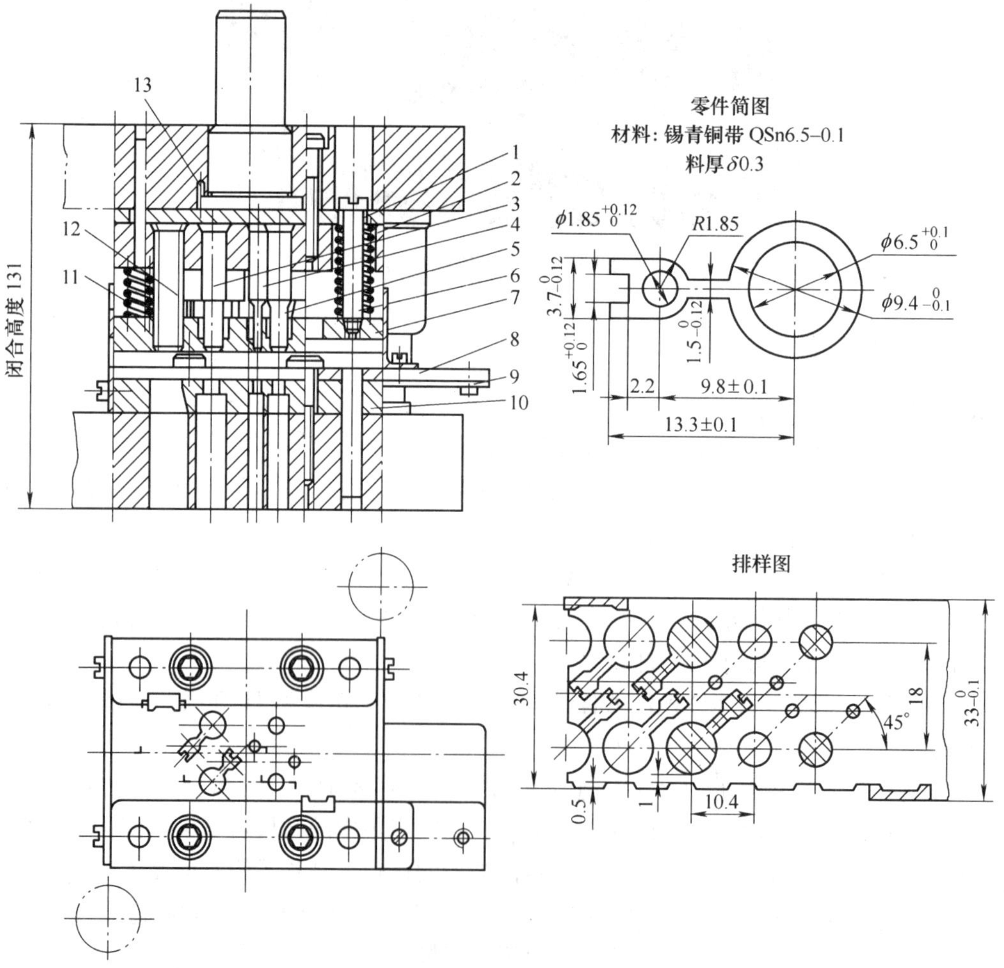

图 4-2　双侧刃冲孔落料连续模

1—垫板　2—固定板　3—落料凸模　4、5—冲孔凸模　6—卸料螺钉　7—卸料板　8—导料板　9—承料板　10—凹模　11—弹簧　12—成型侧刃　13—防转销

(2) 冲裁弯曲多工位连续模　冲裁弯曲多工位连续模是将冲料的局部冲裁与弯曲成形依次、有机地组合在一起进行冲压工艺的模具。其中冲裁工序的作用如下：冲导正孔；冲各种型孔（不受弯曲变形影响的型孔）；冲出弯曲部位的展开尺寸与形状；冲出传递坯料的载体；冲弯曲后需要冲的孔；弯曲件与载体落料分离。

如图4-3a所示为机芯自停连杆。该件用10钢制作，厚0.8mm，零件形状较复杂，精度要求较高，有 a、b、c 三处弯曲，还有4个小凸包。主要工序有冲孔、冲裁外形、弯曲、成形等，又是大批量生产，故适宜采用多工位连续模制造。

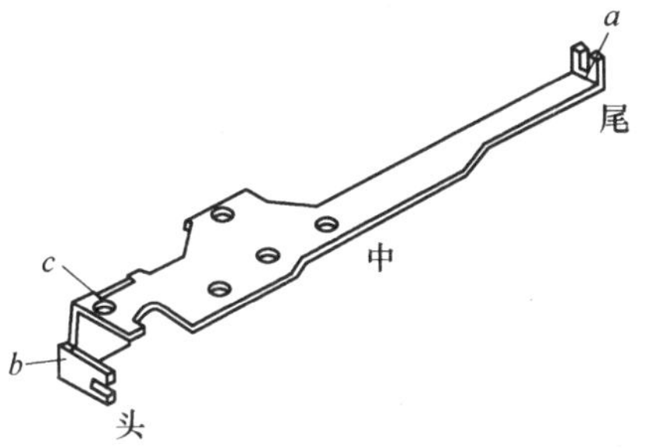

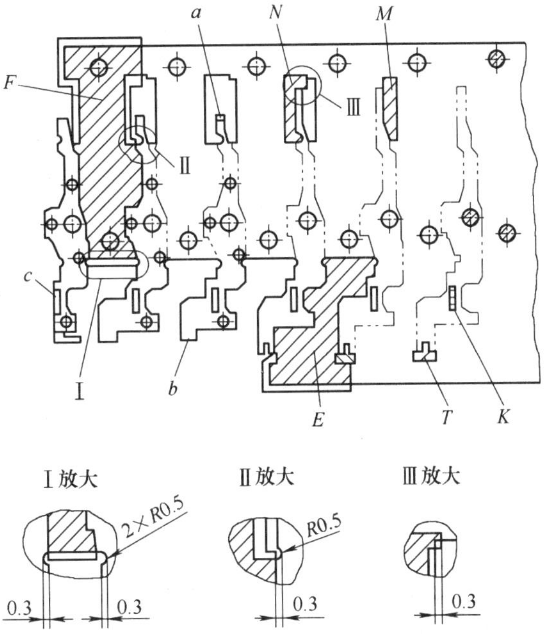

图4-3　冲裁弯曲多工位连续模

a）机芯自停连杆零件图　b）机芯自停连杆排料图

(3) 冲裁拉深多工位连续模　一般用于冲制产量大，外形尺寸在50mm以内，材料厚度不超过2mm的以连续拉深为主的冲件。根据零件结构特点，连续拉深后可在适当的工位安排冲孔、翻边、局部切除余料，局部弯曲等工序，并在最后工位进行分离。

如图4-4所示是一个小型的接线帽工序排样，主要是拉深弯曲成形，零件材料为H62黄铜，厚0.4mm。依对该零件结构的分析，可采用带料切口（或称切槽）的连续拉深工艺，经三次拉深成形，并在坯料切断后进行弯曲成形（即“切断弯曲”）。

(4) 落料复位成形多工位连续模　落料复位成形是连续成形工艺中的一种特殊成形工艺。它是先将冲件上的孔全部冲出，再按冲件的展开坯料轮廓进行冲切，但不冲断，落料凸模切入条料的深度为不超过材料厚度的30%，使冲件与载体不分离，即“冲而不断”。落料凹模内装有强力顶板，冲切时，坯料是在凸模与顶板的夹持状态下进行的。待凸模回升时，顶板将坯料再压回条料内（即复位），然后随条料向前移动再进行成形。成形后的冲件仍位于条料型孔内，在随后的工位上，由推件凸模将冲件从条料孔内推出。

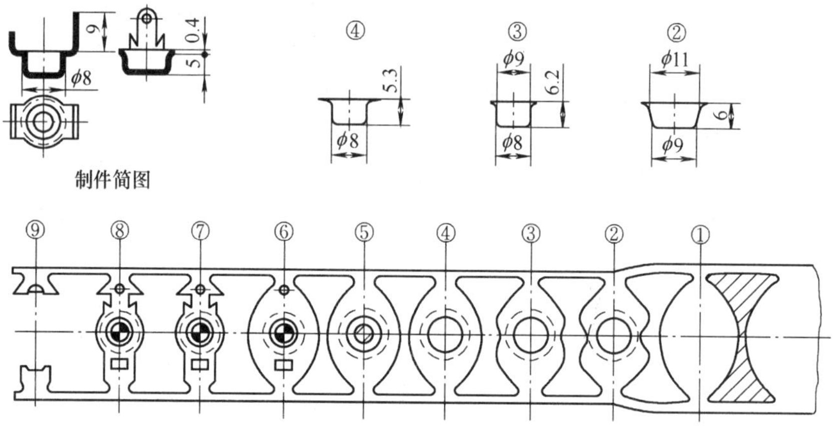

图 4-4　接线帽工序排样

1—切槽　2—首次拉深　3—二次拉深　4—拉深成形

5—冲底孔　6—冲小孔　7—切外形　8—空位　9—切断弯曲

如图 4-5 所示是采用落料复位成形工艺加工冲件的示例。该件拉深较浅，只需一次拉深即可成形。因冲件较浅，采用落料拉深复合工艺，则模具中的落料拉深凸凹模壁厚太薄，强度不足易坏，模具寿命短；若选用落料复位拉深则可顺利完成零件的冲制，并能保证模具的使用寿命。

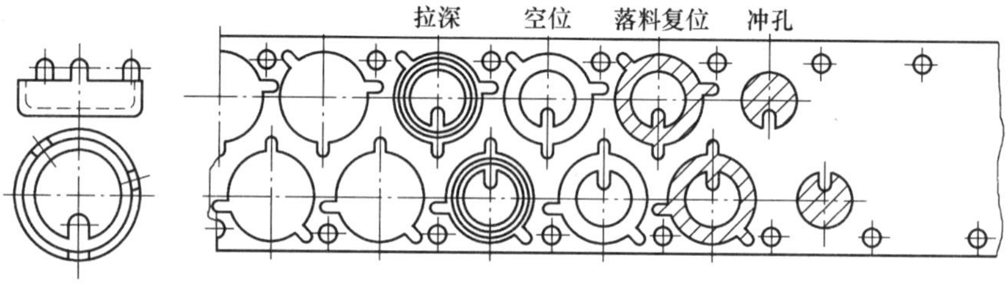

图 4-5　落料复位成形多工位排料

复习题

1. 什么是连续模？
2. 简述多工位连续模的特点。
3. 多工位连续模有哪些基本类型？

任务 2　了解多工位连续模设计的关键问题及处理方法

学习目标

1. 了解多工位连续模设计的关键问题。
2. 了解各类型连续模排样的具体要求。

相关知识

一、连续模设计的要点

连续模是在普通冲压模的基础上发展起来的，其设计的基本点与普通冲压模类同，但是又有很多不同之处，其中，在进行多工位连续模设计前，必须解决下面几个要点：

1）冲件的坯料如何从条料上截取？

2）冲件所需的连续冲压工序方法有哪些？

3）各工序如何组合和排序？

二、连续模的排样

连续模设计的要点就反映在排样上，排样的目的是确定从坯料转变为冲件的全部冲压工艺过程，是连续模设计的重要依据，是决定连续模优劣的主要因素之一。

1. 连续模排样种类及要求

连续模设计中的排样种类有三种：坯料排样；冲切刃口；工序排样，如图4-6所示。

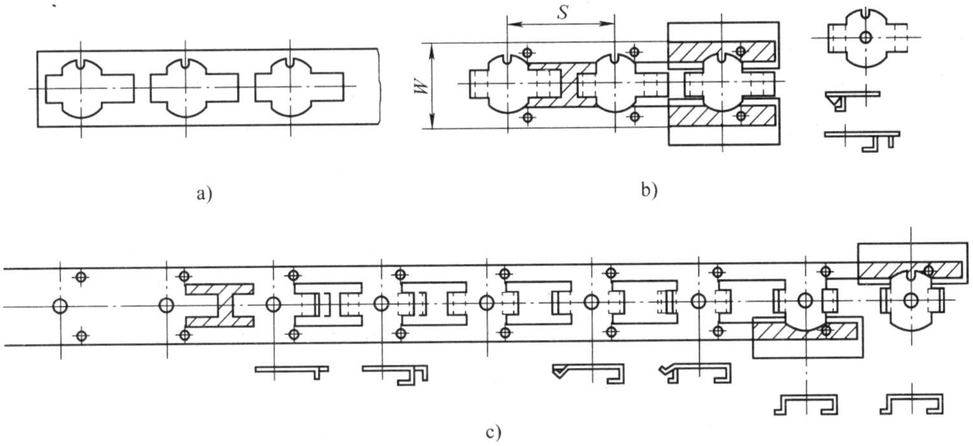

图4-6　排样示意图

a）坯料排样　b）冲切刃口设计　c）工序排样

（1）坯料排样　连续模设计中坯料排样与普通冲裁坯料排样相同。

（2）冲切刃口设计　冲压件坯料的内、外形轮廓是各种封闭的几何曲线，其冲压过程既可以一次完成，又可以分几次完成。在连续模设计中，为实现复杂工件的冲压、模具结构的优化，常将复杂外形和内形孔分几次冲切。这种将冲件复杂的外形和内形孔分几次冲切，按要求合理地设计凸模和凹模刃口形状，实现其轮廓的分段和重组的工作，称为冲切刃口设计。

1）冲切刃口设计要求见图4-7。

① 刃口分段与重组时其段数应尽量少，凹、凸模形状要简单、规则，强度足够，要便于加工。

② 刃口分段后应能保证冲件的形状、尺寸、精度和使用要求。

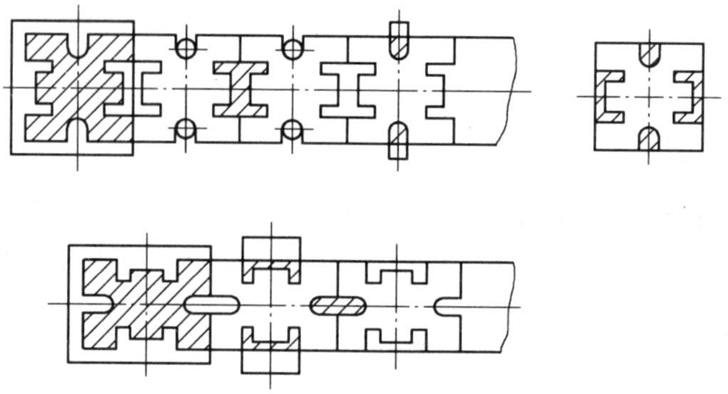

图 4-7　刃口设计要求

③ 分段后各段间的连接应平直、圆滑。

④ 分段搭接点应尽量少，搭接点位置应避开冲件的薄弱部位和重要部位。

⑤ 精度要求较高的直边和有滑动配合要求的部位应一次冲切，不宜分段，以免误差积累，影响使用。

⑥ 复杂内、外形以及有窄槽或细长臂的部分应分段冲切。

⑦ 外形轮廓各段中，有不同毛刺方向要求时应分段冲切。

⑧ 刃口分段时应考虑加工条件和加工方法。

2）分段搭接头的基本形式。内外形轮廓分段后，分段之间形成搭接头，搭接头处常产生毛刺、错位、尖角、塌角、不平直和不圆滑等质量问题，只有合理的搭接才能减少或避免上述质量问题的产生。常用搭接头形式有交接、平接、切接等三种。

① 交接（或称搭接）。毛坯轮廓经分解与重组后设计的冲切刃口之间有相互交错，少量重叠部分，如图 4-8 所示。交接式冲切刃口，能保证搭接头处的连接质量，广泛使用。

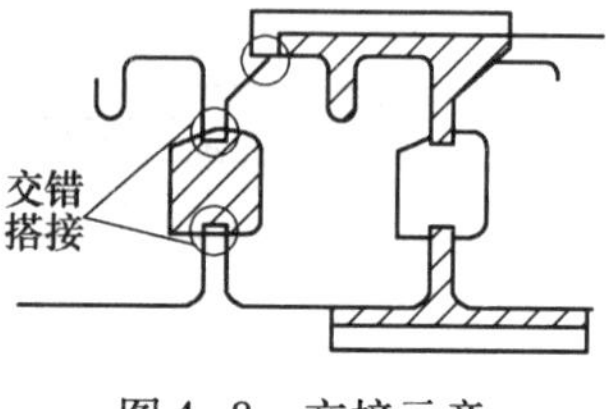

图 4-8　交接示意

② 平接。将冲件的直线段分两次冲切，即先冲切掉冲件的直边上一部分，再在另一工位处冲切掉余下的部分。因送料误差，在不同工位沿同一条直线进行冲切，前后冲切的位置不可能是平行的、共线的，搭接头处会产生多种缺陷。故排样设计时，应尽量避免平接方式。若必须如此排样，则要在平接附近工位上安置导正销进行导正，保证冲切位置的准确性，这样可改善平接质量，如图 4-9 所示。

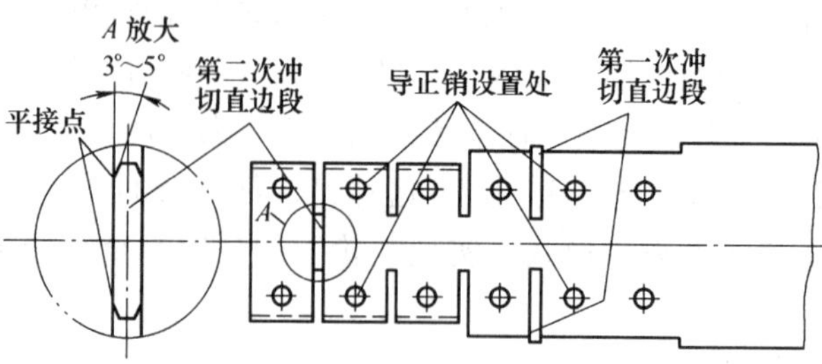

图 4-9　平接

直边分两次冲切时，如果冲件允许，可先冲出退位槽，再在接头处利用退位槽进行重叠冲切，即将平接转化为交接，这可消除搭接头处的缺陷，重叠冲切式交接如图 4-10 所示。

③ 切接。是指在零件的圆弧部分上或圆弧与圆弧相切的切点处进行分段切除的连接方式，与平接相似，切接也容易在连接处产生毛刺、错位、不圆滑等质量问题，需采取与平接相同的措施，切接连接方式如图 4 - 11 所示。

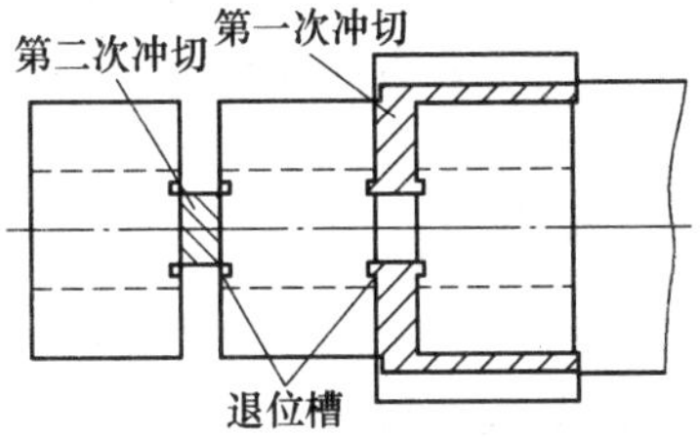

图 4 - 10　重叠冲切式交接

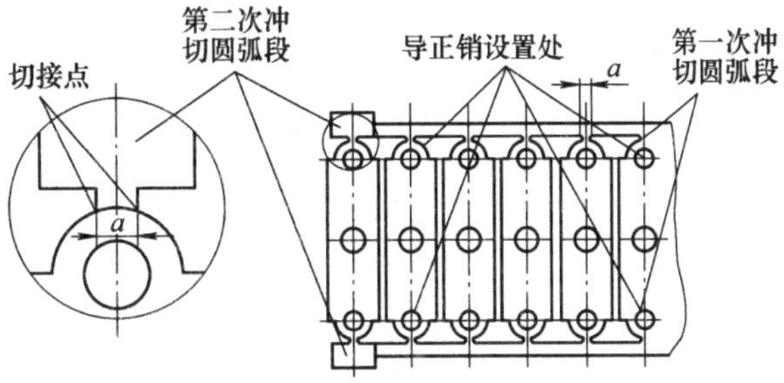

图 4 - 11　切接连接方式

3）工序排样。将需冲压工件从坯料到冲件完成的各冲压工序方法及先后顺序过程绘制成排样图，就是工序排样。在多工位连续模设计中，工序排样是设计的第一步，也是最关键的一步。

① 工序排样内容。包括确定每一工位加工工序方法、工序先后排序、工位总数；确定步距、载体形式、坯料宽度、定位方式；设计导正孔；绘制工序排样图等。

② 工序排样类型。分为落料型、切边型和混合型三类，如图 4 - 12 所示。

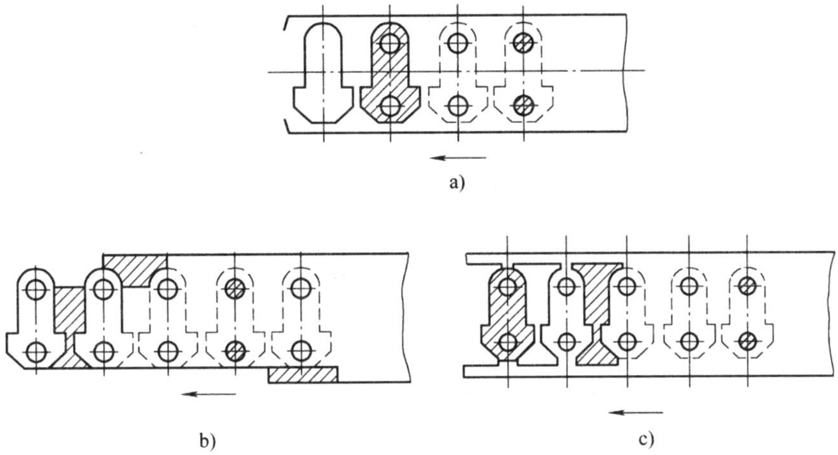

图 4 - 12　排样类型

a）落料型　b）切边型　c）混合型

a. 落料型：如图 4 - 12a 所示是最基本的工序排样，冲件内部孔先冲，最后外形落料使工件与载体分离。这种工序排样方式的特点是：孔与外形的毛刺方向相反；工位数少，模具尺寸小，结构简单；外形无搭接头错位现象；零件易回收，冲切废料容易处理，但零件易出现翘曲；条料易于导向。适于外形简单的零件的冲制。

b. 切边型：如图 4 - 12b 所示，将坯料外形轮廓分段在不同的工位上逐次冲切，最后进行零件与条料分离的冲切。此种排样方式适合于外形复杂件的冲压加工，切边型工序排样的特点是：孔与外形的毛刺同方向；零件留在凹模面上，零件的平面度容易保证；外形分次冲成，凸模数量多，搭接头处易出现不平直、错位和毛刺等，且模具设计、制造较困难；材料利用率低；对有些冲件，条料的导向精度差。

c. 混合型：混合型工序排样兼有切边型和落料型工序排样的优点，在工序排样时，前边工位按切边型排样，最末工位与落料型排样末工位类似，但以不封闭的方式落料，如图4-12c和图4-13所示。混合型工序排样可以冲制外形复杂的零件，是常用的工序排样方式。其主要特点是：零件容易回收；最终分离的外形部分与其他部分的毛刺方向相反。

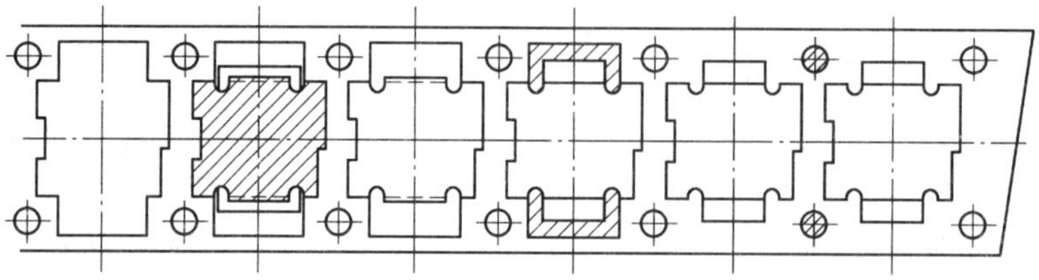

图4-13　混合型排样应用示例

③ 工序排样空工位（即空位），当工序件经过此工位时，不作任何冲压加工。在连续模中经常设置有空工位，其目的是：提高模具强度、保证模具寿命、保证产品质量以及在模具中设置特殊机构和作为储备工位，因而应用非常普遍。

设置空位时应考虑以下原则：

a. 步距较小时，应设置空位（提高模具的局部强度）；步距较大时（大于16mm），不宜多设空位，步距大于30mm时更不能轻易设置一个空工位。

b. 工位多的精度高、形状复杂的零件冲压，不宜多设空位。

c. 用导正销定位时，可适当多设空位。

④ 工序排样载体。载体就是连续模冲压时，条料内连接工序件并运载其稳定前进的这部分材料。载体与一般冲裁时条料的搭边不尽相同，搭边的作用主要是补偿定位误差，使条料有一定的刚度，便于送进，保证冲出合格的制件。而载体除了满足以上的要求外，还必须有足够的强度，能够使已冲出的工序件平稳地送进到后续冲压工位。若强度不足，载体发生变形，条料的送进精度就无法得到保证，甚至阻碍条料送进或造成事故，损坏模具。

为保证载体强度，载体宽度远大于搭边宽度。但条料载体强度的增强，并不能单纯靠增加载体宽度来保证，重要的是要合理地选择载体形式。载体有形式和尺寸两个要素，它们与冲件外形和尺寸有密切关系，条料载体基本上有三种类型。

a. 单侧载体。单侧载体是在工序件的一侧留出一定宽度，连接各工序件并进行运载的条料（可理解为冲件一侧的搭边宽度被冲切掉，而另一侧的搭边宽度留住不冲切的运载条料）。单侧载体适合于切边型排样中使用，导正销孔多放在单侧载体上，其送进步距精度不如双侧载体高。有时可再借用一个零件本身的孔同时进行导正，以提高送进步距精度。与双侧载体相比，单侧载体应取更大的宽度。在冲压过程中，单侧载体易产生横向弯曲，无载体一侧的导向比较困难，一般应用于条料厚度为0.5mm以上的冲压件，特别是对于零件一端或几个方向都有弯曲，往往只能保持条料的一侧有完整的外形场合，采用单侧载体较多，见图4-14。

b. 双侧载体。双侧载体是在冲件的两侧分别留出一定宽度运载冲件的条料。双侧载体是理想的载体，是单侧载体的加强形式，双侧载体比单侧载体更稳定，具有更高的定

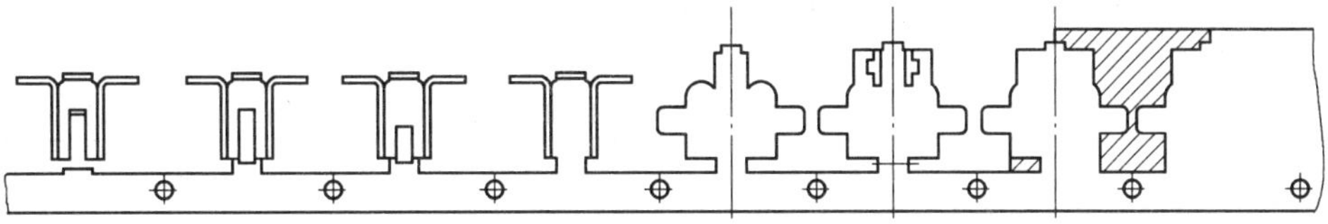

图4-14　单侧载体

位精度，可使工件到最后一个工位前条料的两侧仍保持有完整的外形，这对于送进、定位和导正都十分有利，主要用于材料厚度较薄，冲件精度要求较高的场合，但材料利用率低，如图4-15所示。双侧载体是理想的载体，采用双侧载体送进十分平稳可靠，但材料利用率较低。

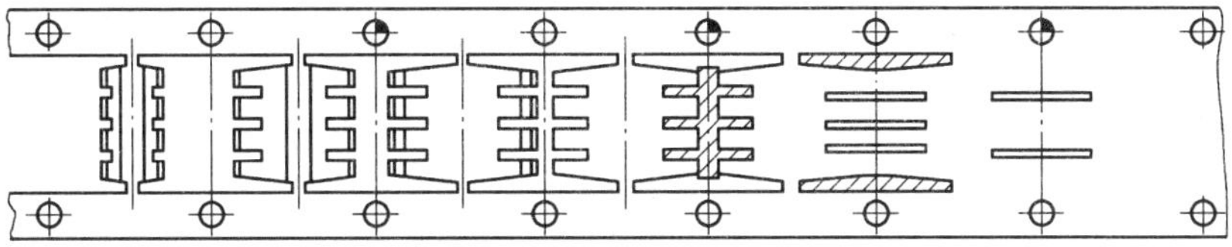

图4-15　双侧载体

c. 中间载体。中间载体是载体位于条料中部（可理解为冲件两侧的搭边宽度都冲切掉），而冲件的中部留有搭边来连接工序件并进行运载的条料。比单、双侧载体节省材料，在弯曲件的工序排样中应用较多。一般适用于对称零件，尤其是两外侧有弯曲的对称零件。它不仅可以节省大量的原材，还利于抵消由于两侧压弯时产生的侧向力。对于一些不对称的单向弯曲的零件，也可采用中间载体将被加工的零件对称于中间载体排列在两侧，如图4-16所示，变不对称零件为对称性排列，既提高了生产效率，又提高了材料利用率，也抵了弯曲时产生的侧向压力。中间载体宽度可根据零件的特点灵活掌握，但不应小于如图4-17a所示单侧载体的宽度。

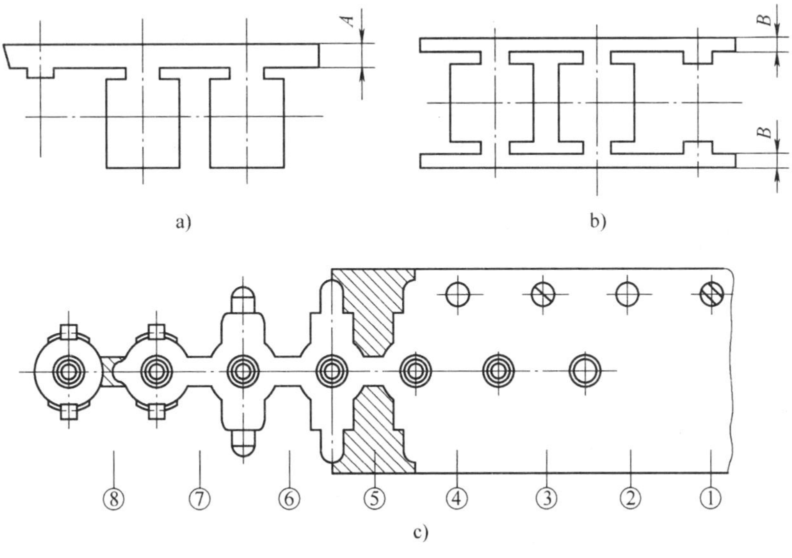

图4-16　中间载体

载体的类型和特征见表 4 - 1，单侧、双侧载体的尺寸如图 4 - 17 所示。

表 4 - 1　载体的类型和特征

类　型	特　征	适用范围
双侧载体	1. 能稳定可靠地运载工序件 2. 外形轮廓各段毛刺方向不一致 3. 为标准载体	δ 可小于 0.2mm、工位数可大于 15，单件排列
单侧载体	1. 与双侧载体相比，应取更大的宽度 2. 在冲切过程中，载体易于产生横向弯曲，无载体一侧的导向比较困难 3. 坯料易倾斜	δ≤0.4mm、步距可大于 30mm，一般用于单排
中间载体	条料宽度方向难导向，载体易出现横向弯曲，易产生送料失误	δ=0.5～2mm，工位数可大于 15，仅用于单排

δ/mm	A_{min}	B_{min}
<0.3	3	1.5
0.3～0.8	4	2

a)

δ/mm	A_{min}	B_{min}
0.8～1.2	6	3
1.2～2.0	8	4

b)

图 4 - 17　单侧、双侧载体尺寸

a）单侧载体　b）双侧载体

⑤ 工序排样坯料定位。

a. 连续模步距。连续模工作时，条料在模具中逐次向前送进，每一次向前移动的一定距离，即称为步距。步距尺寸为冲压件的最大轮廓尺寸（送进方向）与中间搭边值之和，步距的准确性好与坏（即坯料定位精度的高与低），直接影响到冲压件的精度高与低和冲切过程能否顺利完成。

因连续模零件加工和装配过程中误差的积累，会影响到步距的准确性。但步距应有一定的精度，只要根据冲件公差等级、形状复杂程度、条料厚度和材质、模具工位数、条料的送料方式和定距方式等确定步距的一定公差范围，步距精度就能满足冲压生产要求。因此，设计模具时，必须根据冲件的具体情况合理确定步距精度。步距精度的确定有两种方法：

Ⅰ. 经验法。直接取送料方向上零件最大轮廓尺寸公差值的 1/20 ~ 1/15 作为步距精度公差值，并以对称偏差形式布置。

Ⅱ. 计算法。

$$\delta = \pm \frac{\beta}{2\sqrt[3]{n}} K \tag{4-1}$$

式中　δ——步距精度（步距公差的对称偏差值，单位为 mm）；

β——沿送料方向零件轮廓尺寸的精度提高四级后的公差值（相当原公差的 1/6 左右），尺寸精度提高四级后的公差对比值见表 4 - 2；

n——连续模工位数（连续模只适于冲压薄、形状复杂、精度要求较高的中、小型零件，若工件大，工位又多，则模具又大又复杂，困难重重，则工程难以实施。

目前，暂取 n 为 2 ~ 40)；

K——冲裁间隙修正系数，其值为 0.85 ~ 1.10，间隙小，取小系数，间隙大，取大系数。修正系数 K 见表 4 - 3。

工位数值 $\sqrt[3]{n}$ 见表 4 - 4。

表 4 - 2　尺寸精度提高四级后的公差对比值　　（单位：μm）

公称尺寸	冲件公差	提高四级	对比	冲件公差	提高四级	对比	冲件公差	提高四级	对比	冲件公差	提高四级	对比	冲件公差	提高四级	对比
	IT14	IT10	IT10/IT14	IT13	IT9	IT9/IT13	IT12	IT8	IT8/IT12	IT11	IT7	IT7/IT11	IT10	IT6	IT6/IT10
0 ~ 3	250	40	约 1/6	140	25	约 1/6	100	14	约 1/6	60	10	约 1/6	40	6	约 1/6
3 ~ 6	300	48	约 1/6	180	30	约 1/6	120	18	约 1/6	75	12	约 1/6	48	8	约 1/6
6 ~ 10	360	58	约 1/6	220	36	约 1/6	150	22	约 1/6	90	15	约 1/6	58	9	约 1/6
10 ~ 18	430	70	约 1/6	270	43	约 1/6	180	27	约 1/6	110	18	约 1/6	70	11	约 1/6
18 ~ 30	520	84	约 1/6	330	52	约 1/6	210	33	约 1/6	130	21	约 1/6	84	13	约 1/6
30 ~ 50	620	100	约 1/6	390	62	约 1/6	250	39	约 1/6	160	25	约 1/6	100	16	约 1/6
50 ~ 80	740	120	约 1/6	460	74	约 1/6	300	46	约 1/6	190	30	约 1/6	120	19	约 1/6

表 4 - 3　修正系数 K

双面冲裁间隙 Z/mm	K 值	双面冲裁间隙 Z/mm	K 值
>0.01 ~ 0.03	0.85	>0.12 ~ 0.15	1.03
>0.03 ~ 0.05	0.90	>0.15 ~ 0.18	1.06
>0.05 ~ 0.08	0.95	>0.18 ~ 0.22	1.10
>0.08 ~ 0.12	1.00		

表 4 - 4　工位数值 $\sqrt[3]{n}$

n	2	3	4	5	6	7	8	9	10	11	12	13	14
$\sqrt[3]{n}$	1.26	1.4	1.5	1.7	1.8	1.9	2	2.08	2.15	2.2	2.29	2.35	2.4
n	15	16	17	18	19	20	21	22	23	24	25	26	27
$\sqrt[3]{n}$	2.46	2.52	2.57	2.62	2.67	2.71	2.76	2.8	2.84	2.88	2.92	2.96	3
n	28	29	30	31	32	33	34	35	36	37	38	39	40
$\sqrt[3]{n}$	3.04	3.07	3.11	3.14	3.17	3.21	3.24	3.27	3.3	3.33	3.36	3.39	3.42

分析式 (4 - 1) 和表 4 - 2、表 4 - 3、表 4 - 4 可以看出：

尺寸的精度提高四级后的公差值约为原公差的1/6左右；$2\sqrt[3]{n}$约为2.5～6.8；冲裁间隙修正系数K为0.85～1.10。由此直接得出步距精度，即取冲件送料方向上的零件最大轮廓尺寸公差的1/40～1/15作为步距精度δ，并以对称偏差布置。冲件精度越高、工位数越多，步距精度越高。但步距精度太高，模具很难制造，要求难达到，也没有必要，步距精度的要求可达到±0.005mm。

为了便于控制连续模的制造精度，克服各工位之间步距的累积误差，常在标注凹模、凸模固定板、卸料板等零件中与步距有关的孔位尺寸时，均以第一工位的尺寸为基准向后标注，其步距公差一律标注成偏差值。

b. 定位方式。由于产品的冲压工序是在多工位上依次完成的，故要求相应工位上工序件的冲切部位能准确衔接、匹配，即要求工序件在每一工位都能准确定位。由于工序件位于条料上，故可采用挡料销、侧刃缺口、自动送料装置、导正销等方式对条料送进进行定位（即定距），则可保证各工序间的准确定位。前三者使用时只能作为粗定位，连续模的精确定位都是采用导正销与其他粗定位方式配合使用。

Ⅰ. 侧刃缺口定位。通过侧刃在条料一侧或两侧冲切长度等于送料步距的缺口，靠缺口台肩抵住侧刃挡块对条料送进进行定距。经侧刃冲切后的条料宽度与导料板之间的间隙不宜过大，一般为0.05～0.15mm，薄料取小值，厚料取大值。侧刃冲切缺口的宽度尺寸（A）如图4-18所示。侧刃冲切缺口长度（B）略大于步距（S）0.03～0.15mm，以便使导正销插入导正孔时有调整的余地，从而达到精定位的目的。

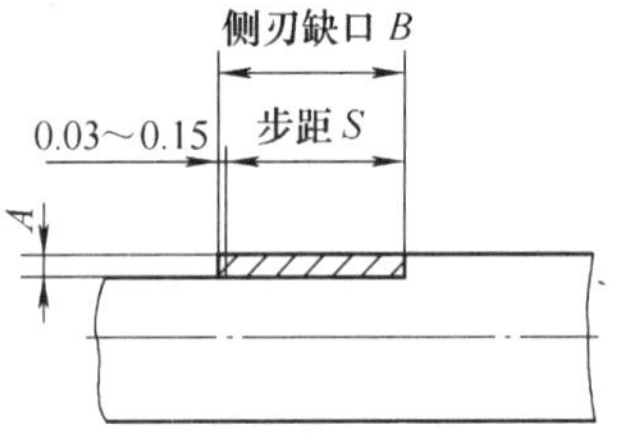

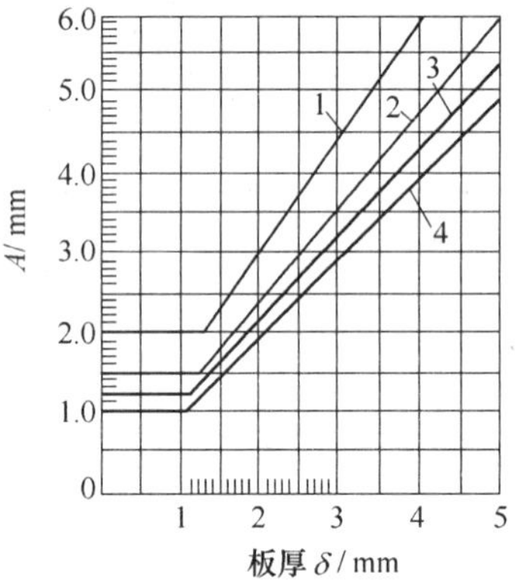

（单位：mm）

δ/mm	A_{min}	δ/mm	A_{min}
<0.3	1.0	0.8～1.2	2.0
0.3～0.8	1.5	2.0～2.6	4.0

图4-18 侧刃冲切缺口宽度尺寸

1—S为50mm以上 2—S为20～50mm 3—S为10～20mm 4—S为10mm以下

Ⅱ. 自动送料装置定位。其送料步距精度主要取决于送料装置的精度，多用于高速冲压中带料的自动送进，步距精度要求高时，仍要用到导正销。

Ⅲ. 导正销定位。是利用连续模中上模部分的导正销插入条料上的导正孔进行定位。利用导正销定位导正有两种：直接导正——利用冲件上的孔作为导正孔，容易保证外形与孔的相对位置精度，导正销可安装于凸模之中，也可专门设置；间接导正——利用在载体或废料上专门冲出的导正孔导正。导正销详情见定位零件的设计。

（3）工序排样原则及要点　工序排样的优劣将直接影响产品质量、模具结构、加工方法、制造周期和成本等。因此，工序排样时必须要在综合分析的基础上，进行合理组合和排序。

多工位连续模的排样，除了遵守普通冲模的排样原则外，还应考虑如下原则：

1）排样中先安排冲孔、切口、切废料等分离工位，再依次安排成形工位，最后安排制件和载体分离。在安排工位时，要尽量避免冲小半孔，以防凸模受力不均而折断。

2）第一工位一般安排冲工艺导正孔和孔，第二工位设置导正销，在以后的工位中，视其工位数和易发生窜动的工位设置导正销，也可在以后的工位中每隔 2 ~3 个工位设置导正销。第三工位根据定位精度，可设置送料步距的误送检测装置。

3）为保证凹模镶块、卸料板和固定板的强度和各成形零件安装位置不发生干涉，可在排样中设置空工位，空工位的数量根据模具结构的要求而定。

4）对弯曲和拉深成形件，每一工位变形程度不宜过大，变形程度较大的冲压件可分几次成形。这样既有利于质量的保证，又有利于模具的调试修整。对精度要求较高的成形件，应设置整形工位。

5）当连续成形工位数不是很多，制件的精度要求较高时，可采用压回条料的技术，即将凸模切入料厚的 20% ~35% 后，模具中的机构将被切制件反向压入条料内，再送到下一工位加工，但不能将制件完全脱离带料后再压入。

2. 各类型连续模排样具体要求

（1）连续冲裁的工序排样要求

1）有孔位精度要求的孔应在同一工位上冲，当无法安排在同一工位上冲时，可安排在相近工位上冲；孔较多，且位置太近，可分布在不同工位上冲出；复杂型孔，可分解为若干简单型孔分步冲出。

2）轮廓周界较大的冲切工序，尽量安排在中间工位，以使压力中心与模具几何中心重合。

3）工序排样方案要考虑模具加工设备条件。采用成形磨削工艺，模具多采用分段镶拼结构，工位较多；采用数控线切割加工时，多采用分段拼合结构，工位数少。

（2）连续弯曲模的工序排样要求　连续模弯曲排样除要满足一般弯曲工艺要求外，还要结合连续模结构特点综合考虑，其要点如下：

1）排样时尽可能以上模的冲压方向作为冲件的弯曲变形方向，如图 4 - 19 所示工件内弯角由上模下冲时成形，上模回程时，工序件和条料一起上浮以利于向前送进。对闭口形弯曲件，可采用斜口凸模弯曲，如图 4 - 20 所示。

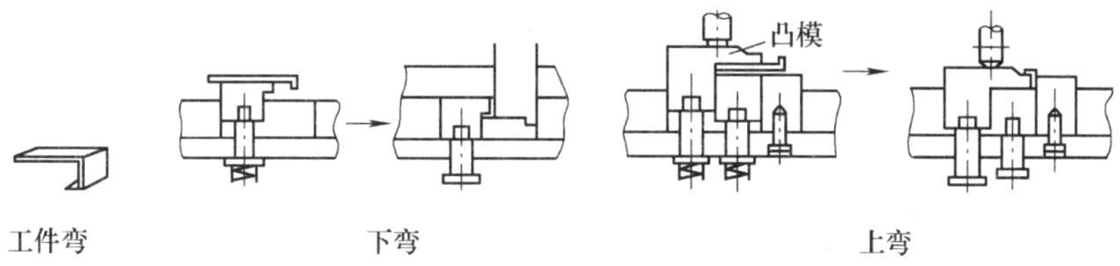

图 4 - 19　上模下冲成形弯曲

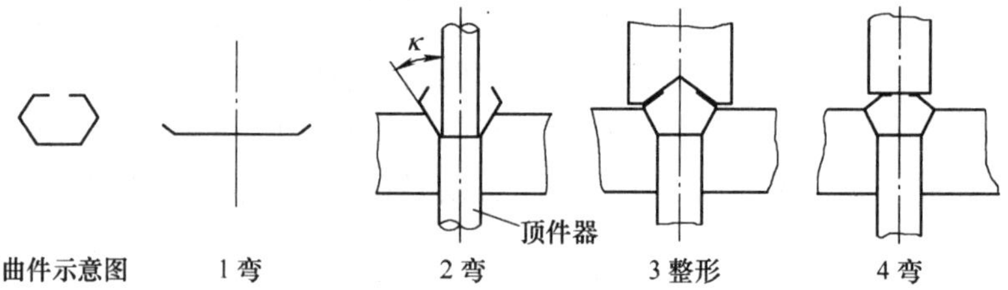

图4-20　斜口凸模弯

2）一般弯曲件宽度较窄，如果弯曲线的位置对条料的纤维方向无特殊要求，为不使模具结构过于窄长，往往以弯曲件的宽度方向作为条料送进方向进行排样，工位数较多的弯曲件尤应如此。

3）当相对弯曲半径较小时，为避免弯裂，应使弯曲方向与板料纤维方向一致，并使毛刺面位于内弯一侧。

4）排样时采用向上弯曲或向下弯曲，既要考虑冲切余料的毛刺方向，还要充分考虑模具的结构形式和条料送进时是否稳定和方便。向上弯曲时的相对尺寸精度较高，往往需要采用斜楔滑块机构实现侧向冲压；向下弯曲可直接利用压弯成形，但是必须考虑条料的送进问题。

5）对弯曲成形精度要求较高的弯边，可分几次弯边（逐渐逼近），每个工位的弯曲不宜过大。这样既有利于质量的保证，又有利于模具的调试修整。对精度要求较高的成形件，应设置整形工位。如U形弯曲件可先弯成45°，再弯成90°。

6）卷边弯曲件时，除了需采用多工位连续弯制外，必要时还需在工位安排上留出足够位置，以设置侧向抽芯装置。

7）平板坯料经弯曲成空间立体形状的工序件后，其弯曲部分低于或高于平板坯料的上、下平面，为使工序件在送进时不被凹模挡住，坯料平面应抬高，离开凹模一定的高度，此高度称为送进线高度（H）。不同弯曲工序件排样的送进高度如图4-21a所示。工序件向上弯曲A时，$H>A$；如图4-21b所示工序件向下弯曲B时，$H>B$；如图4-21c所示工序件有上、下两向弯曲时，则$H \geqslant A+B$；送进线高度弯曲排样时，应尽量采用小的送进线度。

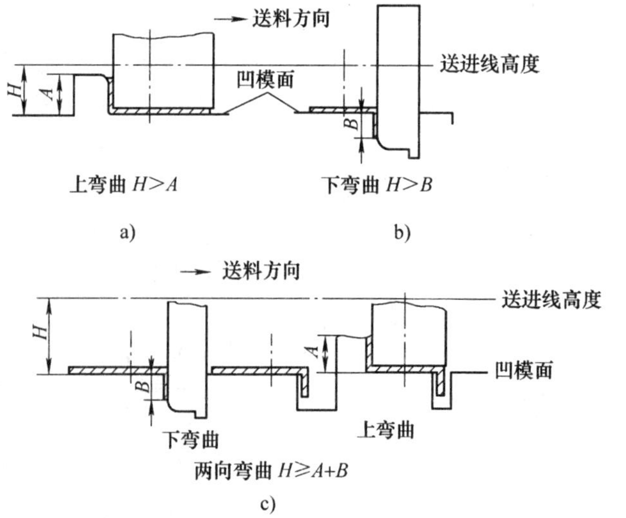

图4-21　不同弯曲工序件排样的送进高度

(3) 连续拉深模的工序排样要求

1) 可在拉深前进行切口、切槽等，可解决因凸缘收缩而造成的各工位步距和条料宽度不一致的问题，以及弯边后工件的冲孔。表4-5所列是三种典型工艺切口的形式及其应用。

表4-5　工艺切口形式及其应用

序号	切口或切槽形式	应用	优缺点
1	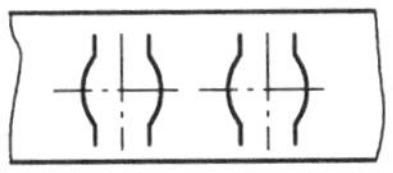	用于材料厚度 $\delta<1$mm，直径 $d>5$mm 的圆形浅拉深件	1. 首次拉深工位，料边起皱情况较无切口时为好 2. 侧搭边会弯曲，妨碍送料
2	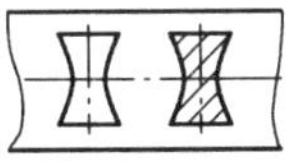	用于材料较厚（$\delta>0.5$mm）的圆形工件，应用较广	1. 不易起皱，送料方便 2. 带料会缩小，不能用来定位 3. 费料
3	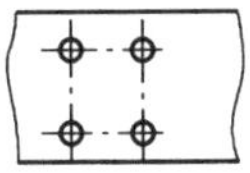	用于矩形件的拉深	1. 不易起皱，送料方便 2. 带料会缩小，不能用来定位 3. 费料

2) 连续拉深工序排样时，各次拉深的极限拉深系数比单件拉深时要大。

3) 适当安排几个空位，便于在试模过程中调整拉深次数和各次拉深系数的分配。

(4) 含局部成形时连续模的工序排样要求

1) 冲孔、切除余料和其他成形通常安排在局部成形（压凸包、压筋、翻边、压印）之后进行。

2) 局部成形工序可视具体情况穿插在各工位上进行，以利于减少工位数，保证冲件质量。如图4-22所示，第一工位安排了冲导正孔和压筋的工序。

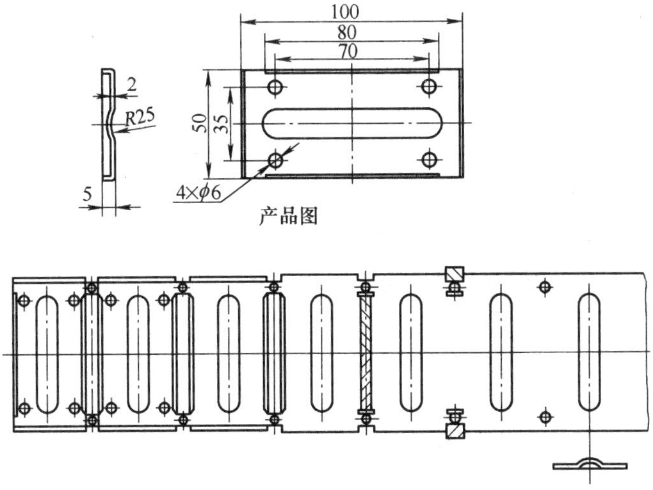

图4-22　有局部成形时的工序排样

3) 在压凸包的中央有孔时，可先冲一小孔，压凸后再冲到要求的孔径，这样有利于材料的流动。

4）成形方向的选择（向上或向下）要有利于模具的设计和制造，有利于送料的顺畅。

三、连续模工序排样图

通过正确的理论分析和工序排样等多次试验，才能取得多工位连续模条料工序排样图的重要依据。

（1）工序排样图内容　工序排样图中应反映的内容有：冲件图、各冲压工序内容、工序排序、空位、工位数、载体形式、料宽、步距、导正销孔径、侧刃缺口等，如图 4-23 所示。

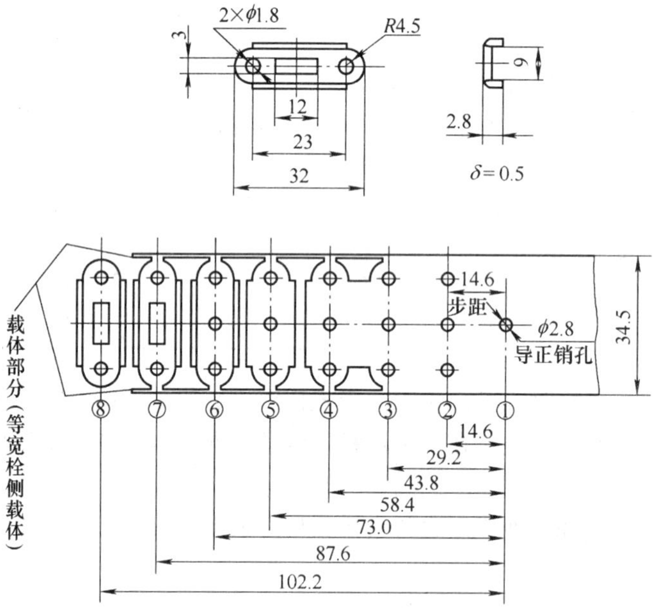

图 4-23　条料工序排样图示例

工位①—冲导正销孔　工位②—冲 2 个 ϕ1.8mm 圆孔　工位③—空位

工位④—冲切两端局部余料　工位⑤—冲两工件之间的分断槽余料

工位⑥—弯曲加工　工位⑦—冲中部长方孔　工位⑧—载体切断（即将零件从条料上切离）

（2）工序排样图的试验　先制作几个零件展开图样，并在图面上排样；排样时以直角坐标系的纵轴为条料宽度方向，横轴为条料的送进方向；第一工位起点设在坐标系原点（O）处，也可以设在导正孔的中心或冲件对称轴线的交点等处；按确定的搭边宽度、步距、载体形式定出条料宽度；按连续冲压工艺过程，依次安排各工序工位，用样件布置冲裁和成形工位的相对位置；试验成功完成后，绘排样图，并按要求标注必要尺寸，各工位尺寸应以排样图的坐标原点为基准进行标注，如图 4-23 所示。

复习题

1. 连续模排样中的设计有哪几类？
2. 工序排样有哪几种类型？
3. 什么是步距？如何确定步距精度？
4. 简述各类型连续模排样的具体要求。
5. 工序排样图中应具备哪些内容？

任务3　了解多工位连续模典型结构

学习目标

1. 了解多工位连续模典型结构。
2. 了解排样图的设计方法。

相关知识

根据工序排样，可以考虑多工位连续模的整体结构。下面介绍不同类型的多工位连续模的结构特点。因篇幅有限，仅重点介绍冲孔落料连续模及冲裁弯曲连续模。

一、冲孔落料多工位连续模

如图4-24所示是一副两工位简单的连续模，由于冲件形状简单、对称，尺寸较小，仅只要冲孔落料两道冲裁工序，既可设计普通落料冲孔复合模一次冲程完成加工，也可设计先冲孔后落料两工位连续模一次冲程完成加工。两类模具都不复杂，设计、制造比较容易。

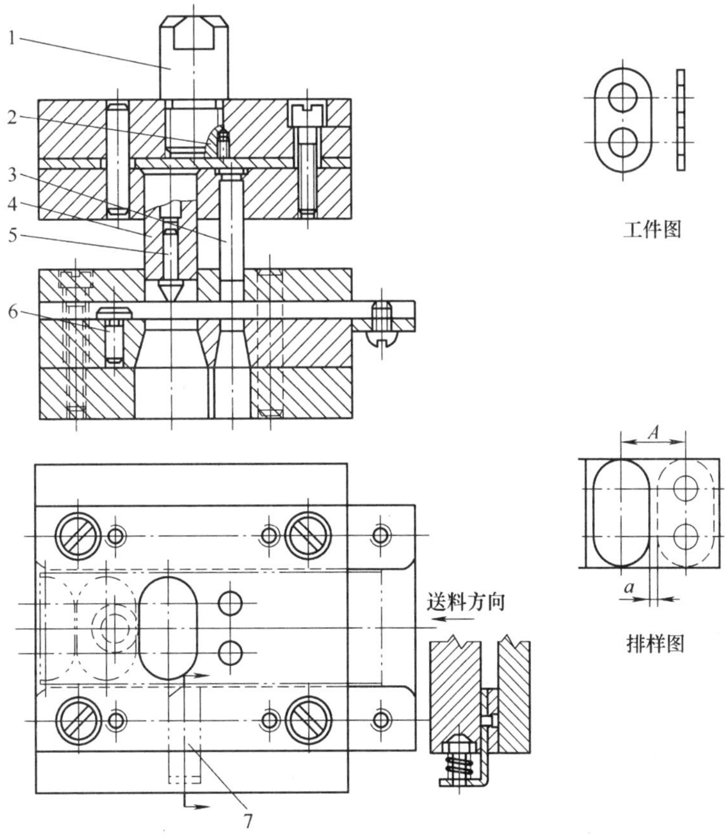

图4-24　冲孔落料多工位连续模

1—模柄　2—防转螺钉　3—冲孔凸模　4—落料凸模　5—导正销　6—挡料销　7—始用挡料销

如图4-25所示是一副较复杂冲孔落料多工位连续模，其加工产品是微电机的定子、转子片。

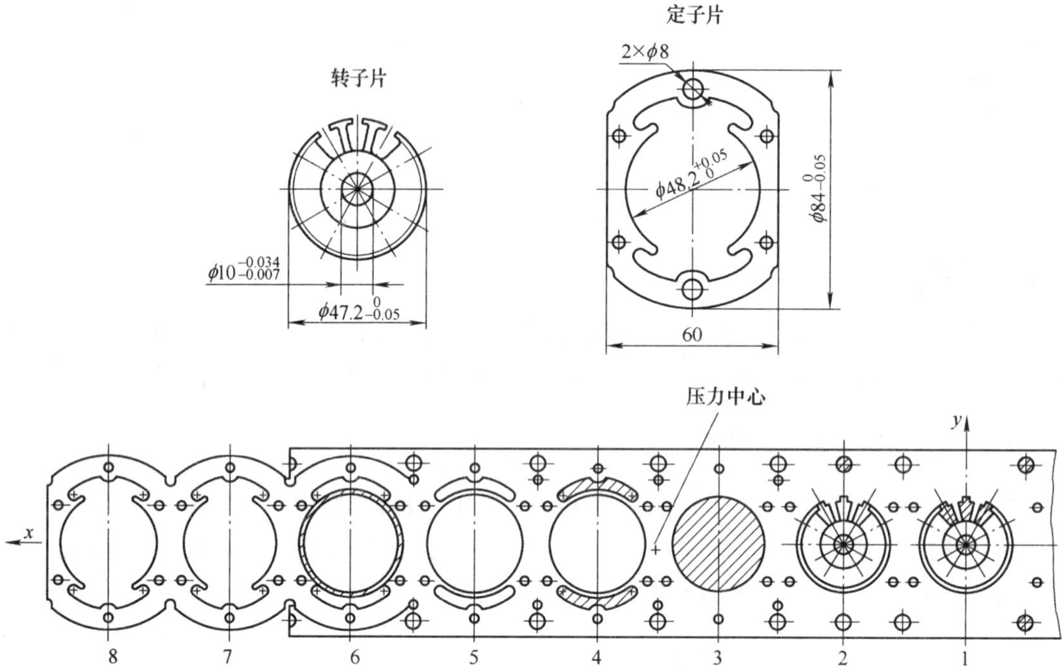

图4-25　转子片与定子片排样图

1. 冲件分析

冲件材料为硅钢片，$\delta=0.35$mm，精度为IT13级。因是大批量生产，故选用卷料，采用自动送料装置送料。

转子片中间φ10mm的孔有较高的精度要求，12个线槽孔要绕线细、绝缘层薄的漆包线，不允许有明显的毛刺，为此对φ10mm孔和12个线槽孔设置有整形工序。工位3完成转子片落料。

定子片中的异形孔比较复杂，孔中有四个较狭窄的突出部分，若不将内形孔分解冲切，则整体凹模中4个突出部位容易损坏。为此，把内形孔分为两个工位冲出，考虑到φ48.2mm孔精度较高，应先冲两头长形孔，后冲中孔，同时将3个孔打通，完成内孔冲裁。若先冲中孔，后冲长形孔，可能引起中孔的变形。

落料时，采取单边切断的方法，尽管切断处相邻两片毛刺方向不同，但不影响使用。

2. 排样图设计

（1）载体形式—双侧载体。

（2）料宽—85mm（84mm+1.5mm+1.5mm，即冲件最大宽度84mm加两侧搭边值1.5mm）。

（3）步距—60mm（工件送料方向上的最大轮廓尺寸）。

（4）定距精度—自动送料精度可达±0.05mm，因工件精度高，又是套冲加工，故定距精度要求高，为进一步提高定距精度，模具中使用导正销作精定位。依确定定距精度的经验法得出：工件精度为IT13级，其中60mm的偏差为±0.23mm，取±0.23mm的1/20～1/15，就是步距的定位精度。

（5）导正销孔径—以冲件2×φ8mm孔作为定位孔，导正销孔径为φ8mm。

其余冲件图、各冲压工序内容、工序排序、空位、工位数见工序排样图。冲件工序排样图如图 4 - 25 所示，共分 8 个工位，各工位工序内容如下：

1）工位 1：冲 2 个 ϕ8mm 导正销孔，冲转子片各槽孔及中心轴孔，冲定子片两端 4 个小孔的左侧 2 孔。

2）工位 2：冲定子片右侧 2 孔，冲定子片两端中间 2 孔，冲定子片角部 2 个工艺孔，转子片槽和 ϕ10mm 孔校平。

3）工位 3：转子片外径 ϕ47. 2mm 处落料。

4）工位 4：冲定子片两端异形槽孔。

5）工位 5：空工位。

6）工位 6：冲定子片 ϕ48. 2mm 内孔，定子片两端圆弧余料切除。

7）工位 7：空工位。

8）工位 8：定子片切断。

3. 模具结构

模具基本结构如图 4 - 27 所示，模具由上、下两部分组成，为保证冲件精度，采用四导柱滚珠式导向模架。

（1）下模部分

1）凹模：因模具复杂、精度高、成本高，产品批量大，为保证模具的寿命，不影响生产，凹模采用镶拼结构，由凹模基体 2 和凹模拼块 21 等组成。凹模拼块有 4 个——工位①、②、③为第 1 块，工位④为第 2 块，工位⑤、⑧为第 3 块，工位⑦、⑧为第 4 块，每块凹模用镙钉和销钉分别固定在凹模基体上，保证模具的步距精度为 ±0. 01mm。

2）导料装置：下模上始末端均装有局部导料板，始端导料板 24 至第一工位开始时为止，末端导料板 28 设在第 7 工位以后，其目的是避免条料送进过程中产生过大的阻力。中间各工位上放置了 4 组 8 个槽式顶料销 27，其结构见图 4 - 27。槽式顶料销兼有导向和顶料的作用，能使带料在送进过程中从凹模面上顶起一定高度，有利于带料送进。

3）校平部分：下模内还有弹性校正组件 23，目的是起校平作用，因为线槽孔冲后，工件平面度降低，特别是槽孔毛刺会影响电机组装的下线质量。为提供足够的校平力，采用碟形弹簧。

（2）上模部分　上模部分主要由钢板上模座 13、垫板 12、凸模固定板 11、凸模卸料板 5 和各个凸模及导正销等组成。

1）弹压卸料板：弹压卸料板在多工位连续模中是关键零件之一，为了保护细小凸模并对凸模进行精确导向，卸料板本身需要更精确的导向，此外，还应具有很高的精度和足够的刚性以及较高的硬度、韧性和耐磨性。本模具结构较大，卸料板采用拼块组合形式，有利于减少热处理变形，有利于制造和更换。4 块卸料板拼块通过螺钉和卸料板基体连接起来成为凸模卸料板 5。拼块采用 Cr12 制作，淬火硬度为 55 ~ 58HRC，卸料板基体采用 45 钢制作。

2）导正销：本模具采用导正销作精定位，上模设置 4 组共 8 个导正销在工位①、③、④、⑧实现带料的精确定位。导正销呈对称布置，与固定板和卸料板的配合选用 H7/h6。在工位⑧，导正销孔已被切除，此时可借用定子片两端 6mm 孔作导正销孔，以保证最后切除时定位精确。在工位③切除转子片外圆时，用装在凸模上的导正销，借用 ϕ10mm 中心孔导正。

3）凸模：凸模高度应符合工艺要求，工位③ϕ47. 2mm 的落料凸模 19 和工位⑥的 3 个凸模较大，应先进入冲裁工作状态，其余凸模均比其短 0.5mm，当大凸模完成冲裁后，再使小凸模进行冲裁，这样可防止小凸模的折断。

模具中冲槽凸模 17，切废料凸模 6、7，异形孔凸模 20 都为异形凸模，无台阶。大一些的凸模采用螺钉紧固，异形孔凸模 20 呈薄片状，上端打销孔后，可采用销钉 14 吊装于凸模固定板 11 上，至于环形分布的 12 个冲槽凸模 17 是镶在带台阶的凸模座 16 中相应的 12 个孔内，线槽凸模采用卡圈 15 固定，如图 4-26 所示。卡圈切割成两半，用卡圈卡住凸模上部磨出的凹槽可防止凸模工作时被拔出。

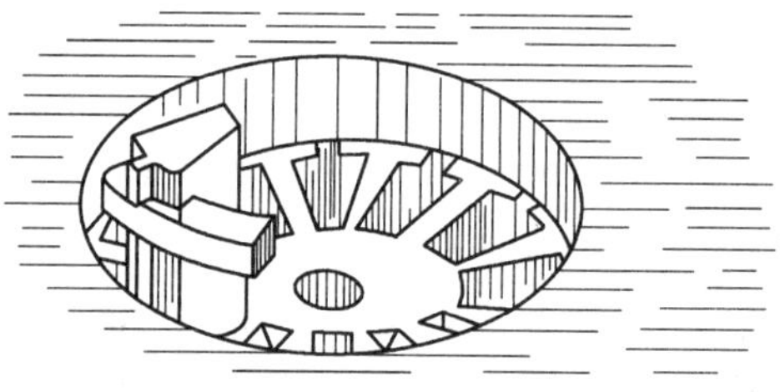

图 4-26　冲槽凸模的固定

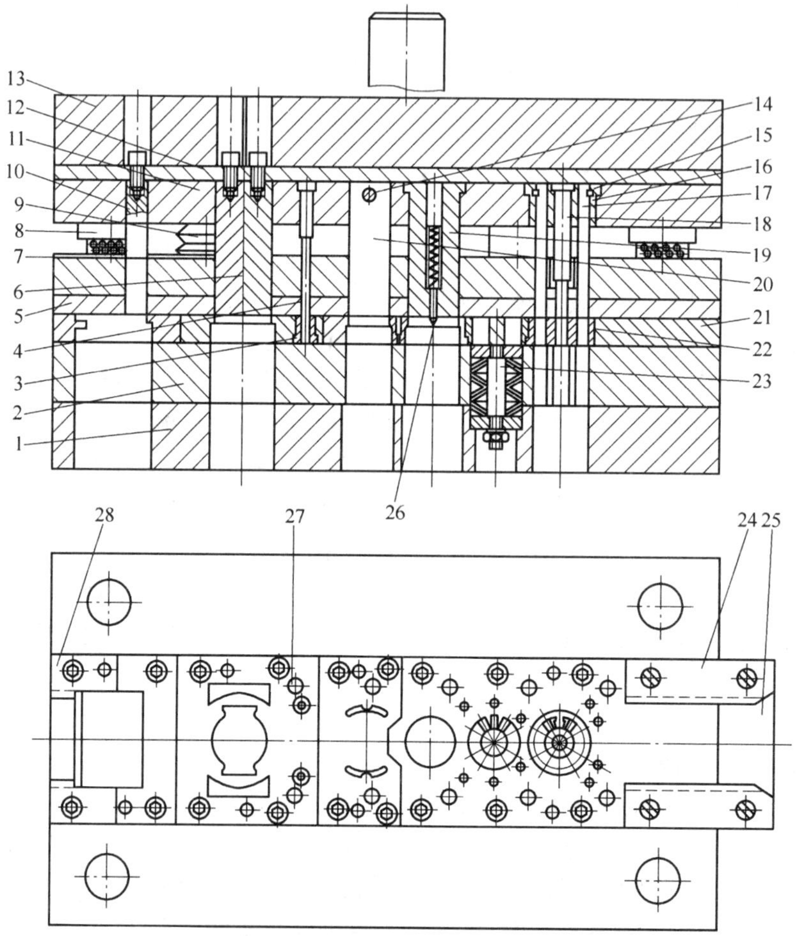

图 4-27　电机转子片定子片连续模

1—钢板下模座　2—凹模基体　3—导正销座　4—导正销　5—凸模卸料板　6、7—切废料凸模　8—滚动导柱导套　9—蝶形卸料弹簧、卸料螺钉　10—切断凸模　11—凸模固定板　12—垫板　13—钢板上模座　14—销钉　15—卡圈　16—凸模座　17—冲槽凸模　18—冲孔凸模　19—落料凸模　20—异形孔凸模　21—凹模拼块　22—冲槽凹模　23—弹性校正组件　24、28—局部导料板　25—承料板　26—弹性防粘销　27—槽式顶料销

4）防粘装置：防粘装置主要是指弹性防粘销 26 及弹簧等，其作用是防止冲裁时分离

的材料粘在凸模上，影响模具的正常工作，甚至损坏模具。工位③的落料凸模上均布 3 个弹性防粘销，目的是使凸模当中的导正销与零件分离，阻止零件随凸模上升。值得指出的是，为防止冲槽废料的回升，也采用了类似的防粘装置。

二、冲裁弯曲连续模

如图 4-28 所示为支架零件图。零件材料为 10 钢，厚度为 0.8mm，未注圆角半径为 0.2mm，大批量生产。

1. 冲件分析

该零件尺寸均为未注公差的一般尺寸，按惯例取 IT14 级，符合一般连续模冲压的经济精度要求。该零件为中小尺寸冲件，壁厚 0.8mm，外形不复杂，孔径为 3.05mm，尺寸精度一般，因此可采用普通冲裁工艺冲切外形和内孔。该冲件有四个弯曲部位，各弯曲处的圆角半径及弯曲直边高度均符合弯曲工艺的要求，各弯角均可一次弯成。该零件材料为 10 钢板，冲压性能良好。该冲件所需的基本冲压工序为落料、冲孔和弯曲。支架展开坯料图见图 4-29。

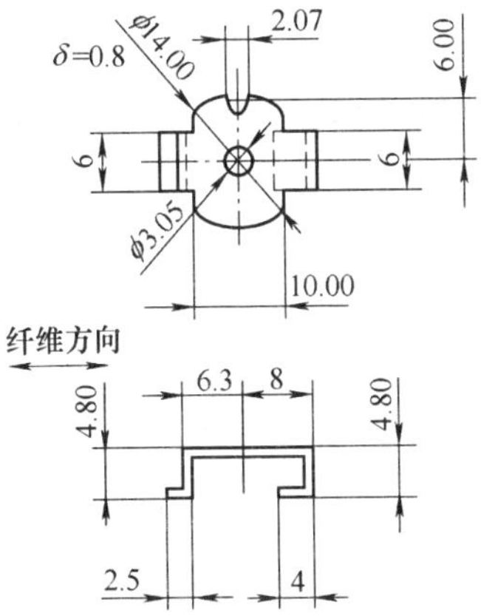

图 4-28　支架零件图

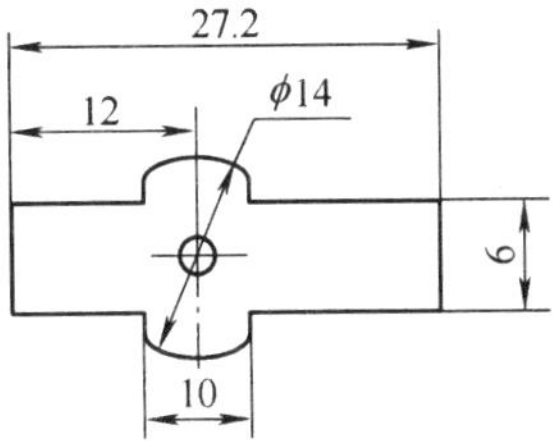

图 4-29　支架展开坯料图

2. 排样图设计

1）坯料排样应考虑冲件的弯曲方向符合板料的纤维方向要求，可采用如图 4-30a 所示方案，其冲件的弯曲方向与板料的纤维纵向一致。

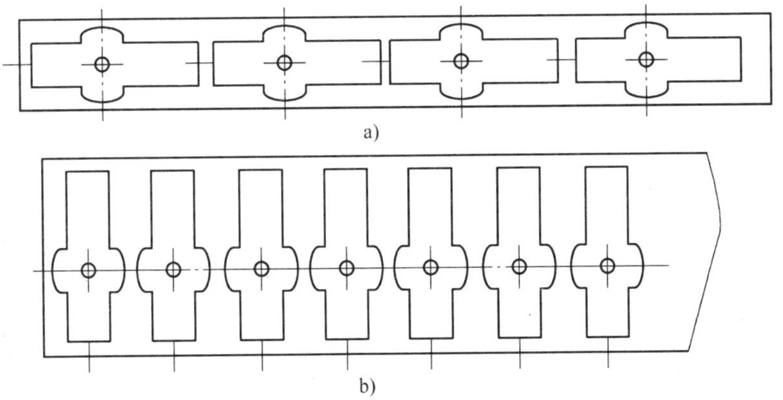

图 4-30　坯料排样方案

a）坯料排样方案 1　b）坯料排样方案 2

2）冲切刃口设计：外形的分段冲切刃口设计如图 4-31 所示。

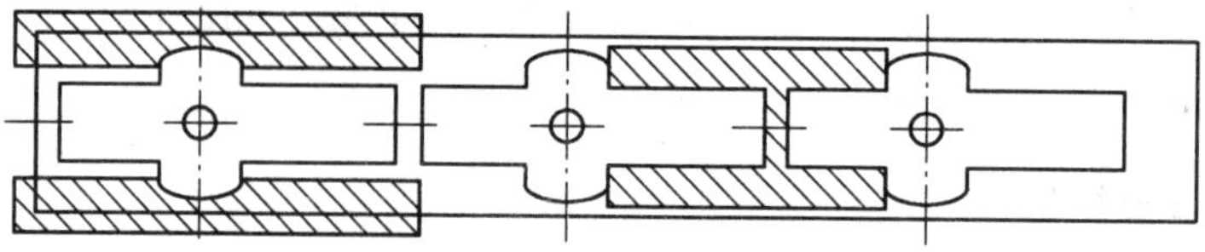

图 4-31　外形的分段冲切刃口设计

3）工序排样图。

① 载体形式为双侧载体。

② 料宽为 24mm（14mm +3.5mm +3.5mm，即冲件最大宽度 14mm 加两侧搭边值 3.5mm。

③ 步距为 27.2mm（工件送料方向上的最大轮廓尺寸）。

④ 定距精度为 27.2mm ±(0.013 ~0.017)mm。依经验法得出：工件精度为 IT14 级，其中 27.2mm 的偏差为 ±0.26mm，取 ±0.26mm 的 1/20 ~1/15，即 ±(0.013 ~0.017)mm，就是步距的定位精度。

⑤ 条料定位方式为侧刃缺口粗定位，导正销精定位。

⑥ 导正销孔径采用间接导正，导正孔布置在两侧的载体上，即冲件两侧冲制 2 × ϕ3mm 孔作为定位导正孔。

支架冲压工序分解过程如图 4-32 所示。

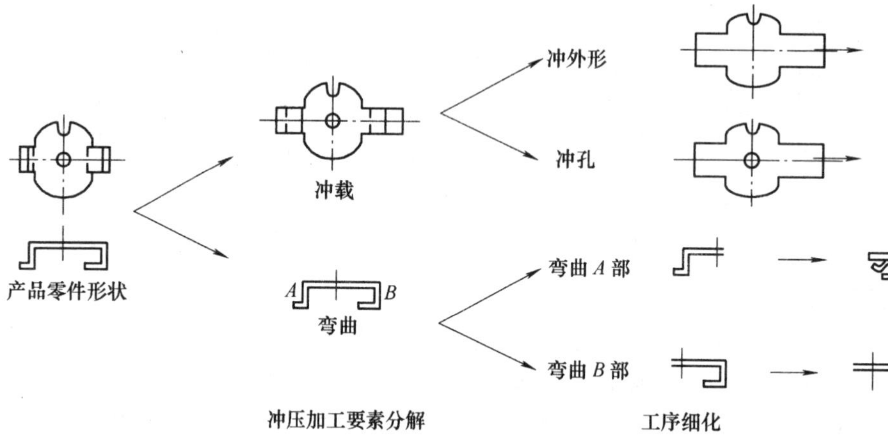

图 4-32　支架冲压工序分解过程

工序排样类型：切边型工序排样（有弯曲工序，冲完后出件方便）。工序排样图如图 4-33所示，共分 9 个工位，各工位工序内容如下：

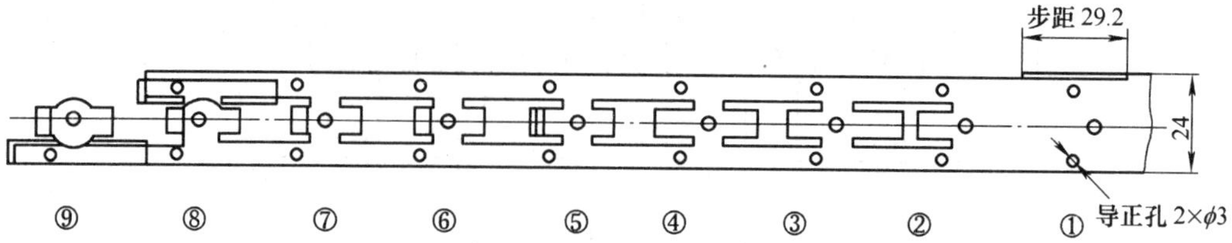

图 4-33　工序排样图

工位①：冲工件孔及两导正孔，侧刃切边。

工位②：切槽。

工位⑧：弯曲 *A* 部外角。

工位④：弯曲 *A* 部内角。

工位⑤：弯曲 *B* 部外角。

工位⑥：弯曲 *B* 部内角。

工位⑦：空位。

工位⑧：切边。

工位⑨：切边。

3. 总体结构设计

该模具采用正装式连续模结构，由于该零件的冲压精度要求一般，手工送料，选用对角导柱模架，弹压卸料板卸料。由于工序件在加工过程中有弯曲工序，而且弯曲部分在条料中部，采用双侧顶料销将条料顶至送进线高度，有利于送进；因弯曲工序多，采用的顶料机构必须可靠协调地工作，故采用槽式顶料销，起宽度方向的导料作用。

模具装配示意图如图 4-34 所示。

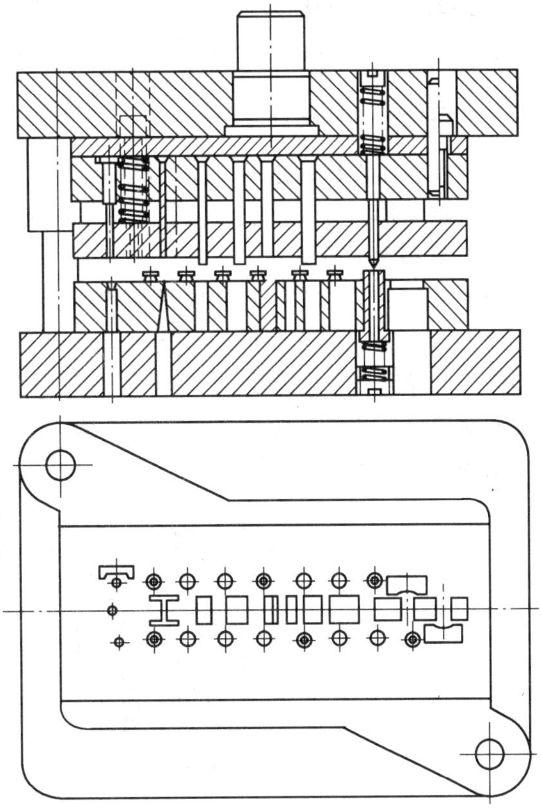

图 4-34　模具装配示意图

复习题

1. 设计多工位连续模时，其冲件如何分析（以微电动机的定子、转子片为例进行说明）？

2. 多工位连续模的防粘装置起什么作用？

任务4　设计多工位连续模

学习目标

1. 了解连续模总体设计方法。
2. 了解连续模上、下模的设计原理。

相关知识

首先应该有一个明确的认识：多工位连续模是在普通冲压模的基础上发展起来的，同样由六大部件系统（成形系统、固定系统、定位系统、压卸料及出件系统、导向系统、标准件及其他系统）组成，但由于多工位连续模是将各种冲压工序有机地进行某些组合，并安置在同一副模具上同时工作，故连续模结构设计与普通冲压模相比有共同的一面，也有差异的一面。共性方面按普通冲压模进行设计，差异性方面按下面介绍的内容进行设计。

一、连续模总体设计

连续模总体设计就是设计连续模的基本形式（即模具的正装或倒装、导向方式、卸料方式）和连续模基本尺寸、模架等。它是以工序排样图为基础，根据冲件成形要求来进行。

1. 连续模基本形式

（1）正、倒装方式　正装模具结构容易出件和排除废料，连续模中常采用正装结构。

（2）导向方式　连续模的导向可分为外导向和内导向。外导向主要是指上、下模座间的导向；内导向（又称辅助导向）是指对卸料板进行导向，卸料板又对凸模进行的导向。内导向对薄料、凸模直径小、冲件精度要求高时比较适用，连续模中常用，典型小导柱和小导套结构形式如图 4-35 所示。

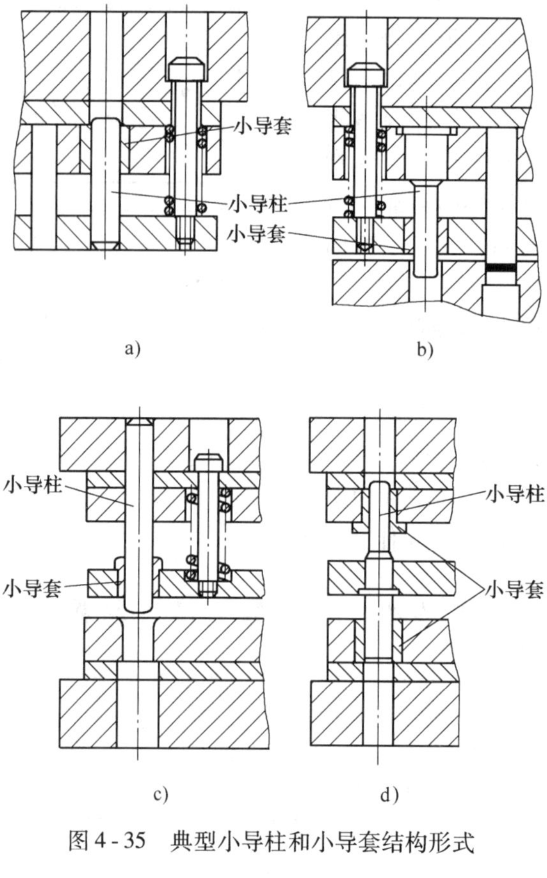

图 4-35　典型小导柱和小导套结构形式

（3）卸料方式　在多工位连续模中，多数采用弹压卸料装置；若工位数少，料厚大于 1.5mm，有时也采用固定卸料装置。

2. 连续模基本尺寸

连续模基本尺寸是指模具的平面轮廓尺寸、闭合高度、凸模的基准高度和各模板的厚度等，如图 4-36 所示。确定连续模基本尺寸的方法与普通冲裁模基本一致。

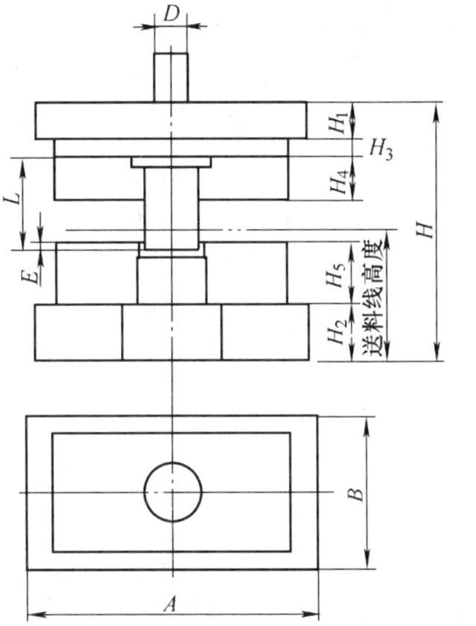

图4-36　连续模基本尺寸

（1）模具平面尺寸 *A*、*B*　仍以凹模尺寸为基础进行确定。

（2）模具闭合高度 *H*　定义与普通冷冲模相同。

（3）各模板的厚度　因连续模的冲件较小且料薄，冲压力不太大，各模板的厚度尺寸不大。

凹模板一般取20mm左右；凸模固定板取凸模高度的1/3左右；卸料板取20mm左右；导料板一般取4～10mm；垫板取8～16mm；各模板的厚度值见表4-6。

（4）凸模的基准高度 *L*　同一副模具中，因各凸模作用不同，它们的绝对高度也不一样，应确定其中某一凸模的高度为凸模的基准高度。凸模的基准高度是根据冲件料厚和模具大小等因素决定的，一般取35～65mm。其他凸模按基准高度计算其差值。在满足各种凸模结构的前提下，基准高度力求最小。

表4-6　连续模模板厚度　　（单位：mm）

<table>
<tr><th>名称</th><th colspan="14">模板厚度</th></tr>
<tr><td rowspan="4">凹模板</td><td>A（模板长度）</td><td>—</td><td colspan="4">0～125</td><td colspan="4">125～160</td><td colspan="4">160～300</td></tr>
<tr><td rowspan="3">δ（条料或带料厚度）</td><td>0～0.6</td><td colspan="4">13～16</td><td colspan="4">16～20</td><td colspan="4">20～25</td></tr>
<tr><td>0.6～1.2</td><td colspan="4">16～20</td><td colspan="4">20～25</td><td colspan="4">25～30</td></tr>
<tr><td>1.2～2.0</td><td colspan="4">20～25</td><td colspan="4">25～30</td><td colspan="4">30～40</td></tr>
<tr><td rowspan="3">固定卸料板</td><td>A</td><td>—</td><td colspan="4">0～125</td><td colspan="4">125～160</td><td colspan="4">160～300</td></tr>
<tr><td rowspan="2">δ</td><td>0～1.2</td><td colspan="4">13～16</td><td colspan="4">16～20</td><td colspan="4">16～20</td></tr>
<tr><td>1.2～2.0</td><td colspan="4">16～20</td><td colspan="4">20～25</td><td colspan="4">20～25</td></tr>
<tr><td rowspan="4">弹压卸料板</td><td>A</td><td>—</td><td colspan="4">0～125</td><td colspan="4">125～160</td><td colspan="4">160～300</td></tr>
<tr><td rowspan="3">δ</td><td>0～0.6</td><td colspan="4">13～16</td><td colspan="4">16～20</td><td colspan="4">20～25</td></tr>
<tr><td>0.6～1.2</td><td colspan="4">16～20</td><td colspan="4">20～25</td><td colspan="4" rowspan="2">25～30</td></tr>
<tr><td>1.2～2.0</td><td colspan="4">20～25</td><td colspan="4">25～30</td></tr>
<tr><td rowspan="2">垫板</td><td>A</td><td>—</td><td colspan="4">0～125</td><td colspan="4">125～160</td><td colspan="4">160～300</td></tr>
<tr><td>H</td><td>—</td><td colspan="4">5～13</td><td colspan="8">8～16</td></tr>
<tr><td rowspan="2">凸模固定板</td><td>L（凸模长度）</td><td>—</td><td colspan="3">40</td><td colspan="3">50</td><td colspan="3">60</td><td colspan="3">70</td></tr>
<tr><td>H（厚度）</td><td>—</td><td colspan="3">13～16</td><td colspan="3">16～20</td><td colspan="3">20～25</td><td colspan="3">22～28</td></tr>
<tr><td rowspan="3">导料板</td><td>δ（料厚）</td><td>—</td><td colspan="6"><1</td><td colspan="6">1～2</td></tr>
<tr><td>固定卸料方式</td><td>—</td><td colspan="6">4～6</td><td colspan="6" rowspan="2">4～10</td></tr>
<tr><td>弹压卸料方式</td><td></td><td colspan="6">3～4</td></tr>
</table>

3. 连续模模架

（1）模座应适当增厚　连续模工位数多，精度高，要求刚度和强度高。选择或制造模架时，要考虑模架的外形尺寸、模架精度、刚度和强度。在连续工作的条件下，模具受到很大的振动，因此，模座材料的抗振性要好，模座应适当增厚（与标准模架相比，通常将上模座加厚 5 ~ 10mm，下模座加厚 10 ~ 15mm）；铸铁、铸钢模座应适当增厚；钢板模座只用于普通压力机上的用手工送料的模具；硬铝合金等轻型材料用于高速连续模，可减轻模具重量，有利于提高冲压速度。

（2）模柄安装位置应与模具压力中心一致　压入式模柄能保证比较高的装配精度，在连续模中使用广泛。

（3）为了满足刚性和精度的要求，连续模多采用四导柱模架　一般采用滚珠导柱导向，其导柱直径为 $\phi20 \sim \phi76$mm。目前国内外使用的一种新型导向结构是滚柱导向结构，其断面图如图 4 - 37 所示。滚柱表面由三段圆弧组成，靠近两端的两凸弧与导套内径相配（曲率相同），中间凹弧与导柱外径相配，通过滚柱达到导套在导柱上的相对运动。这种滚柱导向以线接触代替了滚珠导向的点接触，在上下运动时构成一个面接触，因此能承受比滚珠导向大的偏心载荷，也提高了导向精度和寿命，增加了刚性。

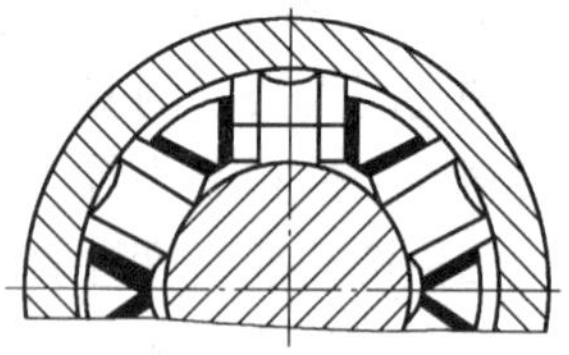

图 4 - 37　滚柱导向断面图

4. 压力机选型

连续模精度高、冲压力较大，有一定的速度要求，故压力机除要满足连续模一般的使用要求外，还须考核其精度、刚性、冲压速度是否满足生产率的要求。

可供选择的压力机主要是曲柄压力机和高速压力机。压力机选定后，依相关资料，确定模柄孔尺寸、台面尺寸、模具安装尺寸、落料孔尺寸、送料方式等，作为连续模具结构和零件设计的依据之一。

二、连续模上模部分设计

连续模的上模部分一般由各种凸模（冲裁、弯曲、拉深等）、导正销、弹性卸料板、小导柱导套和导料及顶料装置、安全检测装置等组成。这些元组件需要保证严格的相对位置才能使连续冲压顺利进行。

上模组成部分中的导正销、小导柱导套前面已介绍，下面仅介绍各种凸模、弹性卸料板、顶料装置、安全检测装置等。

1. 连续模凸模

（1）连续模凸模结构与安装　为了便于上模部分的安装、调整、拆卸与维修，各类型凸模应采用单独的固定板分别安装固定，应拆卸方便，安装迅速，并能保证装配精度。固定板之间应留有一定的间距，以便安装时调整。

1）安装要求。保证和凸模固定板的基准平面的垂直；满足凸模间步距精度的要求；固定板的各种凸模型孔应与凹模相应型孔同心；多个弯曲凸模应分别各采用单独的固定板固定。

2）安装方式。应根据凸模形状、尺寸大小、冲裁间隙值和是否经常拆卸等条件确定。

① 圆形凸模。

a. 台肩式圆形凸模（$>\phi 6$mm 时常用）。工作时侧向力较大，则与固定板采用 H7/u7 过盈配合。一般情况下可采用 H7/n6 过渡配合。过盈配合形式由于拆卸不便，只是在连续冲裁模和筒形件连续拉深模中应用较多。

b. 直通式圆形凸模（常拆卸时用）。采用吊装方式，用螺钉紧固在垫板上，圆形凸模吊装如图 4-38 所示。冲裁间隙小于 0.1mm 时，凸模与固定板应取 H6/m5 过渡配合；间隙大于 0.1mm 时，可选用 H7/m6 或 K7/k6 过渡配合。细小圆形凸模，在多工位连续模中使用得最多。为便于拆换，应设计成台肩形结构形式，如图 4-39 所示为丝堵顶压细小凸模安装结构。工作直径差别不大的，其安装配合直径应尽量取统一的尺寸，以便于凸模固定板的型孔加工。这类凸模与固定板采用 H7/h6 或 H6/h5 间隙配合，且多利用垫柱、丝堵顶压固定，工作时必须由精确导向的弹压卸料板导向。

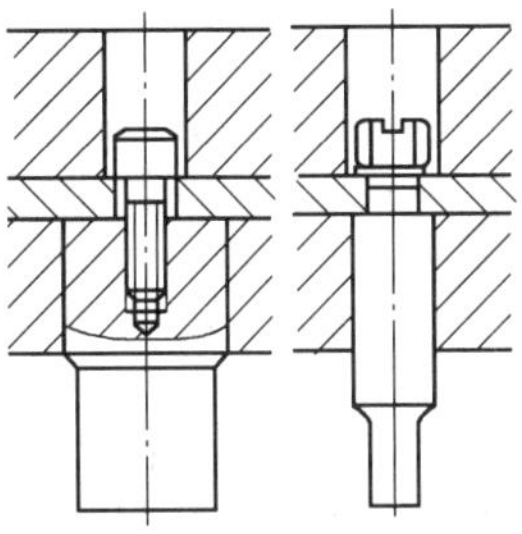

图 4-38　圆形凸模吊装

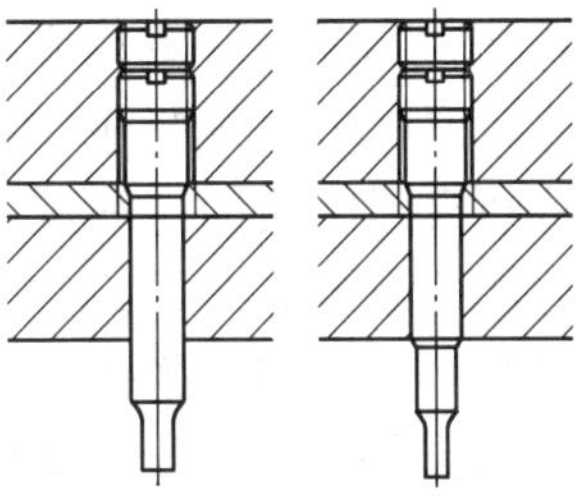

图 4-39　丝堵顶压细小凸模安装结构

② 异形冲裁凸模。

a. 直通式结构如图 4-40 所示，便于线切割或成形磨削，用螺钉吊装并与固定板采用 H7/m6 或 H6/m5 配合。异形凸模基面较小不便吊装紧固时，可考虑采用如图 4-41 所示的另外两种安装结构。

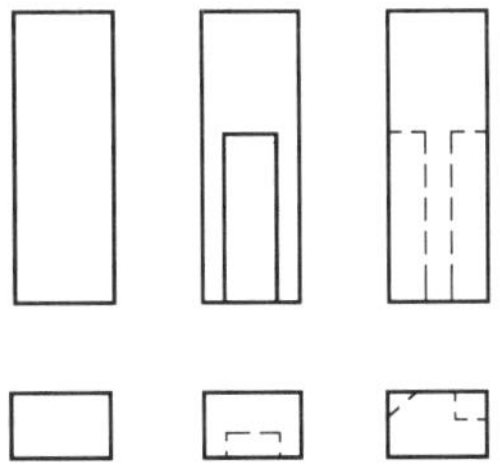

图 4-40　直通式异形冲裁凸模

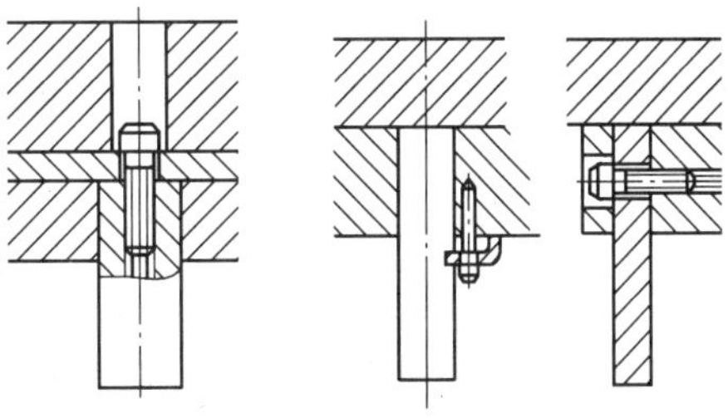

图 4-41　直通式异形冲裁凸模安装

b. 凸缘式结构。安装部位带凸缘的结构（安装空间许可时用），见图 4-42；带台肩或不带台肩的矩形或长圆形结构，用过渡配合压进一块小固定板内，见图 4-43a，再用螺钉、销钉直接固定在凸模固定板上，或通过在凸模固定板上开出的孔，固定在上模座上，如图 4-43b所示。这两种结构形式不仅便于拆卸、刃磨和维修，也便于首次安装时调整间隙。

总之，凸模及其固定板尽可能设计成从下面拆卸，以便当凸模损坏时，仅需把损坏部分取下，换上备用凸模即可，而不用把整副冲模拆离压力机。

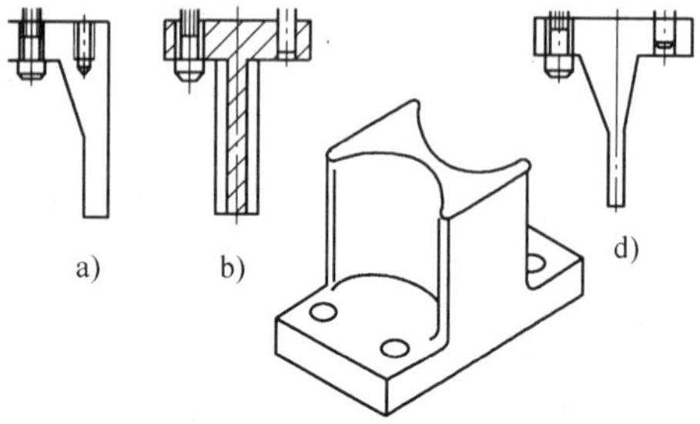

图4-42 异形带凸缘凸模

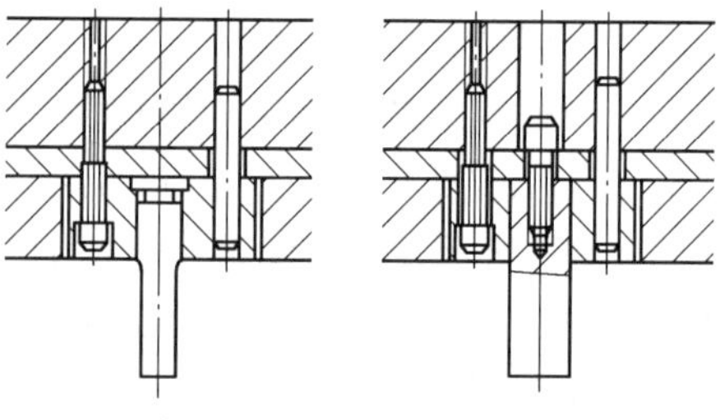

图4-43 异形凸模压入式装配采用大小固定板套装结构

带局部成形工序连续模中的凸模，是在冲裁凸模与相应凹模逐个调整好冲裁间隙，并定位固定经试冲符合要求后，才能安装。其冲裁凸模可用如图4-44所示的结构，修、调垫圈2的厚度，即保持凸模刃磨后闭合高度不变。这种结构可显著减少冲裁弯曲、冲裁拉深等带成形工序的连续模的维修工作量。

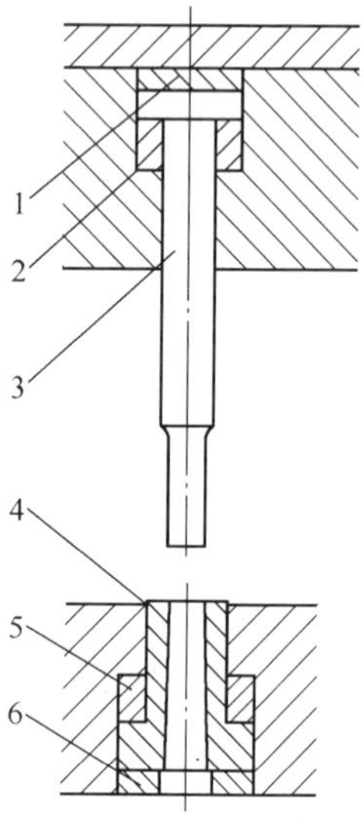

图4-44 刃磨后不改变闭合高度的结构

1—更换的垫片 2—磨削的垫圈 3—凸模 4—凹模镶套 5—磨削的垫圈 6—更换的垫圈

（2）连续模中各类型凸模的特殊要求 连续模中各类型凸模中，冲裁凸模、弯曲凸模的特殊要求少，拉深凸模特殊要求较多。

1）各种凸模长度应不一致。

a. 冲压中各种凸模不是在同一时间工作，有一定的先后冲压次序，有瞬间差，因此，它们的设计长度并不相同，即使是布置在同一工位上、距离较近的多个凸模，其等刃口端面相对位置有（0.25～0.75）δ的差值（避免同冲时，凸模间的冲裁受到较大的拉伸作用而影响冲孔质量，甚至会使细小凸模啃刃或折断）。

b. 落件、废料切断和冲切口工位的凸模长度应相等或接近。

c. 冲切口、切断和落件凸模的设计长度应比首次拉深凸模的长度短一些［下端面相对位置差距为（2～3）δ］，此值应小于首次拉深工序件的高度。

2）拉深落料工位处的凸模需装导正头，以保证冲件凸缘与筒体同心。

3）多次连续拉深模具中，需多次拉深时，在首次与二次拉深工位之间和其他相应工位处设置空工位，并在固定板的相应位置，装一工作直径比首次拉深直径略小的弹压活动凸模，既可作储备工位，调整拉深次数，又能对带料进行定位和防止拉深过程中带料的移动。

4）拉深件冲底孔凸模下端处，应设置冲孔定位圈（见图4-45），定位圈压住筒底后进行冲孔，以防冲孔时损坏零件。定位圈的工作段长度应等于或略大于拉深或校正件的实际高度。

5）首次拉深工位与冲切口工位使用的弹性活动压料板，与以后各次拉深工位使用的压料板分开。因为首次拉深变形程度较大，需对带料毛坯施加较大的压边力，以防凸缘起皱。

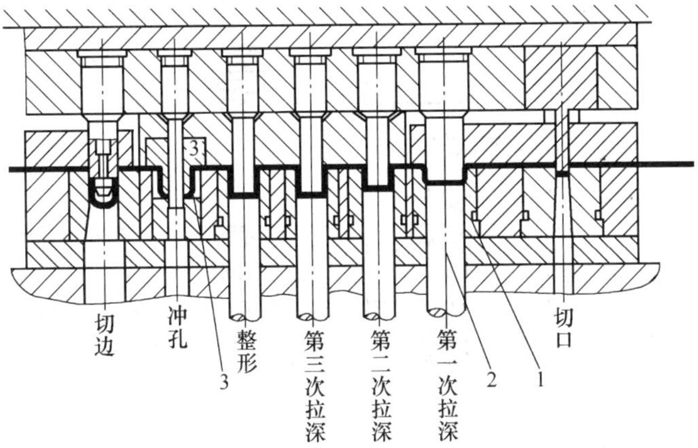

图4-45 正装式多工位连续拉深模局部示例

1—镶块凹模 2—顶杆 3—冲孔定位圈

6）以后各次拉深也尽量采用活动压料板，保证在拉深工作开始前压住工序件凸缘。不仅可起初定位作用，并可促进拉深时材料向凹模洞口内流动，以防拉破。需要的压边力不宜过大，否则会把工序件压坏。采用分段式压料板，可以分别调节所需的压边力。

7）落件与废料切断工位使用的压料板亦应与连续拉深工位使用的分开。

8）采用固定卸料板的连续拉深模，宜在二次拉深以后各工位的形孔内安装弹性活动压边圈，以便在各工位凸模拉深开始前，分别及时地压住沿送料方向高度逐渐增大的工序件凸缘。

2. 连续模凸模固定板

装于上模部分的凸模固定板，除安装固定各种凸模外，还要在相应位置安装导正销、斜楔、弹压卸料装置等元部件。因此，固定板应有足够的厚度和耐磨性。固定板的厚度可按凸模设计长度的30%～40%选用。为保证多次拆装型孔后的位置精度不变，多工位连续模的凸模固定板需具有良好的耐磨性。一般连续模固定板可选用45钢，淬火硬度为42～45HRC；精度要求较高的连续模，固定板应选用T10A、CrWMn等，淬火硬度为52～56HRC，常拆卸型孔的表面粗糙度值应达$Ra0.8\mu m$。

3. 连续模弹压卸料装置

弹压卸料装置主要是由卸料板、弹性元件、卸料螺钉和辅助导向装置等部分组成的。工作时要运动平稳可靠、导向精确、有足够大的卸料力，如图4-46所示为弹压卸料装置的一种结构形式。

（1）卸料板

1）卸料板结构。多工位连续模的弹压卸料板，由于型孔多、形状复杂，为便于加工，保证型孔的尺寸、形状、位置精度和配合间隙等，多采用分段镶拼结构，并用压入配合方式固定在一块刚度较大的卸料板基体上，构成一个整体式弹压卸料板。如图4-47所示是由五个分段拼块组合而成的弹压卸料板。基体按基孔制配合要求加工成通槽形式，先将两端的两块分段拼块按位置精度压入基体通槽后，用销钉、螺钉定位固定；再将中间三段拼块压入基体通槽内，仅用螺钉与之连接，不再用销钉定位。各分段拼块的结合面进行微量研磨加工来调整、控制各型孔的尺寸精度和位置精度。拼合调整好的卸料板，连同装上的弹性元件、辅助小导柱和小导套，通过卸料螺钉安装到上模座上。

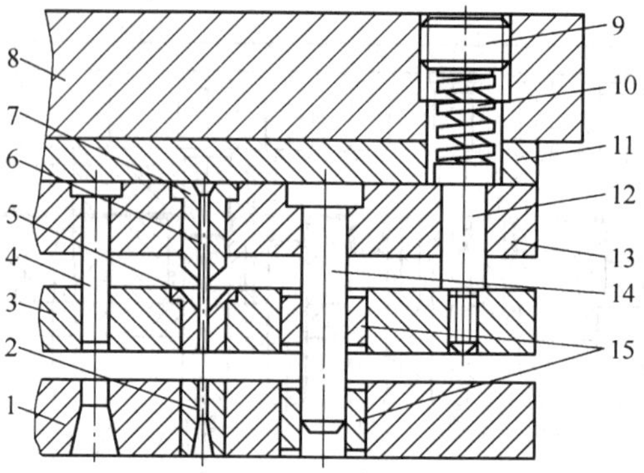

图 4-46　弹压卸料的使用方法

1、4—凸模　2—凹模镶法　3—弹压卸料板　5—凸模导向护套
6—小凸模　7—凸模加强套　8—上模座　9—螺塞　10—弹力弹簧
11—垫板　12—卸料螺钉　13—凸模固定板　14—小导柱　15—导套

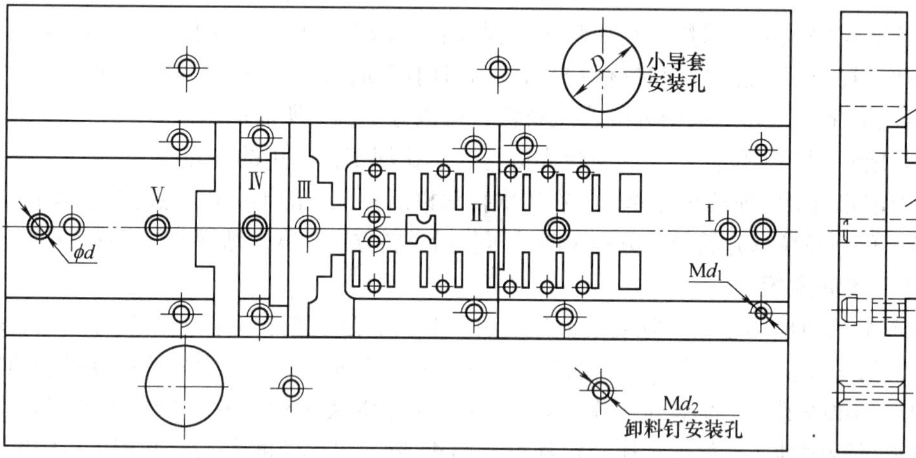

图 4-47　镶拼式弹压卸料板

2）弹压卸料板的导向。弹压卸料板必须具备导向精度高、刚性好的导向装置，才能在工作时稳定可靠，不会发生偏移或倾斜，起到对凸模导向和保护的作用。

① 卸料板的导向形式：

a. 大型模具，利用模架上的导柱进行导向（卸料板的相应位置处安装导套）。

b. 在凸模固定板上安装小导柱，在卸料板和凹模固定板的相应部位安装小导套进行导向（高速冲压中应用较多）。

c. 在卸料板上安装小导柱，将导套安装在凸模固定板的对应位置上（见图 4-35a），采用四角布置为宜。

② 卸料板本身导向配合间隙：

a. 小导柱、导套间的配合间隙约为卸料板与凸模配合间隙的 1/2（前者间隙比后者小才能满足导向要求）。

b. 冲裁间隙 $Z \leqslant 0.05$mm 时，选用滚动导向结构才能保证弹压卸料板对凸模的准确导向和保护作用。

c. $Z > 0.05$mm 时，可以采用滑动导向结构。

d. 根据冲裁间隙的不同，选用不同级别的配合精度，冲裁间隙 Z 为 0.05 ~ 0.10mm 时，采用 H6/h5 配合为宜；Z 为 0.10 ~ 0.15mm 时，采用 H7/h6 配合。

③ 卸料板导向型孔与凸模配合要求：

a. 各导向型孔必须与凹模和凸模固定板的相应型孔同轴。

b. 各型孔与相应凸模间的配合间隙必须小于凸、凹模间的工作间隙，且需分布均匀。

c. 各型孔与相应凸模间的配合间隙为凸、凹模冲裁间隙值的 1/4 ~ 1/3。当冲裁间隙为 0.05 ~ 0.10mm 时，配合间隙可取 0.01 ~ 0.02mm。

d. 各型孔的导向工作面应有足够高度才能保证导向的稳定性和可靠性。工作直径 d 为 ϕ1.6 ~ ϕ8mm 的小凸模，导向工作面的高度可取（1 ~ 2）d。细小凸模可在型孔内安装导向套以增加导向工作面的高度。设计阶梯形凸模的导向型孔时，型孔对阶梯过渡段的空让部分应有足够的深度，以防凸模刃磨到一定尺寸后发生撞板或提前报废，工作时凸模刃口端面伸出卸料板的长度以不超过 3mm 为宜。

④ 卸料板其他要求：

a. 各型孔表面粗糙度值应为 Ra0.4 ~ 0.1μm，导向面的表面粗糙度值应尽量小，以减小摩擦力。

b. 卸料板的分段件、镶块应具有足够的硬度和良好的耐磨性，重要的模具可选用 GCr15 钢或 W18Cr4V 钢，淬火硬度为 56 ~ 58HRC。一般可选用 45 钢制造，热处理至 40 ~ 45HRC。

（2）卸料螺钉　一副模具中使用的一组卸料螺钉，位置应对称分布，工作段的长度需严格一致，否则安装的卸料板不能平稳工作，既会影响卸料，也会损伤导正销和凸模。

4. 顶料装置（即顶料器）

（1）顶料器的作用　是将工序件连同条料顶起至凹模面以上，以便工序件能继续送进至下一工位。如在含有弯曲和拉深等成形工序的连续模中，工序件会在上、下面弯曲或突出，该成形部分会落在凹模面之下的模腔内，为了顶起工序件及条料，通常可设置顶料销完成该工作，通常在凹模面上靠近导料板处设置两排顶料销，必要时，可在导料板上开出避让顶料销的缺口。

如图 4-48 所示是局部向下弯曲的条料由凹模面顶到一定高度的示意图，条料被顶起的高度应大于由条料下表面向下的最大成形高度，成形后的最低点与下模表面间的距离一般可取 1 ~ 5mm。

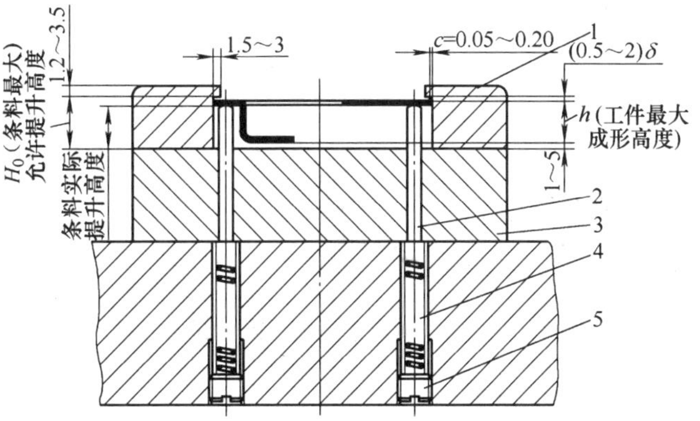

图 4-48　条料顶起高度示意图

1—带台式导料板　2—顶料销　3—凹模　4—弹簧　5—丝堵

（2）顶料器结构　典型顶料器的安装结构由顶料销、弹簧和丝堵头组成，顶料销下端带台肩，通过台肩下的弹簧实现顶料功能。当模具闭合时，顶料销被压下；当模具开启时，顶料销弹起，并将条料和工序件托起。

顶料销有3种结构：柱式、套式和槽式。柱式顶料销最通用。套式顶料销设在有导正销的位置，对导正销有保护作用。如图4-49所示槽式顶料销带有导向槽，它兼有对条料导向的功能，可省去导料板，也便于对条料宽度发生变化的无缺口连续区间段进行导向。

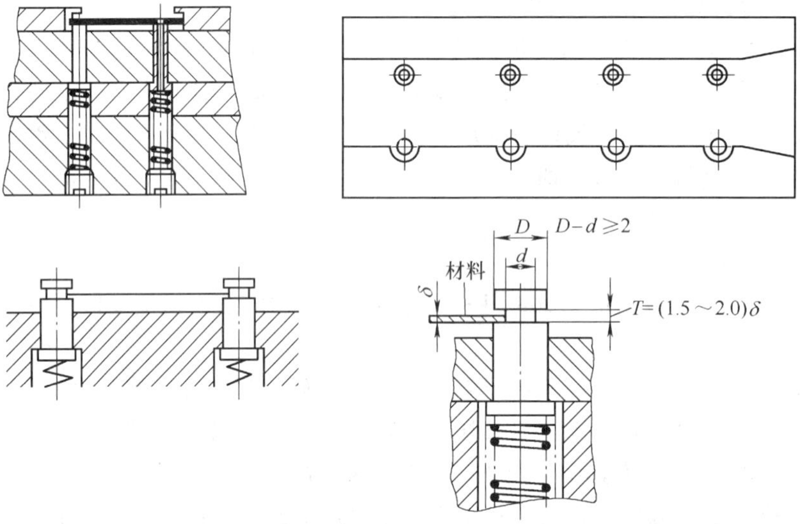

图4-49　槽式顶料销结构

采用槽式顶料销导向时，槽式顶料销的导向与弹压卸料板上对应位置处开出的凹坑必须协调，严格控制，因为工作时由卸料板凹坑的底面压住槽式顶料销的顶面，将条料由进料位置压回到冲压加工位置，否则会影响条料导向，甚至妨碍送料以致不能工作。如图4-50a、b所示。凹坑的深度应保证卸料板将条料压紧在下模面上，而位于导向槽内的条料边缘应与条料基本上位于同一水平面，不能有下折或上翘现象。

槽式顶料销对条料宽度公差的要求十分严格。导向槽高度取（1.5～2.5）δ，但不小于1.5mm。

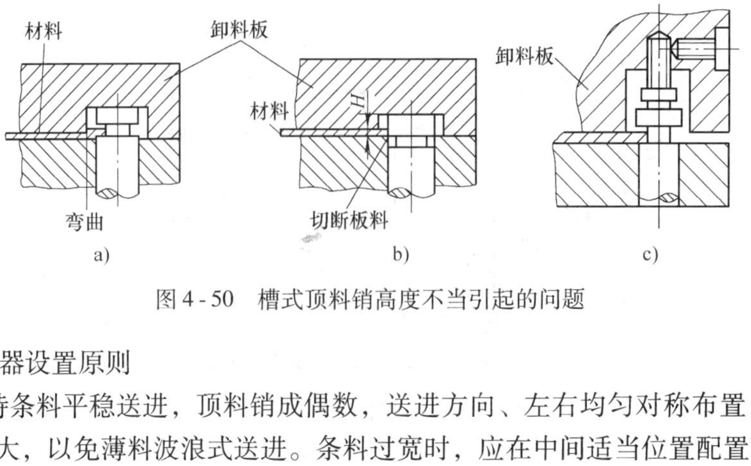

图4-50　槽式顶料销高度不当引起的问题

（3）顶料器设置原则

1）应保持条料平稳送进，顶料销成偶数，送进方向、左右均匀对称布置，顶料销之间的间距不宜过大，以免薄料波浪式送进。条料过宽时，应在中间适当位置配置顶料销。

2）各顶料销的工作段高度应一致。

3）顶料销的弹顶力应足够，以便托起条料及工序件。

4）对切边型排样，因条料冲出缺口，不宜设置顶料销。

5）已立体成形的加工工位，不能设置顶料销。

5. 连续模安全检测装置

由于连续模价格昂贵，冲压加工为自动化，工作时的一次失误（误进给、凸模折断、废料回升、废料堵塞等）会使精密模具损坏，甚至损坏压力机，故冲压过程中模具应有防止事故发生的安全检测装置保护。

安全检测装置既能设置在模具内，也能安装在模具外。设置在模具内的安全检测装置常安置在连续模的上模部分，如图4-51所示，当导正销1因送料失误不能进入条料的导正孔时，便随上模的下行被条料推动向上移动，同时推动接触销2使微动开关3闭合，因为微动开关同压力机的电磁离合器是同步工作的，所以电磁离合器脱开，压力机滑块停止运动，模具冲压运动也停止得到保护。

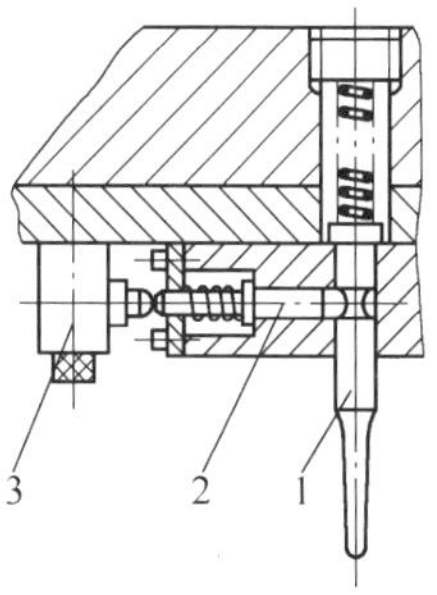

图4-51　导正孔检测机构示意图

1—浮动检测销（导正销）　2—接触销　3—微动开关

三、连续模下模部分设计

连续模下模部分一般由各种凹模（冲裁、弯曲、拉深、成形等）及导向、定位顶料装置等元、组件组成。其中凹模最为关键。

1. 连续模凹模的结构形式

凹模的结构形式有三种：整体式、镶拼式、综合式。多工位连续模的凹模结构比较复杂，凹模中的型孔和孔位精度比较高。生产中除工位数不多、型孔比较规则的纯冲裁连续模应用比较广泛外，一般都采用镶拼式结构，如图4-52所示。

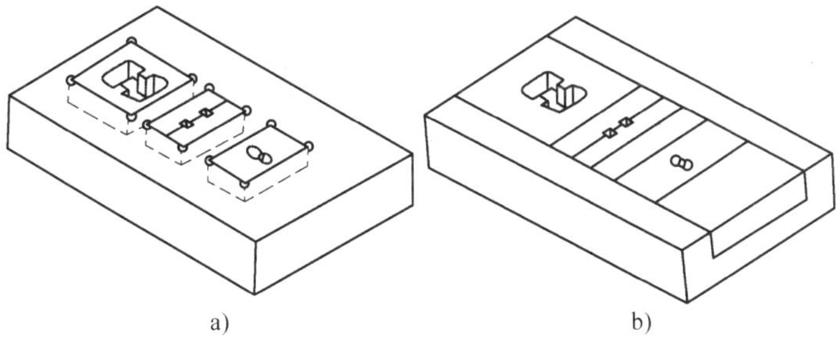

图4-52　连续模镶拼式凹模的典型结构

a）镶拼式凹模　b）拼块式凹模

（1）整体式凹模　整体式凹模是最基本的凹模形式，结构简单、制造方便，比较经济，但维护费用高。整体式凹模板外形尺寸如下：

① 凹模厚度（H）：依冲裁力和刃口轮廓总长度按图4-53所示坐标曲线确定。

a. 当凹模冲裁的轮廓长度超过50mm时，从曲线中查出的数据要乘以修正系数，且凹模厚度的最小值应≥7.5mm。

b. 当凹模表面积>55mm^{2}时，H的最小值为10.5mm。

c. 如图4-54所示是对合金工具钢而言，当凹模采用碳素工具钢时，应乘以修正系数（见表4-7）。

d. 上述已确定的凹模厚度还须加上适当的凹模刃口修磨量。

② 凹模长宽尺寸（b）。由经验确定值，型孔中尖角部位离凹模边缘最近时 $b_3 \geqslant 2H$；型孔中有尖角部位，但离凹模边缘不是最近时 $b_2 \geqslant 1.5H$；若是弧形边离凹模边缘最近时 $b_1 \geqslant 1.2H$，如图4-54所示。此值确定后，再适当留出螺钉、销钉的空间位置，然后再统筹确定。

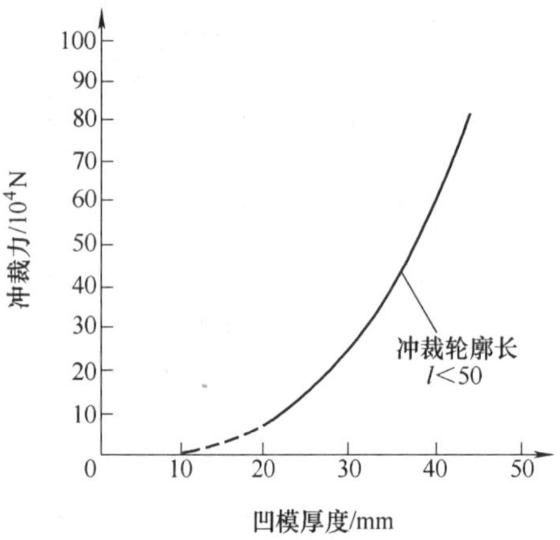

图4-53　凹模厚度值（合金工具钢）

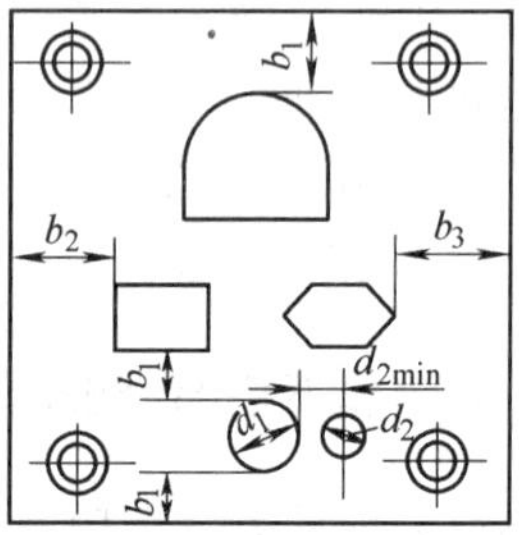

图4-54　凹模刃口到外边缘的距离

$b_1 \geqslant 1.2H$　$b_2 \geqslant 1.5H$

$b_3 \geqslant 2.0H$　H—凹模厚度

表4-7　碳素工具钢修正系数

L/mm	50~75	75~150	150~300	300~500	>500
修正系数	1.12	1.25	1.37	1.56	1.6

（2）镶拼式凹模　由于多工位连续模的工位数较多，凹模尺寸较大，寿命要求长。故常采用拼合式或镶入式凹模结构。

1）分段拼合式凹模。将凹模适当分段，每段作为一个独立模块，先加工好模块中的各种型孔，再以型孔为基准，加工每个模块的外形尺寸，并用磨削或研磨加工保证孔距精度，然后将各模块按已确定的位置，用对接的形式以一定过盈量压入凹模框架内，用螺钉和销钉（较小尺寸模块不用销钉）紧固，使其成为一个“整体式”凹模。分段拼合式凹模如图4-55所示。此种凹模便于制造和维护，但拼合费时，调整工位、步距较困难。

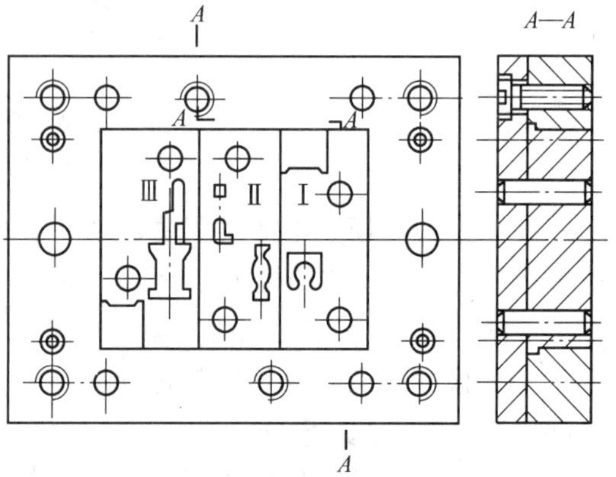

图4-55　分段拼合式凹模示例

分段拼合应遵循如下原则：

① 为便于加工，分段结合面应取直线，分割面的位置需保证相邻型孔有足够的壁厚，以免影响强度和刚度。当不便用直线分割时，可在型孔附近用折线分割绕过。

② 一段凹模块至少应包含一个工位的完整型孔，故分段面的位置应取在工位之间，且同一工位的型孔应安排在同一个分段模块上。

③ 易损型孔或部位，应单独分段，以便维修更换。

④ 成形工序与冲裁工序的凹模块应独立分段，便于刃磨加工和修损。

2）镶入式凹模。在凹模基体上开出圆孔或矩形孔（可通或不通），在孔内镶入镶件（整体或拼块）而组成，如图4-52a所示。它可节省昂贵的模具材料（如硬质合金），也便于镶件的更换，常用于精度要求高的小型连续模。

（3）综合拼合凹模　将分段拼合式凹模中的相对独立的拼块再作进一步分解，对形状复杂、精度要求高的型孔，可沿型孔的某一基面将拼块分解成独立的小型拼块，使型孔内表面转化为外表面，使之便于成形磨削。加工后可把拼块压入凹模基体的直槽中，成为分段镶拼结构（见图4-52b）。综合拼合凹模还可把拼块和镶件结合起来。由于综合拼合凹模结构的工艺性好，使用效果也好，因此被广泛应用于冲裁、弯曲、成形和异形件拉深的多工位连续模，并已成为当今应用最多的精密件高速冲压的凹模形式。

2. 连续模凹模具体结构

（1）连续弯曲模凹模　它是多工位连续模中结构最复杂、运动机构最多、应用也最广的一种模具。连续弯曲时，冲切出展开料的弯曲部分往往需要在不同工位经过连续冲压才能逐渐成形。安装在下模上的弯曲模除完成上模下冲时坯料或工序件的向下或向上弯边工作外，对向下弯曲超过90°的弯边和弯边后才能冲制的孔，则需采用侧压装置才能完成。为此需要在凹模的相应工位安装改变运动方向的斜楔滑块机构等，如图4-56所示是两种实现侧向弯曲成形的活动凹模的结构形式。

当零件成形时需要上弯或向上翻边时，可在凹模规定的工位处，安装杠杆倒冲结构，实现凸模向上弯曲或翻边的动作，完成上弯或向上翻边加工，如图4-57所示。

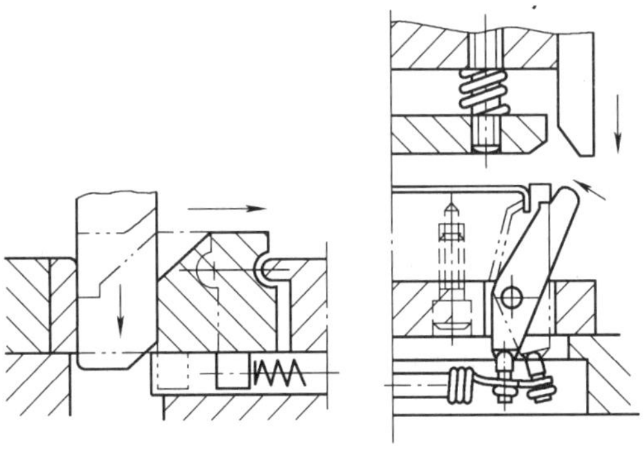

a)　　　　　　b)

图4-56　活动凹模的结构形式

a）水平方向运动的活动凹模　b）摆动式活动凹模

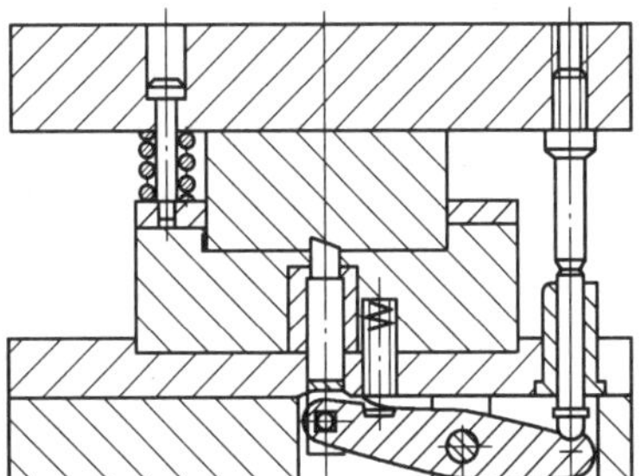

图4-57　杠杆倒冲结构示例

（2）连续拉深模凹模　连续拉深模多为镶入式结构。各工位的凹模镶块，按照各工位的坐标位置分别压入（一般采用 H7/n6 配合）凹模固定板内。如果凹模镶块的外形为圆柱面，内形为异形孔，则压入后加止动销防止转动。各拉深凹模的型孔内应安装顶件器（见图 4-45 中件 2 顶杆），待凸模回升时，顶出工序件。正装式连续拉深模适用于小型浅拉深件的连续拉深。如果拉深件的深度较大，宜采用倒装式结构。如图 4-45 所示是正装式多工位连续拉深模局部示例。

复习题

1. 连续模基本尺寸是指什么？如何确定？
2. 连续模中各类型凸模有哪些特殊要求？
3. 顶料器的作用是什么？

任务 5　多工位连续模的制造、装配与调试

学习目标

1. 了解多工位连续模的制作特点。
2. 了解多工位连续模的装配与调试要求。

相关知识

一、多工位连续模制造

因多工位连续模冲压件尺寸比较小、料薄、数量大、各种冲压工序一次完成，使多工位连续模工位数多、精度高、镶拼块多、相应的凸模尺寸小，凹模常采用镶拼结构，卸料板等板类零件的各种精度要求和相互间的尺寸协调要求比较高。故多工位连续模与普通冲模相比，虽然加工和装配方法有相似之处，但有其自身的特点，且各种精度要求提高了。

1. 连续模的制造特点

1）传统的机械加工方法只能进行粗、半精加工。

2）重要加工件的加工工艺过程按先进工艺过程安排（即下料→锻造→退火→粗加工→半精加工→淬火与回火→精加工→电加工（线切割、电火花加工）→精整加工）。

3）凸、凹模等精加工时采用各种先进的数控机床（电火花机床、加工中心、坐标磨床等，如图 4-58 所示），避免使用专用夹具。

4）多工位连续模中的三块板（凸模、凹模固定板和卸料板）为关键零件，精度高、制造难度最大、周期最长。可采用两种加工方法：

① 分开加工。采用各种先进的数控机床分别对三块板的型孔进行加工，可以保证精度，满足要求。

② 合件加工（配作加工）。将三块板合在一起（可用四导柱定位或用定位销、螺钉固定）同时加工各型孔，再研磨各型孔，可保证加工尺寸、相对位置、形状等的一致性，满足要求。

a)　b)　c)　d)

图4-58　各种先进机床

a）CNC 连续轨迹坐标磨床　b）CNC 电火花成型机（日）

c）VMC 800XP 加工中心　d）CNC 慢走丝线切割机

5）当采用 NC 或 CNC 机床加工互换件时，前后必须使用同一个程序（或同一指令带）。成形磨所需样板放大图及光学曲线磨中的放大图前后必须为同一张放大图（保证凸模、凹模及卸料板各镶件的互换）。

6）各工序必须采用同一基准，并与设计基准一致。

2. 典型零件的加工工艺

下面仅介绍凹模固定板的加工工艺。

凹模固定板属于板类零件，板类零件的加工工艺过程大致相同（前面已述），如图4-59所示的凹模固定板加工工艺过程见表4-8。

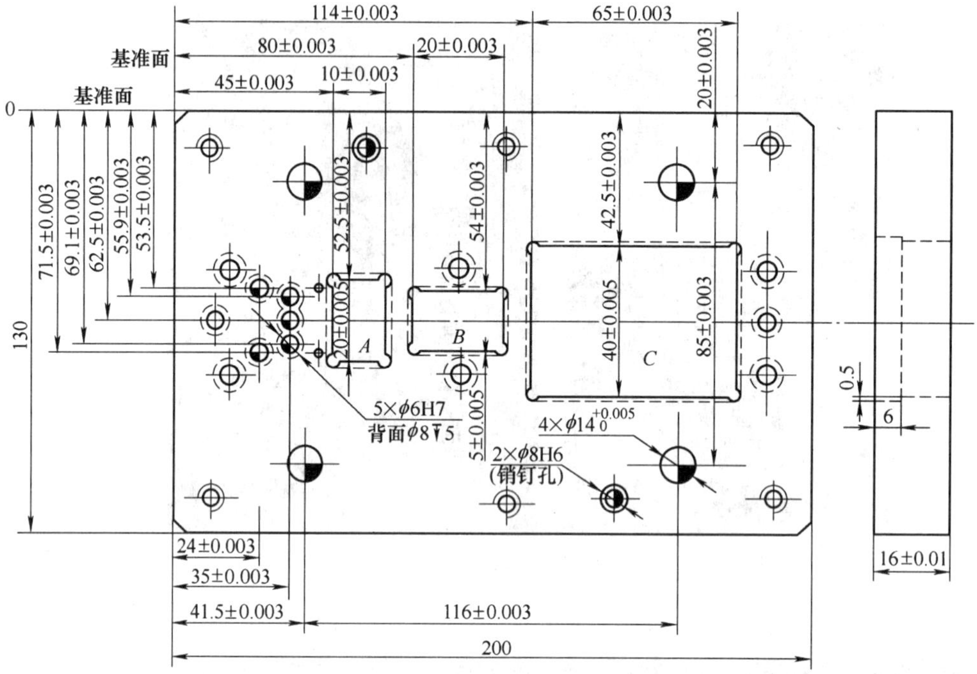

技术要求

1. 材料为CrWMn钢，淬硬58～60HRC。

2. 16mm±0.01mm两面平行度公差为0.004mm，形孔垂直度公差为0.002mm。

图 4-59　凹模固定板

表 4-8　凹模固定板加工工艺过程

序　号	工　序	工艺说明
1	锻造	锻成 210mm×140mm×22mm（板小，每面有 3mm 余量）
2	热处理	球化退火
3	铣	加工外形 6 面，留加工余量 0.8～1mm
4	热处理	调质 24～28HRC
5	平磨	磨 6 面，留磨削余量 0.3～0.4mm，基准面垂直度公差为 0.03mm
6	钳	划线、钻长方形孔、销钉孔及 4×ϕ14 部位的线割丝孔，钻螺钉孔、攻螺纹及 5×ϕ6H7 孔成功
7	铣	铣长方形孔背面孔成功
8	热处理	淬火与回火，至 58～60HRC
9	平磨	精磨 16mm±0.01mm 两面成功
10	线切割	慢走丝切割长方形孔、销钉孔及 4×ϕ14 均达到图样要求。留 0.01～0.015mm 研磨量
11	钳	精研磨线切割各孔均达到图样要求，除毛刺、清理

二、连续模装配与调试

1. 连续模的装配

多工位连续模装配的核心是凹模与凸模固定板及卸料板上的型孔尺寸和位置精度的协调，其关键是同时保证多个凸、凹模的工作间隙和位置符合要求。装配过程和方法与普通复杂的冲压模基本相同，不同的是要求高，较小镶件常用过盈配合嵌入，一般都不使用定位销定位。

（1）连续模部件装配　部件装配主要是指凸模固定板、凹模固定板及卸料板的装配，其装配质量是决定整副模具质量的关键之一。采用加工时的基准面或基准孔或板内的导向孔作为基准；镶件嵌入时的固定过盈量应适当，过盈量太大，经多次更换，易损件会损坏固定孔；过盈量太小，镶件会松动而脱离固定孔。一般嵌入镶件同固定孔配合的过盈量见表4-9。

表4-9　嵌入镶件同固定孔配合的过盈量　（单位：mm）

公称尺寸 L	<60	60~100	100~160	>160
过盈量	0.005~0.008	0.006~0.01	0.008~0.012	0.015

1）模具零件的固定。连续模中的凸模、凹模镶块、导正销等，一般通过研磨加工后，再压入在固定板中，其固定部分的端面应与固定板的平面修磨成同一平面，保证固定板厚度和上下面平行度不变。

2）紧固螺钉的选用。多工位连续模对紧固螺钉的性能有较高要求，应选用合金结构钢（30CrMnSi、CrMo和CrMoV）制成的高强度螺钉并淬硬至34~38HRC。受模具结构及空间位置的限制，被紧固零件较小，螺钉直径小，受力大。

3）部件的装配。部件装配和总装一样，为了消除温度差对装配精度的不良影响，应在恒温（20℃±2℃）净化的装配车间进行。

（2）连续模的总装

1）手工操作装配：凹、凸模的间隙值和间隙均匀的准确性以及凹、凸模的位置精度较难保证，模具装配完工的试冲一次合格率低，这个问题对于装配精度要求很高的多工位连续模更显得突出。

2）模具装配机装配：为提高模具的装配质量和装配的机械化程度，压缩装配周期，减轻劳动强度，国外已广泛采用模具装配机，国内也已经开发使用。精密连续模的总装，一般都在模具装配机上完成紧固、调整、试模等工序。

2. 连续模的调试

连续模的调整试冲步骤如下：先分步位进行冲裁，检查冲裁间隙的均匀程度及断面质量，当某工位的冲件质量有问题时，则应及时整修该工位凸模或凸模组件的位置，调整冲裁间隙达到要求。对于弯曲工位及压凸包等成形工位，要在分步位冲压的同时，调整压凸包凸模高度及修正弯曲凸、凹模角度。试冲合格后再装入废料切断刀、安全检测装置等有关零部件，装配成一副完整的模具。

三、多工位连续模加工实例

链条插片冲孔落料10工位连续模如图4-60、图4-61所示。

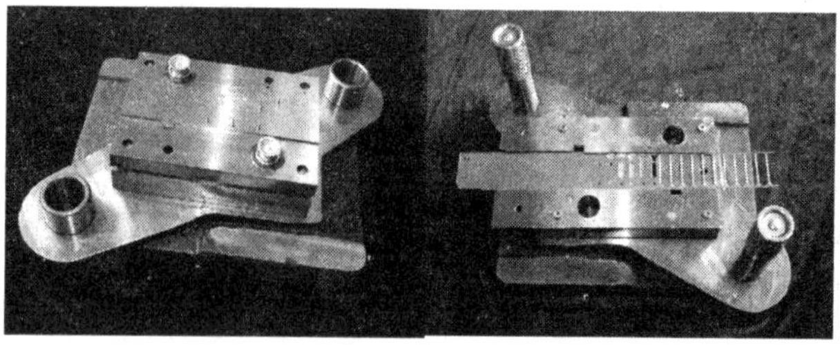

图 4-60　链条插片多工位连续模

1. 冲件分析

该产品是链条中的插片，结构如图 4-62 所示。材料为 65Mn 钢，料厚 1mm，尺寸较小，形状简单对称，公差等级为 IT12 级，大批量生产。

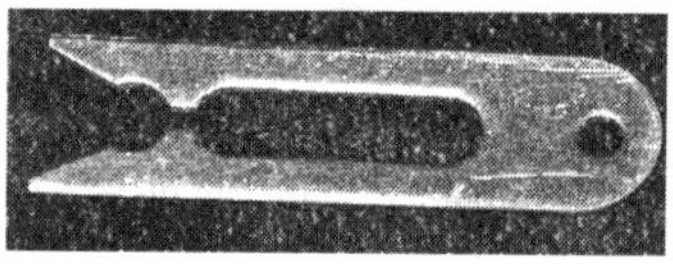

图 4-61　链条插片

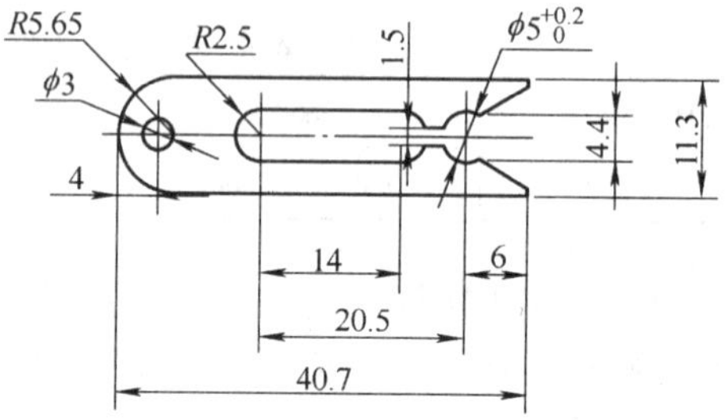

图 4-62　链条插片零件图

2. 工艺分析

产品中心线对称，受力均匀，主要是冲孔、落料等的冲裁工艺，冲裁工艺简单。

3. 冲裁方案的确定

经分析可采用以下四种方案：

（1）落料—冲孔　单工序冲压。

（2）冲孔—落料　单工序冲压。

（3）冲孔—落料　复合模冲压。

（4）冲孔—落料　级进模冲压。

方案（1）、（2）属于单工序冲压，由于产品生产量较大，尺寸较小，这两种方案生产效率较低，操作不方便，故不采用。方案（3）为冲孔—落料复合模冲压，复合模的特点是生产率高，冲裁孔和边缘尺寸精度高，生产批量大，但复合模结构复杂，制造精度要求高，成本高。由于该产品的尺寸较小，尤其是 $\phi2$ 和 1.5 尺寸厚壁较小，以凸模插入凹模将产品冲出，必然受到材料切向流动压力，易造成凸模纵向变形，所以不宜采用。方案（4）为级进模冲压，其生产率高，生产批量大，操作方便、安全。通过合理的排样分析和模具设计可以达到产品质量和避免模具强度不够而产生的问题，故方案（4）最为佳。模具结构草图如图 4-63 所示。

4. 级进模总体设计

（1）排样方案的确定和计算　排样设计是多工位级进模设计的关键，反映该产品在整个冲压过程中的工位设置和各工位之间的相互关系、定位方式、材料利用率及模具结构设计

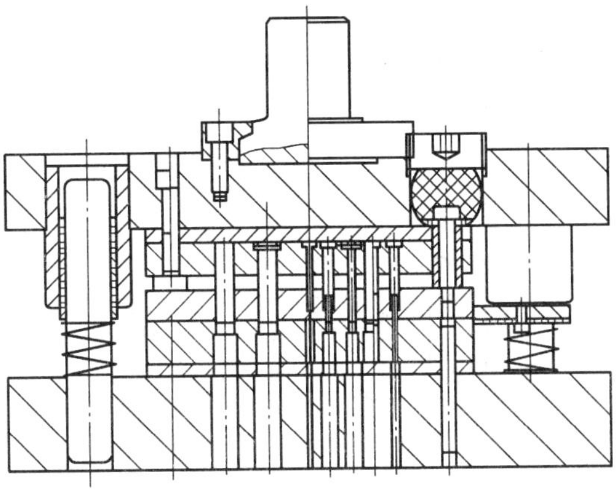

图4-63　模具结构草图

的合理性。排样的优劣对模具的结构、寿命和冲压件的质量有很大的影响。在考虑排样时，还要考虑排样经济性和模具制造的可靠性，而且着重在于该产品的程序顺序。该产品的成型工序有冲孔、落料两大工序，而且结构简单，无需增加工位和提高生产成本。只适合用落料型工序排样，不适合切边型和混合型。要有较好的排样，就要有好的排样方案，分析确定方案如下：

1）排样时如果只讲材料利用率，采用两排或两排以上，一模多件的冲裁方案，虽然提高了利用率，但相对也提高了生产成本，往往得不偿失，在冲压时模具的压力中心与压力机的滑块中心一致，使模具受力平衡，提高了模具寿命。综合考虑该产品的工序和经济性后确定了一模一件（单排，横排）有废料排样方式来生产。

2）排样时排样图的搭边值设计是否合理也直接影响到原材料的利用率和模具的制造难易程度，以及冲裁件的精度和模具寿命。搭边值一般可等于或大于料厚，该模具为保证搭边值的强度和刚度足够，则取1.5mm。

3）由于零件的冲压形状简单，要保证模具的刃口强度和解决冲压时冲压件的倾斜在强度不够时容易蹿动和相干涉的位置要位设计空工位。空工位还可在试模时调整工序。但扩大了模具尺寸，则要合理设置空工位。

4）采用导正销定位，导正孔第一工位冲出，第二工位导正，则导正销的间距不超过2~4个工位为宜，以减少步距的误差，保证步距正确。

5）采用侧刃定距来控制排样图的步距，从而保证步距的准确可靠，保证送料的高精度和生产率。其制造方便，结构简单，就是增加了材料的消耗和冲裁力，侧刃定距分单边和对称或对角侧刃，该模具采用对角侧刃定距，不采用单边侧刃定距，是为了尾料的充分利用，而且定距精度高，误差少。

6）为了保证模具能够正常平稳地工作，必须使模具压力中心通过压力机滑块的中心线。由于该产品中心线对称，尺寸较小，则压力中心在模架中心，不会超过模柄面以外，因此不必计算压力中心。

工位顺序如下：工位1——侧刃定距冲定位距离；工位2——冲$\phi 4$导正孔和$\phi 2$工艺孔；工位3——冲梯形工艺孔；工位4——冲腰圆孔；工位5——冲$\phi 5$工艺孔；工位6——

冲尺寸为1.5mm的方孔；工位7——空位；工位8——冲外形轮廓；工位9——空位；工位10——侧刃定距冲定位距离。排样图如4-64所示。

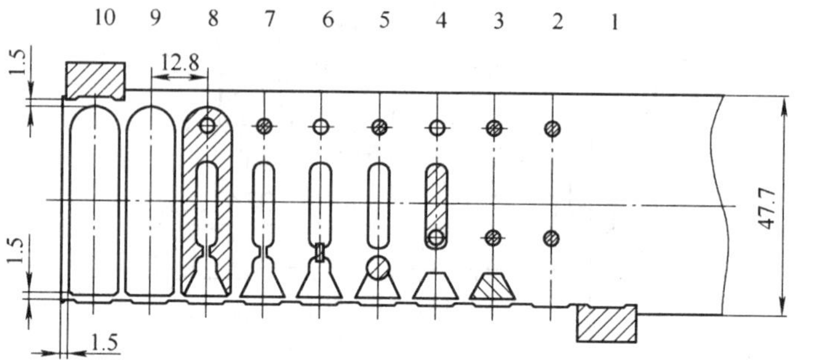

图4-64　排样图

查相关资料可知，板料规格为1000mm×600mm×1mm，每块可剪切48mm×600mm，材料剪裁利用率达97%。

（2）导向、定位、卸料机构及送料方案分析

1）导向。

① 导向装置分为内、外导向部分。其中必不可少的是外导柱、导套，因为该产品的压力中心在模具中心，而且产品的中心对称，精度要求高，则采用对角两侧滚珠导柱、导套。另外卸料板上的内导柱、导套也有导向作用，该产品中孔的精度要求高，凸模的直径小，而且件薄，它是给凸模起精确的导向作用，内、外导向见图4-65。由于产品的冲压中有两个较小的尺寸 $\phi2$ 和1.5mm，在冲压时会发生变形弯曲，影响产品精度，有必要设计凸模保护套对凸模进行导向保护。

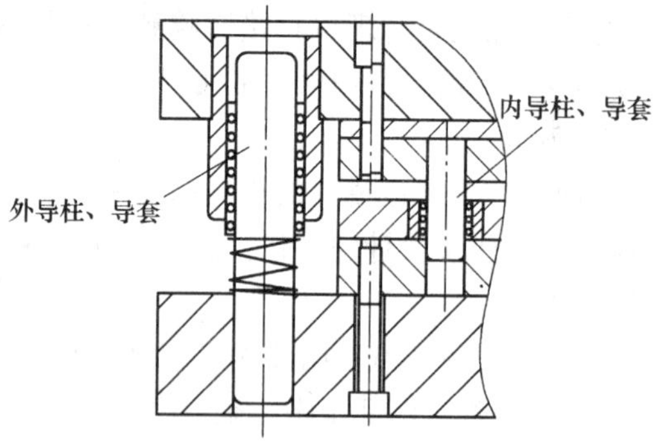

图4-65　内、外导向

② 导向装置除模具中的内、外导柱及导套外，还有带料的导向托料装置（托料导向钉，浮动托料导料板导向）。

在模具设计中，为保证条料在送进的工作位置的准确度和精度，且送料方便，要设计导料板，让条料在冲压中能顺利完成冲压。由产品工艺分析，设计的导料板是由4根导销与2条导板所组成，适用于薄料和要求较大范围的材料，设计导料板导轨时，应将导轨导板分为左、右两件组合，以便加工方便。在冲压出故障时，可取出条料。导向托料装置如图4-66所示。

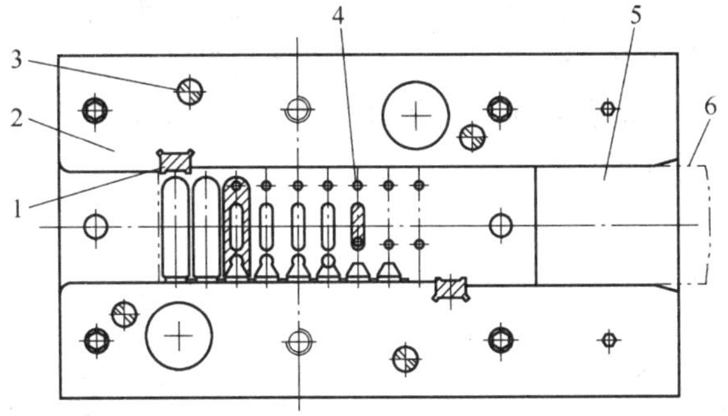

图4-66 导向托料装置

1—定距侧刃 2—导料板 3—导销 4—导正钉 5—托料板 6—条料

2）定位方式选择。在级进模中，为了提高工序件的冲压精度，必须保证工序件在每步工序上的精确定位。定位方式可采用挡料销、侧刃、自动送料结构和导正销等，前三者只能用于粗定位，而侧刃和导正销是级进模中常用的定位方式，使用时必须遵循一定的原则才能达到精确定位。

① 侧刃在级进模中最常用的定位方式有两种：单边侧刃和对称侧刃或对角侧刃。当冲压精度高时，一般采用对称侧刃或对角侧刃，而通常采用对角侧刃更能保证精度和步距的误差，尾料的充分利用。本模具则采用对角成形侧刃（台阶型的Ⅱ型）进行定距冲切。在冲裁时先进入凹模进行导向，可避免侧刃磨损，再使用侧刃或是和导正销兼用的成形侧刃，其长度 S = 步距的公称尺寸 +（0.05 ~ 0.1）mm，侧刃断面宽度为 8mm，其制造公差取 0.02mm。根据该产品性能进行分析，该模具采用成形Ⅱ型侧刃，保证了模具的刚度、精度，送料更方便，导向托料装置如图4-66所示。

② 在模具设计中，导正销固定在固定板上，以台阶形结构固定，工作直径小于 ϕ5mm 时，便于维修和更换以及凸模的刃磨，导正销固定在固定板上，导正销在一副模具中使用多处时，其突出长度、直径尺寸和头部形状保持一致，以保证所有导正销承受相等的载荷。而浮动式导正销固定是弹簧起压紧和缓冲作用，但不宜折断和准确定位，结构复杂，一般用于自动送料，而该模具采用手动送料，不采用定位装置进行检测。导正销和导正孔是配合使用而进行精确定位的，作为精确定位的导正孔应放在第一工位冲出，导正销设在第二工位，第三工位后进行导正孔误差检测，如图4-67所示。

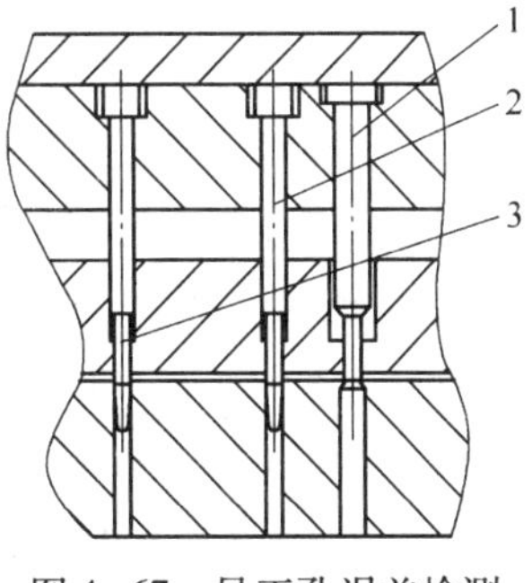

图4-67 导正孔误差检测

1—冲导正孔 2—导正销导正 3—检测导正误差

在模具设计中，导正销导入材料时，即要保证材料定位精度，又要保证导正销能顺利导入导正孔，配合间隙大会影响定位精度，过小会使导正销磨损加倍，从而影响精度，一般导正孔的直径取冲件厚度的4倍，而导正销则根据导正孔来取，该模具的导正孔取4mm，导正销要比导正孔小0.04 ~0.08mm，则导正销为3.95mm。导正销前端部分应突出于卸料板的下平面1.5mm，能准确保证定位精度和位置。导正销的头部形状为圆锥，便于导向、精确定位，导正销的结构如图4-68所示。

3）卸料机构的选择。该产品结构简单，料薄，尺寸小，卸料力也不大，则本模具的弹性卸料装置的弹性元件采用橡胶，因卸料力不大，为卸料力的顶出力提供弹压力，则采用弹性卸料螺钉卸料，在等高柱限位完成的情况下模具闭合冲压成形时，开模直接通过小面积橡胶推动等高柱内的卸料螺钉将产品顶出，获得冲件。该装置卸料力不大，出件平稳无撞击，多用于精度高零件、小型薄件的冲压模具，如图 4-69 所示。

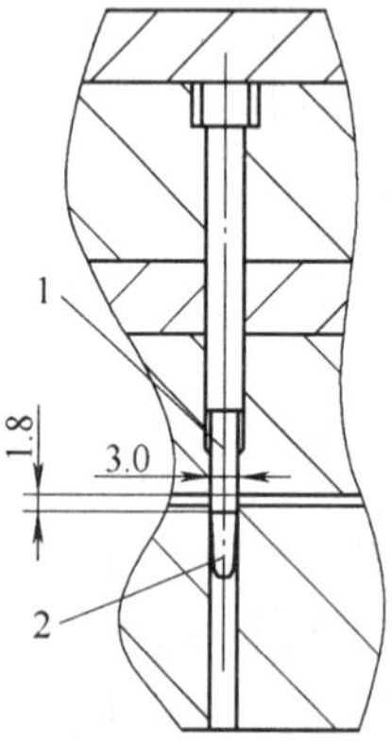

图 4-68　导正销的结构

1—导正销　2—圆锥头

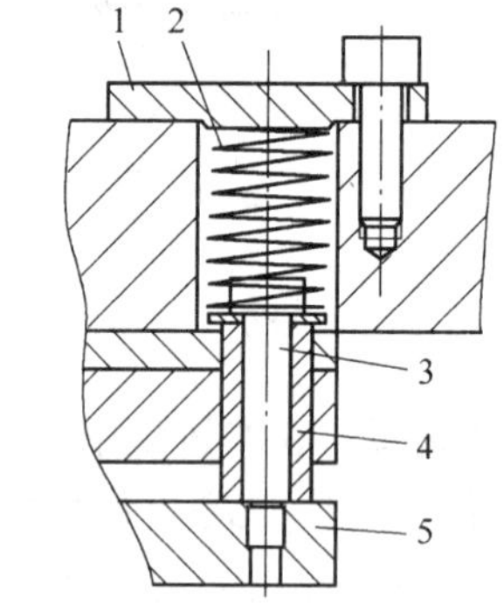

图 4-69　弹性卸料装置

1—压板　2—弹簧　3—卸料螺钉

4—等高柱　5—卸料板

4）确定送料方案。由于该产品尺寸小，工位少，而且只是冲孔，同时也考虑了加工经济性，最后采用手动送料。

5. 工作零件结构分析

（1）冲裁凸模分析　一般的粗短凸模可以按标准选用，而该级进模中的凸模则根据冲裁要求、料厚、冲压速度、冲压间隙和凸模的加工方法等因素来确定凸模结构和固定方法，对于冲切该产品中 $\phi1.5$mm 小孔的凸模，通常加大固定部分的直径，缩小刃口部分长度来保证小凸模的强度、刚度。而该产品中冲压 $\phi2$mm 孔凸模工作部分和固定部分的直径差太大，则设计台阶式的结构，各台阶过渡部分要有圆弧过渡光滑连接，不允许有刀痕。为保证产品中 $\phi2$mm 和 $\phi1.5$mm 两个较小尺寸的小凸模能顺利冲压，要采用保护套结构进行保护，则在卸料板中加工与 $\phi2$mm 和 $\phi1.5$mm 两凸模固定部分单边约大 0.5mm 的槽，槽深 12mm，以便于小凸模冲压顺利。在冲压和卸料时对凸模起保护作用，以保证凸模刚度和消除侧压力对凸模的作用而影响强度，小凸模保护套结构如图 4-70 所示。

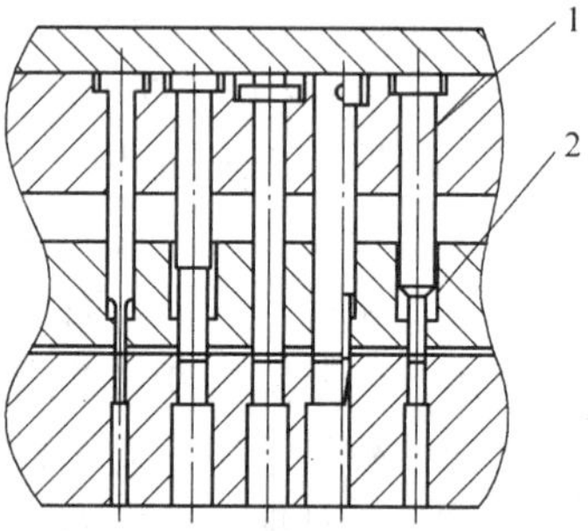

图 4-70　小凸模保护套结构

1—凸模固定部分　2—凸模保护槽

凸模的常用固定方法有螺钉固定、锥面压装、台阶固定，对于较小的凸模才用台阶固定，在该级进模中除了简单的凸模外，还有较复杂的尺寸和较小尺寸制件轮廓的冲裁凸模，大部分都采用电火花线切割进行加工和磨削完成。该产品尺寸较小，按其工位分析有六种不同形状的凸模。

考虑该模具的制造方便和冲裁件的工艺分析，凸模的固定采用的方法有直通式、台阶式，凸模固定方式的结构按工位顺序，如图 4-71 所示。

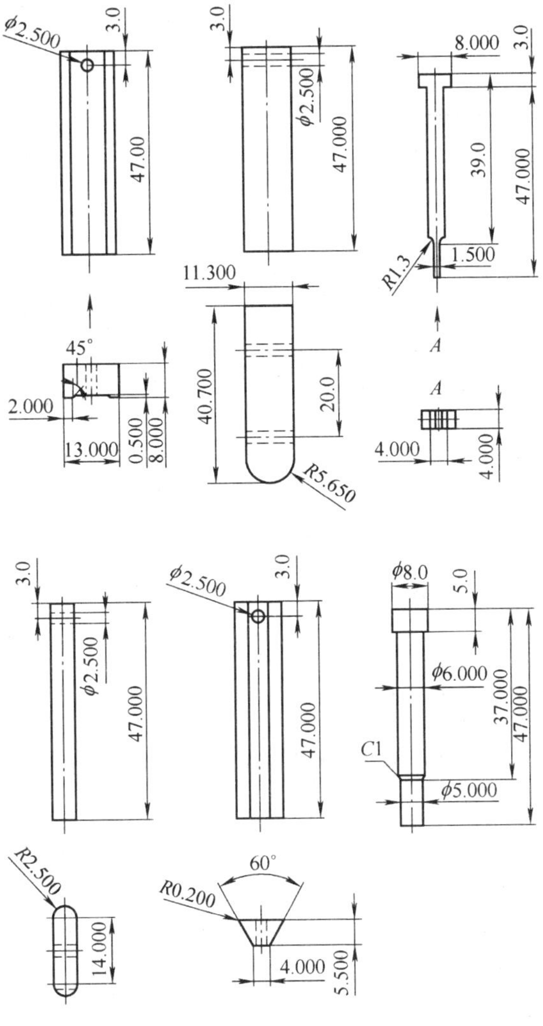

图 4 - 71　凸模固定方式的结构

(2) 凹模的分析　多工位级进模凹模的设计与制造较凸模比较复杂。凹模的结构常用的类型有整体式、嵌块式，而整体式在生产中是最常用的，嵌块式则是在复杂或不方便加工的形状局部采用。

在该模具中，由于凹模的落料位置小，结构简单，根据凸模相对应的分析确定凹模固定方式，则在一个整体上去加工成型孔，加工方便，效率高。该产品的外形简单，尺寸较小，则凹模型孔便于加工和磨削，而该产品中的 ϕ2mm 型孔的加工复杂，不便于整体加工，就采用嵌块式的凹模两块合成一块，这样降低了加工难度，并节省时间。由于 ϕ2mm 型孔外形为圆形，则采用凹模嵌套，嵌块的外部则是直通式或台阶式，便于固定。当嵌块承受的胀形力较大时，还应考虑组合凹模的强度和刚度，整体式凹模如图 4 - 72 所示。

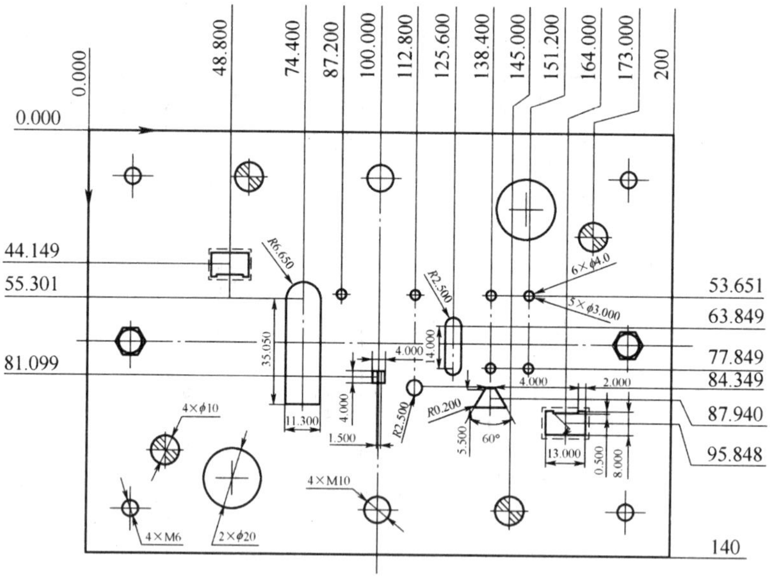

材料：Cr12MnV　淬硬58～60HRC

图4-72　整体式凹模

6. 模具材料的选用（见表4-10）

表4-10　链条插片多工位连续模材料的选用

零件名称	材料牌号	热处理	硬度HRC
上、下模座	ZG45		
模柄	Q235		
导柱	T10A	或20钢渗碳深0.5～0.8mm，淬火，回火	60～62
导套	T10A	同上	56～60
凸、凹模	Cr12MnV		
固定板	45		
卸料板	Cr12MnV	淬火，回火	50～55
承料板	45		42～46
导料板	45	淬火，回火	42～46
导正销	Cr12MnV	淬火，回火	
垫板	45		42～46
螺钉	45	头部淬火，回火	42～46
销钉	45	淬火，回火	42～46
卸料螺钉	45	淬火，回火	42～46
螺母、垫圈	Q235		
定距侧刃	Cr12MnV	淬火，回火	56～60
垫板	45	淬火，回火	42～46
弹性件	弹簧		

7. 绘制总装图及选用设备

（1）链条插片多工位连续模总装图（见图4-73）

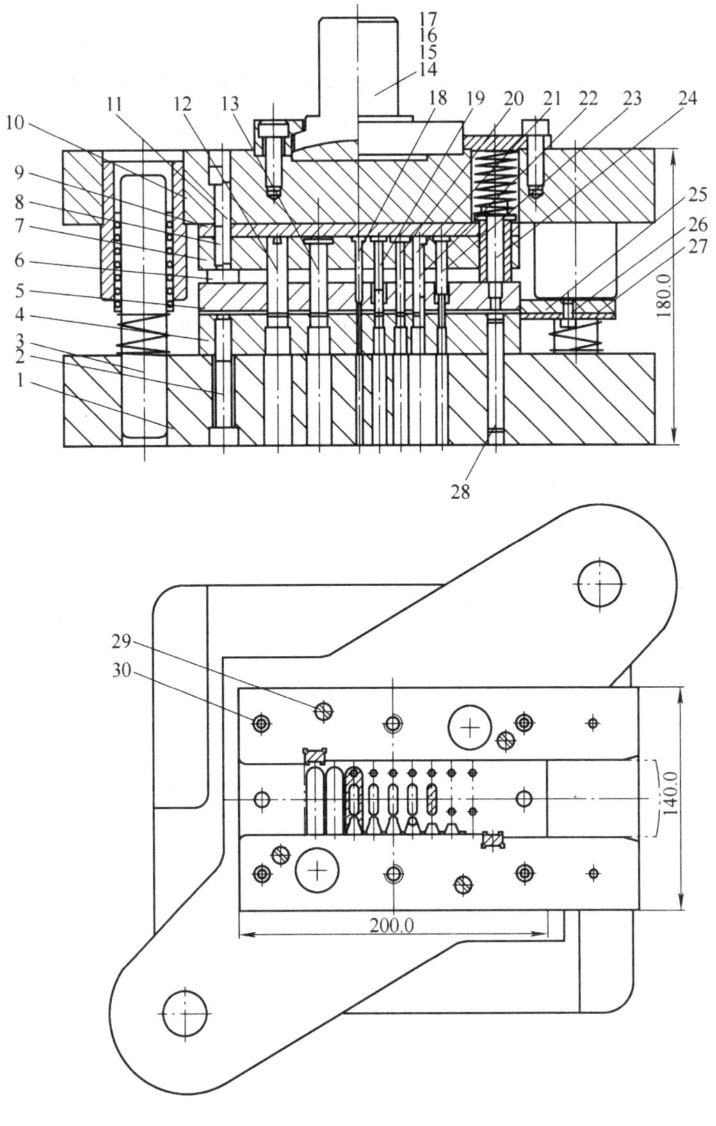

图4-73　链条插片多工位连续模总装图

1—下模座　2、8、17、26、30—螺钉　3—下垫板　4—凹模　5—卸料板　6—等高柱
7—凸模固定板　9—上垫板　10—上模座　11、28、29—销钉　12—定距侧刃
13、18、19、20、21、23—凸模　14—凹球面模柄　15—凸球面垫块　16—锥面压圈
22—导正销　24—卸料螺钉　25—导料板　27—承料板

（2）选用设备　根据产品的工艺分析，其适合采用一般冲压，故选用可倾式压力机。根据计算冲压力的要求，查表得出压力机的规格，初选J23-25型压力机，该型压力机的工作台尺寸为560mm×370mm，最大装模高度为270mm，最小装模高度为209mm，滑块行程为69mm，则满足产品模具尺寸要求，故选用J23-25型压力机。

8. 工作过程

条料由手工送料，贴着承料板平面，通过导料板导向，从右向左送进至侧刃挡块挡住，此时模具上模下行，侧刃凸模将条料两侧余料冲切掉而形成定距，见图 4 - 64。然后模具上模上行，条料继续向前送料，再由侧刃冲切的尺寸定距，一步一步地往前进，由工位（1）先冲侧刃定距，然后冲工位（2）导正钉孔和工艺孔的形状，依次向前送料将产品冲孔，落料成形，在其冲压过程中卸料由卸料板通过卸料螺钉在弹簧的作用下推动卸料板将余料顶出，如此循环往复，实现大批量生产。

9. 小结

通过插片连续模排样分析和模具设计，合并了工序，替代了原始的单工序单冲模具，有利于大批量生产，生产效率高，降低生产成本，排样中各工位冲出的尺寸误差较小，冲出产品质量稳定，模具运行平稳，达到了预期的效果。连续模设计最重要的是排样的工位分析和合理设计才能顺利完成模具设计，冲压出合理的产品。

复习题

1. 多工位连续模的制作特点有哪些?

2. 为什么说多工位连续模中三块板（凹模板、卸料板、凸模固定板）的制造是关键?如何保证这三块板的加工精度?

3. 多工位连续模装配的核心是什么?

单元5　弯曲模设计

5

任务1　了解弯曲机理

学习目标

1. 掌握弯曲变形过程，能够分析弯曲变形的现象与特点。
2. 掌握弯曲时弯曲件会出现的弯裂、回弹、偏移、翘曲与剖面畸变等质量问题及预防措施。
3. 掌握弯曲件结构及尺寸的加工要求，并学会对具体弯曲件作相关分析。
4. 掌握弯曲件展开尺寸计算的关键及计算方法。
5. 能够计算弯曲力。
6. 根据弯曲件的具体条件，会安排弯曲工序。

任务描述

本任务主要介绍弯曲的基本理论——变形分析、弯曲质量、弯曲件结构及尺寸的加工要求、弯曲力的计算、弯曲工序安排等知识。

任务分析

通过弯曲基本理论的描述，可知：弯曲件进行弯曲加工时会产生相应的变形及质量问题，采取相应的预防措施，可以提高制品质量。

相关知识

一、弯曲概述

弯曲是将金属材料弯成一定形状和角度的零件的成形方法。弯曲在冲压生产中应用很广。冲压弯曲的零件及弯曲形式很多，如图5-1、图5-2所示。

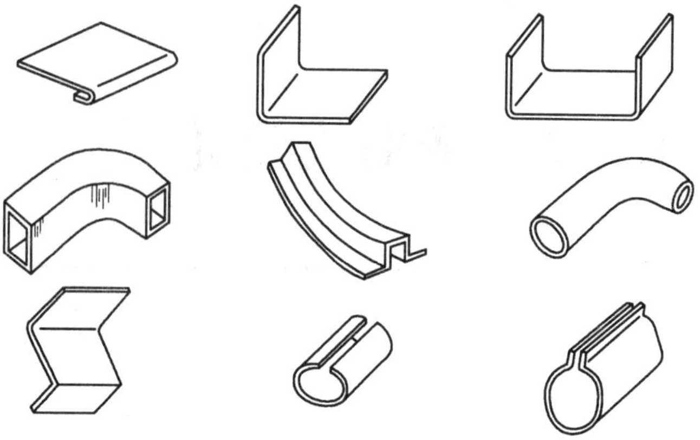

图 5-1　各种典型弯曲件

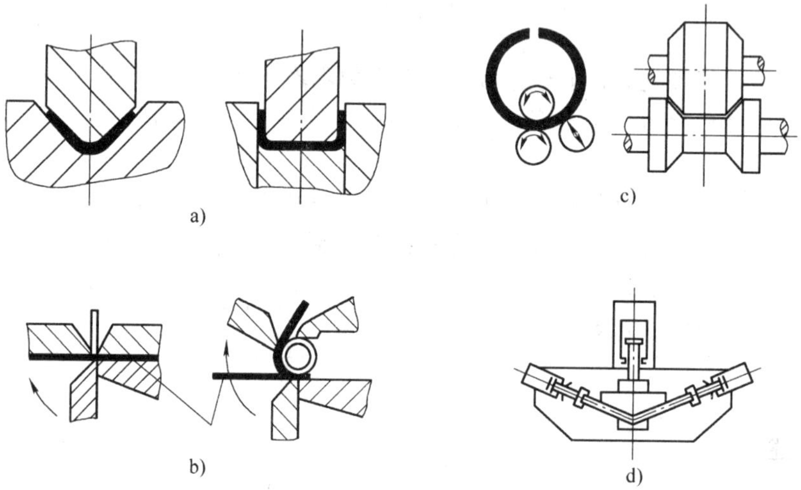

图 5-2　弯曲件的弯曲形式

a）模具弯曲　b）折弯　c）滚弯　d）拉弯

二、弯曲变形分析

以 V 形件为例分析弯曲变形的过程、现象、特点等。

1. 弯曲变形过程

V 形件的弯曲是坯料弯曲中最基本的一种，其弯曲过程如图 5-3 所示：

（1）开始弯曲　坯料的弯曲内侧半径大于凸模的圆角半径，弯曲力臂大。

（2）继续弯曲　随着凸模的下压，坯料的直边与凹模 V 形表面逐渐贴近靠紧，弯曲内侧半径逐渐减小趋近凸模的圆角半径，弯曲力臂减小。

（3）最后弯曲　当凸模、坯料与凹模三者完全压合，坯料的内侧弯曲半径和弯曲力臂达最小时，弯曲过程结束。

弯曲全过程中弯曲内侧半径逐渐减小（$r_0 > r_1 > r_2 \geqslant r$），变形程度逐渐增加；弯曲力臂也逐渐减小（$l_0 > l_1 > l_2 > l_k$），坯料与凹模之间有相对滑移现象。

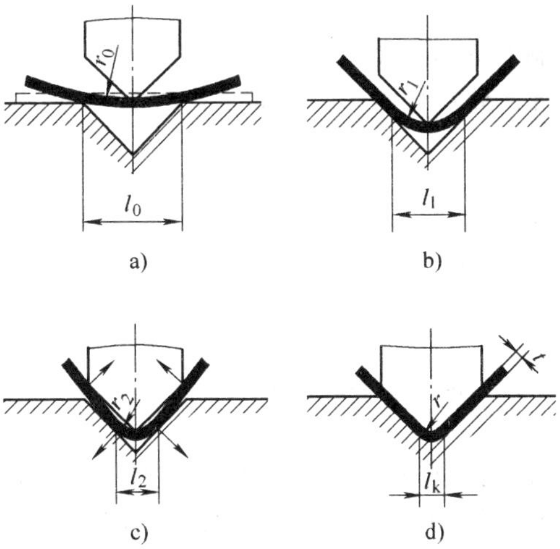

图 5-3　弯曲过程

凸模、坯料与凹模三者完全压合后，如果再增加一定的压力，对弯曲件施压，则称为校正弯曲。没有这一过程的弯曲，称为自由弯曲。

2. 弯曲变形的现象与特点

常采用网格法研究材料的弯曲变形，网格法是在坯料侧面用机械刻线或照相腐蚀画出网格的方法。通过观察弯曲变形后工件侧壁坐标网格的变化情况，发现坯料在长、宽、厚三个方向都产生了变形现象，坯料弯曲前后的网格变化如图 5-4 所示，弯曲角与弯曲带中心角如图 5-5 所示。

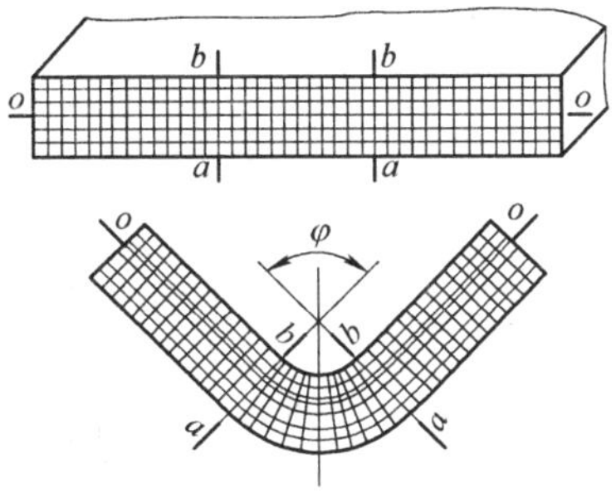

图 5-4　坯料弯曲前后的网格变化

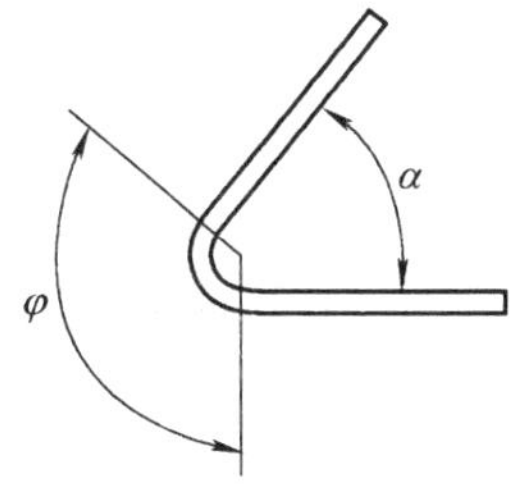

图 5-5　弯曲角与弯曲带中心角

（1）变形区　弯曲变形主要发生在弯曲带中心角 φ（$\varphi = 180° - \alpha$）范围内，中心角以外基本上不变形。

（2）长度方向　弯曲变形区外层材料伸长，内层材料缩短，在伸长和缩短的过渡处，必然有一层金属，它的长度在变形前后没有变化，这层金属称为中性层。

（3）厚度方向　以变形区中性层为界分为内外两层，内层长度方向缩短、厚度增加，外层长度伸长、厚度变薄。因为增厚量小于变薄量，因此材料厚度在弯曲变形区内有变薄现象，使在弹性变形时位于坯料厚度中间的中性层发生内移。弯曲变形程度越大，弯曲区变薄越严重，中性层的内移量越大。由于弯曲件的坯料长度从理论上来讲应等于中性层的展开长度，因此，中性层的内移量（可在有关的冲压资料上查到）在用经验公式估算坯料长度时必须要考虑到。

（4）宽度方向　内层材料被压缩，宽度增加。外层材料受拉伸，宽度减小。根据坯料的宽度不同其变形分为两种，坯料弯曲后的断面变化如图 5-6 所示。

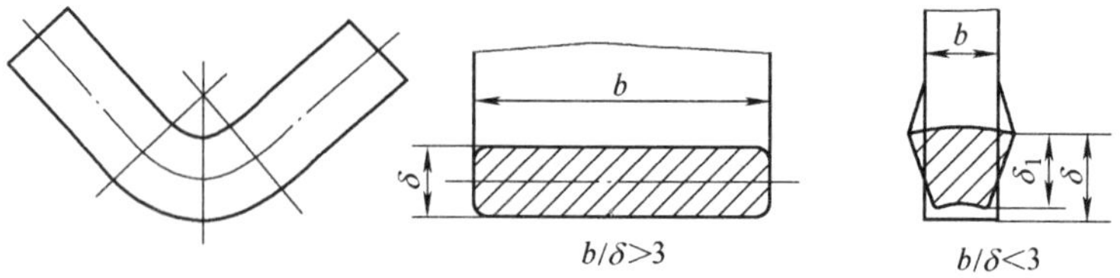

图 5-6　坯料弯曲后的断面变化

1）宽板（$b/\delta>3$）弯曲时，横断面几乎不变，基本保持为矩形。

2）窄板（$b/\delta\leqslant3$）弯曲时，断面变成了内宽外窄的扇形。

由于窄板弯曲时变形区断面发生畸变，因此当弯曲件的侧面尺寸有一定要求或要和其他零件配合时，需要增加后续辅助工序。对于一般的坯料弯曲来说，大部分属于宽板弯曲。

三、弯曲质量

弯曲时弯曲件可能会出现弯曲破裂、回弹、偏移、翘曲与剖面畸变等质量问题。

1. 弯曲破裂

弯曲时，一定厚度的材料，弯曲半径越小，外层材料的伸长率越大。当外层边缘材料的伸长率≥材料许用延伸率后就会弯曲破裂。在自由弯曲保证坯料最外层纤维不发生破裂的前提下，所能获得的弯曲件内表面最小圆角半径与弯曲材料厚度的比值（r_{min}/δ），称为最小相对弯曲半径，压弯时的变形情况如图 5-7 所示。

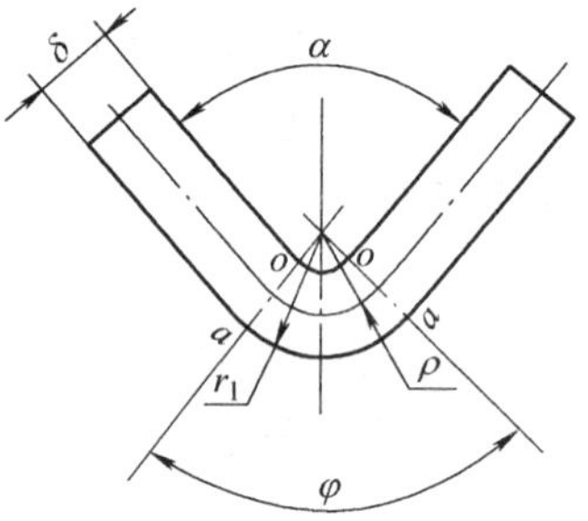

图 5-7　压弯时的变形情况

（1）最小相对弯曲半径

1）影响最小相对弯曲半径的因素。

① 材料的塑性和热处理状态。材料的塑性越好，其伸长率［δ］值越大，其最小相对弯曲半径越小。退火后坯料塑性好，冷作后坯料硬化，塑性降低。

② 坯料的边缘及表面状态。下料时坯料边缘的冷作硬化、毛刺、表面划伤等缺陷在弯曲时易破裂，故最小相对弯曲半径要增大、将坯料上的大毛刺去除，小毛刺放在弯曲圆角的内侧，可防止弯曲破裂。

③ 弯曲方向　钢材经过轧制后形成轧制纤维状组织，会使板料呈现各向异性。

a. 当弯曲线与纤维组织方向垂直时（沿纤维组织方向的力学性能较好），不易拉裂，最小相对弯曲半径可达最小，如图 5-8a 所示。

b. 当弯曲线与纤维组织方向平行时最大，如图 5-8b 所示。

c. 在双弯曲时，应使弯曲线与纤维方向成一定的角度，如图 5-8c 所示。

④ 弯曲角（α）。

a. 弯曲角 α 越大，最小相对弯曲半径 r_{min}/δ 越小。这是因为在弯曲过程中，坯料的变形

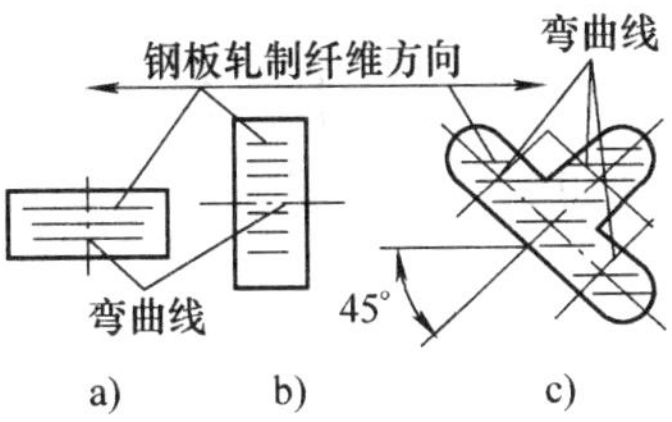

图 5-8　材料纤维组织方向对 r_{min}/δ 的影响

a）垂直于纤维组织方向弯曲　b）平行于纤维组织方向弯曲　c）倾斜于纤维组织方向弯曲

并不仅局限在圆角变形区。由于材料的相互牵连，其变形影响到圆角附近的直边，实际上扩大了弯曲变形区范围，分散了集中在圆角部分的弯曲应变，对圆角外层纤维濒于拉裂的极限状态有所缓解，使最小相对弯曲半径减小。

b. 弯曲角 α 越大，圆角中段变形程度降低得越多，许可的最小相对弯曲半径 r_{min}/δ 可以越小。

2）最小弯曲半径的数值。最小相对弯曲半径的数值一般用试验方法确定，最小弯曲半径数值见表 5-1。

表 5-1　最小弯曲半径 r_{min}　　（单位：mm）

材　料	退火状态		冷作硬化状态	
	弯曲线的位置			
	垂直于纤维组织方向	平行于纤维组织方向	垂直于纤维组织方向	平行于纤维组织方向
08、10、Q195、Q215	0.1δ	0.4δ	0.4δ	0.8δ
15、20、Q235	0.1δ	0.5δ	0.5δ	1.0δ
25、30、Q255	0.2δ	0.6δ	0.6δ	1.2δ
35、40、Q275	0.3δ	0.8δ	0.8δ	1.5δ
45、50	0.5δ	1.0δ	1.0δ	1.7δ
55、60	0.7δ	1.3δ	1.3δ	2.0δ
铝	0.1δ	0.35δ	0.5δ	1.0δ
纯铜	0.1δ	0.35δ	1.0δ	2.0δ
软黄铜	0.1δ	0.35δ	0.35δ	0.8δ
半硬黄铜	0.1δ	0.35δ	0.5δ	1.2δ
磷钢			1.0δ	3.0δ

注：1. 当弯曲线与纤维方向倾斜时，可采用垂直和平行于纤维组织方向二者的中间值。

2. 没有退火的坯料弯曲时，应作为硬化的金属选用。

3. δ 为坯料厚度。

（2）防弯裂措施

1）一般不采用最小弯曲半径。

2）进行适当工艺处理，常采用退火、加热弯曲、消除毛刺、两次弯曲（先加工大弯，退火后加工小弯）、校正弯曲、厚料开槽弯曲（见图 5-9）等工艺方法。

2. 弯曲回弹

零件弯曲后不受外力作用时，由于材料弹性恢复，使弯曲件的角度、弯曲半径与弯曲模具成形件尺寸、形状不一致，这种现象称为弯曲回弹，如图 5-10 所示。

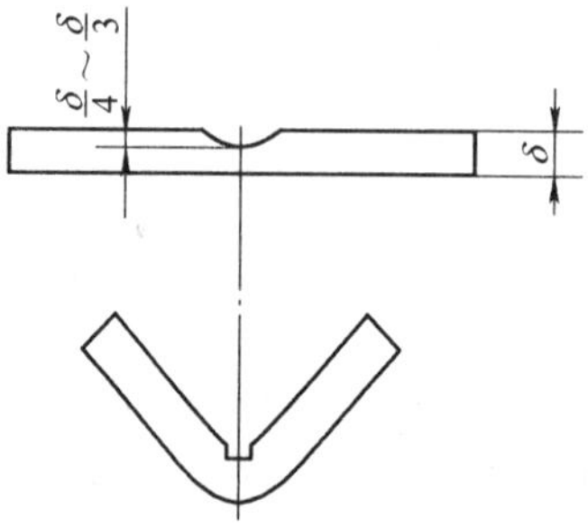

图 5-9　厚料开槽弯曲

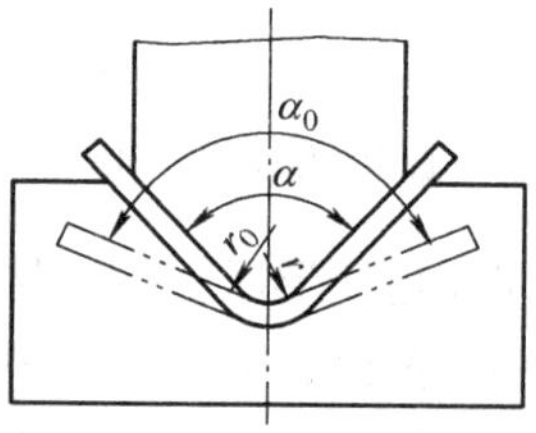

图 5-10　弯曲回弹

（1）回弹形式

1）弯曲半径增大。弯曲时坯料的内径（r_0）与凸模的半径（r）吻合，弯曲卸载后弯曲件的弯曲半径 $r_0 >$ 凸模半径 r。

2）弯曲角度增大。弯曲时坯料的弯曲角度（α_0）与凸模顶角（α）吻合，弯曲卸载后弯曲件的弯曲角度 $\alpha_0 >$ 凸模顶角 α。

（2）影响回弹的因素

1）材料的力学性能。材料的屈服点 σ_s 越大，弹性模量 E 越小，弯曲回弹越大，即 σ_s/E 的值越大，材料的回弹值也就越大。

2）相对弯曲半径。相对弯曲半径越小，回弹值越小；相对弯曲半径过大，回弹很大。

3）弯曲角度。弯曲件的弯曲角度越小，弯曲变形区域越大，回弹的积累越大，回弹角度也越大。

4）弯曲方式。自由弯曲与校正弯曲比较，校正弯曲回弹较小。

5）模具间隙。弯制 U 形件时，模具凸、凹模之间的间隙大小会影响回弹值：间隙大，材料处于松动状态，回弹就大；间隙小，材料被挤紧，回弹就小。

6）零件形状。零件形状复杂，一次弯曲多个成形角，各部分的回弹相互牵制作用越大，回弹就越小。

7）非变形区的影响。非变形区的直边部分有校直作用，所以弯曲后的回弹是直边区回弹与圆角区回弹的复合。

（3）回弹值的大小　自由弯曲时，其变形程度大（$r/\delta<5$）时，弯曲半径的回弹值不大，只考虑角度的回弹；其变形程度小（$r/\delta\geqslant10$）时，相对弯曲半径变大，零件不仅有角度回弹，弯曲半径也有较大的变化。

生产中常按经验回弹值作为参考，再在试模时修正。工厂中在制造弯曲凸模时，常将弯曲凸模的弯曲半径比图样尺寸略放大一点，以便在试模后能比较容易地修正。

（4）控制回弹的措施

1）弯曲件结构改进如图 5-11 所示。

① 可在弯曲件的变形区内设计加强肋或成形边翼，以增加弯曲件的刚性，减小回弹。

② 选用屈服极限小、弹性模量小的材料，回弹很小，容易弯曲到位。

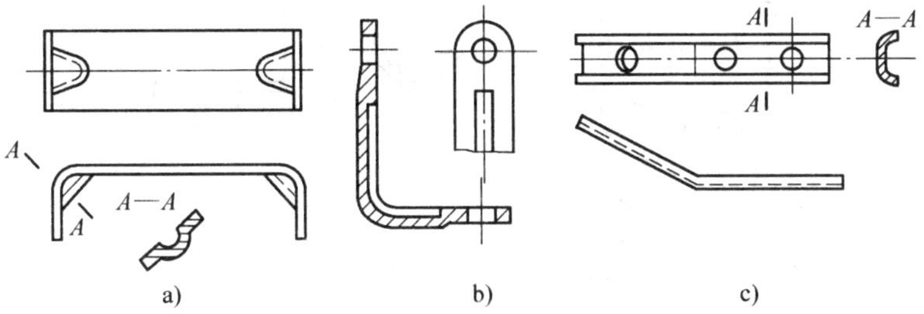

图5-11　弯曲件结构改进

2）工艺措施。

① 用校正弯曲代替自由弯曲，可减小回弹；冷作硬化的硬材料应先退火，降低其屈服点 σ_s，可减小回弹，弯曲后再淬硬。

② 增加压料力可减小回弹。在弯曲件的端部加压，可以获得精确的弯边高度，并由于改变了变形区的应力状态，使弯曲变形区从内到外都处于压应力状态，从而减小了回弹，如图5-12所示。

3）模具措施。

① 减小凸模弯曲角。弯曲V形件时，将凸模弯曲角度适当减小，可减小回弹。

② 凸模两侧修制斜度。弯曲U形件时，将凸模两侧修制一定的斜度（即等于回弹量的斜角），见图5-13a。

③ 凹模底部做成弧形。将凹模底部做成弧形（见图5-13b），利用底部向下回弹的作用，减小两直边的向外回弹。

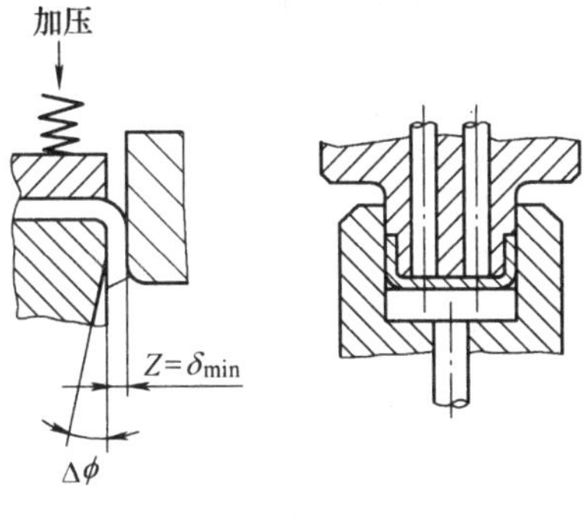

图5-12　增加压料力减小回弹

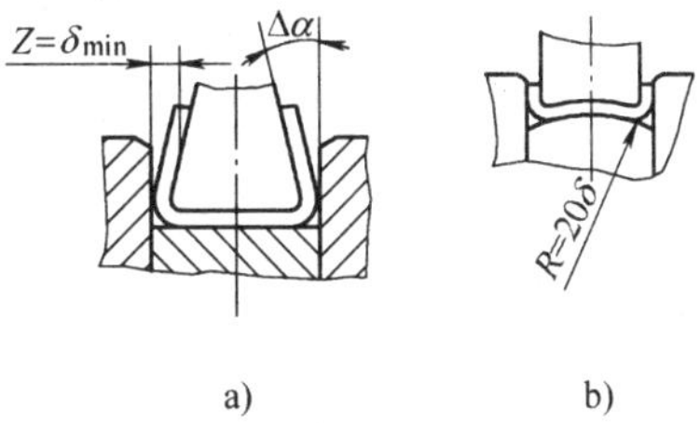

图5-13　补偿回弹的方法

④ 改变凸模的形状。厚度 $\delta>0.8\text{mm}$、塑性较好的材料弯曲时，可适当改变凸模的形状，做成如图5-14所示形状，使凸模力集中作用在弯曲变形区，加大变形区的变形程度，从而减小回弹。

⑤ 减小凸、凹模间隙。常用材料（如Q215、Q235、10、20、H62M等）弯曲时，减小凸、凹模之间的间隙（见图5-15），可减小回弹。

⑥ 采用橡胶凸模（或凹模）。使坯料紧贴凹模（或凸模），以减小非变形区对回弹的影响（见图5-16）。

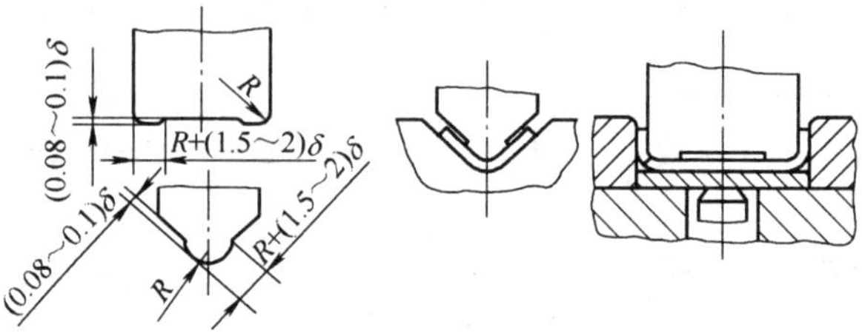

图 5-14　改变凸模形状以减小回弹

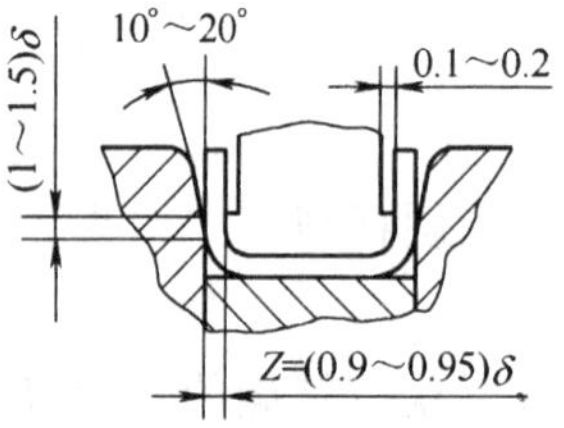

图 5-15　减小凸、凹模间隙可减小回弹

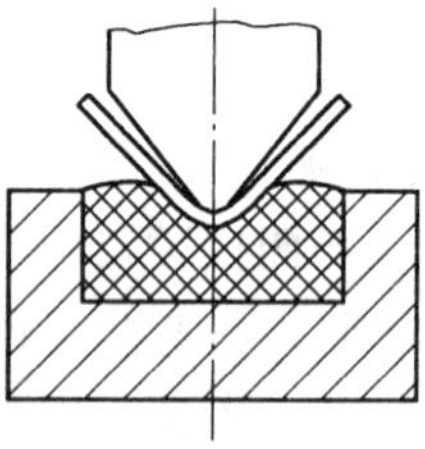

图 5-16　橡胶弯曲模可减小回弹

3. 弯曲偏移

（1）弯曲偏移　弯曲过程中坯料沿凹模圆角滑移时，会受到凹模圆角处摩擦阻力的作用。当坯料各边所受的摩擦阻力不等时，有可能使坯料在弯曲过程中沿零件的长度方向产生移动，使零件两直边的高度不符合图样的要求，这种现象称为偏移。

（2）偏移原因　产生偏移的原因很多，如图 5-17a、b 所示为零件坯料形状不对称造成的偏移；如图 5-17c 所示为零件结构不对称造成的偏移；如图 5-17d、e 所示为弯曲模结构不合理造成的偏移。此外，凸模与凹模的圆角不对称、间隙不对称等也会导致弯曲时产生偏移现象。

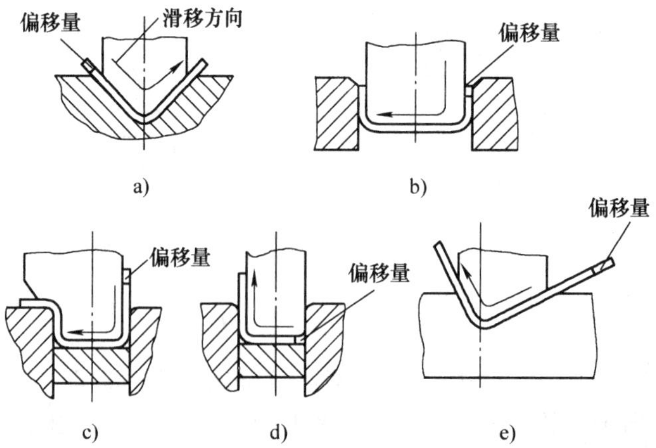

图 5-17　弯曲时的偏移

（3）防止偏移措施

1）采用压料装置弯曲。使坯料压紧时逐渐弯曲，坯料难滑动，防止偏移且能够得到较平整的零件，如图 5-18a、b 所示。

2）孔定位弯曲。利用坯件孔或工艺孔等定位、再弯曲，使坯料无法滑动，防止偏移，如图5-18c所示。

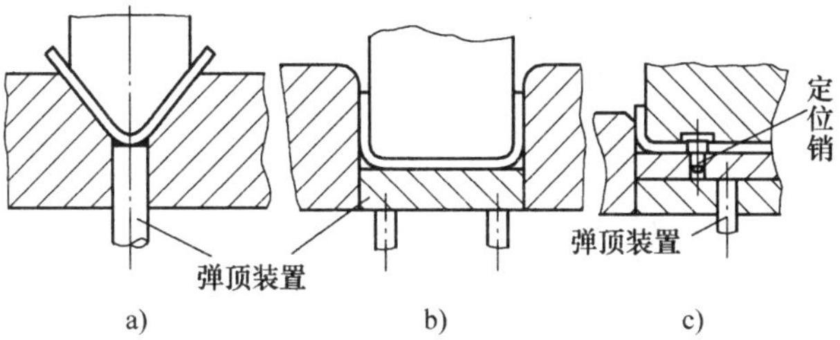

图5-18 克服偏移的措施（一）

3）成对组合弯曲。将不对称形状的弯曲件组合成对称弯曲件弯曲，然后再切开，使坯料弯曲时受力均匀一致，不易产生偏移，如图5-19所示。

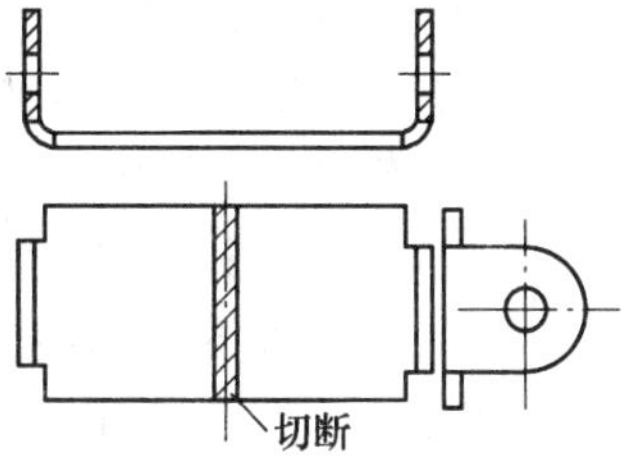

图5-19 克服偏移的措施（二）

4）模具制造准确，间隙调整一致。

4. 弯曲翘曲与剖面畸变

1）细长弯曲件，沿折弯线方向刚度小，弯曲后会产生纵向翘曲变形，如图5-20所示，采用校正弯曲可消除这种现象。坯料短粗弯曲时，纵向刚度大，翘曲则不明显。

2）剖面的畸变现象：窄板、管弯曲后会产生剖面畸变，如图5-21所示。薄壁管弯曲中，还会出现内侧面因受压应力的作用而失稳起皱的现象，因此，弯曲时管中应充填料或加芯棒。

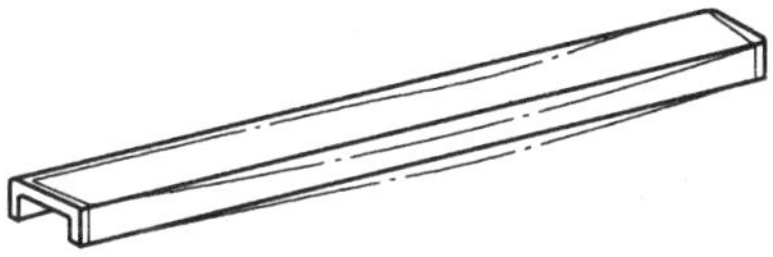

图5-20 纵向翘曲

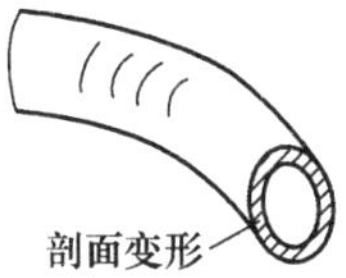

图5-21 剖面畸变

四、弯曲件结构及尺寸的加工要求

弯曲件应有合理、良好的结构及尺寸工艺性，才能易于弯曲和提高弯曲精度，并有利于模具的设计和制造。其主要加工要求如下：

1. 弯曲件结构加工要求

（1）形状设计成对称　弯曲件形状应尽量设计成对称状，且对称部位弯曲半径一致，如此可以预防弯曲时因坯料受力不均而产生偏移；若弯曲件形状不能设计成对称，则应增设工艺孔进行定位，防止弯曲时偏移（见图5-22）。

（2）弯曲件有缺口　冲压工艺中应采用先弯曲后冲缺口的加工方法，见图5-23。若将坯料先冲出缺口，弯曲变形时会出现叉口，严重时无法成形。

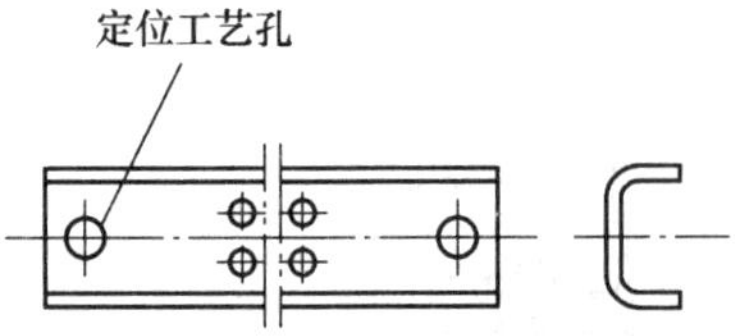

图 5-22　工艺孔定位防偏移

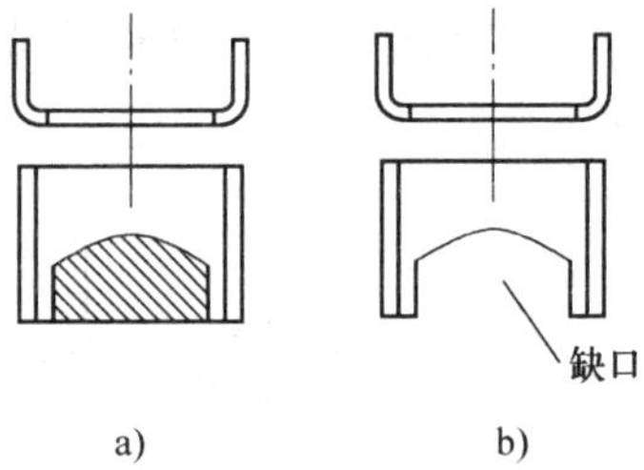

图 5-23　先弯曲再冲缺口
a）弯曲　b）冲缺口

2. 弯曲件加工尺寸要求

（1）弯曲半径（r）　不宜小于最小弯曲半径，否则容易弯裂；也不宜过大，过大时容易回弹，使弯曲的角度与弯曲半径的精度都不易保证。

（2）弯边高度（h）　弯边高度值应为：$h>r+2\delta$。

1）当 h 较小时，弯边在模具上支持的长度过小，不容易形成足够的弯矩，很难得到形状准确的工件，如图 5-24a 所示。

2）若 $h<r+2\delta$ 时，则须先压槽或增加弯边高度，弯曲后再切掉（见图 5-24b）。

3）若弯直边带有斜角，则在斜边高度小于 $r+2\delta$ 的区段不可能弯曲到要求的角度，而且此处也容易开裂（见图 5-24c）。因此必须改变零件的形状，加高弯边尺寸（见图 5-24d）。

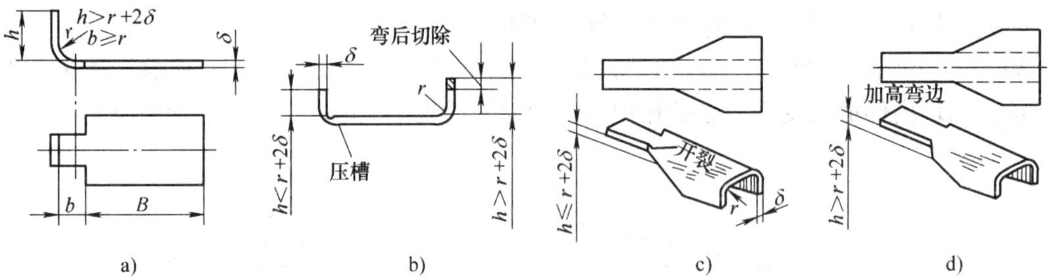

图 5-24　弯曲件的弯边高度

（3）孔边距离　弯曲件的孔边与弯曲半径（r）中心的距离（L）应有一定的要求，否则，弯曲时孔会变形，L 常按弯曲件材料厚度 δ 进行确定：$\delta<2\text{mm}$，$L\geqslant\delta$；$\delta\geqslant2\text{mm}$，$L\geqslant2\delta$。

如果弯曲时孔会变形，孔边与弯曲半径 r 中心的距离过小或孔位于弯曲变形区内时，弯曲时孔会变形，故应使孔位于变形区之外。弯曲件孔边距离见图 5-25。可采取冲凸缘形缺口或月牙槽的措施（见图 5-26a、b），或在弯曲变形区内冲工艺孔以转移变形区（见图 5-26c）。

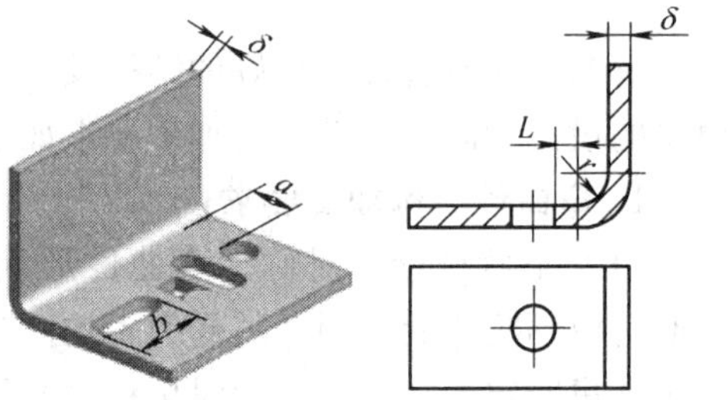

图 5-25　弯曲件孔边距离

（4）预冲工艺孔或切槽　阶梯形坯料局部弯曲时，根部容易撕裂或畸变，这时应改变弯曲线的位置（见图 5-27b），或在弯曲根处切槽，或在弯曲前冲工艺孔（见图 5-27c、d、e），工艺槽深度 A 大于弯曲半径，槽宽 B 大于材料厚度。

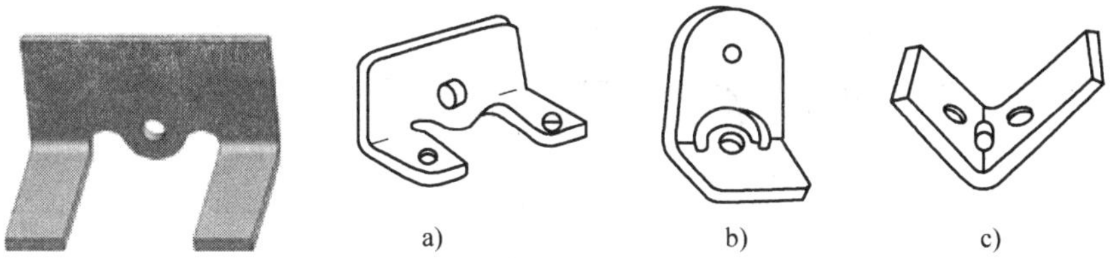

图 5-26　防止弯曲时孔变形的措施

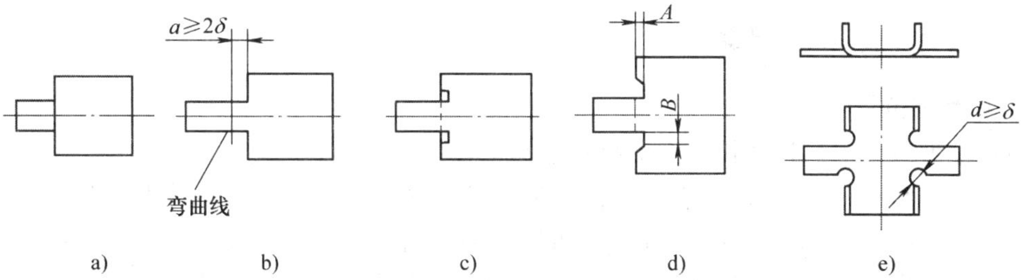

图 5-27　改变弯曲线的位置及预冲工艺槽孔

3. 弯曲件精度加工要求

一般弯曲件精度较低，长度的尺寸公差等级在 IT13 级以下，角度公差大于 15′，这是因为受坯料定位、偏移、翘曲、回弹及弯曲工序数多等因素影响而造成的。弯曲件长度尺寸未注公差见表 5-2，弯曲件角度的自由公差见表 5-3。

表 5-2　弯曲件长度尺寸未注公差　　（单位：mm）

长度尺寸		3～6	>6～18	>18～50	>50～120	>120～260	>260～500
材料厚度 δ	≤2	±0.3	±0.4	±0.6	±0.8	±1.0	±1.5
	>2～4	±0.4	±0.6	±0.8	±1.2	±1.5	±2.0
	>4		±0.8	±1.0	±1.5	±2.0	±2.5

表 5-3　弯曲件角度的自由公差

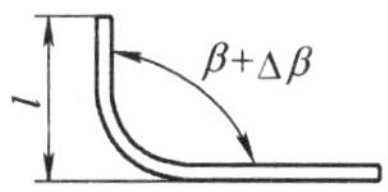	l/mm	～6	>6～10	>10～18	>18～30	>30～50
	Δβ	±3°	±2°30′	±2°	±1°30′	±1°15′
	l/mm	>50～80	>80～120	>120～180	>180～260	>260～360
	Δβ	±1°	±50′	±40′	±30′	±25′

4. 弯曲件尺寸标注要求

弯曲件尺寸的标注对弯曲工艺有很大的影响。

（1）弯曲件孔无装配关系　孔的位置精度不受坯料展开长度和回弹的影响，大大简化了工艺和模具设计，如图 5-28a 所示尺寸标注，可以先落料冲孔（复合工序），然后压弯成形，工艺比较简单。

（2）弯曲件孔有装配关系　为了保证相应件的装配，弯曲件的孔只能在压弯成形后冲成，这会造成许多不便，如图 5-28b、c 所示的尺寸标注。

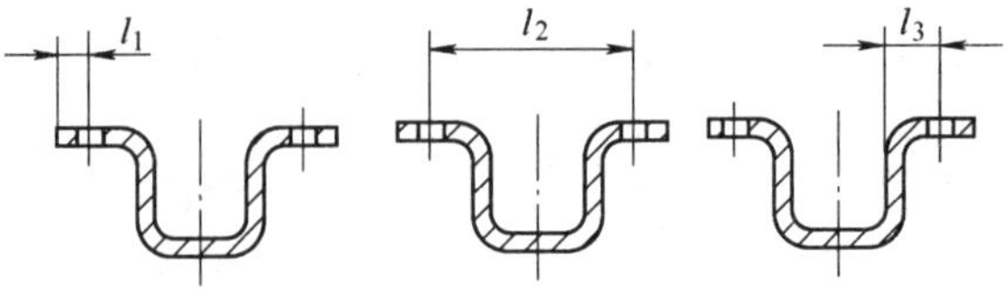

图 5-28　尺寸标注对弯曲工艺的影响

五、弯曲件展开尺寸计算

1. 中性层位置

弯曲变形区外层材料伸长，内层材料缩短，在伸长和缩短的过渡处，必然有一层金属，它的长度在变形前后没有变化，这层金属就是中性层。弯曲件的坯料长度应等于中性层的展开长度。因此，弯曲件中弯曲部分长度的展开尺寸必须按其中性层的展开长度计算。中性层位置如何确定呢？

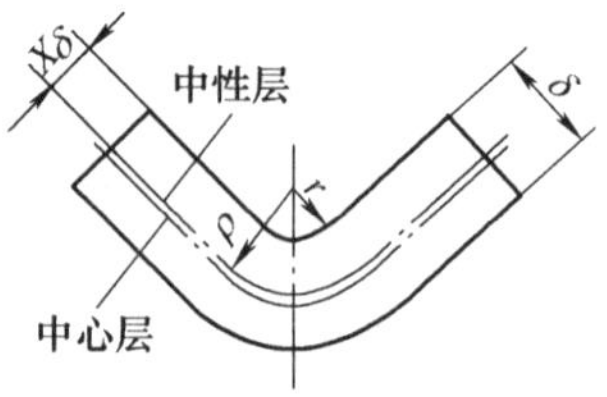

图 5-29　中性层位置（内移）

1）一般弯曲时，坯料的中心层发生了内移，形成中性层。相对弯曲半径不同，中性层内移量也不同，中性层内位移系数 $X \leqslant 0.5$。中性层位置用曲率半径 ρ 表示（见图 5-29），常用如下经验公式确定：

$$\rho = r + X\delta \qquad (5-1)$$

式中　r——零件的内弯曲半径；

δ——材料厚度；

X——中性层内位移系数，见表 5-4。

表 5-4　弯曲时中性层内位移系数 X 值

r/δ	0.1	0.2	0.3	0.4	0.5	0.6	0.7	0.8	1	1.2
X	0.21	0.22	0.23	0.24	0.25	0.26	0.28	0.3	0.32	0.33
r/δ	1.3	1.5	2	2.5	3	4	5	6	7	≥8
X	0.34	0.36	0.38	0.39	0.4	0.42	0.44	0.46	0.48	0.5

2）推圆（即卷圆）时，凸模对毛坯一端施加的是压力，故产生不同于一般压弯的塑性变形，中性层由板料厚度中间向弯曲外层移动，因此中性层外位移系数 $k \geqslant 0.5$（见表 5-7）。同样，相对卷圆半径越小，中性层外移量越大，中性层内位移系数也随之增大。故推圆展开尺寸计算与弯曲展开尺寸计算有区别，即推圆过程中其坯料会增厚，中性层不是内移而是外移。

2. 弯曲展开尺寸计算

（1）有圆角半径（r）的弯曲　当弯曲半径 $r > 0.5\delta$ 时，弯曲件的弯曲称为有圆角半径的弯曲。

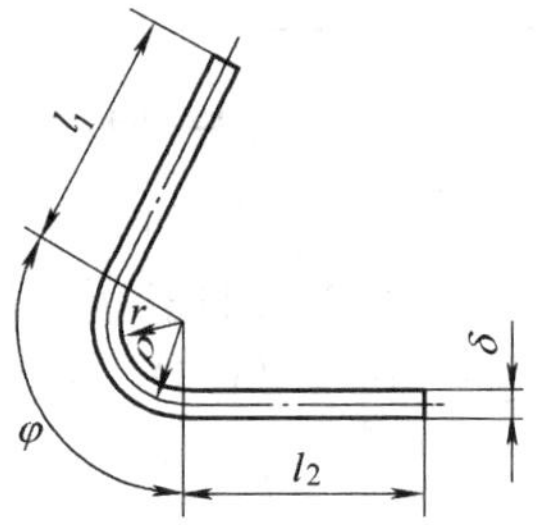

图 5-30　$r > 0.5\delta$ 的弯曲

① $r > 0.5\delta$ 时的弯曲（即弯曲半径相对大一些，见图 5-30），由于变薄不严重，中性层位移量很小，可忽略不计。坯料总长度

L 仍等于弯曲件直线部分长度（l_1+l_2）和中心角 φ 圆弧部分的中心层长度（$\pi\rho\varphi/180$）之和，即

$$L=l_1+l_2+\pi\rho\varphi/180$$

② $r<0.5\delta$ 时的弯曲（即弯曲半径相对小一些），不仅零件的变形圆角区产生严重变薄，而且与其相邻的直边部分也变薄，故应按变形前后体积不变的条件确定坯料长度。

弯曲件坯料长度通常采用表5-5、表5-6所列公式计算。

表5-5　$r<0.5\delta$ 时的弯曲件坯料长度计算公式

弯曲变形	简图	计算公式
单角弯曲	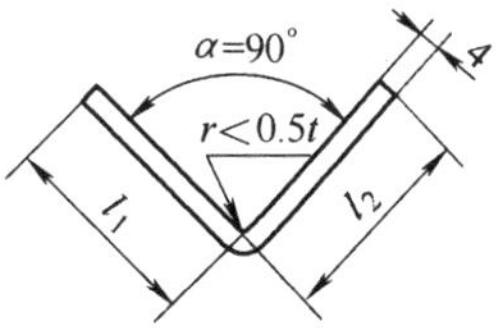	$L=l_1+l_2+0.5\delta$
	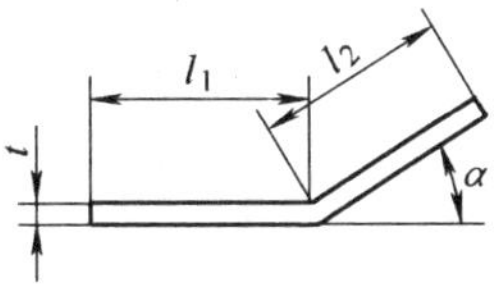	$L=l_1+l_2+\frac{\alpha}{90^\circ}\times0.5\delta$
	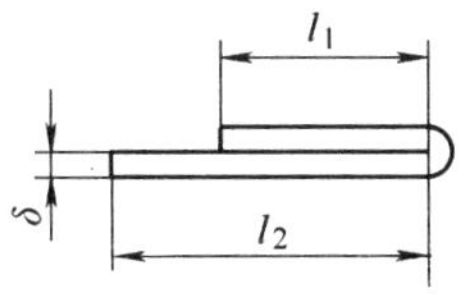	$L=l_1+l_2+\delta$
双角弯曲	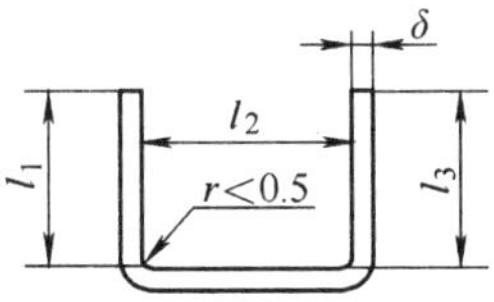	$L=l_1+l_2+l_3+0.5\delta$
三角弯曲	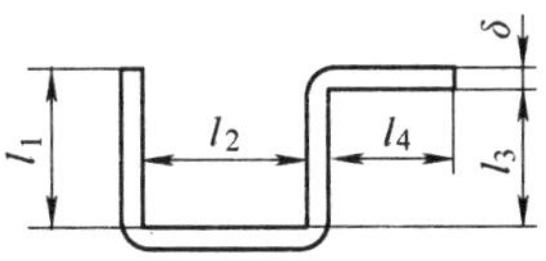	同时弯三个角时： $L=l_1+l_2+l_3+l_4+0.75\delta$ 先弯两个角再弯另一角时： $L=l_1+l_2+l_3+l_4+\delta$
四角弯曲	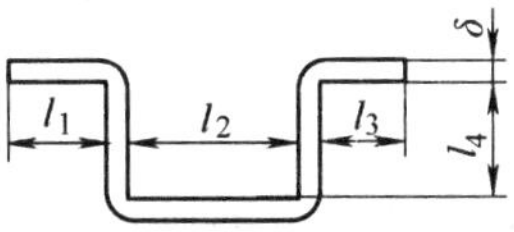	$L=l_1+l_2+l_3+2l_4+\delta$

表 5-6　$r>0.5\delta$ 时的弯曲件坯料长度计算公式

弯曲形式	简图	计算公式
单角弯曲（切点尺寸）	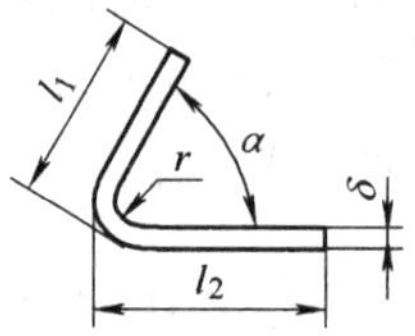	$L=l_1+l_2+\frac{\pi(180°-\alpha)}{180°}(r+x\delta)-2(r+\delta)$
单角弯曲（交点尺寸）	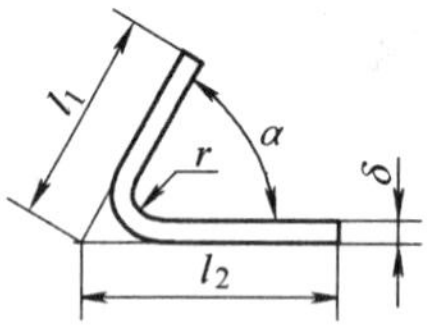	$L=l_1+l_2+\frac{\pi(180°-\alpha)}{180°}(r+x\delta)-2\cot\frac{\alpha}{2}(r+\delta)$
单角弯曲（中心尺寸）	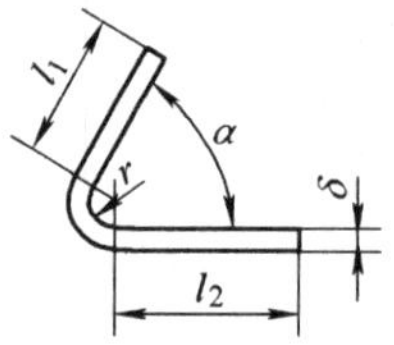	$L=l_1+l_2+\frac{\pi(180°-\alpha)}{180°}(r+x\delta)$
双直角弯曲	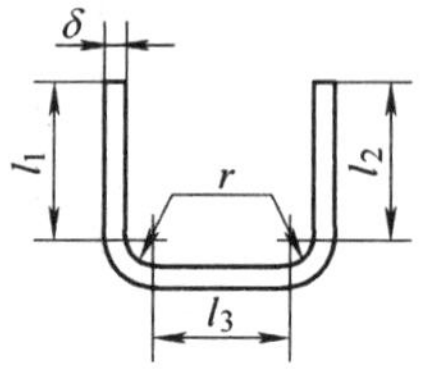	$L=l_1+l_2+\pi(r+x\delta)$
四直角弯曲	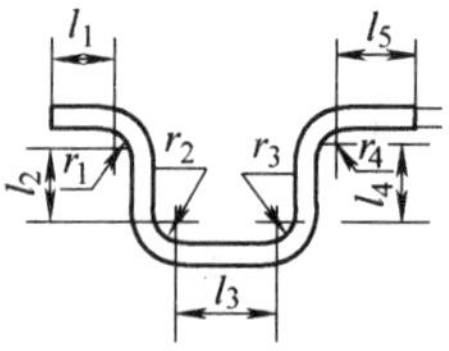	$L=l_1+l_2+l_3+l_4+l_5+\frac{\pi}{2}(r_1+r_2+r_3+r_4)+\frac{\pi}{2}(x_1+x_2+x_3+x_4)\delta$
半圆弯曲	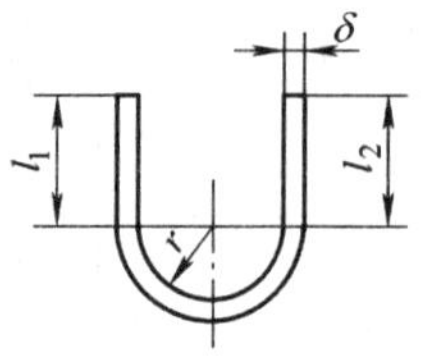	$L=l_1+l_2+\pi(r+x\delta)$

（2）推圆展开尺寸计算　圆筒件和铰链件中的圆圈部分是采用推圆的工艺方法成形，因推圆过程中中性层外移，故推圆展开尺寸计算与一般弯曲展开尺寸计算有区别，其展开尺

寸的计算是：首先确定卷圆部分的中性层位置，即确定中性层半径 r 的值，再计算毛坯展开尺寸。

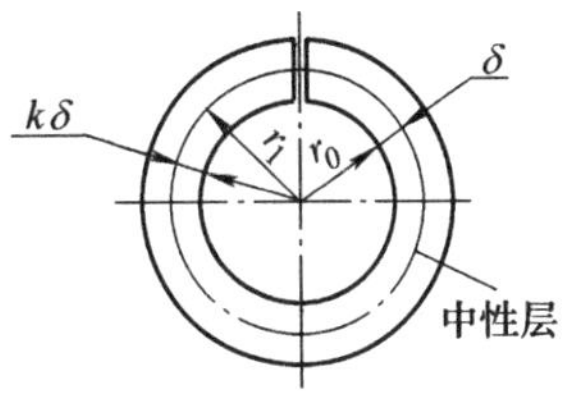

图5-31 圆筒件展开尺寸计算

对于 $r = (0.6 \sim 3.5)\delta$ 的推圆部分展开尺寸计算如下：

1）圆筒件展开尺寸（L）计算如图5-31所示。

$$L = 2\pi r_1 = 2\pi(r_0 + k\delta)$$

式中 r_0——内圆半径（mm）；

δ——料厚（mm）；

k——中性层外位移系数（见表5-7）。

表5-7 卷圆时中性层外位移系数 k 值

r_0/δ	0.5~0.6	0.6~0.8	0.8~1	1~1.2	1.2~1.5	1.5~1.8	1.8~2	2~2.2	>2.2
k	0.76	0.73	0.7	0.67	0.64	0.61	0.58	0.54	0.5

2）铰链件展开尺寸（L）计算。

① 单边式铰链件。铰链件结构如图5-32a所示时，计算公式如下：

$$L = l_1 + \frac{3}{4}\pi D + l_2 = l_1 + 1.5(r + k\delta) + r$$

式中 l_1——直线段长度（mm）；

$\frac{3}{4}\pi D$——$\frac{3}{4}$圆周长度（mm）；

D——中性层圆直径（mm），其值为 $2(r + k\delta)$；

$k\delta$——推圆后中性层位置（mm）；

k——推圆时中性层外位移系数（见表5-7）；

l_2——铰链合圆处弧长（mm），$l_2 \approx r$。

铰链件结构如图5-32b所示时，计算公式如下：

$$L = l + \pi\alpha/180°(r + k\delta)$$

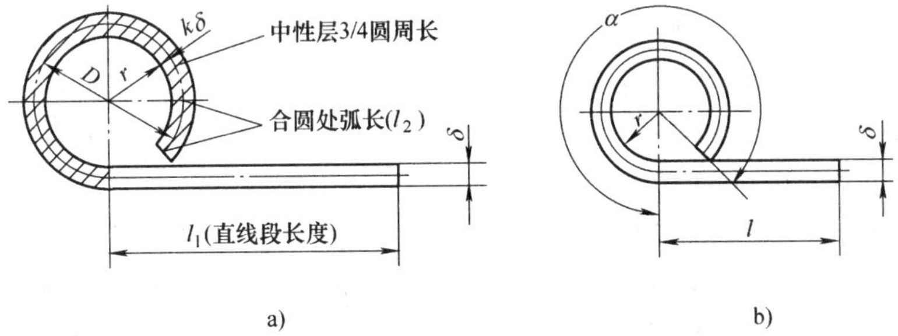

图5-32 单边式铰链件展开尺寸计算

② 对称式铰链件展开尺寸计算如图5-33所示。

$$L = l_2 + 2(l_3 + l_4 + l_1) = \pi r_0' + 2(\pi r_0' \times \alpha/180°) + 2(\pi r_1' \times \alpha/180°) + 2l_1$$

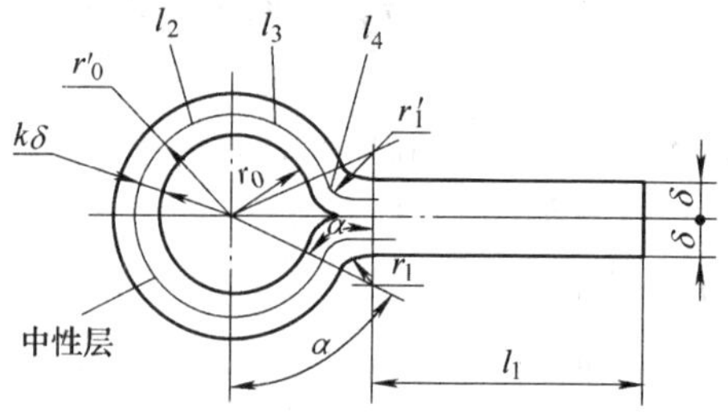

图 5-33　对称式铰链件展开尺寸计算

式中　l_2——中性层半圆弧长度；

l_3、l_4——α 圆心角的中性层弧长度（两圆心角相等）；

l_1——直边长度；

r'_0——推圆中性层半径（$r'_0=r_0+k_0\delta$）；

r'_1——连接弧中性层半径（$r'_1=r_1+k_1\delta$）；

k_0、k_1——推圆中性层外位移系数（对应 r_0/δ 查表 5-7 得 k 值）。

（3）实例　管卡子弯曲件（推圆）展开尺寸计算如图 5-34 所示。

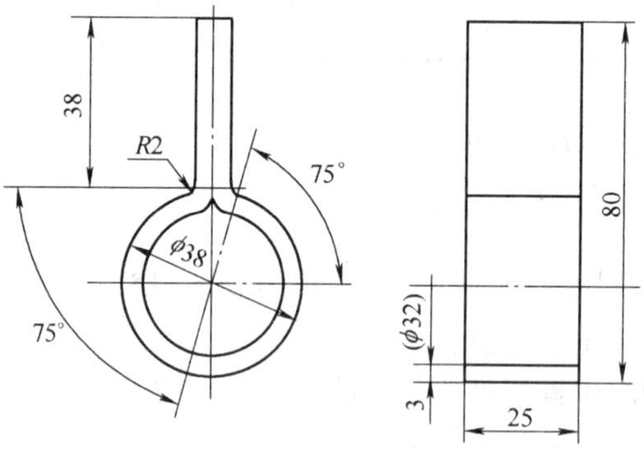

图 5-34　管卡子弯曲件展开尺寸计算

$$L = l_2 + 2(l_3 + l_4 + l_1)$$
$$= \pi r'_0 + 2(\pi r'_0 \times \alpha/180°) + 2(\pi r'_1 \times \alpha/180°) + 2l_1$$

因为 $r_0/\delta = (32\text{mm} \div 2)/3\text{mm} = 5.33 > 2.2$　　查表 5-7 得 $k=0.5$

$r_1/\delta = 2\text{mm}/3\text{mm} \approx 0.67$　　查表 5-7 得 $k=0.73$

$r'_0 = r_0 + k_0\delta = 16\text{mm} + 0.5 \times 3\text{mm}$

$r'_1 = r_1 + k_1\delta = 2\text{mm} + 0.73 \times 3\text{mm}$

所以 $L = 3.14 \times (16\text{mm} + 0.5 \times 3\text{mm}) + 2 \times [3.14 \times (16\text{mm} + 0.5 \times 3\text{mm}) \times 75°/180°]$
$+ 2 \times [3.14 \times (2\text{mm} + 0.73 \times 3\text{mm}) \times 75°/180°] + 2 \times 38\text{mm}$
$\approx 55\text{mm} + 45.8\text{mm} + 12.4\text{mm} + 76\text{mm}$
$\approx 189\text{mm}$

在利用上述公式初步计算坯料长度后，很多因素没有考虑，因而可能产生较大的误差，故需要经过反复试弯、修正，才能最后确定坯料的形状及尺寸。故在生产中宜先制造弯曲模，后制造落料模。

六、弯曲力的计算

一般冲压工厂中冲压设备有限，但其压力机的公称压力均能满足冲制的长线产品所需要的冲裁压力要求。若同材料的弯曲部位的尺寸与冲裁部位的尺寸（长、宽、厚等）相同，则弯曲力比冲裁力小。换句话说，就是能冲就能弯。意思是一般弯曲力可省略计算，若需要计算，自由弯曲力和校正弯曲力的计算方法如下：

1. 自由弯曲的弯曲力

V形件弯曲力

$$F_{自} = 0.6Kb\delta^2\delta_b/(r+\delta)$$

U形件弯曲力

$$F_{自} = 0.7Kb\delta^2\delta_b/(r+\delta)$$

式中　$F_{自}$——自由弯曲在冲压行程结束时的弯曲力；

b——弯曲件的宽度；

δ——弯曲件材料厚度；

δ_b——许用压强；

r——弯曲件的内弯曲半径；

K——安全系数，一般取 $K=1.3$。

2. 校正弯曲时的弯曲力

$$F_{校} = Ap$$

式中　$F_{校}$——校正弯曲力；

A——校正部分的投影面积；

p——单位面积校正力，见表5-8。

表5-8　单位面积校正力 p　　（单位：MPa）

材　料	料厚 δ/mm		材　料	料厚 δ/mm	
	0～3	3～10		0～3	3～10
铝	30～40	50～60	10～20钢	80～100	100～120
黄铜	60～80	80～100	25～35钢	100～120	120～150

3. 顶件力或压料力

若弯曲模设有顶件装置或压料装置，其顶件力（或压料力）可近似取自由弯曲力的30%～80%。

七、弯曲工序安排

弯曲件的工序安排应根据零件的形状、尺寸、公差等级、生产批量以及材料的性能等因素进行考虑。工序安排尽量做到在满足工件精度质量要求的前提下使工序次数少，模具结构简单，操作方便，产量高，废品率低。

1. 弯曲件工序安排方法

弯曲件工序安排的一般方法是：

1）形状简单的弯曲件（如V形件、U形件、Z形件等），可以采用一次压弯成形。

2）形状复杂的弯曲件，一般需要采用二次或多次压弯成形。

3）几何形状不对称的弯曲件，为避免压弯时坯料偏移，应尽量采用成对弯曲，然后再切开。

4）批量大、尺寸较小的弯曲件，应尽量采用连续模或复合模，可保证弯曲件的准确性和提高生产率，使加工操作方便、安全。

5）需多次弯曲的弯曲件，先弯两端后弯中间部分（即先弯外角后弯内角），再弯曲不影响前次弯曲部分的变形，前次弯曲必须考虑到后次弯曲时有合适的定位基准。

2. 弯曲工序安排示例

四道工序弯曲成形如图 5-35 所示。

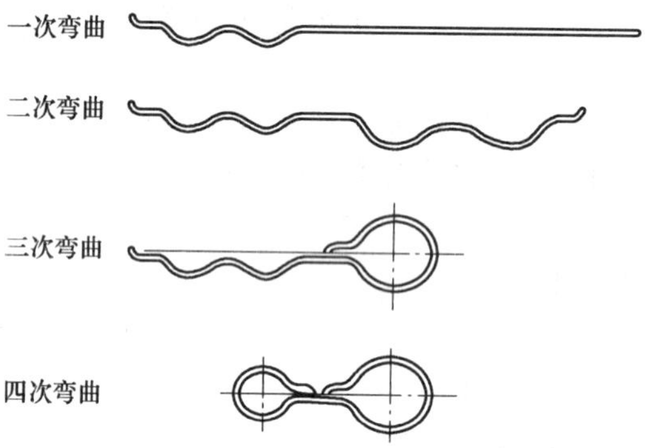

图 5-35　四道工序弯曲成形

复习题

1. 弯曲时坯件长、宽、厚如何发生变化？
2. 弯曲件的主要质量问题是什么？
3. 简述弯曲成形中防止弯裂的措施。
4. 如何计算弯曲展开尺寸？
5. 弯曲件工序安排的一般方法是什么？

任务2　设计弯曲模

学习目标

1. 熟悉弯曲模结构组成，了解各种典型弯曲模结构。
2. 掌握弯曲模成形件（凸、凹模）的设计方法。
3. 能够设计弯曲模。
4. 掌握弯曲模的制造、装配、调试、维修等特点。

任务描述

弯曲模结构组成与冲裁模基本相似，其制造、装配、调试、维修也与冲裁模大同小异。本任务主要介绍弯曲模成形件的设计，弯曲模设计步骤及要点，并通过设计简述弯曲模设计全过程，同时也对弯曲模制造、装配、调试、维修进行简单的介绍。

任务分析

任务中，通过对各种较典型的弯曲模结构的描述，可知其结构也是由成形组件、模架、定位系统、导向系统、卸料装置及连接元件等组成。正确分析弯曲件，恰当地安排弯曲工序，合理设计模具，其中成形件最为关键。模具的大小、复杂程度、模具寿命、弯曲质量等都取决于成形件。下面重点介绍弯曲模结构及成形件的设计制造、装配、调试、维修等知识。

相关知识

一、弯曲模设计

弯曲模结构与冲裁模基本相似，都是由成形件、定位件、弹压件、导向件、连接固定件及模架等组成，最主要的区别是成形件的结构。常见的弯曲模结构类型如下：按弯曲件形状分有V形、U形、∏形、Z形、圆形、铰链形及其他形状的弯曲模；按弯曲件加工工序分有单工序弯曲模、连续弯曲模、复合模和通用弯曲模。下面对一些比较典型的弯曲模结构进行介绍。

1. 单工序弯曲模

（1）V形件弯曲模

1）V形件简单弯曲模。V形件形状简单，通常能一次弯曲成形。V形件弯曲模的一般结构形式如图5-36所示，其弯曲方法有：

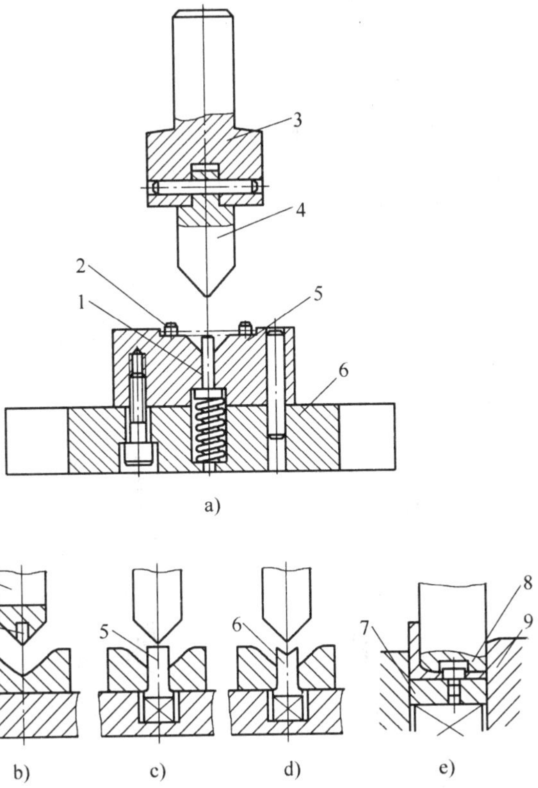

图5-36　V形件弯曲模的一般结构形式

1—凸模　2—定位尖　3—凹模　4—下模座　5—顶杆　6—V形顶板　7—顶板　8—定位销　9—反侧压块

① 平分弯曲角弯曲法。这种方法是沿弯曲件的弯曲角平分中心线方向弯曲，如图5-36a、b、c、d所示。其中图5-36a所示模具结构简单、通用性好，但坯料容易偏移；图5-36b、c、d所示模具结构带有定位尖、顶杆或V形顶板，可以防止坯料滑动，提高零件精度。

② 垂直一直边弯曲法。这种方法是沿弯曲件某一直边方向的L形弯曲法。如图5-36e所示的L形弯曲模，由于有顶板7及定位销8，可以有效防止弯曲时坯料的偏移，其边长精度可达±0.1mm。反侧压块9的作用是平衡左边弯曲时产生的水平侧向力，同时也为顶板起导向作用，防止其窜动。

2）V形件精弯模见图5-37所示，两块活动凹模4通过转轴5铰接，定位板3（或定位销）固定在活动凹模上。弯曲前顶杆7将转轴顶到最高位置，使两块活动凹模成一平面。在弯曲过程中坯料始终与活动凹模和定位板接触，不会产生相对滑动和偏移，因此，弯曲件表面不会损伤，其质量较高。这种结构特别适用于有精确孔定位的小零件以及没有足够定位支承面、形状窄长且复杂的零件。

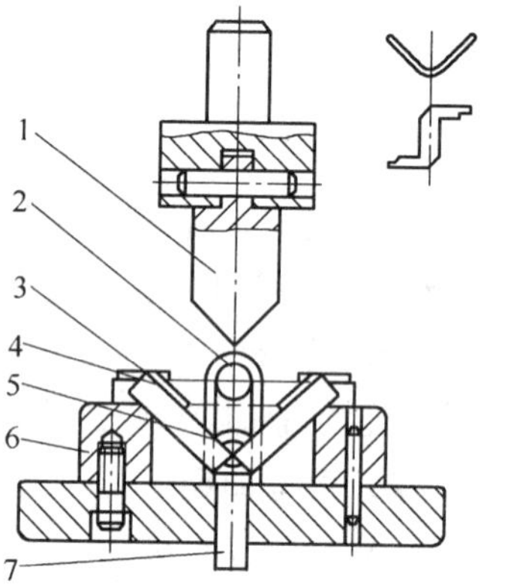

图5-37 V形件精弯模
1—凸模 2—支架
3—定位板（或定位销） 4—活动凹模
5—转轴 6—支承板 7—前顶杆

（2）U形件弯曲模 常用的U形件弯曲模结构形式有如下几种：

① 底部不平U形件弯曲模。如图5-38a所示，其结构简单，用于底部U形件不要求平整的弯曲件。

② 底部平整U形件弯曲模。如图5-38b所示，凹模内有顶压装置，用于压平整U形件底部。

③ 外侧尺寸要求较高的U形件弯曲模。如图5-38c所示，用于料厚公差较大而外侧尺寸要求较高的弯曲件，其凹模成形部位横向尺寸有严格要求，而凸模为活动结构，可随料厚自动调整凸模横向尺寸。

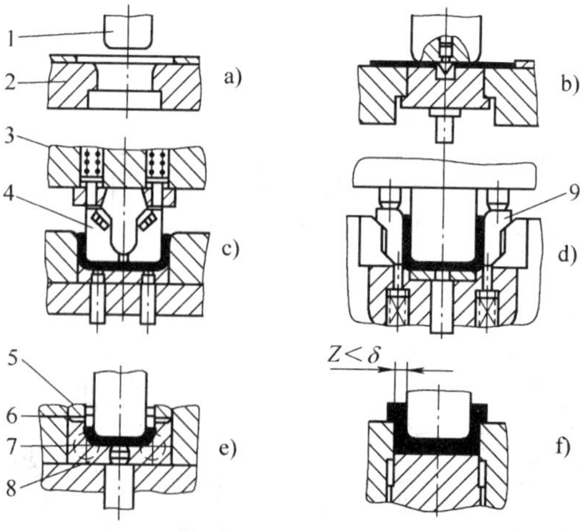

图5-38 U形件弯曲模
1—凸模 2—凹模 3—弹簧 4—凸模活动镶块
5、9—凹模活动镶块 6—定位销 7—转轴 8—顶板

④ 内侧尺寸要求较高的U形件弯曲模。如图5-38d所示，用于料厚公差较大而内侧尺寸要求较高的弯曲件，其凸模成形部位的横向尺寸有严格要求，而凹模两侧为活动结构，可随料厚自动调整凹模成形部位横向尺寸。

⑤ U形件精弯模。如图5-38e所示，两侧的凹模活动镶块用转轴分别与顶板铰接。弯曲前顶杆将顶板顶出凹模面，同时顶板与凹模活动镶块在同一平面，镶块上有定位销供工序件定位用。弯曲时工序件与凹模活动镶块一起运动，这样就保证了两侧孔的同轴。

⑥ U形件两侧壁拉薄弯曲模。如图5-38f所示，凸、凹模单边间隙（Z）小于料厚（δ），即$Z<\delta$。

⑦ 内斜式U形件弯曲模。如图5-39所示是U形件两侧边向内倾斜（即弯曲角小于90°）的U形件弯曲模。弯曲时，凸模下行先将坯料弯成U形，凸模继续下压时，两侧转动凹模使坯料最后压弯成弯曲角小于90°的内斜式U形件。凸模上升，弹簧使转动凹模复位，U形件则由垂直U形侧口方向从凸模侧边卸下。

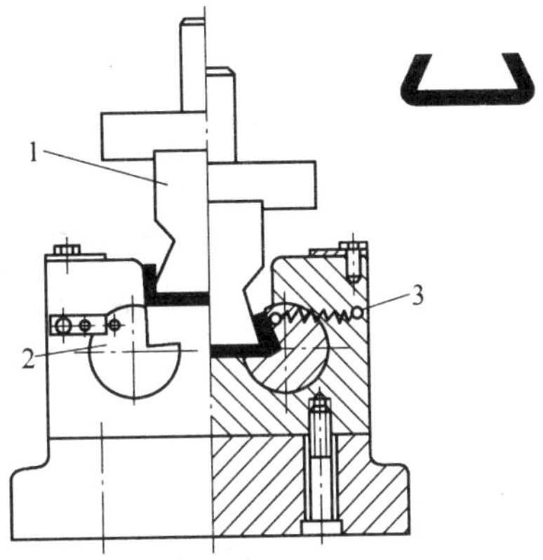

图5-39　弯曲角小于90°的U形件弯曲模
1—凸模　2—转动凹模　3—弹簧

（3）Π形件弯曲模　它可以进行一次或二次弯曲成形，其弯曲模结构较多，典型结构如下：

1）一次成形弯曲模。如图5-40a、5-40b所示，其弯曲过程中因凸模肩部阻碍了坯料向上的转动，外角弯曲线位置不固定，由B点到C点坯料通过凹模圆角的摩擦力增大，使弯曲件侧壁容易擦伤和变薄，成形后弯曲件两肩部位与底面不易平行，如图5-40c所示。特别是当材料厚、弯曲件直壁高、圆角半径小时，其不平行现象更为严重。

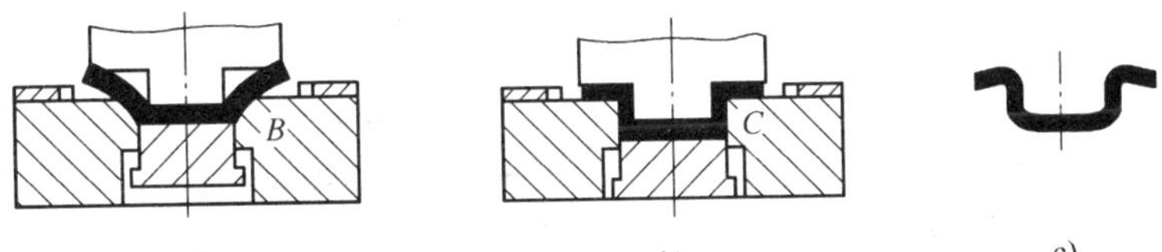

图5-40　Π形件一次成形弯曲模

2）两次成形弯曲模。如图5-41所示，采用两副模具进行弯曲，先弯外角，后弯内角，可避免上述不平行现象，提高了弯曲件质量。为了保证弯内角时凹模有足够的强度，弯曲件的高度H应大于（12～15）δ，结构如图5-41b所示。

3）两次弯曲复合模。如图5-42所示，弯曲时，凸凹模1下行，使坯料通过凹模2先压弯成U形，凸凹模继续下行与活动凸模3一起作用，再压弯成Π形。这种结构需要凹模下腔空间较大，以便于零件侧边的转动。

（4）Z形件弯曲模　一般Z形件可一次弯曲成形，其弯曲模结构见图5-43。

如图5-43a所示模具结构简单，无压料装置，在压弯时坯料易滑动，只适用于精度要求不高的零件。

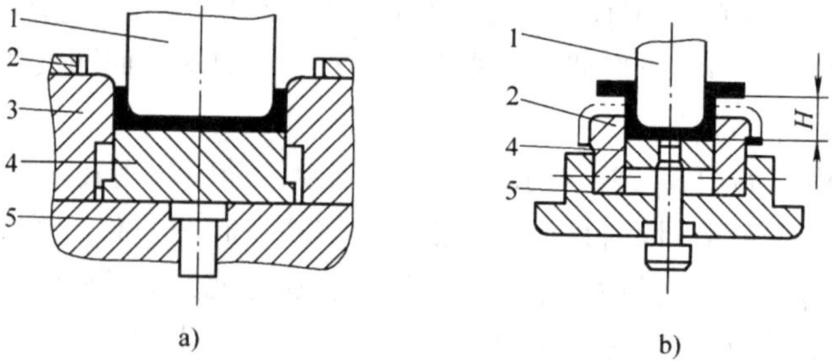

图 5-41　Π形件两次成形弯曲模

a）首次弯曲模　b）二次弯曲模

1—凸模　2—定位板　3—凹模　4—顶板　5—下模座

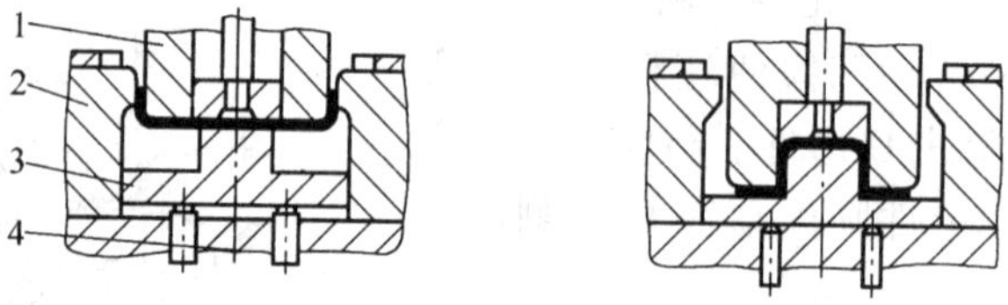

图 5-42　两次弯曲复合的Π形件弯曲件

1—凸凹模　2—凹模　3—活动凸模　4—顶杆

如图 5-43b 所示模具结构中有顶板 1 反压和定位销 2 在坯料孔中定位，能有效防止坯料的偏移。反侧压块 3 的作用是克服上、下模之间水平方向的错移力，同时也为顶板导向。

如图 5-43c 所示模具结构较复杂，弯曲前，活动凸模 10 的下端面在橡皮 8 的作用下与凸模 4 的下端面平齐。开始弯曲时活动凸模与顶板 1 将坯料夹紧，并由于较大的橡皮弹力，推动顶板下移使坯料左端部位弯曲。当顶板 1 接触下模座 11 后，橡皮 8 压缩，则凸模 4 相对活动凸模 10 下移将坯料右端部位弯曲成形。当压块 7 与上模座 6 相碰时，整个 Z 形零件得到校正。

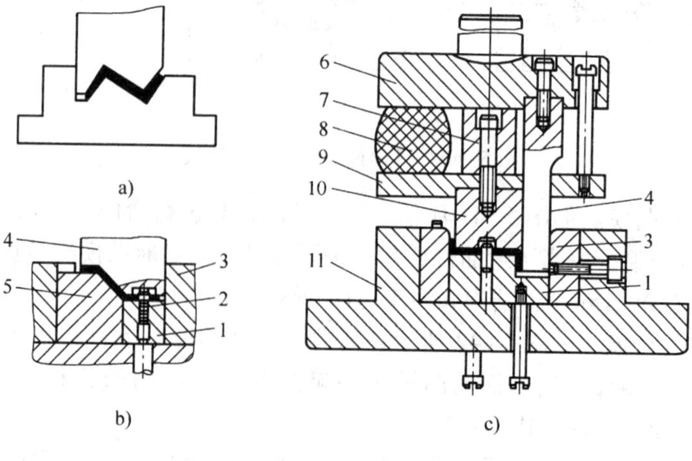

图 5-43　Z 形件弯曲模

1—顶板　2—定位销　3—反侧压块　4—凸模　5—凹模　6—上模座

7—压块　8—橡皮　9—凸模托板　10—活动凸模　11—下模座

（5）圆形件弯曲模 圆形件的圆形直径尺寸大小不同，其圆形弯曲方法也不同，一般按直径分为小圆和大圆两种。

1）小圆形件（直径 $d \leqslant 5$mm）弯曲。小圆形件弯圆时是先弯成U形，再将U形弯成圆形。可用两副简单弯圆模或两道工序合并的弯圆模进行弯圆。

① 两次弯圆模如图5-44所示，其结构简单。

② 一次弯圆模如图5-45所示，其结构较复杂，适用于软材料和中小直径圆形件的弯曲。弯圆过程如下：首先，将坯料放在凹模固定板上的坯料定位槽中定位好；然后当上凹模下行时，弯圆芯轴与下凹模2将坯料弯成U形；接着上凹模再下行，接近弯圆芯轴并继续带动压料板及压缩弹簧将U形坯料弯成圆形件；最后，上凹模回程后，零件留在弯圆芯轴上，拔出弯圆芯轴，零件自动落下。该结构中，压缩弹簧的压力必须大于将坯料压成U形时的压力，弹簧继续受压，压力增大才能弯曲成圆形。

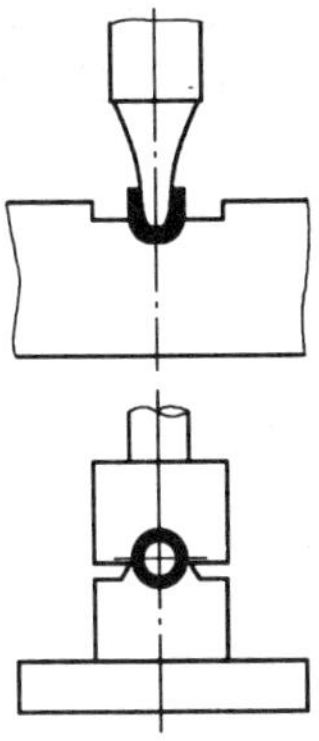

图5-44 小圆两次弯圆模

一般圆形件弯曲后，必须手工将零件从弯圆芯轴上取下，操作比较麻烦。

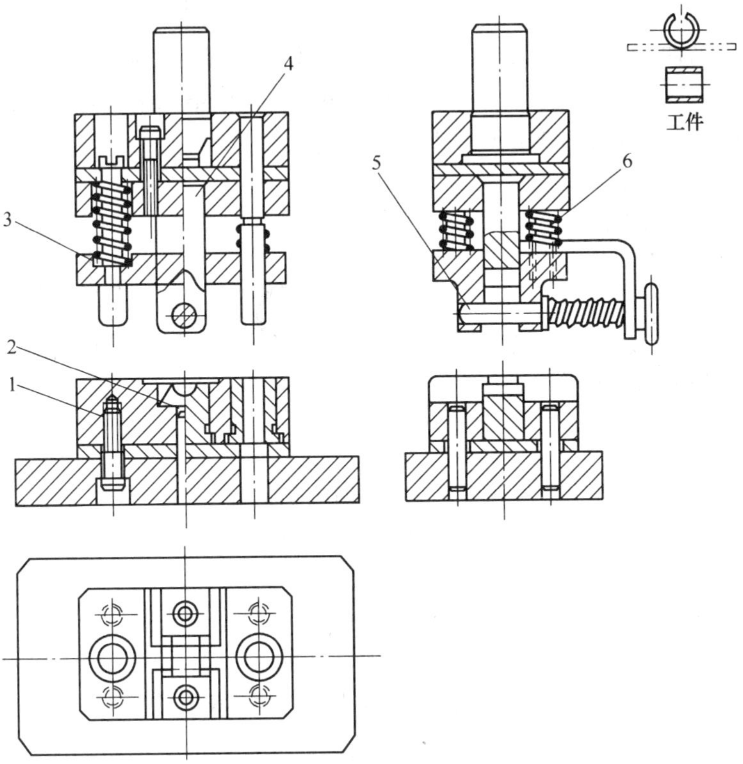

图5-45 小圆一次弯圆模

1—凹模固定板 2—下凹模 3—压料板 4—上凹模 5—弯圆芯轴 6—压缩弹簧

2）大圆形件（直径 $d \leqslant 20$mm）弯曲。

① 一道工序弯曲大圆。如图5-46所示是一次弯曲成形模。该模具结构的突出特点是两块凹模可以摆动。弯曲时，凸模下行与摆动凹模配合工作，先将坯料压成U形；凸模继续下行，两凹模摆动，再将U形弯成圆形。圆形制件可顺凸模轴线方向推开凸模支撑取下。

这种模具生产率较高，但由于回弹，圆形接缝处留有缝隙；而且因两块摆动凹模合拢处有间隙，使圆形接缝处有少量直边，零件精度差，模具结构也较复杂。

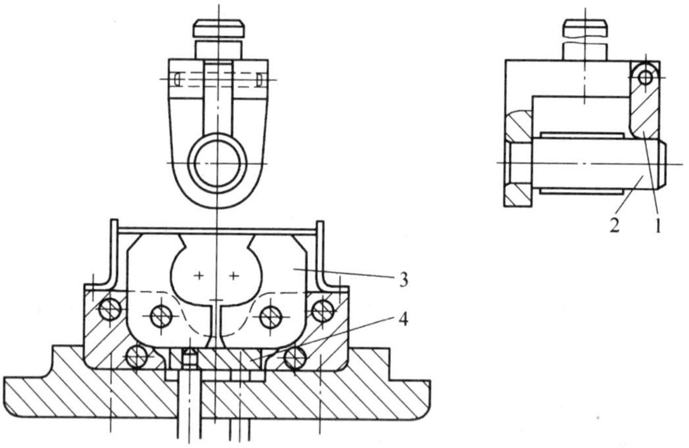

图 5-46　大圆一次弯曲成形模

1—支撑　2—凸模　3—摆动凹模　4—顶板

② 两道工序弯曲大圆。如图 5-47 所示是用两道工序弯曲大圆的方法，先用第一副模具（见图 5-47a）将平整坯料预弯成三个 120°的波浪形，再用第二副模具（见图 5-47b）弯成圆形，弯圆件顺弯圆芯轴的轴线方向取下。

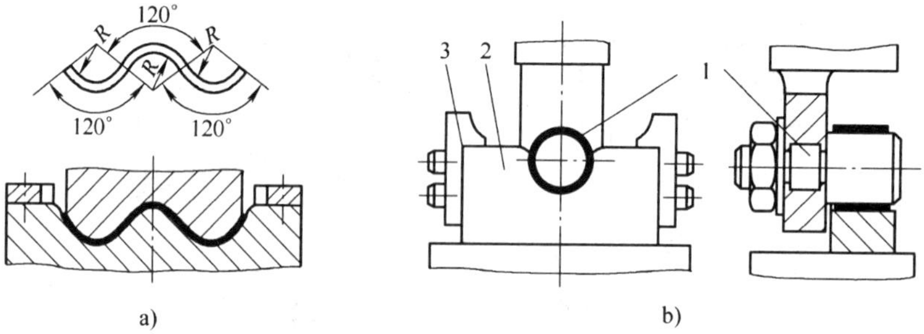

图 5-47　大圆两次弯曲模

a）首次弯曲　b）二次弯曲

1—弯曲芯轴　2—凹模　3—定位板

③ 三道工序弯曲大圆。如图 5-48 所示是用三道工序弯曲大圆的方法，首先，将平整坯料两端弯曲成一定的角度（见图 5-48a）；其次，弯曲成 U 形（见图 5-48b）；最后，弯圆成功（见图 5-48c）。这种方法生产率低，适合于材料厚度较大的零件。

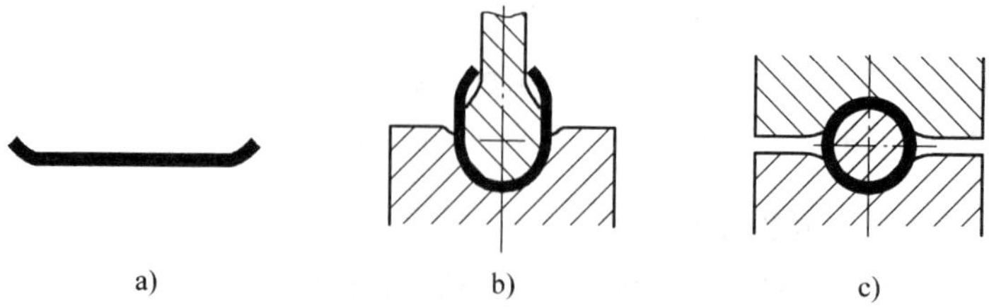

图 5-48　大圆三次弯曲模

a）首次弯曲　b）二次弯曲　c）三次弯曲

(6) 铰链件弯曲模　常见的单边式与对称式铰链件弯曲工序的安排如图5-49所示。先预弯，预弯模如图5-50a所示；再卷圆，卷圆模如图5-50b、c所示。圆形部分的卷圆方法常采用推圆法。卷圆模形式有：

1) 立式卷圆模如图5-50b所示，其结构简单。具体结构见图5-51。将预弯件放入凹模镶块4的凹槽内定位。上模下行时，凸模3压顶板7向下的同时，与凹模镶块4将工件卷弯成形。

2) 卧式卷圆模如图5-50c所示，有压料装置，不仅操作方便，而且零件质量好。

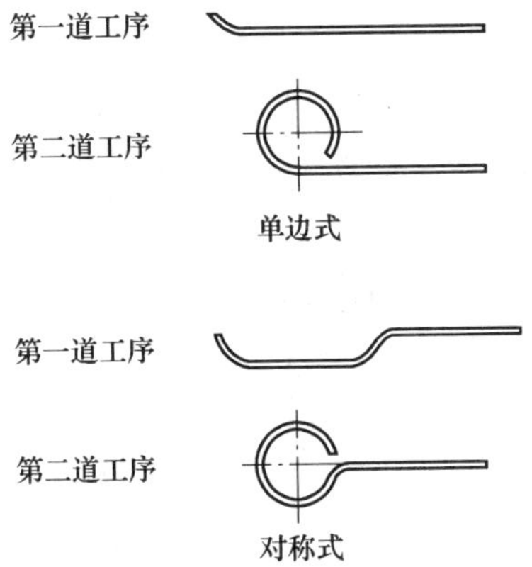

图5-49　铰链件弯曲工序的安排

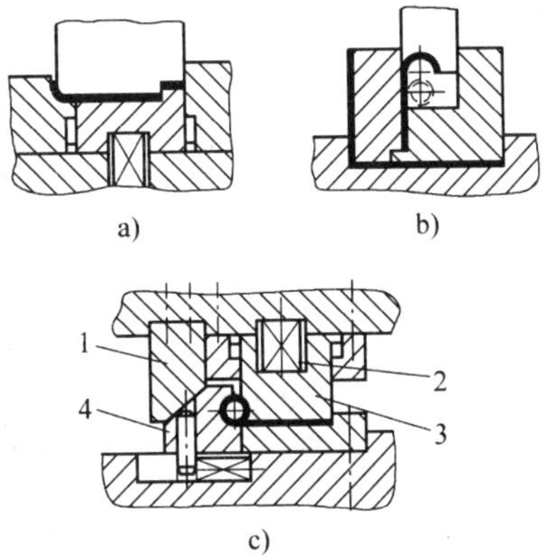

图5-50　铰链件弯曲模

1—斜楔　2—弹簧　3—凸模　4—凹模

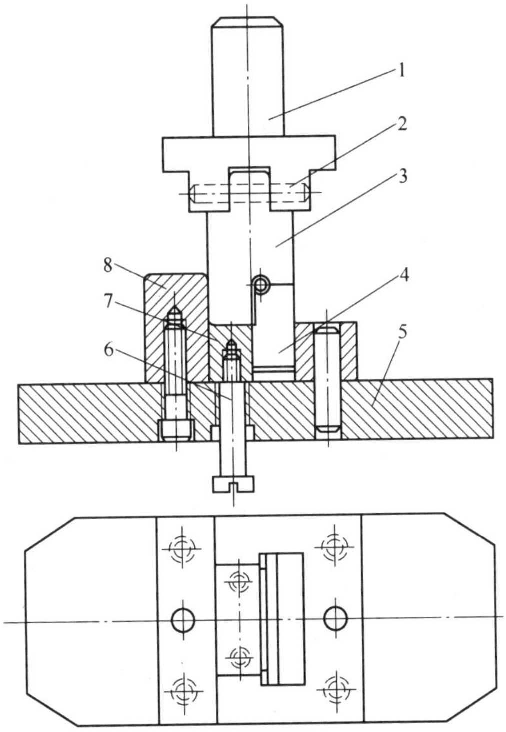

图5-51　铰链立式卷圆模

1—模柄　2—圆销　3—凸模　4—凹模镶块　5—底座　6—顶杆　7—顶板　8—凹模固定板

2. 连续弯曲模

对于批量大、尺寸较小的弯曲件，为了提高生产率和安全性，保证产品质量，可以采用连续弯曲模进行多工位冲裁、弯曲、切断等工艺成形。

3. 复合模

对于尺寸不大的各种形式的弯曲件，可以采用复合模，在模具同一位置上一次冲压行程中同时完成落料、弯曲、冲孔等几种不同的工序。如图 5-52a、b 所示是落料、弯曲复合模结构简图。如图 5-52c 所示是落料、弯曲、冲孔复合模结构简图，模具结构紧凑，零件精度高，但凸凹模修磨困难。

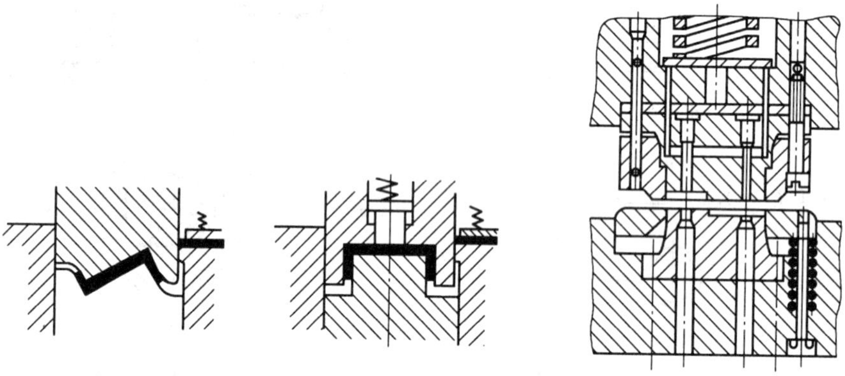

a)　　b)　　c)

图 5-52　弯曲复合模

a)、b) 落料、弯曲复合模　c) 落料、弯曲、冲孔复合模

4. 通用弯曲模

在小批生产或试制多种弯曲零件时，常采用通用弯曲模。

如图 5-53 所示是通用 V 形弯曲模。该模用于弯曲简单的 V 形件，凹模由两块凹模组成，其凹模具有四个工作面，以供弯曲多种角度用。凸模按零件弯曲角和圆角半径大小更换。

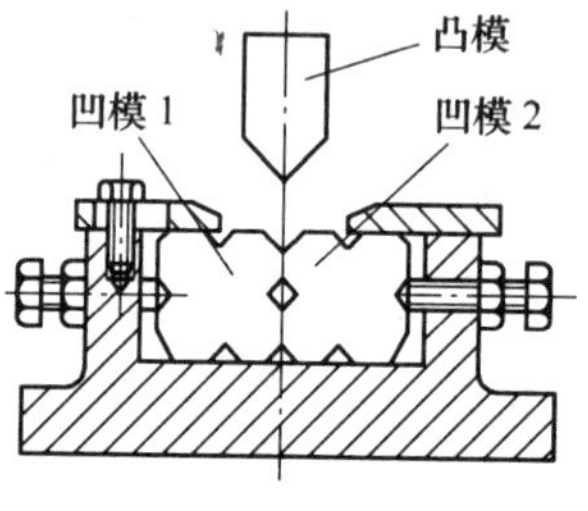

图 5-53　通用 V 形弯曲模

二、弯曲模结构参数设计

弯曲模结构参数的设计主要是设计成形件的关键尺寸，关键尺寸值按下述要求确定。弯曲模其他各组成件参照冲裁模结构的相应件尺寸进行设计。下面介绍弯曲件中的 V、U 形件弯曲模成形件成形部位尺寸的计算，其他类型弯曲件的弯曲模成形件成形部位尺寸可参考相关资料确定。

1. 凸模圆角半径 (r_p)

(1) 相对弯曲半径 r/δ 较小　弯曲件 r/δ 较小时，凸模圆角半径 r_p 取零件的弯曲半径 r，即 $r_p = r$。但不应小于表 5-1 中所列出的最小弯曲半径。

(2) 相对弯曲半径 r/δ 较大　弯曲件 r/δ 较大、精度要求较高时，则应考虑回弹，凸模圆角半径 r_p 一般小于零件的弯曲半径 r，即 $r_p < r$，试制后加以修改。

2. 凹模

(1) 圆角半径 (r_d)　凹模圆角半径 r_d 不应该过小，以免擦伤零件表面，影响冲模的寿命，凹模两边的圆角半径应一致，否则在弯曲时坯料会发生偏移。r_d 大小通常依材料厚度 δ 确定，一般 r_d 为（2～6）δ，薄料取大倍数，厚料取小倍数，具体数值如下：

$$\delta \leqslant 2\text{mm}, r_d = (3 \sim 6)\delta$$

$$\delta = 2 \sim 4\text{mm}, r_d = (2 \sim 3)\delta$$

$$\delta > 4\text{mm}, r_d = 2\delta$$

（2）凹模深度　凹模深度应适当，凹模深度过小，则弯曲坯料的两端大部分未受压，造成制件回弹大，且不平直，影响其质量；深度若过大，模具相应大，成本高，且压弯时压力机工作行程较大。

1）V形件弯曲模凹模。其深度 l_0 及底部最小厚度 h 如图5-54所示，其值可查表5-9确定。凹模V形的开口宽度 L_A 不能大于弯曲坯料展开长度的0.8倍，其底部可开退刀槽或底部半径（r'_d）取：

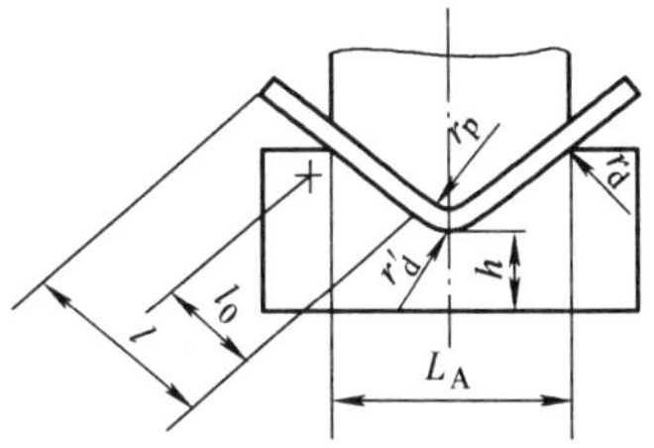

图5-54　V形件弯曲模凹模尺寸

$$r'_d = (0.6 \sim 0.8)(r_p + \delta)$$

表5-9　V形弯曲模凹模深度（l_0）和底部最小厚度（h）　（单位：mm）

弯曲件边长 l/mm	材料厚度 δ/mm					
	≤2		2～4		>4	
	h/mm	l_0/mm	h/mm	l_0/mm	h/mm	l_0/mm
10～25	20	10～15	22	15	—	—
25～50	22	15～20	27	25	32	30
50～75	27	20～25	32	30	37	35
75～100	32	25～30	37	35	42	40
100～150	37	30～35	42	40	47	50

2）U形件弯曲模。

① 弯边高度 L 小。U形件弯边高度 L 小、两边平直，则凹模成形部位深度（H）应大于零件的高度，如图5-55a所示，即

$$H = L + h_1 + r_d$$

式中　L——U形件弯边高度；

h_1——凹模口部直边深度值（见表5-10）；

r_d——凹模口部过渡圆弧半径。

② 弯边高度 L 较大。若U形件弯边高度 L 较大，平直度要求不高，则凹模成形部位深度（H）可小于零件的弯边高度，如图5-55b所示，即

$$H = r_d + l_1 + r_p + \delta$$

式中　r_d——凹模口部过渡圆弧半径；

l_1——凹模口部直边深度值（见表5-11）；

r_p——凸模圆角半径；

δ——料厚。

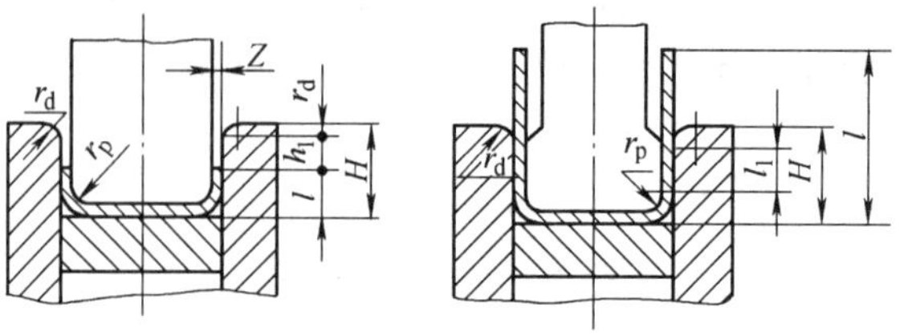

图 5-55　U 形件弯曲模凹模尺寸

表 5-10　弯曲 U 形件凹模口部直边深度值 h_1　（单位：mm）

材料厚度 δ	≤1	1~2	2~3	3~4	4~5	5~6	6~7	7~8	8~10
h_1	3	4	5	6	8	10	15	20	25

表 5-11　弯曲 U 形件的凹模口部直边深度值 l_1　（单位：mm）

弯曲件边长 l	材料厚度 δ				
	<1	1~2	2~4	4~6	6~10
<50	15	20	25	30	35
50~75	20	25	30	35	40
75~100	25	30	35	40	40
100~150	30	35	40	50	50
150~200	40	45	55	65	65

3. 弯曲凸、凹模间隙

间隙的大小对工件质量和弯曲力有很大的影响。间隙越小，则弯曲力越大；间隙过小，会使工件边部壁厚减薄，降低凸模寿命；间隙过大，则回弹大，降低工件的精度。

1）V 形件弯曲模的凸、凹模间隙，设计时不考虑，其间隙是靠调整压力机的行程，保证弯曲模安装高度来确定。

2）U 形件弯曲模的凸、凹模间隙值大小应合理选择，其单边间隙值（Z）为

$$Z = \delta_{max} + (5\% \sim 20\%)\delta_{max}$$

式中　δ_{max}——U 形件材料最大厚度；

5%~20%——间隙系数，零件精度较高时，间隙系数适当取小值；弯边高度大，间隙系数适当取大值。

4. U 形件弯曲凸、凹模横向名义尺寸（L_p、L_d）及制造公差（Δ）

（1）横向名义尺寸

1）U 形件两弯边外形尺寸有要求时，以凹模为基准，间隙取在凸模上，如图 5-56a、c 所示。

凹模横向名义尺寸（L_d）：$L_d = L_{max} - (0.5 \sim 0.75)\Delta$

凸模横向名义尺寸（L_p）：$L_p = L_d - 2Z$

2）U 形件两弯边内形尺寸有要求时，应以凸模为基准，间隙取在凹模上，如图 5-56b、

c 所示。

凸模横向名义尺寸（L_p）：$L_p = L_{min} + (0.5 \sim 0.75)\Delta$

凹模横向名义尺寸（L_d）：$L_d = L_p + 2Z$

（2）横向尺寸的制造公差　按弯曲件尺寸公差（Δ）的 $1/n$ 选用，与冲裁模凸、凹模横向尺寸的制造公差一致，也是取制件相应尺寸的 Δ/n，若 Δ 大，n 就大，Δ 小，则 n 小。但弯曲模制造精度低些，即 n 值稍大些（相当于 IT7、IT8、IT9 级）。

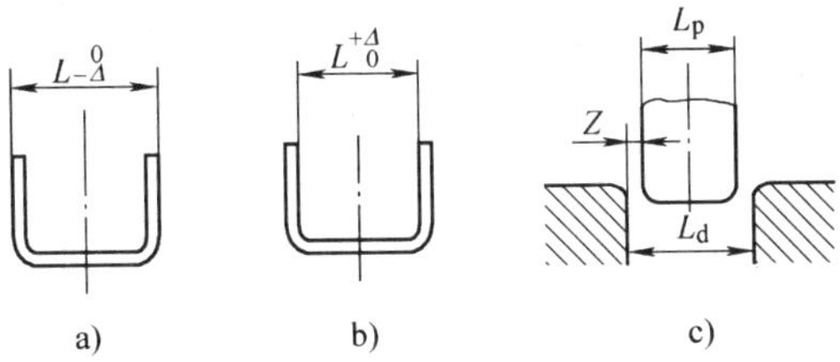

图 5-56　标注内形和外形的弯曲件及模具尺寸

三、弯曲模材料及热处理

弯曲模是冷冲压模具中的一种，它是在压力机上进行冲压工作，它的结构除成形部位外，其他组成件的结构、作用与冲裁模基本相同，故其材料及热处理与冲裁模也基本相同，可按冲裁模确定。

1. 小型弯曲模

成形部位的凸、凹模常选用高碳钢（如 T8A、T10A 等）制造，并进行淬火与回火，硬度为 60HRC 左右。

2. 复杂、较大的弯曲模

成形部位的凸、凹模选用 CrWMn、Cr12、Cr12MoV 等模具合金工具钢，淬硬到 60 ~ 64HRC。

四、弯曲模设计

1. 弯曲模设计步骤

弯曲模设计步骤与冲裁模设计步骤是一样的，包括：收集原始资料→加工零件技术、经济分析→冲裁工艺方案确定→确定模具结构形式、外形尺寸→工艺计算→确定模具主要零部件的结构与尺寸—选择压力机—绘制模具总装图、零件图—校核模具图样。

2. 弯曲模结构设计注意点

弯曲模结构设计应在选定弯曲件工艺方案的基础上进行，为了保证零件的要求，在进行弯曲模的结构设计时，必须注意以下几点：

1）坯料放置在模具上应保证其可靠的定位。

2）在压弯的过程中，应防止坯料的滑动。

3）为了减小回弹，在冲程结束时应使零件在模具中得到校正。校正力集中在弯曲件圆角处，效果会更好。

4）弯曲模的结构应考虑到制造与维修中减小回弹的可能。

5）把坯料放到模具上和压弯后从模具中取出零件要方便。

3. 弯曲模设计实例

例 1 Π形件弯曲模设计

如图 5-57 所示为Π形弯曲件，零件材料为 10 钢，厚 1.5mm，中批量生产。

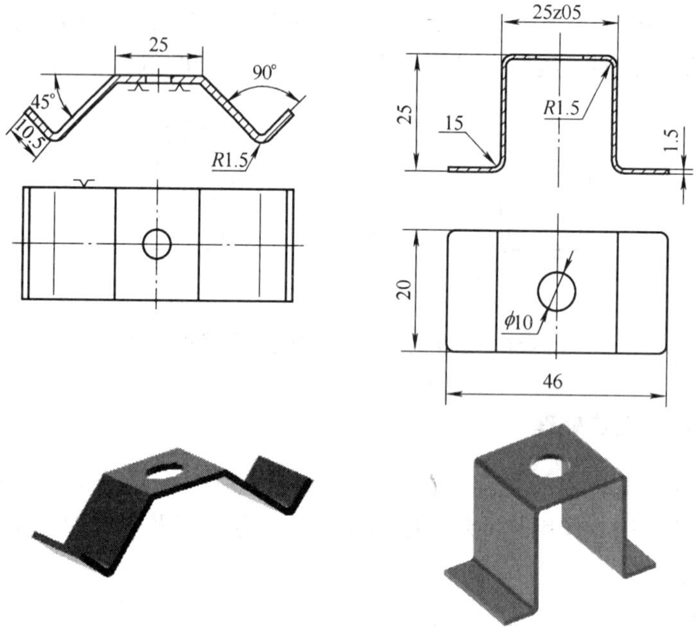

图 5-57 Π形弯曲件

该弯曲模的设计步骤、基本组成部分中的模架和卸料、定位、导向等装置与冲裁模设计类同，这里不再介绍。下面只简单介绍凸、凹模的设计。

工件已完成了落料冲孔工序（冲展开坯料、ϕ10 孔）及预弯工序（弯两下边 90°直角），本工序主要完成对零件两侧边的弯曲加工，所以选择 U 形件单工序弯曲模。

（1）弯曲模结构的确定　考虑弯曲前工件的形状特点，为便于定位，采用凸模在下、凹模在上的结构。又因为该制件为 U 形件，查表可知 $\Delta\alpha = 30'$，在弯曲件允许公差范围内，故不需要考虑回弹措施。

（2）模具设计计算

1）模具间隙的确定。

根据公式可知：$Z = \delta_{max} + (5\% \sim 20\%)\delta_{max}$，取系数为 10%，则

$$Z = 1.5(1 + 10\%) = 1.65\text{mm}$$

2）确定凹、凸模工作尺寸。该工件以外形尺寸标注，故先确定凹模尺寸。

① 凹模工作尺寸。工件弯曲尺寸为 25mm ±0.5mm，偏差为双向，公差（Δ）为 1mm，则

$$L_d = (L - 0.5\Delta)^{+\delta_d}_{0}$$

$$= (L - 0.5\Delta)^{+\delta_d}_{0} = 24.75^{+\delta_d}_{0}$$

制造偏差δ_d取 IT7 级精度，查公差表得$\delta_d = +0.021$，则

$$L_d = 24.75^{+0.021}_{0}$$

或制造偏差 δ_d 为 Δ/n，取 $n=20$，$\delta_d=+0.05$，则

$$L_d=24.75^{+0.05}_{0}\ （更合理）$$

② 凸模工作尺寸 $L_p=(L_d-2z)-\delta_p=21.45^{0}_{-0.021}$ 或 $L_p=21.45^{0}_{-0.05}$。

3）确定凸、凹模圆角半径。为减小回弹，一般应取较小的圆角半径。

① 凸模圆角半径。因为 $r/\delta=1$，故取 $r_p=r=1.5$mm。

② 凹模圆角半径 r_d。因为 $\delta=1.5<2$mm，取 $r_d=(3\sim6)\delta$，具体取 3.3δ，即取 $r=5$mm。

4）凹模深度。查表 5-11，取 $l_1=20$mm。

（3）模具总装图　本套模具主要由模架、凸模、凹模、卸料装置、定位元件、紧固连接件等部分组成，模具总装配图如图 5-58 所示。

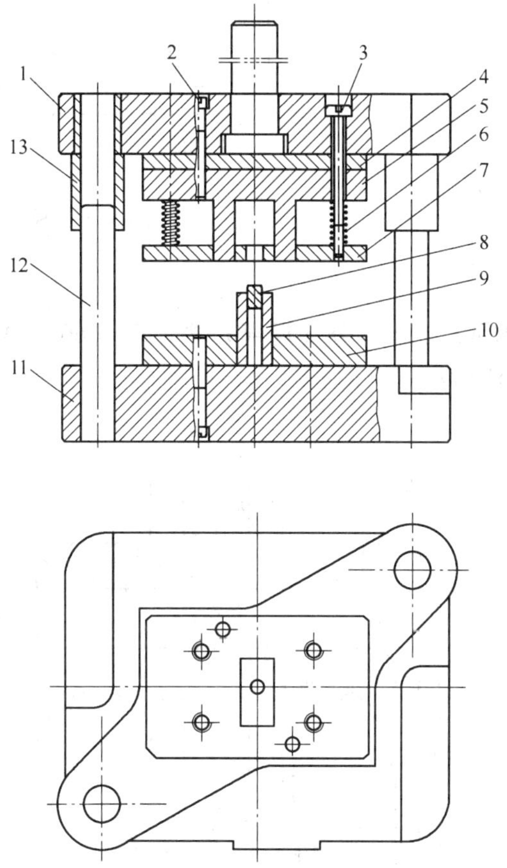

图 5-58　模具总装配图

1—上模座　2—内六角螺栓　3—螺钉　4—垫板　5—凹模

6—弹簧　7—弹簧套筒　8—卸料板　9—定位销　10—凸模

11—凸模固定板　12—下模座　13—导柱

1）凸模及凸模固定板：采用镶拼结构，凸模与固定板的配合选用过渡配合（M8/h7，配合较紧）。凸模零件图如图 5-59 所示，凸模固定板如图 5-60 所示。

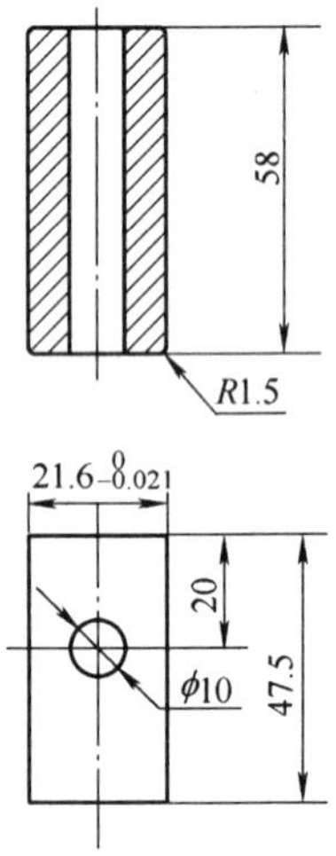

图 5-59　凸模零件图
（T10A，淬硬 60 ~ 64HRC）

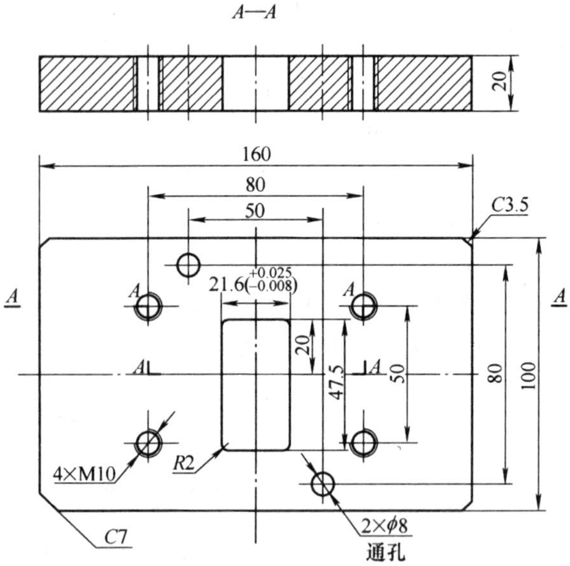

图 5-60　凸模固定板（45 钢）

2）凹模：材料为 T10A，工作部分（局部）热处理至 60 ~ 64HRC。工作尺寸已确定，其他尺寸及形状如图 5-61 所示。

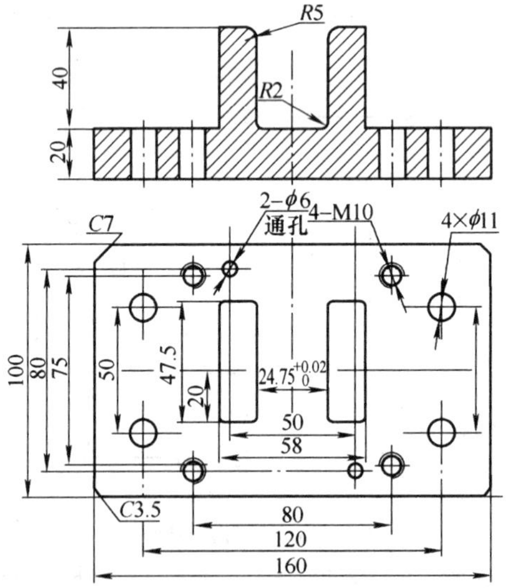

图 5-61　凹模零件图

例 2　铰链形件（见图 5-62）弯曲模设计（过程略）。

弯曲工艺过程如图 5-63 所示。一次弯曲模如图 5-64 所示。二次弯曲模如图 5-65 所示。

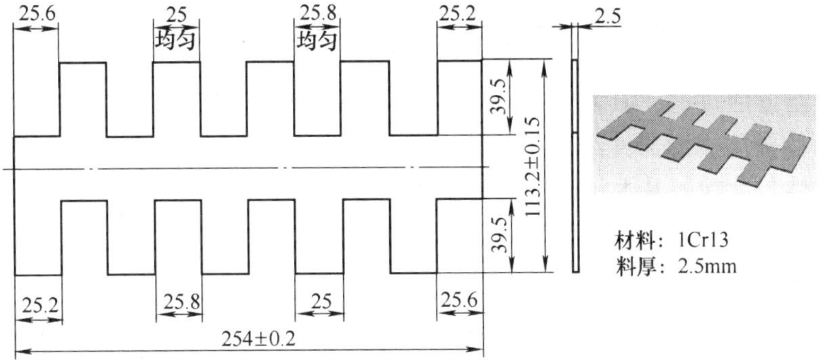

图 5-62　铰链形件

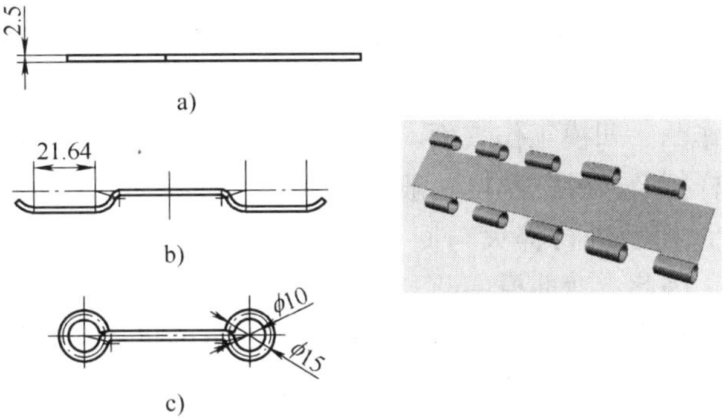

图 5-63　弯曲工艺过程

a）工序件　b）一次弯曲件　c）二次弯曲件

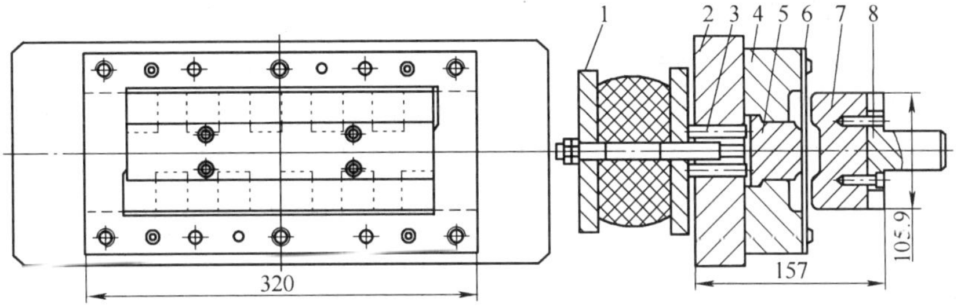

图 5-64　一次弯曲模

1—弹顶器　2—底座　3—顶杆　4—凹模　5—顶板　6—定位板　7—凸模　8—模柄

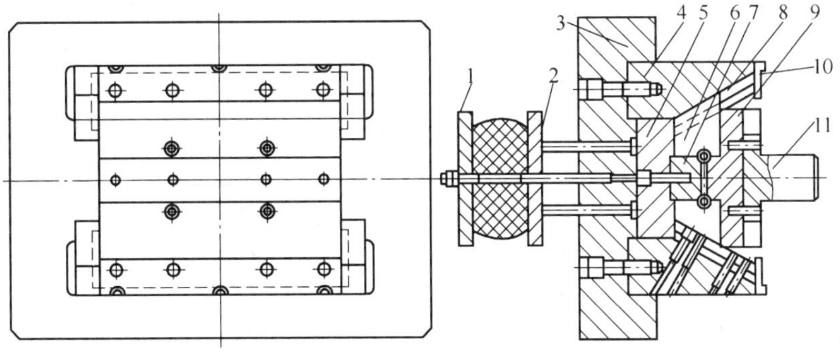

图 5-65　二次弯曲模

1—弹顶器　2—顶杆　3—底座　4—斜楔　5—顶板　6—滑块

7—凹模　8—导轨　9—凸模　10—定位板　11—模柄

五、弯曲模制造、装配、调试与维修

弯曲模压制弯曲件时，其制件材料的弯曲变形特性（破裂、回弹、偏移、翘曲与剖面畸变等）使弯曲模的成形部件结构具有独特的特性，它不同于冲裁模的成形部件，但弯曲模的其他组成件与冲裁模基本相同，故其制造、装配调试、维修也与冲裁模基本相同。下面仅介绍弯曲模成形部件的制造、装配调试与维修的独特之处。

1. 弯曲模制造特点

弯曲模所有组成件的制造按冲裁模制造工艺进行，加工方法基本与冲裁模相同，但因弯曲件的弯曲加工中有前面所述的变形特殊性，故弯曲模的成形件制造时应注意如下特点：

（1）凸、凹模工作表面按样板配制　弯曲模工作部分形状较复杂，几何形状、尺寸精度要求较高，制造过程中，应按样板（或标准样件）配作凸、凹模工作表面的曲线和折线，保证两者的工作表面吻合，缝隙细小、透光均匀，以保证制造精度。初样板（或标准样件）事先专门做好，预配作凸、凹模工作表面。由于零件回弹，终样板根据弯曲模多次试模后确定的修正值来加工，样板及样件的精度一般应为 ±0.05mm。

（2）凸、凹模在试模后进行淬火与回火　弯曲成形时，因零件材料存在弹塑性变形，会使弯曲件产生回弹。因此，弯曲模的凸、凹模形状、尺寸设计得完全准确是不可能的，故在制造时，应根据反复试模，按实际情况来修正凸、凹模的尺寸和形状，直到弯曲件符合图样要求为止。为了便于修整，凸、凹模形状及尺寸应经试模确定后，才能进行淬硬定形。

（3）凸、凹模的加工次序　按弯曲件内、外形尺寸精度要求，确定凸、凹模的加工次序。内形尺寸有精度要求（尺寸标注在内形上）的弯曲件，一般先加工凸模，凹模按凸模配制，并保证一定的间隙值；外形尺寸有精度要求（尺寸标注在外形上）的弯曲件，应先加工凹模，凸模按加工出的凹模配制加工，并保证合适的间隙值。

（4）凸、凹模圆角半径应加工一致　弯曲模工作零件加工的关键是保证工作型面的尺寸、形状精度和表面粗糙度。当弯曲件部位的弯曲半径尺寸相同时，则其凸、凹模圆角半径在加工时，要求尺寸、表面粗糙度值一样，表面应进行抛光（*Ra*0.4μm 以下），可减小压力，防止偏移。

2. 弯曲模装配与调整

弯曲模的装配方法与冲裁模装配方法基本是一样的，但弯曲模装配也有其独特的特点：

（1）凸、凹模间隙的调整　进行装配时，常借助样板或标准样件等来调整凸、凹模间隙值；上、下模的侧向间隙可采用垫纸或标准样件来进行调整，以保证间隙的均匀性。间隙调整后，可将下模板固定、试冲。

（2）压力机上安装　有导向装置的弯曲模的上、下模水平方向相对位置由导向装置来决定，其轴向相对位置则在凸模下平面与下模之间垫一块比坯料略厚的垫片（一般为弯曲坯料厚度的1～1.2倍），多次调节连杆长度，用手搬动飞轮，直到使上模随滑块能正常地通过下极点而无阻滞现象为止；对于无导向装置的弯曲模则将事先制作的样件放在模具上、下模之间的工作位置上（凹模型腔内）进行粗略定位，然后也是多次调节压力机连杆，多次用手搬动飞轮，使上模随滑块调整到下极点时，压紧样件又不发生硬性顶撞及咬死现象，再将下模紧固，上下合模试行符合要求后，上、下模间的正确相对水平及轴向位置确定。

（3）卸料、退件装置的调整　弯曲模的卸料系统行程应足够大，卸料用的弹簧或橡皮应有足够的弹力；顶出器及卸料系统应调整到动作灵活，并能顺利地卸出零件，不应有卡死及发涩现象。卸料系统作用于零件的作用力要调整均衡，以保证卸料后零件表面平整，不会产生变形和翘曲。卸料弹性元件应有足够的弹力，其可通过试模最后确定。

3. 弯曲模维修

弯曲时，因受到弯曲件的材料、结构尺寸、弯曲加工方法、弯曲工序安排及其模具等因素的影响，弯曲件会产生质量问题，常见的废次品及消除方法见表 5-12。

表 5-12　弯曲件废次品及消除方法

废次品类型	简图	产生原因	消除方法
裂纹	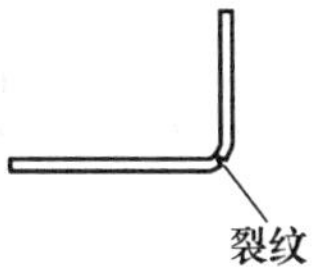	1. 凸模弯曲半径过小 2. 毛坯毛刺的一面处于弯曲外侧 3. 板材的塑性较低 4. 落料时毛坯硬化层过大	1. 适当增大凸模圆角半径 2. 将毛刺一面处于弯曲内侧 3. 用经退火或塑性较好的材料 4. 弯曲线与纤维方向垂直或成 45° 方向
底部不平	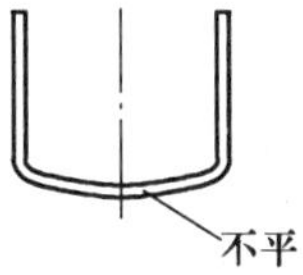	弯曲时板料与凸模底部没有靠紧	采用带有弹性压料顶板的模具，在弯曲开始时顶板便对毛坯施加足够的压力，最后对弯曲件进行校正
翘曲	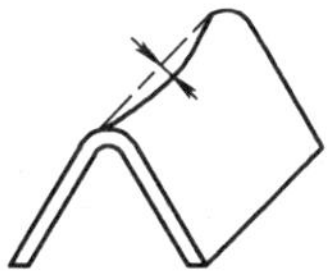	1. 变形区应变沿弯曲线方向引起横向翘曲 2. 在中性层外侧是压应变，中性层内侧是拉应变	1. 采用校正性弯曲，增加单位面积压力 2. 根据翘曲量修正凸模与凹模
孔不同心	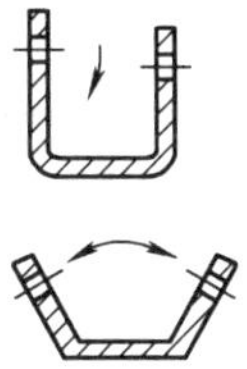	1. 弯曲时毛坯偏移，引起孔中心线错移 2. 弯曲回弹使孔中心线倾斜	1. 毛坯要准确定位，保证左右弯曲高度一致设置防止毛坯窜动的定位销或压料顶板 2. 减小工件回弹
直臂高度不稳定	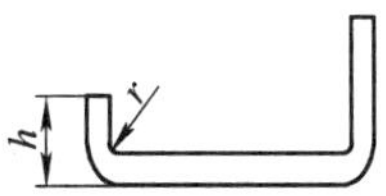	1. 高度 h 尺寸太小 2. 凹模圆角不对称 3. 弯曲过程中毛坯偏移	1. 高度尺寸 h 不能小于最小弯曲高度 2. 修正凹模圆角 3. 采用弹性压料装置或工艺孔定位
表面擦伤	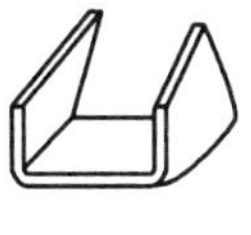	1. 模具工作部分表面粘附有金属微粒 2. 凹模的圆角半径过小 3. 凸、凹模的间隙过小	1. 清除模具工作部分表面脏物，降低凸、凹模表面粗糙度 2. 适当增大凹模圆角半径 3. 采用合理的凸、凹模间隙

（续）

废次品类型	简图	产生原因	消除方法
张口	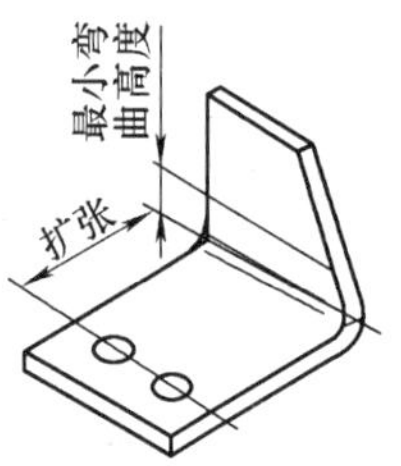	1. 弯曲高度小于最小弯曲高度 2. 在最小弯曲高度以下的部分出现张口	1. 在设计工件时应保证大于或等于最小弯曲高度 2. 当工件出现小于最小弯曲高度的部分时，可将小于最小弯曲高度的部分去掉后再弯曲
偏移	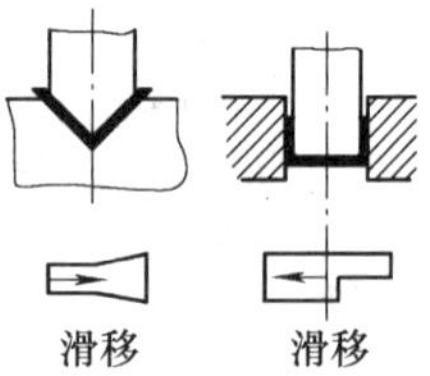	1. 弯曲不对称形状工件 2. 毛坯在凹模内滑动 3. 两边受到的摩擦力不相等，故发生尺寸偏移	1. 采用弹性压料顶板的模具 2. 毛坯在模具中定位要准确 3. 在可能的情况下，采用成双弯曲后，再切开
孔变形	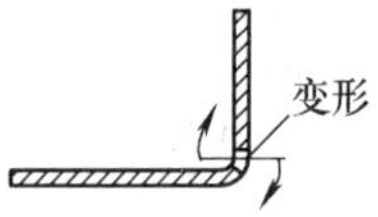	1. 孔边离弯曲线太近 2. 在中性层内侧为压缩变形，而外侧为拉伸变形，故孔发生了变形	1. 保证从孔边到弯曲半径 r 中心的距离大于一定值 2. 在弯曲部位设置工艺孔，以减轻弯曲变形的影响
弯曲角度变化		塑性弯曲时伴随着弹性变形，当弯曲工件从模具中取出后，便产生弹性恢复，从而使弯曲角度发生了变化	按预定的回弹角来修正凸、凹模的角度，以达到补偿的目的，采用校正性弯曲代替自由弯曲
弯曲端部鼓起	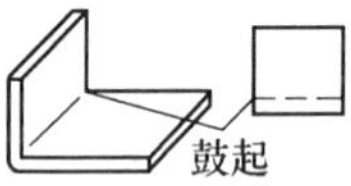	中性层内侧被压缩而缩短，宽度方向则伸长，故宽度方向边缘出现鼓起，以厚板小角度弯曲最为明显	在弯曲部位两端预先做成圆弧切口，将毛坯毛刺一边放在弯曲内侧
扭曲	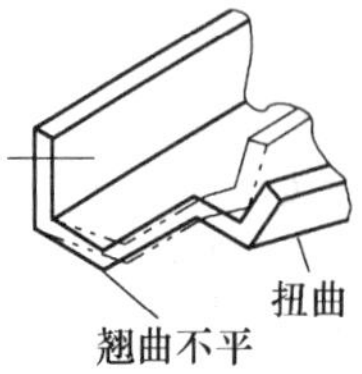	1. 两侧弯边宽度、弯边高度相差悬殊、变形阻力不等，造成窄、低边易产生扭曲 2. 若因两端有缺口且较大而压不住，会使带缺口的底面翘曲不平，加剧扭曲	1. 两侧增加工艺余料，弯曲后切除工艺余料 2. 在产生扭曲的一侧和缺口处安装导板，可减轻扭曲程度
断面不良 棱角不清晰	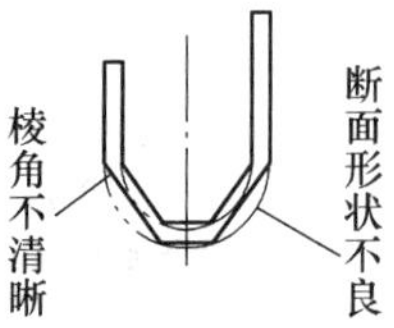	因弯曲凸模底部呈锥形，与凹模及顶板之间存在自由空间，毛坯与凸模无法保证贴合好，断面形状不理想，且底部与壁部的转折处为大圆弧过渡	在顶板上加一橡胶垫，使毛坯在弯曲过程中，逐步包紧在凸模上，工件形状完全由凸模形状确定，能保证生产出合格工件

弯曲模试冲时出现的缺陷、原因及调整方法见表5-13。

表5-13 弯曲模试冲时出现的缺陷、原因及调整方法

试冲时出现的缺陷	产生原因	调整方法
冲件的弯曲角度不够	1. 凸、凹模的弯曲回弹角制造过小 2. 凸模进入凹模的深度太浅 3. 凸、凹模之间的间隙过大 4. 校正弯曲的实际单位校正力太小	1. 修正凸、凹模，使弯曲角度达到要求 2. 加深凹模深度，增大冲件的有效变形区域 3. 按实际情况采取措施，减小凸、凹模的配合间隙 4. 增大校正力或修正凸、凹模形状，使校正力集中在变形部位
冲件的弯曲位置不符合要求	1. 定位板位置不正确 2. 弯曲件两侧受力不平衡而产生偏移 3. 压料力不足	1. 重新装定位板，保证其位置正确 2. 分析冲件受力不平衡的原因并加以克服 3. 采取措施来增大压料力
冲件尺寸过长或不足	1. 间隙过小，材料被拉长 2. 压料装置的压料力过大而使材料伸长 3. 设计计算错误或不正确	1. 根据实际情况修正凸、凹模，增大间隙值 2. 采取措施减小压料力 3. 落料尺寸在弯曲模试模后确定
冲件表面擦伤	1. 凹模圆角半径过小，表面粗糙度不合要求 2. 润滑不良，使坯料粘附在凹模上 3. 凸、凹模之间的间隙不均匀	1. 增大凹模圆角半径，减小表面粗糙度值 2. 合理润滑 3. 修正凸、凹模，使间隙均匀
冲件弯曲部位产生裂纹	1. 材料的塑性差 2. 弯曲线与板料的纤维方向平行 3. 剪切断面的毛刺在弯角的外侧	1. 将坯料退火后再弯曲 2. 改变落料排样，使弯曲线与板料纤维方向成一定的角度 3. 使毛刺在弯角的内侧，光亮带在外侧

复习题

1. 为什么说弯曲中的回弹是一个不容忽视的问题？试述减小弯曲件回弹的常用措施。
2. 简述弯曲模的制造特点。
3. 弯曲模装配有哪些独特的特点？
4. 简述弯曲件的结构工艺性。
5. 弯曲过程中产生偏移的原因有哪些？如何减小和克服偏移？
6. 弯曲凸、凹模的间隙如何确定？
7. U形件弯曲模中的凹模深度尺寸如何计算？

8. 计算如图 5 - 66 所示弯曲件的坯料长度。

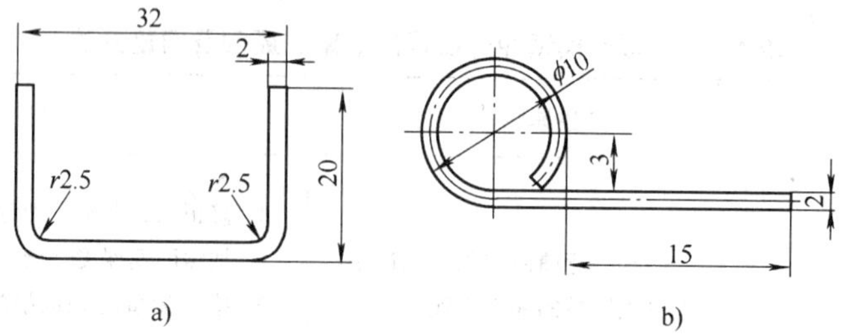

图 5 - 66　弯曲件

单元6 拉深模设计

6

任务1 了解拉深基础理论

学习目标

1. 掌握拉深的变形特点。
2. 了解拉深件的质量问题——起皱、拉裂、突耳和时效开裂等。
3. 学会处理拉深件质量问题。
4. 掌握拉深件本身的要求，学会分析拉深件以满足拉深加工要求。

任务描述

本任务主要介绍拉深的基础理论，拉深变形分析、拉深件质量分析、拉深件自身的要求（形状、尺寸、精度与材料）等。

任务分析

通过在圆形坯料上画“坐标网格”及“多余三角形”进行分析可知，拉深变形的实质是坯料金属内部的相互作用，使各个金属小单元体之间产生拉应力和压应力，并在其拉、压应力的综合作用下，材料屈服产生塑性变形，并不断地被拉入凹模，成为拉深件。变形特点是拉深件筒底厚度基本不变、壁部上段增厚，易起皱，壁部下段变薄，筒底转角处严重变薄甚至断裂、硬化等。探讨拉深时金属材料性能和组织的变化，将引起拉深件产生的各种质量问题及其处理措施进行总结。由此可知：对拉深件自身必须有一定的要求，才能进行拉深加工。下面介绍其相关的基本知识。

相关知识

一、拉深概况

拉深是利用拉深模在压力机的压力作用下，将塑性金属平板坯料或开口空心坯件进行冲压的一种加工方法。它是冲压生产中应用最广泛的工序之一，可加工旋转体零件（如圆形、球形、抛物线形、锥形）、非旋转体零件（如圆形盒、矩形盒和椭圆形盒）及其他形状复杂的薄壁零件等。拉深可分为不变薄拉深和变薄拉深。

不变薄拉深是拉深成形后的零件，其各部分的壁厚与拉深前的坯料厚度相比变化很小或基本不变的一种加工方法（如搪瓷脸盆、铝锅、饭盒，汽车油箱、汽车覆盖件等）。变薄拉深是拉深成形后，制件底部材料的厚度不变、直壁部分的材料厚度变化很大的一种加工方法。变薄拉深适用于加工高度较大、壁薄而底厚的空心零件，可显著提高材料的利用率（如高压锅、高压容器、子弹壳、炮弹壳等）。

变薄拉深与不变薄拉深有以下主要区别：

1）拉深件底部厚度基本不变，筒壁厚度减薄较多，且变形非常厉害。

2）受力不同，变薄拉深时，凸、凹模之间的间隙 Z 小于坯料的厚度，因此在直壁通过间隙时产生压缩变形，致使拉深后壁部变薄而高度增加。

3）毛坯尺寸的计算方法不同，一个是面积相同，一个为体积相同。

4）拉深次数类似，但也有不同。

不变薄拉深是目前常采用的拉深方法。不变薄拉深的各种拉深件见图 6-1，一般拉深模具见图 6-2，常用液压拉深机见图 6-3。

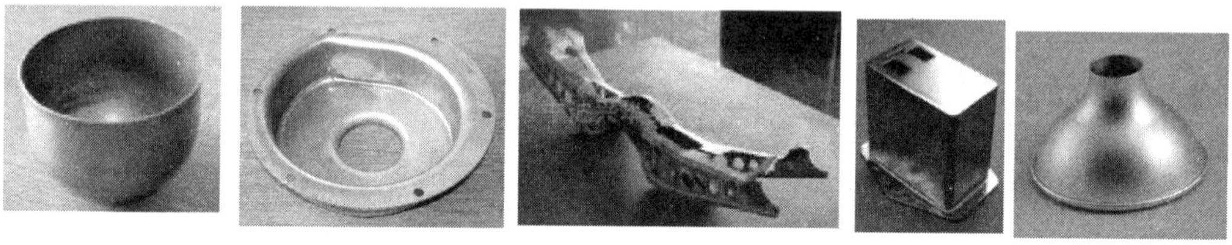

图 6-1　各种拉深件

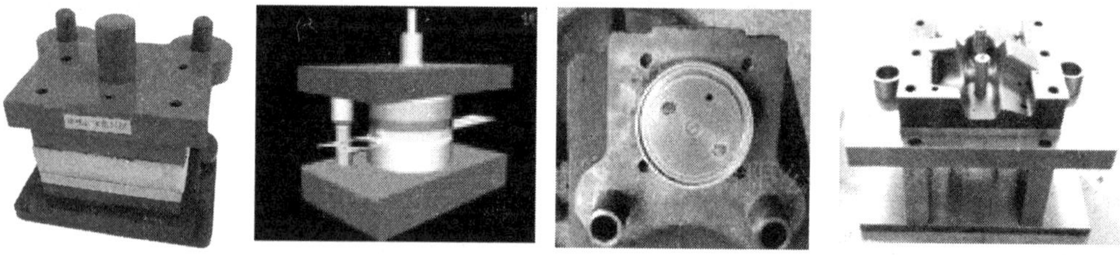

图 6-2　一般拉深模具

图 6-3　常用液压拉深机

二、拉深变形分析

1. 拉深变形试验及拉深变形

拉深的变形较复杂，与其他冲压方法加工变形有不同的特点。试验如下：

（1）“坐标网格”法　将圆形坯料通过拉深模拉深成直圆筒形件，分析其变形情况。在圆形坯料上画坐标网格线，分成很多小扇形网格，拉深件变化分析如图6-4所示；拉深后筒底部分的网格基本保持原来的形状；直筒壁部分由原来的扇形网格变成矩形网格。矩形各网格的宽度都为 b，高度与坯料上同心圆的间距 a 相比，则增大了，越靠筒的上部增大越多，$a_1>a_2>a_3>\cdots>a$。由此可见，拉深变形主要发生在圆形坯料的环形区域（形成工件筒壁的部分），这一区域的材料在切线方向受压而缩短，在直径方向受拉而伸长。网格形状、大小变化说明：拉深时，坯料与凸模底部接触的坯料部分（筒底）是不变形区，与凸模底部圆弧接触的坯料外环形部分（底部圆弧过渡处及筒壁）是主要变形区，且外部环形区域中从里到外的变形程度逐渐增大，工件直径与坯料外径的差别越大，其变形程度也越大。

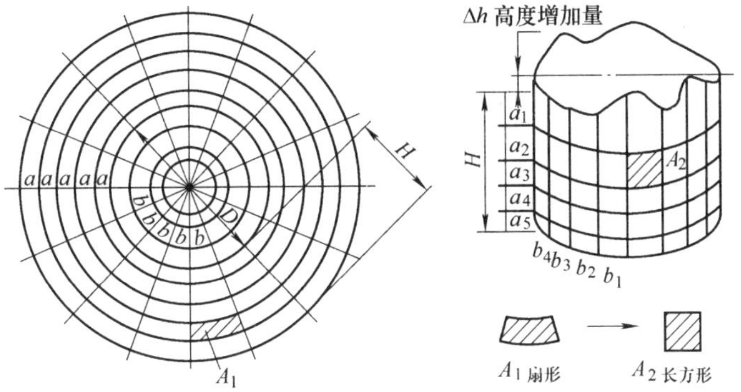

图6-4　拉深件变化分析

（2）“多余三角形”法　手工将圆形平板坯料加工成圆筒形，分析其变形情况。手工将如图6-5所示圆形平板坯料的阴影三角形（称为“多余三角形”）b_1、b_2、…、b_8 先切去，再将 a_1、a_2、…、a_8 等窄条部分沿直径为 d 的圆周弯折过来，再把它们加以焊接，就可以成为一个直径为 d 的圆筒形零件了。由于圆形平板坯料中的阴影三角形被先切去，手工将圆形平板坯料加工成圆筒形的变形不大，筒形零件的高度和厚度很小。

对比上述两种加工圆筒形零件的方法，可知：手工加工成圆筒形时，没有“多余三角形”材料转移，其零件的高度和厚度很小；而在实际拉深加工过程中，圆平板坯料中的阴影三角形材料没有被另外切掉，是在拉深过程中因产生塑性变形流动而转移了。这部分被转移到阴影三角形材料中，就是“多余三角形”。这部分“多余三角形”材料向筒形零件的高度和厚度部位转移，从而使拉深零件的高度和厚度增加。从拉深圆筒件的纵剖面可看出变形情况，在实际生产中可发现拉深件各部分的厚度是不一致的，拉深变形五个区域如图6-6所示。一般是底部略为变薄，但基本上等于原坯料的厚度；壁部上段增厚，越到上缘增厚越大；壁部下段变薄，越靠下部变薄越多；在壁部向底部转角稍上处（见图6-6）出现了严重变薄，甚至断裂。另外沿高度方向，拉深件各部分的硬度也不一样，越到上缘硬度越高。这说明在拉深过程中坯料内各部分由于所处的位置不同，它们的应力应变状态是不一样的。

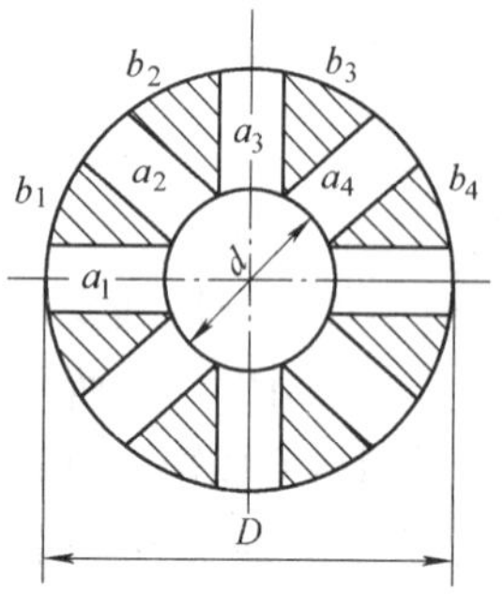

图 6-5　材料的转移

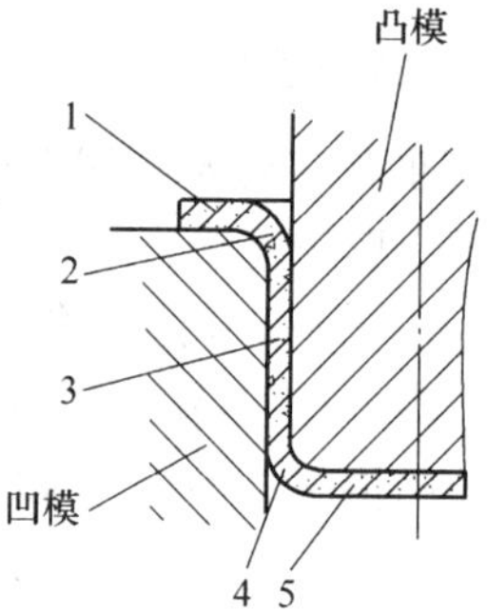

图 6-6　拉深变形五个区域

1—凹模凸缘区　2—凹模圆角区　3—筒壁区
4—凸模圆角区　5—筒底部分

2. 拉深变形五个区域

根据应力、应变状态的不同，可将拉深坯料划分为五个区域。

（1）凹模凸缘区部分　增厚，甚至起皱，硬化严重。凹模凸缘区部分是拉深变形的主要区域，在拉深时，“多余三角形”材料主要向径向伸展扩大，同时也向厚度方向流动而加厚，外缘部分转移来的材料越多，材料就越厚，硬化也越严重，特别是最外缘部分，在切向压应力的作用下会失去稳定而拱起，形成“起皱”。

（2）凹模圆角区部分　与凹模凸缘区相似。

凹模圆角部分是一个过渡区，材料的变形比较复杂，除有与凹模凸缘区相同的特点（即在径向受拉应力和切向受压应力的作用）外，还由于承受凹模圆角的压力和弯曲作用而产生压应力。

（3）筒壁区部分　少量纵向伸长变薄。筒壁部分材料已经形成筒形，材料不再发生大的变形。但是，在继续拉深时，凸模的拉深力要经由筒壁传递到凸缘部分。因此，它承受单向拉应力的作用，发生少量的纵向伸长和变薄。

（4）凸模圆角区部分　变薄严重，出现危险断面，甚至拉裂。凸模圆角区部分也是过渡区域，它承受径向和切向拉应力的作用，同时，在厚度方向受到凸模的压力和弯曲而产生压应力的作用。在这个区域中筒壁与底部转角处稍上的地方，由于传递拉深力的截面积较小，因此产生的拉应力较大。同时，因为在该处所需要转移的材料较少，故该处材料的变形程度很小，冷作硬化较低，材料的屈服强度也相应较低。而与凸模圆角区部分相比，该处又不像凸模圆角处那样，存在较大的摩擦阻力。

（5）筒底部分　厚度略变薄。筒底部分处材料拉深前后都是平的，不产生大的变形，但由于凸模拉深力的作用（主要作用在凸模圆角部分），材料承受两向拉应力，厚度略有变薄。

3. 拉深变形实质

从上述各种情况可见，拉深变形的实质是在拉深过程中因为坯料金属内部的相互作用，使各个金属小单元体之间：径向产生拉应力（σ_γ），切向产生压应力（σ_τ）。在拉、压应力综合作用下，凸缘区（筒底 d 以外区域）的材料屈服，产生塑性变形并不断地被拉入凹内，成为圆筒形件。

4. 拉深变形特点

通过以上叙述可总结出拉深的变形特点：

1）底部略为变薄，但基本上等于原坯料的厚度。

2）壁部上段增厚，越到上缘增厚越大，易起皱；壁部下段变薄，越靠下部变薄越多。

3）在壁部向底部转角稍上处，出现严重变薄，甚至断裂。

4）沿高度方向，拉深件各部分的硬度不一样，越到上缘硬度越高。

三、拉深件质量分析

前面已谈到金属塑性变形过程中，其性能和组织会发生加工硬化、残余应力、纤维组织、各向异性等四大物理变化。拉深时金属材料性能和组织的这些变化，会使拉深件产生各种质量问题。拉深件的主要质量问题有起皱、拉裂、突耳和时效开裂等。

1. 起皱

由材料力学理论可知，材料压缩变形中会产生压缩失稳的问题。拉深时，其拉深变形区因受最大切向压应力作用，会有最大切向压缩变形，这种压缩变形过大，就会产生失稳问题。

在拉深时，凸缘部分材料直径方向伸长，圆周方向压缩，当压力达到一定值时，凸缘部分材料便失去稳定而产生弯曲。这种在凸缘整个周围产生的波浪形的连续弯曲，称为起皱，如图 6-7 所示。

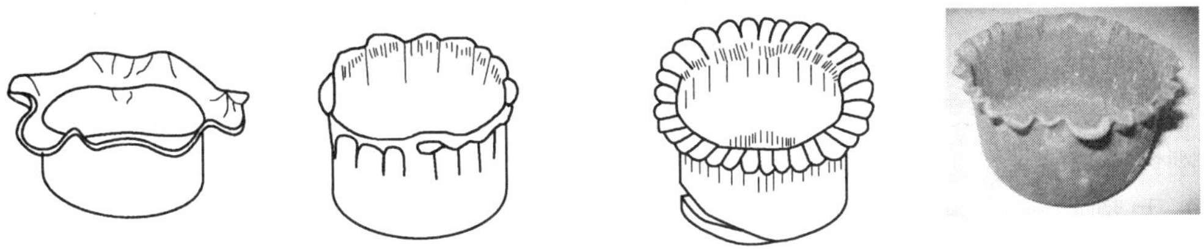

a)　　b)　　c)　　d)

图 6-7　起皱

a）起皱现象　b）轻微起皱影响拉深件质量　c）严重起皱导致破裂　d）实物图片

拉深件起皱后，制件口边周围凸缘部分产生波纹，不仅会使拉深件质量降低，而且会导致拉深力急剧增大，使拉深件过早破裂，有时甚至会损坏模具和设备。

（1）影响起皱的主要因素

1）坯料的相对厚度（δ/D）。平板坯料在平面方向受压时，其厚度越薄越容易起皱，反之不易起皱。在拉深加工中，坯料的相对厚度越小，变形区抗失稳的能力越差，也越容易起皱。

2）拉深系数（m）。通常用 $m=d/D$ 来表示拉深变形程度。拉深变形程度的大小取决于工件直径 d 与坯料外径 D 差别的大小，拉深系数 m 越小，拉深变形程度越大，硬化严重，变形区圆周方向压应力相应增大，坯料的起皱趋势也越大。

（2）起皱的判断　确定拉深件的成形工艺时，必须根据影响拉深时起皱的因素，先判断该拉深件在拉深过程中是否会发生起皱，如果不起皱，则可以采用无压边圈的模具；否则，应该采用带压边装置的模具，如图 6-8 所示。

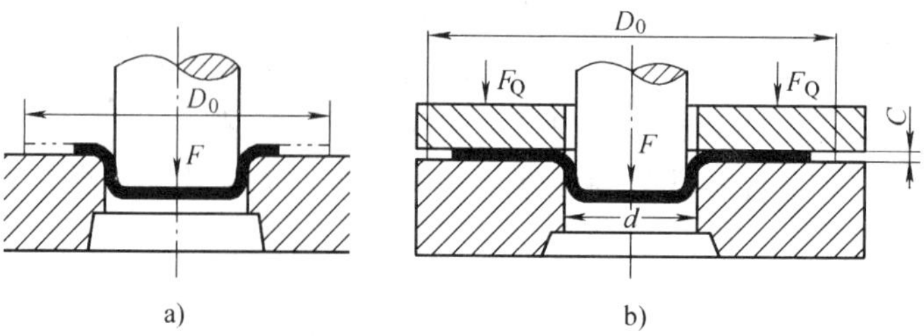

图6-8　有、无压边圈模具结构
a）无压边圈模具　b）带压边圈模具

在生产中常用表6-1来判断拉深过程中是否起皱和是否采用压边圈。

表6-1　是否采用压边圈的条件（平面凹模）

拉深方法	第一次拉深		以后各次拉深	
	$(t/D)\times100$	m_1	$(t/d_{n-1})\times100$	m_n
用压边圈	<1.5	<0.6	<1	<0.8
可用，可不用	1.5~2.0	0.6	1~1.5	0.8
不用压边圈	>2.0	>0.6	>1.5	>0.8

（3）防皱措施　通常是在模具上采用加压边装置，使坯料被夹的两平面部分在凹模平面与压边圈之间保持适当空间，或承受一定的压力并顺利地通过，就不会起皱。常用压边装置有刚性压边装置、弹性压边装置等。

2. 拉裂

在拉深过程中，凸缘部分材料逐渐转移到筒壁。在靠近筒底与筒壁部分的交界处（即凸模圆角部分），可能是由于凸缘起皱，坯料不能通过凸、凹模间隙，或者由于压边力过大，使径向产生的拉应力（σ_γ）、切向产生的压应力（σ_τ）增大；再者，该处所需要转移的材料又较少，造成该处变形程度加大，变薄最为严重，成为整个拉深件最薄弱的地方，通常称此断面为“危险断面”。倘若此处的拉应力超过材料的强度极限，则拉深件将在此处拉裂，如图6-9所示。即使未拉裂，材料在该处变薄过于严重，也会导致拉深件报废。

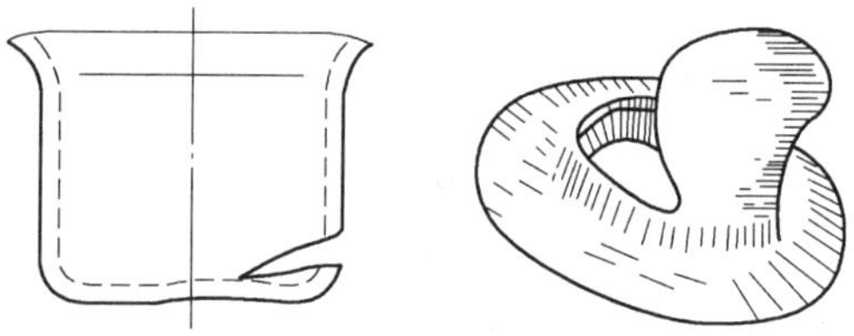

图6-9　拉裂

要防止产生拉裂，关键就是减小拉深阻力。生产实际中常用适当加大模具圆角半径，采用适当的拉深系数和压边力，多次拉深和敷涂拉深润滑剂等方法，防止产生拉裂。

3. 突耳

筒形件拉深，在拉深件口端出现有规律的高低不平的现象称为突耳，如图6-10所示。一般有四个突耳，有时是两个或六个，甚至八个突耳。产生突耳的原因是板材的各向异性，在板材异向性小的部位，板料变厚，此处筒壁高度较低。在板材异向性大的部位，板料厚度变化不大，而筒壁高度被拉得较高，出现突耳。所以板材的各向异性越大，突耳现象越严重。

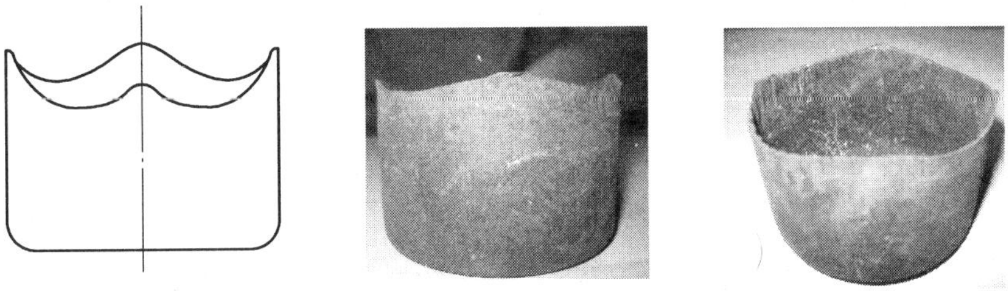

图6-10 突耳

工件浅拉深时，因坯料变形较小，不会出现突耳；一般拉深后，拉深件有一定的深度，由于坯料的各向异性已“先天”存在，再加上模具间隙不均等因素的影响，变形较大，工件就会出现突耳，影响产品质量。在拉深后进行切口边加工，将突耳切除，即进行修边处理，拉深件就没有突耳。

4. 时效开裂

所谓时效开裂是指制件拉深成形后，由于经受到撞击或振动，或存放一段时间后受残余应力的影响而出现龟裂现象（且一般是口端先开裂，进而扩展开来）。预防时效开裂的措施有：拉深后及时修边；在拉深过程中及时进行中间退火；在多次拉深时尽量在其口部留一条宽度较小的凸缘边等。

四、拉深件的形状、尺寸、精度与材料

任何利用拉深模在压力机的压力作用下，进行拉深的拉深件必须满足一定的要求，即拉深件本身的形状、尺寸、精度与材料应符合如下条件。

1. 拉深件的形状与尺寸应符合的条件

1）拉深件应尽量简单、对称，少次拉深成形。

2）拉深件的壁厚公差应能满足拉深时壁厚变化要求，即筒壁最大增厚量约为$(0.2\sim0.3)\delta$，最大变薄量约为$(0.1\sim0.18)\delta$。

3）多次拉深时，在保证必要的表面质量前提下，应允许较少痕迹存在。

4）较深的拉深件筒壁应允许有一定的斜度。

5）拉深件的底部或凸缘部位处有孔时，孔边与筒壁的距离应满足$a\geqslant R+0.5\delta$（或$r+0.5\delta$），拉深件的孔边距如图6-11a所示。

6）拉深件应要求其底与壁圆角半径$r\geqslant\delta$、凸缘与壁圆角的半径$R\geqslant2\delta$、矩形件相邻边处的圆角半径$r_g\geqslant3$，如图6-11b所示。否则，应增加整形工序。

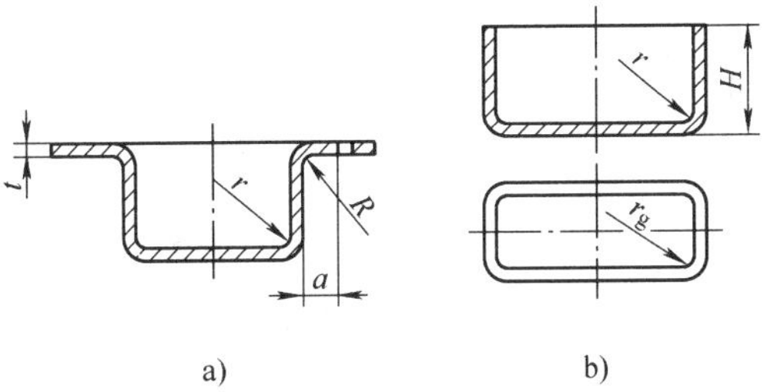

a) b)

图6-11 拉深件的孔边距及圆角半径

7）拉深件的径向尺寸应根据精度需要标注外形尺寸或内形尺寸，带台阶的高度尺寸一般应以底部为基准标注。

2. 拉深件的精度应满足的条件

拉深件的尺寸精度应在IT13级以下，不宜高于IT11级。对于精度要求高的拉深件，应在拉深后增加整形工序，以提高其精度。

3. 拉深件的材料应满足的条件

用于拉深件的材料，应有较好的塑性，屈强比（即屈服极限与抗拉强度之比）σ_s/σ_b 小、板厚方向性系数 r 大，板平面方向性系数 Δr 小。

屈强比 σ_s/σ_b 值越小，一次拉深允许的极限变形程度就越大，拉深的性能就越好。标准规定：拉深用钢板，其屈强比不大于0.66。

板厚方向性系数 r 和板平面方向性系数 Δr 反映了材料的各向异性性能。当 r 较大或 Δr 较小时，材料宽度方向的变形比厚度方向的变形容易，板平面方向性能差异较小，拉深过程中材料不易变薄或拉裂，因而有利于拉深成形。

复习题

1. 拉深变形的实质是什么？
2. 拉深变形中“多余三角形”材料如何转移？
3. 简述拉深坯料五个区域及其变形特征（画图表示并解释）。
4. 拉深件的主要质量问题有哪些？
5. 拉深中产生起皱的现象如何解释？
6. 何谓时效开裂？如何处理？
7. 拉深件本身的要求是什么？

任务2　了解拉深工艺

学习目标

1. 掌握拉深工艺中的各种计算方法。
2. 会根据拉深件的特征选用适用的拉深方法。
3. 了解拉深工艺中的辅助工序，并学会适当地选用。

任务描述

本任务主要介绍拉深的各种工艺计算，包括坯料尺寸、拉深系数、拉深次数与拉深工序尺寸、拉深力、压边力的计算；压力机公称压力及压力机选择；拉深方法的选用；拉深工艺中的辅助工序等。学会了这些知识才能正确进行拉深工作。

任务分析

任务描述了拉深工艺的各种计算方法及压力机公称压力的选择方法和拉深方法的确定方法。由此可知：拉深前，必须对拉深件本身作具体的分析，才能确定能否进行拉深，才能正确地确定拉深工艺和辅助工序。下面介绍其相关的基本知识。

相关知识

各种拉深件在拉深加工前，必须对该件本身作具体的分析，只有其条件符合拉深加工要求后才能进行拉深加工、确定拉深工艺。拉深工艺包括：坯料尺寸、拉深系数、拉深次数与拉深工序尺寸、拉深力、压边力的计算及压力机公称压力的选择和拉深方法的确定。

一、拉深工艺计算

拉深件形状多种多样，大体分为旋转体和非旋转体两种。旋转体拉深件的断面是轴对称曲面形（如圆形、球形、抛物线形、锥形等），非旋转体拉深件的断面是盒形，包括方形盒、矩形盒和椭圆形盒等。与旋转体零件的拉深相比，其拉深变形要复杂些。盒形件的几何形状是由四个圆角部分和四条直边组成，拉深变形时，圆角部分相当于圆筒形件拉深，而直边部分相当于弯曲变形。但是，由于直边部分和圆角部分是连在一块的整体，因而在变形过程中相互受到牵制，圆角部分的变形与圆筒形件拉深不完全一样，直边变形也有别于简单弯曲。但两种坯料尺寸的计算原理相同。

1. 坯料尺寸计算

（1）坯料尺寸计算原则　拉深件坯料尺寸一般是以拉深件尺寸为基础，按体积不变原则和形状相似原则进行计算。

1）体积不变原则：不变薄拉深，厚度变化很小，可以不计，坯料尺寸利用拉深前坯料的面积与拉深后拉深件面积相等（即体积不变原则变成面积相等原则）的关系求得。

2）形状相似原则：拉深前坯料的形状应与拉深件的横截面形状相似。不论是旋转体或非旋转体的拉深件，其坯料形状都应与拉深件的断面形状相似。

利用相似原则时必须注意以下几点：

① 坯料的周边必须是光滑的曲线连接，应无急剧的转折和尖角。

② 对于形状复杂的、异形的拉深件，利用相似原则仅能初步确定坯料形状，必须通过多次试压，反复修改，才能最终确定出坯料形状。

③ 因坯料形状要多次压试、修改才能确定，故拉深模具的设计，一般是先设计拉深模，后设计冲裁模。

（2）坯料尺寸计算方法

1）简单旋转体（筒形）拉深件坯料尺寸的确定。简单旋转体（筒形）拉深件的坯料形状是圆形，计算主要是确定坯料直径。具体计算方法是：先按拉深件垂直旋转中心线的适当部位划分成几段，将拉深件分成若干个简单的几何体；其次分别求出各简单几何体的表面积；再把各简单几何体的表面积相加即为拉深件的总表面积；然后根据表面积相等原则，即可求出坯料直径。

如图6-12所示圆筒件，可分解为无底圆筒及1/4凹圆底环两部分，每一部分的表面积分别为

$$A_1 = \pi d(H - r)$$

$$A_2 = \sqrt{d_1^2 + 2r(\pi d_1 + 4r)}$$

设坯料直径为 D，则坯料表面积为

$$\frac{\pi D^2}{4} = A_1 + A_2 H \tag{6-1}$$

式中　D——坯料直径；

d、H、r——拉深件的直径、高度、圆角半径。

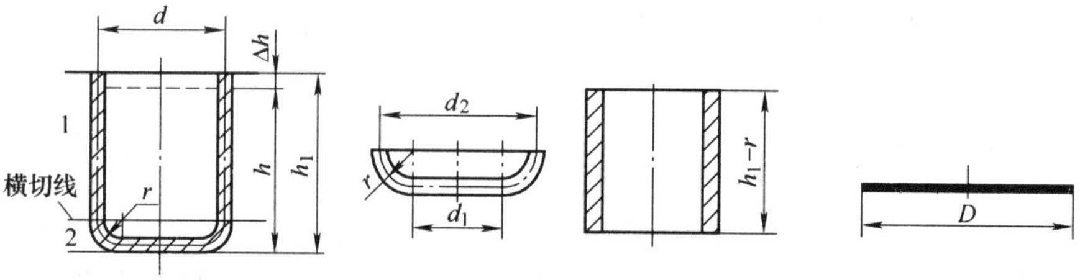

a)　　　　　　b)

图 6-12　圆筒形件坯料尺寸计算

a）圆筒件分解　b）圆形坯料

当板料厚度大于 1mm 时，拉深件尺寸均应按板料厚度中线尺寸计算，但当板料厚度小于 1mm 时，也可以按零件图标注的外形或内形尺寸计算。

常用旋转体拉深件坯料直径的计算公式可查表 6-2。

表 6-2　常用的旋转体拉深零件坯料直径 D 的计算公式

序号	零件形状	坯料直径 D 的计算公式
1	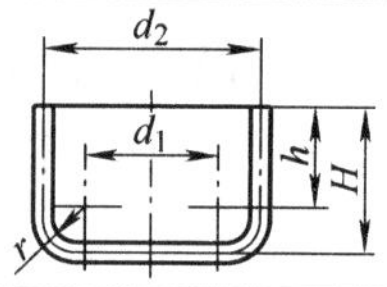	$\sqrt{d_1^2+4d_2h_1+6.28rd_1+8r^2}$ 或 $\sqrt{d_1^2+2d_2H-1.72rd_2-0.56r^2}$
2	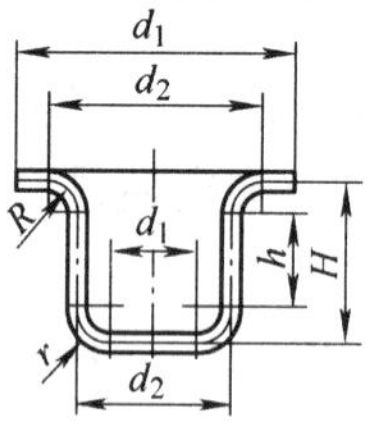	当 $r \neq R$ 时为 $\sqrt{d_1^2+6.28rd_1+8r^2+4d_2h+6.28Rd_2+4.56R^2+d_4^2-d_3^2}$ 当 $r=R$ 时为 $\sqrt{d_4^2+4d_2h-3.44rd_2}$
3	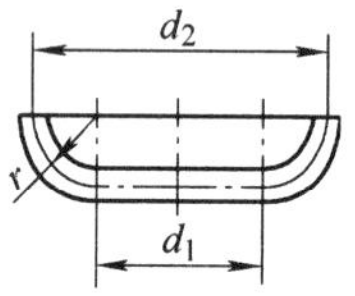	$\sqrt{d_1^2+2r(\pi d_1+4r)}$
4	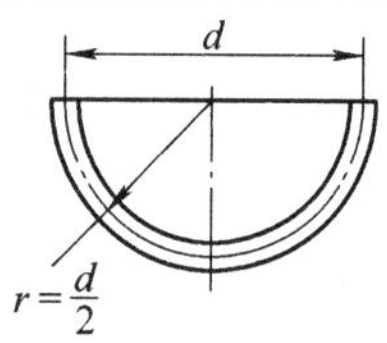	$\sqrt{2d^2}=1.414d$
5	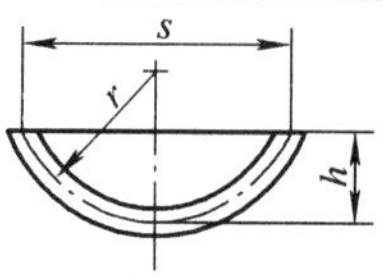	$\sqrt{8rh}$ 或 $\sqrt{s+4h}$
6	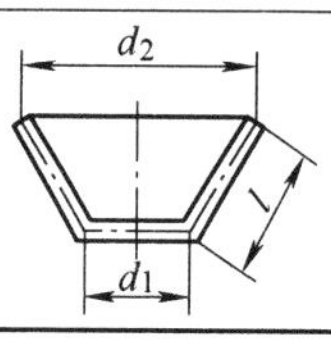	$\sqrt{d_1^2+2l(d_1+d_2)}$

由于拉深后工件的边缘不整齐，甚至出现突耳，需在拉深后进行修边。因此，计算坯料直径时需要增加修边余量，圆筒件和有凸缘圆筒形件拉深的修边余量见表6-3和表6-4。当拉深次数多或板平面方向性较大时，取表中较大值。拉深后工件的口部边缘不整齐，需在拉深后进行修边。因此，计算坯料直径时需要增加修边余量。当拉深次数多或板平面上材料组织的方向性差别较大时，取表中较大值。当工件的相对高度 h/d 值很小时，也可不进行修边。

表6-3 圆筒件拉深的修边余量 Δh （单位：mm）

高度 h	相对高度 h/d			
	>0.5~0.8	>0.8~1.8	>1.6~2.5	>2.5~4
≤10	1.0	1.2	1.5	2
>10~20	1.2	1.6	2	2.5
>20~50	2	2.5	3.3	4
>50~100	3	3.8	5	6
>100~150	4	5	6.5	8
>150~200	5	6.3	8	10
>200~250	6	7.5	9	11
>250	7	8.5	10	12

表6-4 有凸缘圆筒件拉深的修边余量 ΔR （单位：mm）

凸缘直径 d_F	凸缘的相对直径 d_F/d			
	1.5以下	>1.5~2	>2~2.5	>2.5
≤25	1.8	1.6	1.4	1.2
>25~50	2.5	2.0	1.8	1.6
>50~100	3.5	3.0	2.5	2.2
>100~150	4.3	3.6	3.0	2.5
>150~200	5.0	4.2	3.5	2.7
>200~250	5.5	4.6	3.8	2.8
>250	6	5	4	3

2）复杂旋转体拉深件坯料尺寸的确定。复杂旋转体拉深件是指素线较复杂的旋转体零件，其素线可能由一段曲线组成，也可能由若干直线段与圆弧段相接组成。复杂旋转体拉深件面积的计算法则是：任何形状的素线绕中心轴 $y-y$ 旋转一周所得到的旋转体表面积，等于该素线的长度 L 与其重心绕中心轴线旋转所得周长 $2\pi r$ 的乘积，如图6-13所示。旋转体表面积为

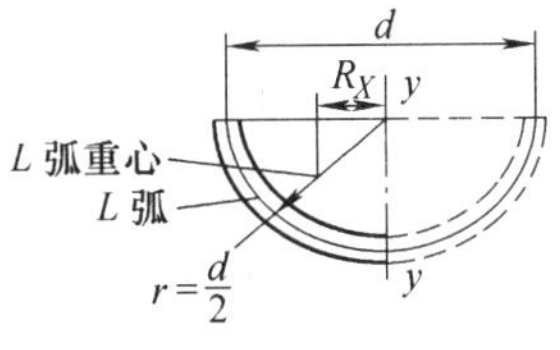

图6-13 旋转体面积计算

$$A = 2\pi R_X L$$

由于

$$\frac{\pi D^2}{4} = 2\pi R_X L$$

所以坯料直径为

$$D = \sqrt{8R_X L} \tag{6-2}$$

式中 A——旋转体表面积（mm^2）；

R_X——旋转体素线重心到旋转轴线的距离（称为旋转半径，单位为 mm）；

L——旋转体素线长度（mm）；

D——坯料直径（mm）。

由式（6-2）可知，只要知道旋转体素线长度及其重心的旋转半径，就可以求出坯料的直径。任何复杂的素线，都可先将其分成简单的直线段和圆弧段，分别求出各直线段和圆弧段的长度 L_1、L_2、…、L_n 和其重心到旋转轴的距离 R_{X1}、R_{X2}、…、R_{Xn}（直线段的重心在其中点，圆弧段重心的位置见前述圆弧段的压力中心，即圆弧段的重心求出方法），再根据下式进行计算：

$$D = \sqrt{8\sum_{i=1}^{n} R_{Xi}L_i} \tag{6-3}$$

例 如图 6-14 所示阶梯圆筒形拉深件，板料厚度为 1mm，求坯料直径。

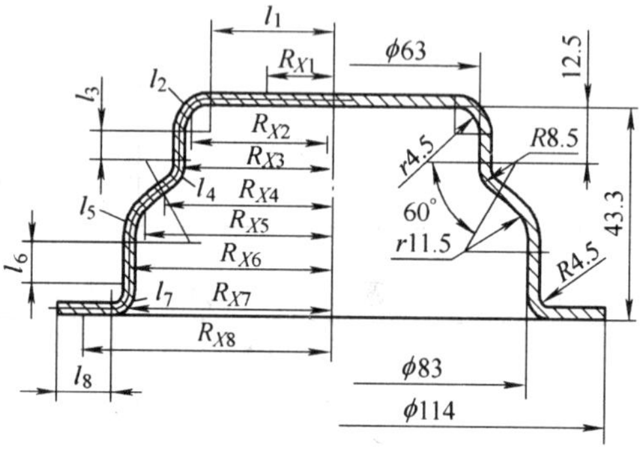

图 6-14 用解析法计算坯料直径

解 经计算，各直线段和圆弧长度为

$l_1 = 27\text{mm}$，$l_2 = 7.85\text{mm}$，$l_3 = 8\text{mm}$，$l_4 = 8.376\text{mm}$，$l_5 = 12.564\text{mm}$，$l_6 = 8\text{mm}$，$l_7 = 7.85\text{mm}$，$l_8 = 10\text{mm}$。

各直线和圆弧形心的旋转半径为

$R_{X1} = 13.5\text{mm}$，$R_{X2} = 30.18\text{mm}$，$R_{X3} = 32\text{mm}$，$R_{X4} = 33.384\text{mm}$，$R_{X5} = 39.924\text{mm}$，$R_{X6} = 42\text{mm}$，$R_{X7} = 43.82\text{mm}$，$R_{X8} = 52\text{mm}$。

故坯料直径为

$$D = \sqrt{8 \times \left(\begin{array}{l} 27 \times 13.5 + 7.85 \times 30.18 + 8 \times 32 + 8.38 \times 33.38 \\ + 12.56 \times 39.92 + 8 \times 42 + 7.85 \times 43.82 + 10 \times 52 \end{array} \right)} = 150.6\text{mm}$$

3）非旋转体拉深件（盒形）坯料尺寸的确定。盒形件是非旋转体零件，与旋转体零件的拉深相比，其拉深变形要复杂些。盒形件的几何形状是由多个圆角部分和多条直边组成，拉深变形时，圆角部分相当于圆筒形件拉深，而直边部分相当于弯曲变形。但是，由于直边部分和圆角部分是连在一块的整体，因而在变形过程中相互受到牵制，直边部分不是单纯的弯曲，圆角部分的材料要向直边部分流动，使直边部分受到挤压。同样，圆角部分也不完全与圆筒形零件的拉深相同，由于直边部分的存在，圆角部分的材料也向直边部分流动，这就减轻了圆角部分材料的变形程度。

这可通过网格试验进行验证：拉深前，在毛坯的直边部分画出相互垂直的等距平行线网格，在毛坯的圆角部分，画出等角度的径向放射线与等距离的同心圆弧组成的网格。拉深后网格变化情况为横向间距缩小，越靠近角部缩小越多；纵向间距增大，越向上，间距越大，见图6-15。

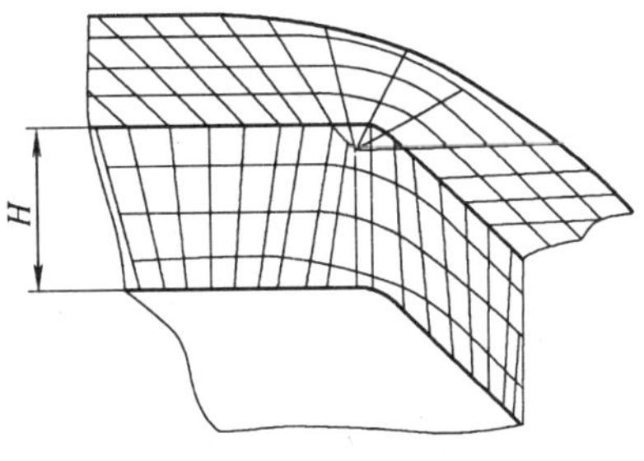

图6-15　盒形件拉深后网格变化

4）盒形拉深件坯料尺寸的确定。盒形拉深件坯料尺寸确定的原则是：面积相等、形状相似。

面积相等是指盒形拉深件坯料尺寸等于盒形拉深件表面积加上修边余量的表面积（即两者之和）。

形状相似是指盒形拉深件坯料形状应与盒形拉深件形状相似。由于盒形件拉深时周边的变形不均匀，且圆角部分材料在变形中要转移到直边，应把毛坯形状进行修正，使毛坯轮廓成光滑的曲线，在拉深以后尽可能保证零件口部高度的一致性。

盒形毛坯的形状和尺寸应根据零件的相对圆角半径 r/B（圆角半径 r/短边长度 B）和相对高度 H/B（盒形高度 H/短边长度 B）的值来进行设计，这两个参数决定了圆角部分材料向直边部分转移的程度和直边高度的增加量。随着零件 r/B 和 H/B 的不同，盒形件毛坯的计算和工序计算的方法也不同。

① 低盒形件（$H \leqslant 0.3B$）毛坯确定。低盒形件可以一次拉深成形或两次拉深成形，第二次拉深工序仅用来整形以减小壁部转角及底部圆角。对于 r/B 小的低盒形件，拉深变形时只有少量的材料转移。其直边部分只是简单的弯曲变形，尺寸按弯曲展开计算；相邻边的圆角部分是拉深变形，按1/4圆筒拉深计算；再用光滑曲线修正圆角部分即可得到。

如低矩形盒件的毛坯是矩形，其矩形毛坯的作图法及修整后毛坯，如图6-16所示，其作图步骤如下：

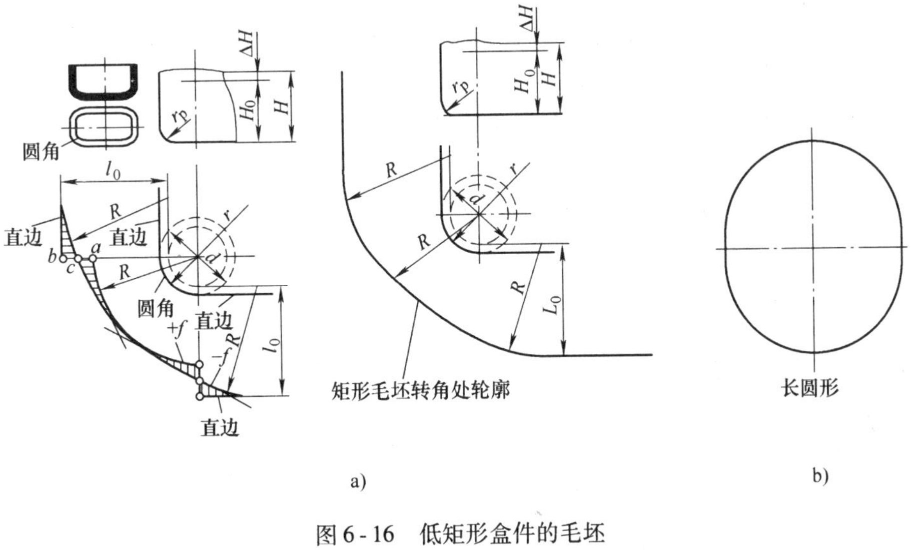

图6-16　低矩形盒件的毛坯

a）低矩形盒毛坯作图法　b）低矩形盒修整后毛坯图

a. 按弯曲计算。

直边部分展开长度 L_0 为

$$L_0 = H + 0.57r_p \tag{6-4}$$

式中　$H = H_0 + \Delta h$（不修边时，不加 Δh），盒形件修边余量见表 6-5。

表 6-5　盒形件修边余量 Δh　　（单位：mm）

拉深次数	1	2	3	4
修边余量 Δh	$(0.03 \sim 0.05)H$	$(0.04 \sim 0.06)H$	$(0.05 \sim 0.08)H$	$(0.08 \sim 0.1)H$

b. 将圆角部分当作直径 $d = 2r$、高度为 H 的圆筒形件展开，其半径为

$$R = \sqrt{r^2 + 2rH - 0.86r_p(r + 0.16r_p)}$$

当 $r = r_p$ 时，则 $R = \sqrt{2rH}$

c. 通过作图用光滑曲线连接直边和圆角部分，即得毛坯的形状和尺寸。具体作图步骤如下：

从 ab 线段的中点 c 向圆弧 R 作切线，再以 R 为半径作圆弧与直边及切线相切，相切后毛坯补充的面积($+f$)与切除的面积($-f$)近似相等。此方法在模具设计合理时，拉深件高度尺寸精度要求不高，不需进行修边即可满足零件要求，可不加修边余量 Δh。

② 高盒形件毛坯形状和尺寸的确定。高盒形件是需要多次拉深，拉深时直边与圆角部分的变形相互渗透，其圆角部分将有大量材料转移到直边部分。毛坯尺寸仍根据工件表面积与毛坯表面积相等的原则计算。

如高矩形盒形件毛坯是长圆形，即毛坯的形状就是由两个半圆弧和中间两平行边相切所组成的长圆形，如图 6-17 所示。图中两个半圆弧半径 $R = K/2$，过毛坯长度 L 两端点作弧，分别与 R_b 弧相切形成；两平行边的边长为 $A - B$。

长圆形毛坯的圆弧半径为 $R_b = D/2$

长圆形毛坯的长度为 $L = 2R_b + (A - B) = D + (A - B)$

长圆形毛坯的宽度为 $K = \dfrac{D(B - 2r) + [B + 2(H - 0.43r_p)](A - B)}{A - 2r}$

式中　D 按方形盒件（宽度为 B）的圆形毛坯直径公式计算。

高正方盒形毛坯是圆形，方盒件毛坯的形状与尺寸如图 6-18 所示，其直径为

$$D = 1.13\sqrt{B^2 + 4B(H - 0.43r_p) - 1.72r(H + 0.5r) - 0.4r_p(0.11r_p - 0.18r)}$$

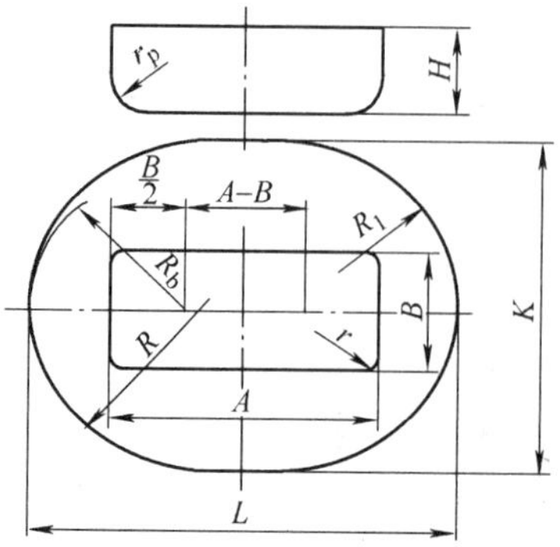

图 6-17　高矩形盒形件的毛坯形状与尺寸

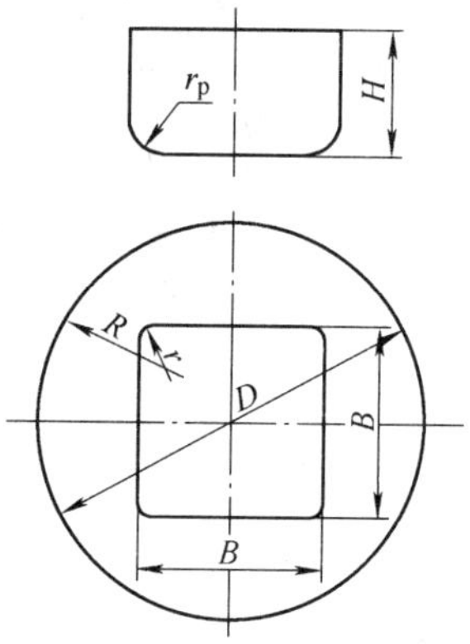

图 6-18　方盒件毛坯的形状与尺寸

③ 正方盒形是矩形盒形件的特例，正方盒形的毛坯中 $A=B$，$A-B=0$，故长圆形变成了圆形，成了正方盒形的毛坯形状。

2. 拉深系数计算

由于拉深件的高度与其直径或内腔大小的比值不同，有的拉深件可以用一次拉深工序制成，有的高度较大的拉深件则需要多次拉深才能制成。在进行冲压工艺过程设计和确定必要的拉深次数时，通常都以拉深系数作为计算的依据。下面以圆筒形件拉深进行说明：

（1）拉深系数（m）　是指每次拉深后圆筒形件直径与拉深前坯料（或工序件）直径的比值。圆筒形件的多次拉深如图 6-19 所示。拉深系数 m 恒小于 1，即拉深前坯料直径 > 拉深后圆筒形件直径。

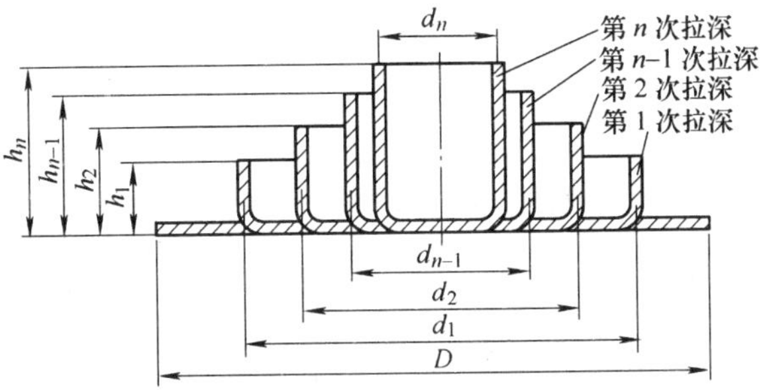

图 6-19　圆筒形件的多次拉深

第一次拉深系数　$$m_1=\frac{d_1}{D}$$

以后各次拉深系数　$$m_1=\frac{d_2}{d_1}$$

……

$$m_1=\frac{d_n}{d_{n-1}}$$

总拉深系数 $m_{总}$ 表示从坯料直径 D 拉深至 d_n 的总变形程度，即

$$m_{总}=\frac{d_n}{D}=\frac{d_1}{D}\times\frac{d_2}{d_1}\times\frac{d_3}{d_2}\times\cdots\times\frac{d_{n-1}}{d_{n-2}}\times\frac{d_n}{d_{n-1}}=m_1m_2m_3\times\cdots\times m_{n-1}m_n$$

拉深变形程度对凸缘区的径向拉应力和切向压应力以及对筒壁传力区拉应力影响极大，为了防止在拉深过程中产生起皱或拉裂，应减小拉深变形程度（即增大拉深系数），从而减小切向压应力和径向拉应力，进而减小起皱和破裂的可能性。

因此，为了保证拉深工艺的顺利进行，就必须使拉深系数大于一定数值，这个定数即为在一定条件下的极限拉深系数 $[m]$，小于这个数值，就会使拉深件起皱、拉裂或严重变薄而超差。另外，在多次拉深过程中，由于材料的加工硬化，使得变形抗力不断增大，所以以后各次极限拉深系数必须逐次增大，即 $[m_1]<[m_2]<[m_3]<\cdots<[m_n]$。

当前在生产实际中圆筒形件带压边圈的极限拉深系数 $[m]$ 见表 6-6，圆筒形件不用压边圈的极限拉深系数见表 6-7。

表 6-6 圆筒形件带压边圈的极限拉深系［m］

拉深系数	坯料相对厚度（δ/D）×100					
	2.0～1.5	1.5～1.0	1.0～0.6	0.6～0.3	0.3～0.15	0.15～0.08
$[m_1]$	0.48－0.50	0.50－0.53	0.53－0.55	0.55－0.58	0.58－0.60	0.60－0.63
$[m_2]$	0.73－0.75	0.75－0.76	0.76－0.78	0.78－0.79	0.79－0.80	0.80－0.82
$[m_3]$	0.76－0.78	0.78－0.79	0.79－0.80	0.80－0.81	0.81－0.82	0.82－0.84
$[m_4]$	0.78－0.80	0.80－0.81	0.81－0.82	0.82－0.83	0.83－0.85	0.85－0.86
$[m_5]$	0.80－0.82	0.82－0.84	0.84－0.85	0.85－0.86	0.86－0.87	0.87－0.88

注：1. 表中拉深系数适用于08、10和15Mn等普通的拉深碳钢及黄钢H62。拉深性能较差的材料（20、25、Q215、Q235硬铝等）应比表中数值大1.5%～2.0%；塑性好的材料（如05、08、10等深拉钢及软铝），应比表中数值小1.5%～2.0%。

2. 表中数值采用中间退火工序时，可小2%～3%。

3. 表中较小值适用于大的凹模圆角半径，$r_d=(8\sim15)\delta$；较大值适用于小的凹模圆角半径，$r_d=(4\sim8)\delta$。

表 6-7 圆筒形件不用压边圈的极限拉深系数［m］

毛坯相对厚度 $\delta/D\times100$	拉深系数					
	$[m_1]$	$[m_2]$	$[m_3]$	$[m_4]$	$[m_5]$	$[m_6]$
0.8	0.80	0.88				
1.0	0.75	0.85	0.90			
1.5	0.65	0.80	0.84	0.87	0.90	
2.0	0.60	0.75	0.80	0.84	0.87	0.90
2.5	0.55	0.75	0.80	0.84	0.87	0.90
3.0	0.53	0.75	0.80	0.84	0.87	0.90
>3	0.50	0.70	0.75	0.78	0.82	0.85

注：此表使用要求与表6-6相同。

（2）影响极限拉深系数的主要因素

1）材料的组织与力学性能。材料组织均匀、塑性好、变形抗力小、屈强比 σ_s/σ_b 小，因而拉深性能好，极限拉深系数较小。一般认为，屈强比 $\sigma_s/\sigma_b\leqslant0.65$，而伸长率 $\delta\geqslant28\%$ 的材料具有较好的拉深性能。

2）板料的相对厚度 δ/D。当板料的相对厚度较大时，抗失稳能力较强，不易起皱，可以不采用压料或减少压料力，从而减少了摩擦损耗，有利于拉深，故极限拉深系数较小。

3）摩擦与润滑条件。凹模与压料圈的工作表面光滑、润滑条件较好，可以减小拉深系数。但为避免在拉深过程中凸模与板料或工序件之间产生相对滑移造成危险断面的过渡变薄或拉裂，在不影响拉深件内表面质量和脱模的前提下，凸模工作表面可以比凹模粗糙一些，并避免涂润滑剂。

4）模具的几何参数。凸、凹模圆角半径及间隙影响极限拉深系数。凸模圆角半径 r_p 太小，板料的拉应力增加，易造成局部变薄严重，降低危险断面的强度，因而会降低极限变形程度；凹模圆角半径 r_d 太小，板料通过凹模圆角半径时弯曲阻力增加，增加了筒壁传力区的拉应力，也会降低极限变形程度；凸、凹模间隙太小，板料会受到太大的挤压作用和摩擦阻力，增大了拉深力，使极限变形程度减小。因此，为了减小极限拉深系数，凸、凹模圆角半径及间隙应适当取较大值。但是，凸、凹模圆角半径和间隙也不宜取得过大，过大的圆角半径会减小板料与凸模和凹模端面的接触面积及压料圈的压料面积，板料悬空面积增大，容易产生失稳起皱；过大的凸、凹模间隙会使拉深件的精度、锥度和回弹较大。

除此以外，影响极限拉深系数的因素还有拉深方法、拉深次数、拉深速度、拉深件形状等。

在实际生产中，并不是在所有的情况下都采用极限拉深系数。因为过小的接近极限值的拉深系数能引起坯料在凸模圆角部位的过分变薄，而且在以后的拉深工序中，这部分变薄严重的缺陷会转移到成品零件的侧壁上去，降低零件的质量。所以当对零件质量有较高的要求时，必须采用大于极限值的拉深系数。由于材料已冷作硬化，加上拉深时变形较为复杂（筒形件的壁部必须经过两次转弯才被凸模拉入凹模内），所以它的极限拉深系数要比首次拉深大得多，而且通常后一次都略大于前一次。

3. 拉深次数与拉深工序尺寸计算

由于各种拉深件的材料、形状、大小等不同，拉深时变形程度不同，其拉深次数是不同的，同样拉深工序尺寸计算也是不同的。它们具体数值的确定见各种形状的拉深件的拉深。

下面以圆筒形件拉深为例，说明拉深次数与各次拉深工序尺寸的计算：

（1）拉深次数确定方法　当拉深件的拉深系数 $m = d/D$ 大于第一次极限拉深系数 $[m_1]$，（即 $m > [m_1]$）时，该拉深件只需一次拉深就可拉出，否则就要进行多次拉深。

1）推算法。先根据 δ/D 和是否需要压料等条件，查表确定各次的 $[m_1]$、$[m_2]$、$[m_3]$、…，然后从第一道工序开始依次算出各次拉深工序件直径，即 $d_1 = [m_1]D$、$d_2 = [m_2]d_1$、…、$d_n = [m_n]d_{n-1}$，直到 $d_n \leqslant d$。即当计算所得直径 d_n 稍小于或等于拉深件所要求的直径 d 时，计算的次数即为拉深的次数。

2）查表法。实际生产中的拉深次数，可依相对高度 h/d 和相对厚度 δ/D，从各种实用的表格中查取。无凸缘圆筒形件拉深相对高度 h/d 与拉深次数的关系见表6-8。

表6-8　无凸缘圆筒形件拉深相对高度 h/d 与拉深次数的关系

项名		相对厚度（δ/D）×100					
		2～1.5	1.5～1.0	1.0～0.6	0.6～0.3	0.3～0.15	0.15～0.06
		相对高度 h/d					
拉深次数	1	0.94～0.77	0.84～0.65	0.77～0.57	0.62～0.65	0.52～0.45	0.46～0.38
	2	1.88～1.54	1.60～1.32	1.36～1.1	1.13～0.94	0.96～0.83	0.9～0.7
	3	3.5～2.7	2.8～2.2	2.3～1.8	1.9～1.5	1.6～1.3	1.3～1.1
	4	5.6～4.3	4.3～3.5	3.6～2.9	2.9～2.4	2.4～2.0	2.0～1.5
	5	8.9～6.6	6.6～5.1	5.2～4.1	4.1～3.3	3.3～2.7	2.7～2.0

注：此表适用于08、10等软钢。

（2）各次拉深工序尺寸的计算　当圆筒形件需多次拉深时，先确定拉深次数，后查出各次拉深的极限拉深系数，再计算各次拉深的工序件尺寸。

1）工序件直径。各次工序件的直径为

$$d_1 = m_1 D$$

$$d_2 = m_2 d_1$$

$$\cdots$$

$$d_n = m_n d_{n-1}$$

计算出最后一次拉深的直径应与零件直径一致，否则，调整适当拉深系数满足 $d_n = d$。调整的原则是：

① 保证 $m_1 m_2 \cdots m_n = d/D$。

② 使 $m_1 \leqslant [m_1]$，$m_2 \leqslant [m_2]$，…，$m_n \leqslant [m_n]$，且 $m_1 < m_2 < \cdots < m_n$。

2）各次工序件的圆角半径。工序件的圆角半径 r 应等于该次拉深凸模的圆角半径 r_p，即 $r = r_p$。但当料厚 $\delta \geqslant 1$ 时，应按中线尺寸计算，这时 $r = r_p + \delta/2$。

3）各次工序件的高度。各工序件的直径与圆角半径确定之后，可根据圆筒形件坯料尺寸计算公式推导出各次工序件的高度，计算公式为

$$H_1 = 0.25\left(\frac{D^2}{d_1} - d_1\right) + 0.43\frac{r_1}{d_1}(d_1 + 0.32r_1)$$

$$H_2 = 0.25\left(\frac{D^2}{d_2} - d_2\right) + 0.43\frac{r_2}{d_2}(d_2 + 0.32r_2)$$

$$\cdots$$

$$H_n = 0.25\left(\frac{D^2}{d_n} - d_n\right) + 0.43\frac{r_n}{d_n}(d_n + 0.32r_n) \tag{6-5}$$

式中 H_1、H_2、…、H_n——各次工序件的高度；

d_1、d_2、…、d_n——各次工序件的直径；

r_1、r_2、…、r_n——各次工序件的底部圆角半径；

D——坯料直径。

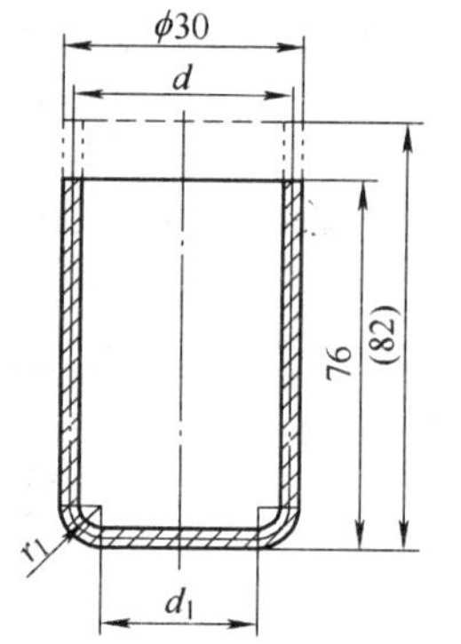

图 6-20 无凸缘圆筒形件

例 计算如图 6-20 所示无凸缘圆筒形件的坯料尺寸、拉深系数及各次拉深工序件尺寸。材料为 10 钢，板料厚度 $\delta = 2\text{mm}$。

解 因板料厚度 $\delta > 1\text{mm}$，故按板厚中线尺寸计算。

（1）计算坯料直径　根据拉深件尺寸，其相对高度为 $h/d = (76-1)\text{mm}/(30-2)\text{mm} \approx 2.7$，查表 6-3 得修边余量 $\Delta h = 6\text{mm}$。从表 6-2 中查得坯料直径计算公式为

$$D = \sqrt{d^2 + 4dH - 1.72dr - 0.56r^2}$$

根据图 6-20，$d = 30\text{mm} - 2\text{mm} = 28\text{mm}$，$r = 3\text{mm} + 1\text{mm} = 4\text{mm}$，$H = 76\text{mm} - 1\text{mm} + 6\text{mm} = 81\text{mm}$，代入上式得

$$D = \sqrt{28^2 + 4 \times 28 \times 81 - 1.72 \times 28 \times 4 - 0.56 \times 4^2}\text{mm} = 98.3\text{mm}$$

（2）确定拉深次数　根据坯料的相对厚度 $t/D = (2/98.3) \times 100\% = 2\%$，也可不采用压料圈，但为了保险起见，拉深时采用压料圈。

根据 $\delta/D = 2\%$，查表 6-6 得各次拉深的极限拉深系数为 $[m_1] = 0.50$，$[m_2] = 0.75$，$[m_3] = 0.78$，$[m_4] = 0.80$。故

$$d_1 = [m_1]D = 0.50 \times 98.3\text{mm} = 49.2\text{mm}$$

$$d_2 = [m_2]d_1 = 0.75 \times 49.2\text{mm} = 36.9\text{mm}$$

$$d_3 = [m_3]d_2 = 0.78 \times 36.9\text{mm} = 28.8\text{mm}$$

$$d_4 = [m_4]d_3 = 0.80 \times 28.8\text{mm} = 23\text{mm}$$

因 $d_4 = 23\text{mm} < 28\text{mm}$，所以需采用4次拉深成形。

(3) 计算各次拉深工序件尺寸　为了使第四次拉深的直径与零件要求一致，需对极限拉深系数进行调整。调整后取各次拉深的实际拉深系数为 $m_1 = 0.52$，$m_2 = 0.78$，$m_3 = 0.83$，$m_4 = 0.846$。

各次工序件直径为

$$d_1 = m_1 D = 0.52 \times 98.3\text{mm} = 51.1\text{mm}$$

$$d_2 = m_2 d_1 = 0.78 \times 51.1\text{mm} = 39.9\text{mm}$$

$$d_3 = m_3 d_2 = 0.83 \times 39.9\text{mm} = 33.1\text{mm}$$

$$d_4 = m_4 d_3 = 0.846 \times 33.1\text{mm} = 28\text{mm}$$

各次工序件底部圆角半径取以下数值：

$$r_1 = 8\text{mm},\ r_2 = 5\text{mm},\ r_3 = r_4 = 4\text{mm}$$

把各次工序件直径和底部圆角半径代入式(6-5)，得各次工序件高度为

$$H_1 = 0.25 \times \left(\frac{98.3^2}{51.1} - 51.1\right)\text{mm} + 0.43 \times \frac{8}{51.1} \times (51.1 + 0.32 \times 8)\text{mm} = 38.1\text{mm}$$

$$H_2 = 0.25 \times \left(\frac{98.3^2}{39.9} - 39.9\right)\text{mm} + 0.43 \times \frac{5}{39.9} \times (39.9 + 0.32 \times 5)\text{mm} = 52.8\text{mm}$$

$$H_1 = 0.25 \times \left(\frac{98.3^2}{33.1} - 33.1\right)\text{mm} + 0.43 \times \frac{4}{33.1} \times (33.1 + 0.32 \times 4)\text{mm} = 66.3\text{mm}$$

$$H_3 = 81\text{mm}$$

以上计算所得工序件尺寸都是中线尺寸，换算成与零件图相同的标注形式后，所得圆筒形件的各次拉深工序件尺寸如图6-21所示。

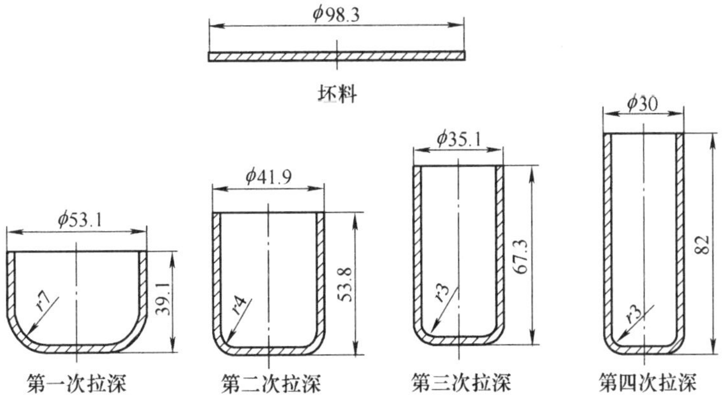

图6-21　圆筒形件的各次拉深工序件尺寸

4. 拉深力、压边力计算及压力机选择

(1) 拉深力　由于影响拉深力的因素比较复杂，准确计算拉深力比较困难，生产中常以危险断面处的拉应力小于其材料抗拉强度为依据，进行计算。拉深力的计算与冲裁力计算相同，即

$$F = L \times \delta \times \sigma_b \times K$$

式中 L——拉深件危险断面的周边长度；

δ——板料厚度（mm）；

σ_b——拉深件材料的抗拉强度（MPa）；

K——修正系数。

如圆筒形拉深件各次拉深力为

$$F_1 = K_1 \pi d_1 \delta \sigma_b \qquad F_i = K_i \pi d_i \delta \sigma_b \qquad (i = 2、3、\cdots、n)$$

式中 F——拉深力；

d_1、d_2、…、d_n——各次拉深工序件直径（mm）；

K_1、K_2——修正系数，见表 6-9 及表 6-10（σ_b 取 320～450MPa）。

对于横截面为矩形、椭圆形等的拉深件，修正系数可取 0.5～0.8。

表 6-9　圆筒形拉深件修正系数 K_1 值

相对厚度 $\delta/D\times100$	拉深系数									
	0.45	0.48	0.50	0.52	0.55	0.60	0.65	0.70	0.75	0.80
	K_1 值									
5.0	0.95	0.85	0.75	0.65	0.60	0.50	0.43	0.35	0.28	0.20
2.0	1.1	1.0	0.90	0.80	0.75	0.60	0.50	0.42	0.35	0.25
1.2		1.1	1.0	0.90	0.80	0.68	0.56	0.47	0.37	0.30
0.8			1.1	1.0	0.90	0.75	0.60	0.50	0.40	0.33
0.5				1.1	1.0	0.82	0.67	0.55	0.45	0.36
0.2					1.1	0.90	0.75	0.60	0.50	0.40
0.1						1.1	0.90	0.75	0.60	0.50

表 6-10　圆筒形拉深件修正系数 K_2 值

相对厚度 $\delta/D\times100$	拉深系数									
	0.70	0.72	0.75	0.78	0.80	0.82	0.85	0.88	0.90	0.92
	K_2 值									
5.0	0.85	0.70	0.60	0.50	0.42	0.32	0.28	0.20	0.15	0.12
2.0	1.1	0.90	0.75	0.60	0.52	0.42	0.32	0.25	0.20	0.14
1.2		1.1	0.90	0.75	0.62	0.52	0.42	0.30	0.25	0.16
0.8			1.0	0.82	0.70	0.57	0.46	0.35	0.27	0.18
0.5			1.1	0.90	0.76	0.63	0.50	0.40	0.30	0.20
0.2				1.0	0.85	0.70	0.56	0.44	0.33	0.23
0.1				1.1	1.0	0.82	0.68	0.55	0.40	0.30

（2）压边力　拉深时将坯料的周边压住，可防止起皱。其压边力的大小应适当，否则拉深不能成功。压边力过小时，防皱效果不好；压边力过大时，则拉应力增大，易使危险断面严重变薄或拉裂。故压边力应在大小适当的范围值内调节。压边力按下式计算：

$$F_{压} = Aq$$

式中 $F_{压}$——压料力（N）；

A——压料圈下坯料的投影面积（mm^2）；

q——单位面积压边力（MPa），查表 6-11。

表 6-11　单位面积压边力 q　　（单位：MPa）

材料名称		单位面积压边力 q	材料名称	单位面积压边力 q
铝		0.8～1.2	镀锌钢板	2.5～3.0
紫铜、硬铝（已退火）		1.2～1.8	高合金钢不锈钢	3.0～4.5
黄铜		1.5～2.0		
软钢	$\delta<0.5$mm	2.5～3.0	高温合金	2.8～3.5
	$\delta>0.5$mm	2.0～2.5		

生产中也可根据第一次的拉深力 F_1 计算压边力，即 $F_{压}=0.25F_1$。

当采用刚性压边圈拉深时，不需要计算压边力拉深力，只要控制好压边圈与凹模平面间的间隙，就能防止拉深起皱。其最佳压边间隙值 C 见表 6-12。

表 6-12　最佳压边间隙值 C

材　料	数值范围
低碳钢	$C=(0.95\sim1.10)\delta$
铝	$C=(1.00\sim1.15)\delta$
铜	$C=(1.00\sim1.10)\delta$

（3）压力机选择　冲压工序中的落料、成形、弯曲、翻边、冲孔等主要采用机械压力机。机械压力机结构简单、冲压速度高、生产节拍快、效率高，适于大批量、较简单的冲压加工工序生产；拉深工序主要采用液压机。液压压力机滑块的速度比较慢、压力大、精度较高，用于生产中小批量的形状较复杂、位置精度较精确、生产节拍较慢的深拉件。其中单动压力机是通过传动系统仅带动一个滑块运动的压力机；双动拉深压力机是具有双滑块的压力机，它有一个外滑块和一个内滑块。外滑块用来落料或压紧坯料的边缘，防止起皱；内滑块用于拉深成形，外滑块在机身导轨上做下止点有“停顿”的上下往复运动；内滑块在外滑块的内导轨中做上下往复运动。

压力机的公称压力是指滑块接近下极点附近的压力，而不是整个行程中的压力，其大小 F_0 应大于拉深力 $F_{拉}$ 与压边力 $F_{压}$ 之和，即

$$F_0>F_{拉}+F_{压}$$

当拉深行程较大、特别是采用落料－拉深复合模及复合工序加工拉深件时，不能简单地将落料力与拉深力迭加以后去选择压力机，否则，很可能出现压力机超载现象，因为在整个加工过程中，落料时，滑块未接近下极点附近，按落料力与拉深力的简单迭加后所选择压力机的公称压力已小了，这样就超载了，这是不允许的。故选择压力机的公称压力应有一定的安全量。

一般可按下式作概略计算：

浅拉深时：$F_0\geqslant1.2\sim1.3(F_{拉}+F_{压})$

深拉深时：$F_0\geqslant1.4\sim1.5(F_{拉}+F_{压})$

二、拉深方法

1. 窄凸缘圆筒形件的拉深

凸缘的相对直径 d_F/d 在 1.1～1.4 的凸缘圆筒形件称为窄凸缘件。其拉深方法如下：

1）先按无凸缘圆筒形件进行拉深。

2）再在拉深的最后两道工序，采用锥形凹模和锥形压料圈进行拉深，留出凸缘或锥形凸缘。

3）最后整形，压成水平凸缘。

例如：如图 6-22 所示窄凸缘圆筒形件的拉深，共需三次拉深成形，第一次拉成无凸缘圆筒形工序件，在后两次拉深时留出锥形凸缘，最后整形达到要求。

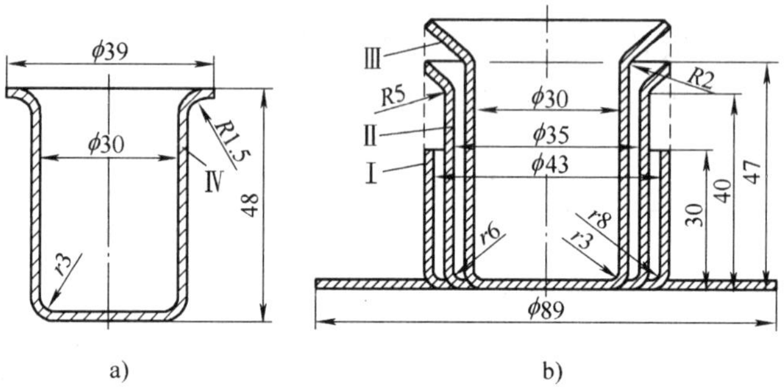

图 6-22　窄凸缘圆筒形件的拉深

a）窄凸缘拉深件　b）窄凸缘件拉深过程

Ⅰ—第一次拉深　Ⅱ—第二次拉深　Ⅲ—第三次拉深　Ⅳ—成品

2. 宽凸缘圆筒形件的拉深

凸缘的相对直径 $d_F/d>1.4$ 的凸缘圆筒形件称为宽凸缘圆筒形件。

（1）拉深的原则

1）若按拉深件所确定的拉深系数 m 大于表 6-13 所给的凸缘件第一次拉深系数 m_1，拉深件的相对高度 h/d 小于表 6-14 中所给的数值，则该零件可一次拉成；反之，若 $m<m_1$，或相对高度 h/d 大于表 6-14 中所给相应值，则该拉深件需要多次拉深。

表 6-13　凸缘件的第一次拉深系数 m_1（适用于 08、10 钢）

凸缘相对直径 d_F/d	坯料相对厚度 $(\delta/D)\times100$				
	>0.06～0.2	>0.2～0.5	>0.5～1	>1～1.5	>1.5
～1.1	0.59	0.57	0.55	0.53	0.50
>1.1～1.3	0.55	0.54	0.53	0.51	0.49
>1.3～1.5	0.52	0.51	0.50	0.49	0.47
>1.5～1.8	0.48	0.48	0.47	0.46	0.45
>1.8～2.0	0.45	0.45	0.44	0.43	0.42
>2.0～2.2	0.42	0.42	0.42	0.41	0.40
>2.2～2.5	0.38	0.38	0.38	0.38	0.37
>2.5～2.8	0.35	0.35	0.34	0.34	0.33
>2.8～3.0	0.33	0.33	0.32	0.32	0.31

2）第一次拉深就必须使凸缘尺寸等于拉深件的凸缘尺寸（加切边余量），以后各次拉深时凸缘尺寸保持不变，仅仅依靠筒形部分的材料转移来达到拉深件尺寸。因为在以后的拉深工序中，即使凸缘部分产生很小的变形，也会使筒壁传力区产生很大的拉应力，会使底部危险断面拉裂。

（2）多次拉深方法有两种法，如图 6-23 所示。

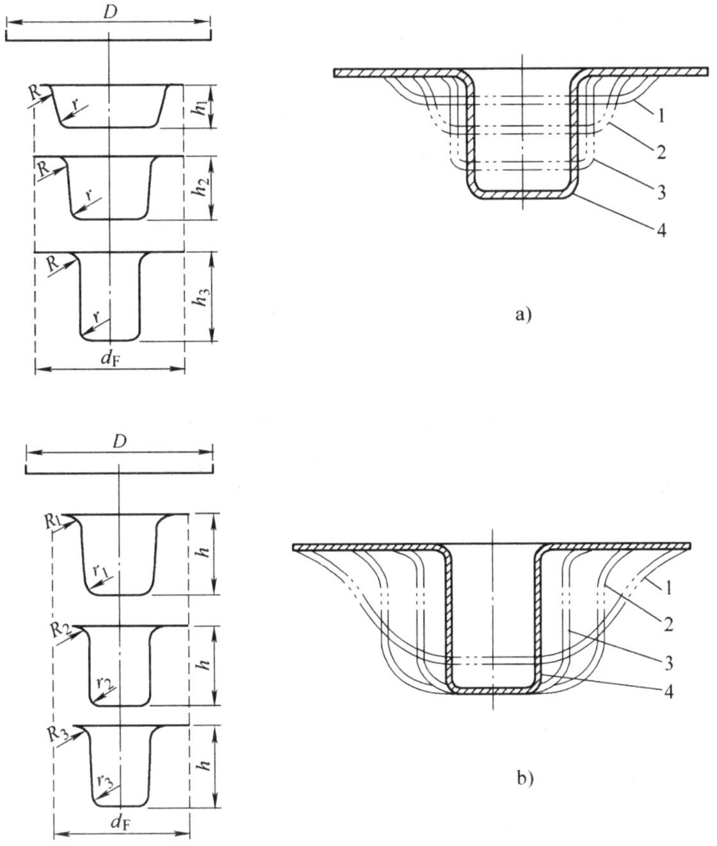

图 6-23 凸缘圆筒形件的拉深方法

a）变直径、变高度法 b）高度不变法

1）变直径、变高度法：逐次缩小筒形直径和逐次增加筒形高度，各次拉深的凸缘圆角半径和底部圆角半径保持不变或逐次减小。这种方法拉成的零件表面质量不高，其直壁和凸缘上保留着圆角弯曲和局部变薄的痕迹，需要在最后增加整形工序，适用于材料较薄、高度大于直径的中小型带凸缘圆筒形件。

2）高度不变法：即首次拉深尽可能取较大的凸缘圆角半径和底部圆角半径，高度基本一次拉到位，拉深过程中不把坯料边缘全部拉入凹模，而在凹模面上形成凸缘而已。以后各次拉深时仅减小圆角半径和筒形部分直径，而高度基本不变。

这种方法由于拉深过程中变形区材料所受到的折弯较轻，所以拉成的零件表面较光滑，没有折痕。但它只适用于坯料相对厚度较大、采用大圆角过渡不易起皱的情况。

另外，对于一定的凸缘件来讲，总的拉深系数 m 一定时，d_F/d 与 h/d 之间的关系也一定，因此也常用 h/d 来表示凸缘件的变形程度，凸缘件第一次拉深的最大相对高度 h/d

见表6-14。

表6-14 凸缘件第一次拉深的最大相对高度 *h/d*（适用于08、10钢）

凸缘相对直径 d_F/d	坯料相对厚度（δ/D）×100				
	>0.06~0.2	>0.2~0.5	>0.5~1	>1~1.5	>1.5
~1.1	0.45~0.52	0.50~0.62	0.57~0.70	0.60~0.80	0.75~0.90
>1.1~1.3	0.40~0.47	0.45~0.53	0.50~0.60	0.56~0.72	0.65~0.80
>1.3~1.5	0.35~0.42	0.40~0.48	0.45~0.53	0.50~0.63	0.58~0.70
>1.5~1.8	0.29~0.35	0.34~0.39	0.37~0.44	0.42~0.53	0.48~0.58
>1.8~2.0	0.25~0.30	0.29~0.34	0.32~0.38	0.36~0.46	0.42~0.51
>2.0~2.2	0.22~0.26	0.25~0.29	0.27~0.33	0.31~0.40	0.35~0.45
>2.2~2.5	0.17~0.21	0.20~0.23	0.22~0.27	0.25~0.32	0.28~0.35
>2.5~2.8	0.13~0.16	0.15~0.18	0.17~0.21	0.19~0.24	0.22~0.27
>2.8~3.0	0.10~0.13	0.12~0.15	0.14~0.17	0.16~0.20	0.18~0.22

凸缘件以后各次工序的拉深系数 m_2、m_3、…、m_n 按以下公式决定：$m_n = d_n/d_{n-1}$，见表6-15。

表6-15 凸缘件以后各次的拉深系数 m_2、m_3、…、m_n

拉深系数 *m*	坯料的相对厚度（δ/D）×100				
	2.0~1.5	1.5~1.0	1.0~0.6	0.6~0.30	0.3~0.15
m_2	0.73	0.75	0.76	0.78	0.80
m_3	0.75	0.78	0.79	0.80	0.82
m_4	0.78	0.80	0.82	0.83	0.84
m_5	0.80	0.82	0.84	0.85	0.86

注：此表适用于08、10钢。

3. 阶梯圆筒形件的拉深

阶梯圆筒形件相当于若干个直壁圆筒形件的组合，如图6-24所示。其拉深的变形特点与圆筒形件拉深的特点相同，变形程度的控制也可采用圆筒形件的拉深系数，其每一阶梯相当于相应圆筒形件的拉深，可以认为是圆筒形件以后的各次拉深时不拉到底，就得到阶梯形件。但由于其形状相对复杂，其拉深次数、拉深方法等与圆筒形件拉深有较大的差别。阶梯形零件拉深的关键问题是阶梯形零件是否可以一次拉成，还是需要多次才能拉成。

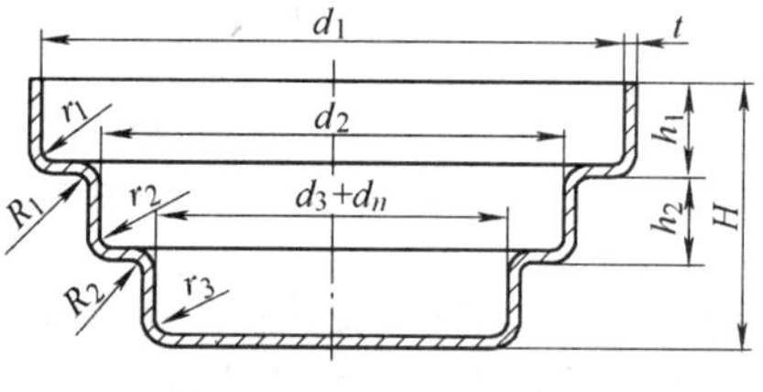

图6-24 阶梯圆筒形件

（1）阶梯圆筒形件能否一次拉深成形的判断方法

1）先计算零件的高度（H）与最小直径（d_n）的比值 H/d_n。

2）然后根据坯料相对厚度 $\delta/D\times100>1$，且阶梯之间的直径之差和零件的高度较小时，可一次拉深成形，否则需多次拉深成形。

（2）阶梯圆筒形件多次拉深方法　阶梯圆筒形件需多次拉深时，应根据拉深件各部分尺寸关系的不同，采用不同的拉深方法。

1）当任意相邻两个阶梯直径的比值（d_2/d_1、d_3/d_2、…、d_n/d_{n-1}）均大于相应圆筒形件的极限拉深系［m_i］，即 d_n/d_{n-1} > ［m_i］时，则可由大阶梯到小阶梯依次拉出；当 d_n/d_{n-1} < ［m_i］时，则先拉小直径 d_n，再拉大直径 d_{n-1}。每次拉深出一个阶梯，阶梯的数目就是拉深次数，见图 6-25。

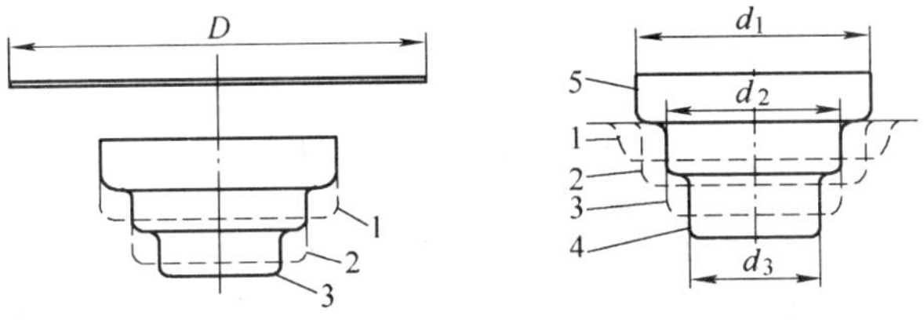

a)　　　　b)

图 6-25　阶梯形多次拉深方法

a）先大后小阶梯的拉深　b）先小后大直径的拉深

2）当各个阶梯的高度之和（$h_1+h_2+h_3+\cdots+h_n$）与最小阶梯筒部的直径（d_n）的比值小于或等于带凸缘圆筒形件第一次拉深的最大相对高度（h/d_n）时，即［$(h_1+h_2+h_3+\cdots+h_n)/d_n$］≤［$h/d_n$］，则可以一次拉深成形，否则需采取多次拉深，阶梯形零件如图 6-26 所示。

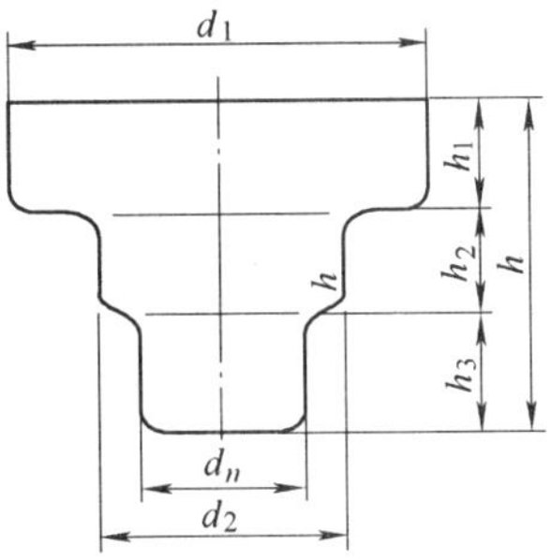

图 6-26　阶梯形零件

3）梯形直径差别较大的浅阶梯形拉深件，当不能一次拉深成形时，则可以采用先拉深成球形或大圆角筒形，再校形得到符合零件要求的形状、尺寸，如图 6-27 所示。

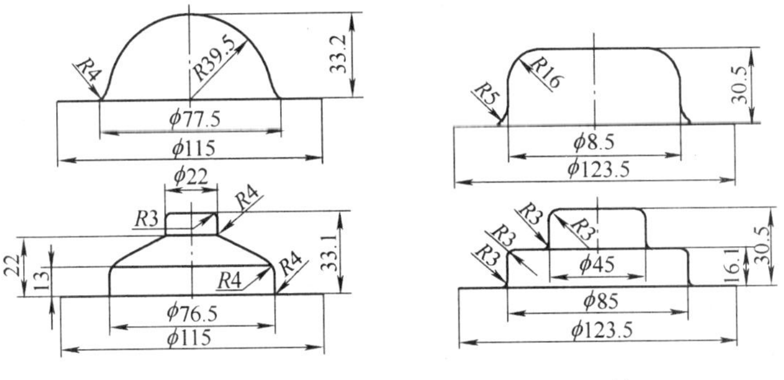

a)　　　　b)

图 6-27　直径差较大的浅阶梯形件的拉深方法

4）当阶梯件的坯料相对厚度较大（$\delta/D \geqslant 1.0\%$），而且每个阶梯的高度不大，相邻阶梯直径差也不大时，也可以先拉成带大圆角半径的圆筒形件，如图 6-28a 所示，然后用校形方法得到零件的形状和尺寸，如图 6-28b 所示。用这种方法成形，材料可能有局部变薄，会影响零件质量。

5）当阶梯件的最小阶梯直径 d_n 很小，d_n/d_{n-1} 过小，其高度 h_n 又不大时，最小阶梯可以用胀形的方法得到，但因材料变薄，会影响零件质量。

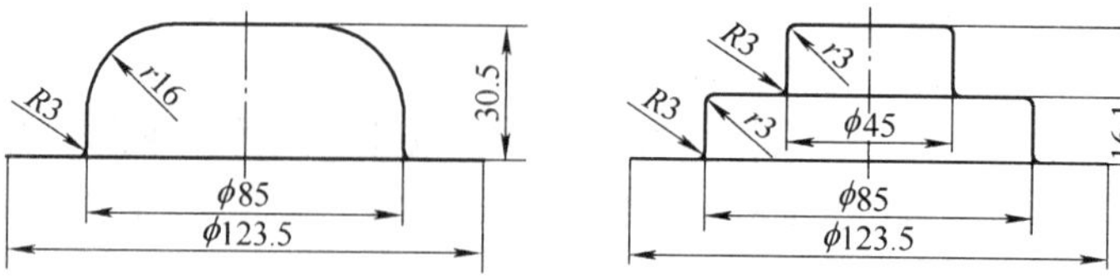

a)　　b)

图 6-28　校形拉深

a）电喇叭底座的拉深　b）电喇叭底座

例如图 6-29a 所示阶梯圆筒形拉深件，材料为 H62 黄铜，厚度为 1mm。该零件可先拉深成阶梯形件后切底而成。由图求得坯料直径 $D = 106\text{mm}$，$t/D \approx 1.0\%$，$d_2/d_1 = 24/48 = 0.5$，查表 6-8 可知，该直径之比小于相应圆筒形件的极限拉深系数，但由于小阶梯高度很小，实际生产中仍采用从大阶梯到小阶梯依次拉出。其中大阶梯采用两次拉深，小阶梯一次拉出，拉深工序顺序如图 6-29b 所示，其中工序件Ⅲ为整形工序。

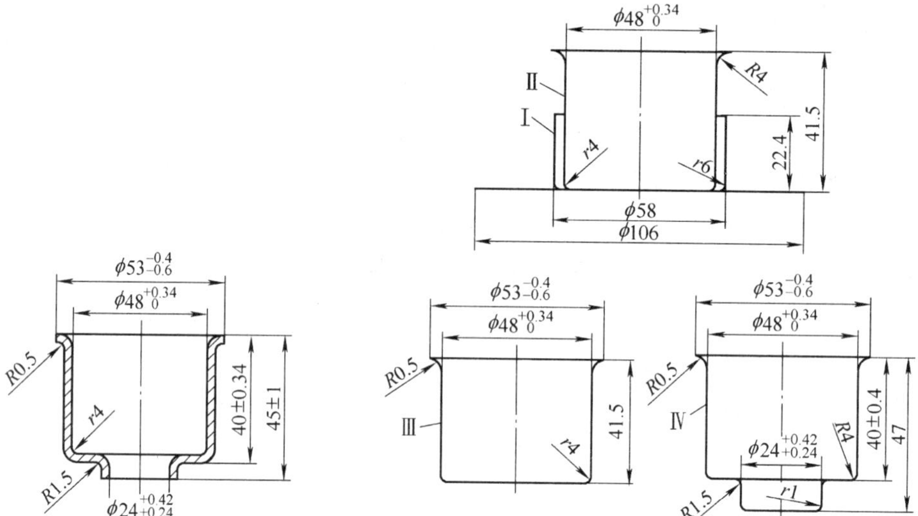

a)　　b)

图 6-29　阶梯圆筒形件多次拉深实例

4. 轴对称曲面形状件的拉深

轴对称曲面形状件包括：球形件、抛物线形件、锥形件等。这类零件成形时，变形区的位置、受力情况、变形特点等不是单一的，与直壁筒形件拉深有很大的差别，不是单一的拉深工序，而是属于复合类冲压成形工序，即“拉深成形”工序。对这类零件不能简单地用拉深系数去衡量和判断成形的难易程度，也不能用它来作为工艺过程设计和模具设计的依据。

（1）轴对称曲面形状件的拉深特点

1）整个坯料处于变形区内，参与变形。

2）曲面零件的成形是胀形和拉深变形的复合变形。

凸模顶点及其附近的坯料处于双向拉应力状态，产生厚度变薄、表面积增大的胀形变形；此界限之外直至凸缘区都是受切向压应力、径向拉应力的作用，产生切向压缩、径向伸长的变形（称为“拉深变形”）。曲面零件拉深成形过程如图6-30所示，从成形过程中可以看出，刚开始拉深时，中间部分坯料几乎都不与模具表面接触，即处于“悬空”状态。随着拉深过程的进行，悬空状态部分虽有逐步减少，但仍比圆筒形件拉深时大得多。坯料处于这种悬空状态，抗失稳能力较差，在切向压应力作用下很容易起皱。这个现象常成为曲面形状件拉深必须解决的主要问题。另一方面，由于坯料中的径向拉应力在凸模顶部接触的中心部位上最大，因此，曲面中心部分的破裂仍是这类零件成形中需要注意的另一个问题。

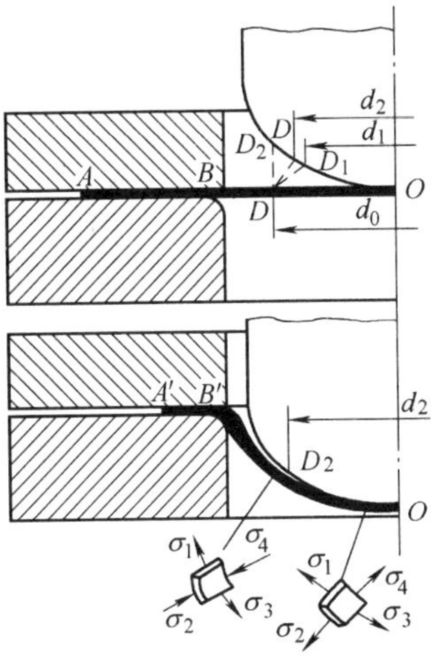

图6-30 曲面零件拉深成形过程

（2）轴对称曲面形状件的拉深方法

1）球形件拉深。球形件有多种类型，分为半球形（如图6-31a所示）和非半球形（如图6-31b、c、d所示）。

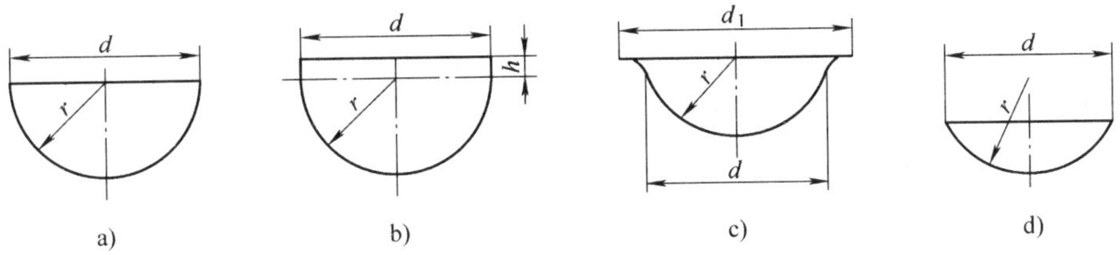

图6-31 球形件类型

球形件拉深时，其坯料在凸模的作用下，中心附近以外的金属乃至压料圈下面的环形部分金属逐步产生了变形，并从里向外逐步贴紧凸模，最后形成了与凸模球表面一致的球形零件。

① 半球形件的拉深系数。

半球形件的拉深系数 $m=\dfrac{d}{D}=\dfrac{d}{\sqrt{2}d}=0.71$ 为常数，它与零件直径大小无关。

因此，不能以拉深系数作为设计工艺过程的依据，而应以坯料的相对厚度 δ/D 作为判断成形难易程度和选定拉深方法的依据。

② 半球形件“拉深成形”方法。

a. 不压边一次拉深成形。当 $\delta/D>3\%$ 时，不用压边即可拉成，如图6-32a所示。但应注意的是：坯料的相对厚度大，坯料贴模不良，仍然易起小皱，因此必须采用带校正作用的凹模，以便对冲件起校正作用。拉深这种冲件最好采用摩擦压力机。

b. 带压料装置拉深成形。当 $\delta/D=0.5\%\sim3\%$ 时，采用带压料装置的拉深模进行拉深。

c. 采用有压料筋的拉深模或反拉深法拉深成形。当 $\delta/D<0.5\%$ 时，采用反拉深方法（见图6-32b）或有压料筋的拉深模（见图6-32c）进行拉深。

2）非半球形件拉深。

① 半球面带有直边高度或带有凸缘的半球面拉深成形。半球面带有 $(0.1\sim0.2)d$ 的直

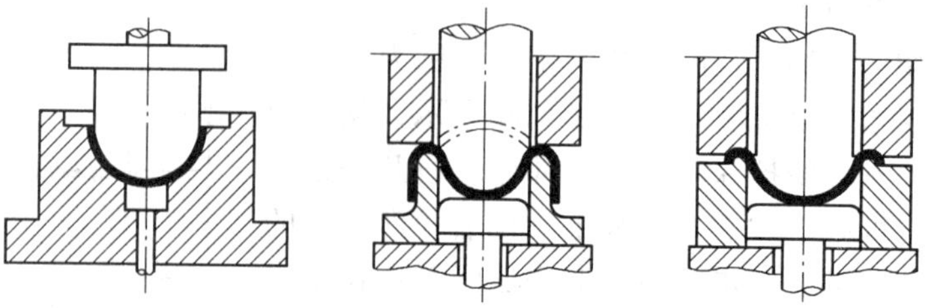

图6-32　半球形件的拉深

a）带整形　b）反拉深　c）带压料筋

边（见图6-31b）或带有每边宽度为（0.1～0.15）d 的凸缘（见图6-31c）时，虽然拉深系数有一定降低，但对冲件的拉深却有相当的好处。当对不带直边和不带凸缘的半球形冲件的表面质量和尺寸精度要求较高时，都要留加工余料以形成凸缘，在冲件拉深后切除。

② 高度小于球面半径的浅球形件（见图6-31d）。这种零件在成形时，除了容易起皱外，坯料容易偏移，卸载后还有一定的回弹。所以，当坯料直径 $D\leqslant 9\sqrt{r\delta}$ 时，可以不压料，用球形底的凹模一次成形。但当球面半径 r 较大，板料厚 δ 和深度较小时，必须按回弹量修正模具。当坯料直径 $D>9\sqrt{r\delta}$ 时，应加大坯料直径，并用强力压料装置或带压料筋的模具进行拉深，以克服回弹并防止坯料在成形时产生偏移。多余的材料可在成形后切除。

3）抛物线形件的拉深。

① 深度较小的抛物线形件（$h/d<0.5\sim0.6$），其变形特点及拉深方法与半球形件相似。

② 深度较大的抛物线形件（$h/d\geqslant 0.5\sim0.6$），由于零件高度较大，顶部圆角较小，所以拉深难度较高。为了使坯料中间部分紧密贴模而又不起皱，必须加大径向拉应力。但这一措施往往受到坯料尖顶部分承载能力的限制，特别是当零件深度大而顶端的圆角半径又小时，更应如此。一般需进行反拉深或正拉深多工序逐步成形。为了保证零件的尺寸精度和表面质量，最后一道拉深工序应有一定的胀形变形，为此胀形工序前的拉深工序件的表面积应稍小于成品零件的表面积。

4）锥形件的拉深。

① 锥形件的拉深特点。锥形件见图6-33，拉深时，坯料悬空面积大，容易起皱；凸模接触坯料面积小，变形不均匀程度比球形件大，尤其是锥顶圆角半径 r 较小时容易变薄甚至破裂；如果口部与底部直径相差大时，拉深后回弹较大。

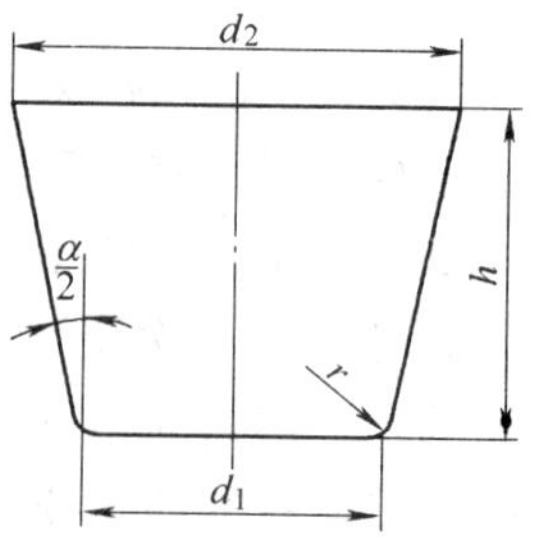

图6-33　锥形件

② 锥形件的拉深方法。由于锥形件的相对高度（h/d_2）、相对锥顶直径（d_1/d_2）、相对厚度（δ/d_2）等三个主要参数的不同，其成形方法也不同，其中 h/d_2 越大（深锥形）、d_1/d_2 越小（陡锥形）、δ/d_2 越小（薄锥形），拉深难度越大。成形方法如下：

a. 陡锥形。陡锥形件的相对锥顶直径 d_1/d_2 较小，锥角不大，需要多次拉深成形。

b. 浅锥形件（$h/d_2<0.2$）。浅锥形件一般可以一次拉深成形。这时相对锥顶直径 d_1/d_2 影响不大，可根据相对厚度 δ/d_2 值决定拉深模的结构。浅而薄的锥形件（$\delta/d_2>0.02$，δ/d_2

较小)，可不带压料圈，采用带底凹模的模具一次成形，但中间悬空部分容易起皱、回弹比较严重，则需要整形，如图6-34a所示；若是浅而厚的锥形件，且精度较高，则采用带平面压料圈或带压料筋的模具一次成形，如图6-34b所示。如果零件是无凸缘的，为了成形的需要，可加大坯料直径，成形后再切除。

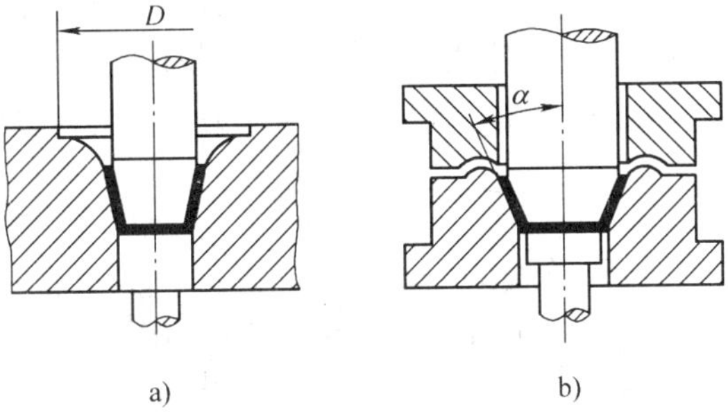

图6-34　相对高度小的浅锥形件的拉深方法
a）不带压料圈的一次成形　b）带压料筋的一次成形

c. 中等深度锥形件（$0.2<h/d_2<0.43$）。薄而锥角大的锥形件（似薄喇叭形），可采用锥形带底凹模一次拉深成形，需要整形；厚而锥角大的锥形件（似厚喇叭形），可采用两道拉深工序成形并整形：首先拉深成圆筒形件或带凸缘的筒形件，然后用锥形凸、凹模拉深成锥形件。

d. 深锥形件（$h/d_2>0.5$）。这种锥形件相对高度越大，中间悬空部分材料越多，容易失稳起皱，并且相对高度大，表明坯料直径大，增加了压边圈下面变形区宽度，拉深成形力也需要更大，中间部分材料的承载能力可能不允许。因此成形难度大，必须采用多工序拉深成形。

Ⅰ. 阶梯过渡法。先逐步拉成具有大圆角半径的阶梯形工序件（阶梯形的内形与要求的锥形件相切），最后整形成锥形件，如图6-35a所示。其拉深方法和拉深次数计算与阶梯形件相同。用此法校形后零件表面有阶梯痕迹，应用不多。

Ⅱ. 锥面逐步增大法。采用底部直径逐步缩小、锥面逐步扩大的方法成形，如图6-35b所示。其拉深系数可选圆筒形件的拉深系数。此法工件表面质量较好，应用较多。

图6-35　深锥形件的逐步成形方法

5. 盒形件的拉深

如前面所述，盒形件是非旋转体零件，与旋转体零件的拉深相比，其拉深变形要复杂些。盒形件的几何形状是由多个圆角部分和多条直边组成，拉深变形时，圆角部分相当于圆筒形件拉深，而直边部分相当于弯曲变形。

（1）盒形件拉深的变形特点　盒形件可认为是由直边部分和圆角部分组成，其成形可以假想为由直边部分的弯曲和圆角部分的拉深变形所组成。但实际上直边和圆角是连在一起的，是一个整体，故在成形过程中，直边部分不是单纯的弯曲，还受到挤压，这是因为圆角部分的材料要向直边部分流动。同样，圆角部分也不完全与圆筒形零件的拉深相同，由于直边部分的存在，圆角部分的材料也会向直边部分流动，两者之间也没有明显的界限、相互作用和影响。其拉深变形特点如下：

1）拉深变形性质与圆筒形件相同。盒形件拉深的变形性质与圆筒形件相同，每一阶梯相当于相应圆筒形件的拉深。主要问题是要决定该阶梯形零件是否可以一次拉成，还是需要多次才能拉成。

2）应力和变形分布不均匀。盒形件拉深时，凸缘部分处于拉－压的应力状态，径向拉应力（σ_r）沿坯料周边上分布是不均匀的，如图6-36所示，圆角部分最大，直边部分最小，则压应力（σ_τ）分布均匀。角部分由于应力分布不均匀，拉应力小，危险断面处的载荷要小得多，故盒形件的拉深系数可取小些；由于压应力在角部最大，向直边部分逐步减少。

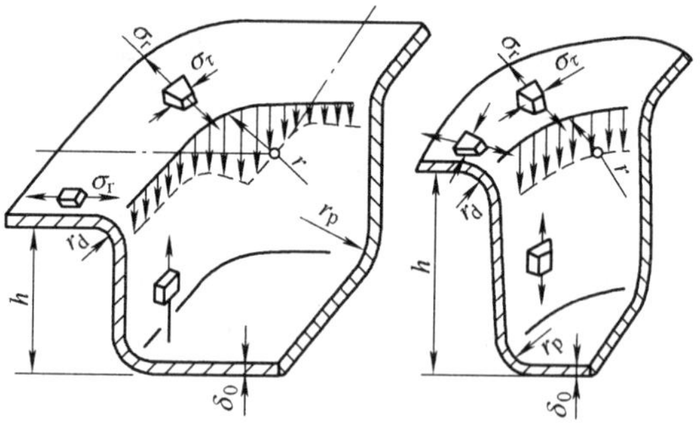

图6-36　盒形件拉深时的应力分布

3）直边与圆角变形相互影响。直边与圆角变形互相影响的的程度取决于相对圆角半径（r/B）和相对高度（H/B，B为矩形件短边）。r/B越小，直边部分对圆角部分的变形影响越显著（如果$r/B=0.5$，则盒形件成为圆筒形件，也就不存在直边与圆角变形的相互影响了）；H/B越大，直边与圆角变形相互影响也越显著。

4）盒形件再次拉深时所用的坯件是直立侧壁的空间体，拉深时随着凸模的向下运动，坯料全都进入凹模，盒形件的侧壁高度完成。拉深过程中，其圆角部分和直边部分受切向压缩和径向伸长，伸长变形较大并受附加压应力作用的部位上产生材料的堆聚或横向起皱；在伸长变形较小并受附加拉应力作用的部位上发生坯料的破裂或厚度的过分变薄。

（2）盒形件是否可以一次拉深成形的判定　判定盒形件是否可以一次拉深成形，主要取决于毛坯的变形程度，如果毛坯的变形程度过大，拉深时传力区毛坯内部的径向拉应力就会超过侧壁材料的强度极限而产生破裂，这时必须多次拉深。若拉深时毛坯传力区在最大拉应力状态下不产生破裂，就能一次拉深成形。与圆筒件拉深类似，拉深系数$m=d/D$（d为拉深后的圆筒直径，D为平面毛坯直径），查极限拉深系数表，$m\geqslant[m_1]$，则可一次拉深成形，否则$m<[m_1]$，则需要多次拉深。

盒形件初次拉深的极限变形程度，可用其相对高度h/r表示。因相对高度（h/r）与相对圆角半径（r/B）、δ/B、板料性能有关，其值大小见表6-16。当$\delta/B<0.01$，且$A/B\approx1$时，取表中较小值；当$\delta/B>0.015$，且$A/B\geqslant2$时，取较大值。

若h/r不超过表中极限值，则可一次拉深成形，否则需用多次拉深。

表6-16　盒形件初次拉深最大相对高度值（用于低碳钢）

相对角部圆角半径 r/B	0.4	0.3	0.2	0.1	0.05
相对高度 h/r	2～3	2.8～4	4～6	8～12	10～15

由于盒形件变形因相对圆角半径 r/B 和相对高度 H/B 的不同有较大差异，所以盒形件的工序计算视 r/B 和 H/B 的不同而有不同的方法和计算公式，详见相关设计手册。

需要指出的是，由于盒形件变形复杂，工序计算结果仅仅是初步结果，其准确性往往依赖于设计人员的经验，并通过试模来最终确定。

三、拉深工艺中的辅助工序

为了改善拉深条件，拉深工艺中还需要采用一些辅助工序。如：退火、去毛刺修边、清洗、润滑等，现将主要的辅助工序简介如下：

1. 退火

拉深工艺中的退火处理是为了将坯料软化、消除工序件及成品的残余应力。

（1）毛坯材料退火　硬度降低，塑性提高，拉深变形程度增加，使拉深系数 m 减小，提高板料的冲压成形性能。

（2）工序件退火　消除加工硬化，降低硬度，恢复加工后材料的塑性，以保证后续拉深工序的顺利实现（如不锈钢、高温合金等在拉深一、二次工序后，必须进行中间退火工序，否则后续拉深无法进行）；消除残余应力，防止零件在存放（或工作）中发生变形和蚀裂等现象（如不锈钢、高温合金及黄铜等）。不进行中间退火工序能连续完成拉深次数的材料，可参见表6-17。

表6-17　不需热处理能拉深的次数

材料	次数
08、10、15钢	3~4
铝	4~5
黄铜H68	2~4
不锈钢	1~2
镁合金	1
钛合金	1

2. 酸洗

为了保证拉深件的表面质量，降低模具磨损，保证模具寿命，拉深前必须对热处理后的平板毛坯和中间退火工序后的半成品及拉深后的零件进行酸洗工序，目的在于清除表面的氧化皮、残留润滑剂及污物等。酸洗工序流程如下：去油→酸洗→清洗→中和。具体而言就是将毛坯、半成品及成品放入碱液（如苏打水）中去油后，再放入酸洗溶液进行酸洗，酸洗后应及时置于流动的冷水中将酸洗掉，否则腐蚀表面，然后放在60~80℃的弱碱液中进行中和，残留在表面上的弱碱液干燥后可进行“碱封”防锈。不锈钢酸洗近年来采用酸-碱合用的办法、即预先在沸腾的碱液（质量分数为80%的苛性钠、质量分数为20%的硝酸钾）中浸10~30min，然后在体积分数为18%的硫酸或盐酸中浸5~20min。这种方法既大大减小金属和酸液的消耗，又提高了生产率。酸洗溶液成分见表6-18。

表 6-18　酸洗溶液成分

拉深件材料	化学成分	含　量	说　明
低碳钢	硫酸或盐酸	15% ~20%（体积分数）	
	水	其余	
高碳钢	硫酸	10% ~15%（体积分数）	预浸
	水	其余	
	苛性钠或苛性钾	50 ~100g/L	最后酸洗
不锈钢	硝酸	10%（体积分数）	得到光亮的表面
	盐酸	1% ~15%（体积分数）	
	硫化胶	0.1%（体积分数）	
	水	其余	
铜及其合金	硝酸	200 份（重量）	预浸
	盐酸	1 ~2 份（重量）	
	炭黑	1 ~2 份（重量）	
	硝酸	75 份（重量）	光亮酸洗
	硫酸	100 份（重量）	
	盐酸	1 份（重量）	
铝及锌	苛性钠或苛性钾	100 ~200g/L	闪光酸洗
	食盐	13g/L	
	盐酸	50 ~100g/L	

3. 润滑

拉深时，常采用润滑方法，不仅降低坯件与模具间的摩擦阻力，降低拉深力（达30%）、提高拉深毛坯的变形程度（降低极限拉深系数），提高产品的表面质量和延长模具寿命，防刮伤模具和冲件表面，同时也有一定的冷却作用。润滑时，一般只能将润滑剂涂抹在凹模及压边圈表面上，或涂抹在坯件与凹模接触的平面上，切忌涂在凸模表面或与凸模接触的毛坯表面。拉深中，必须根据不同的要求选择润滑剂的配方和选择正确的润滑方法。常用的润滑剂有锭子油、黄油、硫化蓖麻油、肥皂水、硫磺、滑石粉、石墨等，详见相关冲压设计资料。还须注意，当拉深应力较大且接近材料的强度极限 σ_b 时，应采用含量不少于20%的粉状填料的润滑剂，以防止润滑液在拉深中被高压挤掉而失去润滑效果。在拉深过程中，在凹模和坯料之间放层塑料薄膜，也是降低摩擦、防止拉裂的一种有效润滑方法。

复习题

1. 什么是拉深系数？它的作用如何？
2. 影响极限拉深系数的因素有哪些？
3. 拉深件坯料尺寸的计算遵循什么原则？
4. 复杂旋转体拉深件坯料尺寸如何确定？

5. 正方盒形件、矩形盒形件的坯料形状各是什么？

6. 高矩形盒形件毛坯尺寸如何确定？

7. 拉深次数如何确定？

8. 计算如图 6-37 所示拉深件的坯料尺寸、拉深次数及各次拉深半成品尺寸，并用工序图表示出来。材料为 08F。

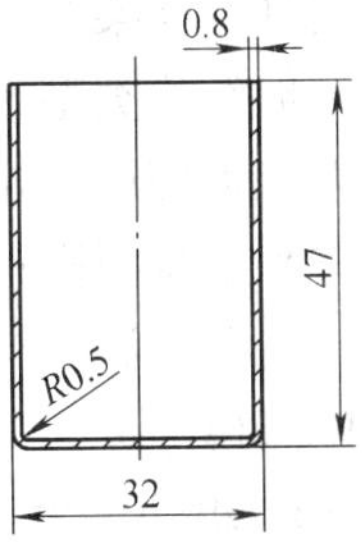

图 6-37　拉深件

9. 拉深力、压边力如何计算？

10. 圆筒形工件总的拉深系数比极限拉深系数 m_1 小时，为什么用二次或三次拉深就能够成形？

11. 宽凸缘圆筒形件的拉深方法是什么？

12. 阶梯圆筒形件如何拉深？

13. 叙述轴对称曲面形状件的拉深特点。

14. 拉深工艺中为什么常用退火处理方法？

15. 酸洗工序的流程是什么？

任务 3　设计拉深模

学习目标

1. 熟悉拉深模的结构
2. 学会拉深模的初步设计，并能进行简单的拉深模设计
3. 学会拉深模的制造、装配调整方法，重点加强动手能力

任务描述

本任务介绍了拉深模结构、设计、制造、装配、调整维修等知识，并以油杯的落料、拉深、切口模为例，使学生加深了对拉深模知识的了解。

任务分析

拉深模结构与冲裁模具结构基本相似，也是由成形件、模架、定位系统、卸料装置及连接元件等组成的。两者除成形件外，其他组成件基本相同。拉深模中凸、凹模是最为关键的零件，它具有独特的特点，这也是它与冲裁模的不同之处，这也是学习重点。拉深中的凹模、凸模圆角半径的大小、凸模头部的形状和凹模口部的形状，凸、凹模的间隙大小，凸、凹模工作部分的尺寸与公差等知识是必须熟悉和掌握的，只有这样，拉深模的关键技术才能很好地应用，而拉深模的其他相应知识则比较容易了解和掌握。下面具体介绍拉深模的相关知识。

相关知识

一、拉深模典型结构

拉深模结构与冲裁模结构基本相似，也由成形件、定位件、压边装置件、导向件、连接

固定件及模架等组成，但是凸模、凹模、压边装置的结构有区别。拉深模的结构一般较简单，但结构类型较多。按使用的压力机类型不同，可分为单动压力机上使用的拉深模与双动压力机上使用的拉深模；按工序的组合程度不同，可分为单工序拉深模、复合工序拉深模与级进工序拉深模；按结构形式与使用要求的不同，可分为首次拉深模与以后各次拉深模，有压料装置拉深模与无压料装置拉深模，顺装式拉深模与倒装式拉深模，下出件拉深模与上出件拉深模等。

1. 单动压力机上使用的拉深模

（1）首次拉深模

1）无压料装置的首次拉深模。此类模具结构加工的拉深件是直接从凹模底下落下，以便顺利地将拉深件从凸模上卸下，故在凹模下装有卸件器。当拉深工作行程结束凸模回程时，卸件器下平面作用于拉深件的口部，把其卸下，如图 6-38a 所示；若板料较厚、拉深件深度较小时，拉深后的回弹会引起拉深件口部张大，当凸模回程时，凹模下平面挡住拉深件已回弹张大口部而自然卸下拉深件，此时可以不配备卸件器，见图 6-38b。这种拉深模结构简单，适用于拉深板料厚度较大而深度不大的拉深件。

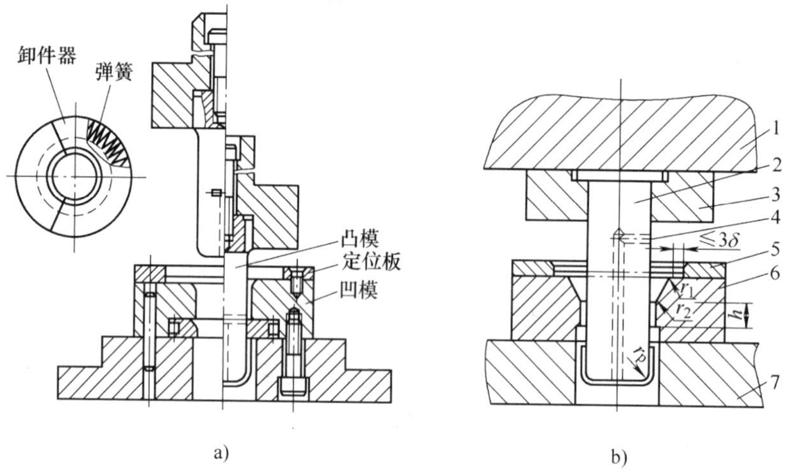

图 6-38　无压料装置的首次拉深模

a）有卸件器　b）无卸件器

1—上模座　2—凸模　3—固定板　4—出气孔　5—定位板　6—凹模　7—下模座

2）有压料装置的正装式首次拉深模。这种拉深模结构的主要特点是设计有弹性压料装置，且凸模和弹性压料装置都装在上模部分（正装），因弹性元件高度受到模具闭合高度的限制，这种拉深模只适用于拉深高度不大的零件，结构如图 6-39a 所示。

3）有锥形压料圈的倒装式拉深模。该类拉深模的主要特点是凸模和弹性压料装置都在下模部分（倒装），工作行程可以较大，可用于拉深高度较大的零件，应用广泛，结构如图 6-39b 所示。

（2）再次拉深模

1）如图 6-40 所示为无压料装置的以后各次拉深模，前次拉深后的工序件放入定位板 6 定位，拉深后工件由凹模孔中的下台阶部位卸下。为了减小工件与凹模间的摩擦，凹模 7 的

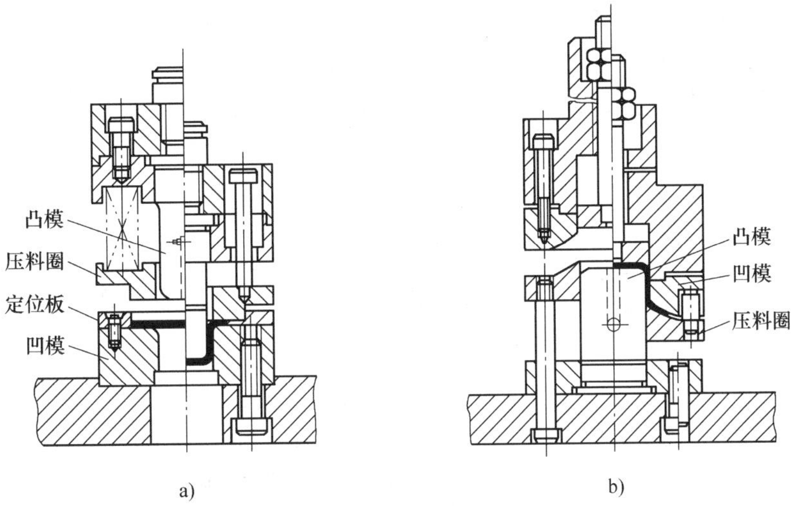

图6-39　首次拉深模
a）有压料装置　b）锥形压料圈

凹模孔直边高度 h 取9～13mm。该模具适用于变形程度不大、拉深件直径和壁厚要求均匀的以后各次拉深。

2）如图6-41所示为有压料倒装式以后各次拉深模，压料圈6起压边、定位双重作用，前次拉深后的工序件套在压料圈外径上进行定位。拉深时，靠下弹压装置将工序件压在压料圈与凹模之间。上模部分下行一定的行程，拉深过程完成。压料圈的高度应大于前次工序件的高度，以免相互干扰；其外径最好按已拉成的前次工序件的内径配作。拉深完的工件在回程时分别由压料圈顶出和推件块3推出。可调式限位柱5控制压料圈与凹模之间的间距，以防止拉深后期由于压料力过大造成工件侧壁底角附近过分减薄或拉裂。

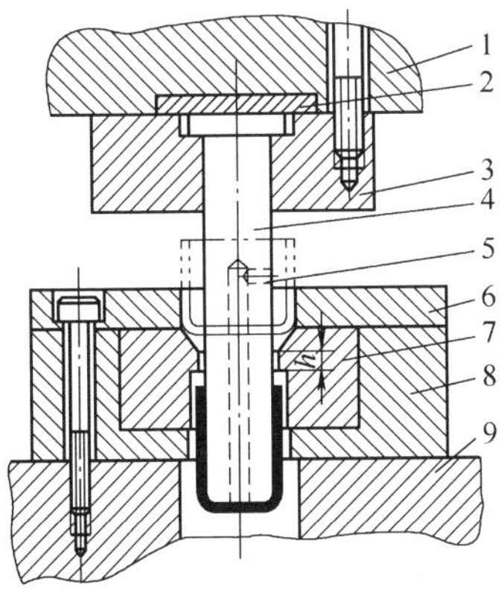

图6-40　无压料装置以后各次拉深模
1—上模座　2—垫板　3—凸模固定板　4—凸模
5—通气孔　6—定位板　7—凹模　8—凹模座　9—下模座

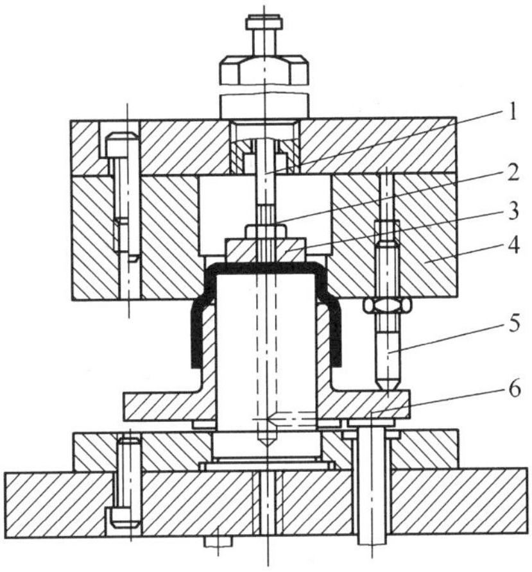

图6-41　有压料倒装式以后各次拉深模
1—打杆　2—螺母　3—推件块　4—凹模
5—可调式限位柱　6—压料圈

3）如图6-42所示为带压边装置的反向再次拉深模。首次拉深后的工序件，由凹模外径定位，凸模下行，将工序件反向拉入凹模。拉深后凸模上升，由凹模内孔台阶卸件。

反向拉深时材料进入凹模的阻力很大，所以一般情况下，反向拉深模不需要压边装置。但是，有时为了便于卸件、工序件定位和防止拉深时的冲件偏移，在反向拉深时也有带压边圈的。

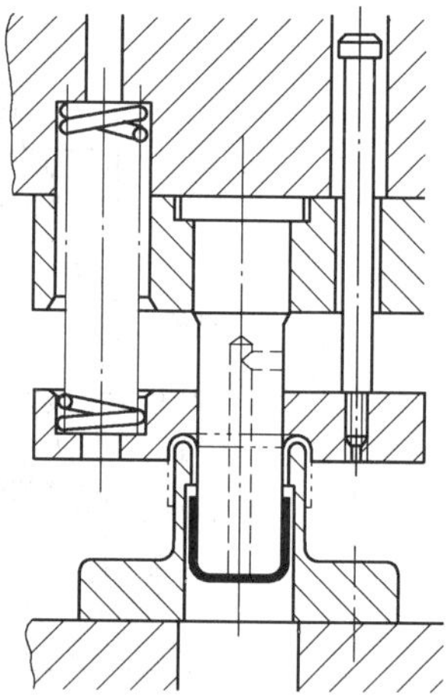

图 6-42　带压边装置反向再次拉深模

（3）落料拉深复合模　如图 6-43 所示为落料拉深复合模，条料分别由导料销 11 导向、挡料销 12 定距。由于排样图中未安排搭边值，落料后废料会从中间自行断开，因此可不设卸料装置。整个加工过程中，先由落料凹模 1 和凸凹模 3 完成落料；紧接着由拉深凸模 2 和凸凹模进行拉深。压料圈 9 既起压料作用又起顶件作用。由于有顶件作用，上模回程时，冲件可能留在拉深凹模内，所以设置了推件装置。模具装配时，应使拉深凸模 2 顶端面比落料凹模 1 上平面低约 1～1.5 倍料厚的距离。如此才能保证先落料、后拉深。

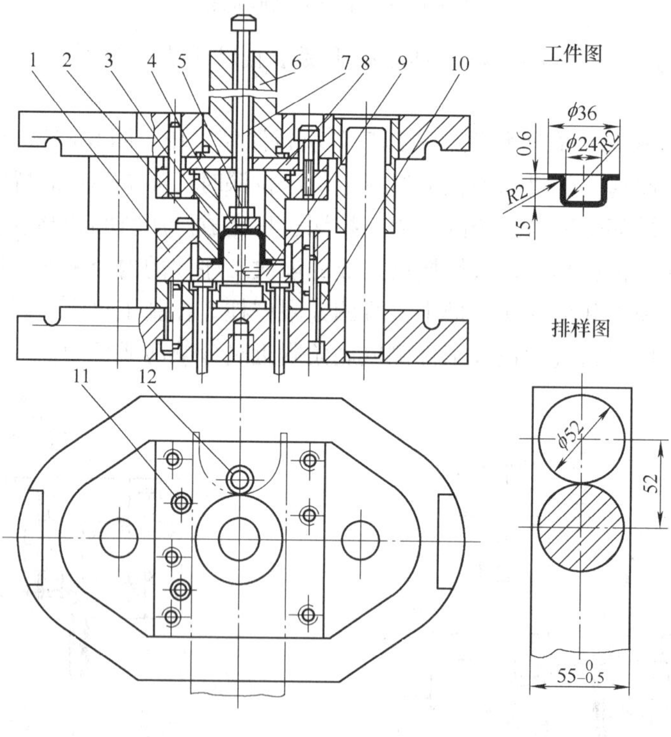

图 6-43　落料拉深复合模

1—落料凹模　2—拉深凸模　3—凸凹模　4—推件块　5—螺母
6—模柄　7—打杆　8—垫板　9—压料圈　10—固定板　11—导料销　12—挡料销

2. 双动压力机上使用的拉深模

前面已介绍了双动压力拉深机是由内、外两个滑块组成。外滑块用来安装压边圈，在落料拉深时安装落料凸模（兼作压边圈），它沿机身导轨滑动；内滑块用来安装拉深凸模，沿外滑块内的导轨滑动。两个滑块同时作用，可对坯料进行拉深或落料拉深。由于双动压力机和单动压力机的工作方式不同，所以拉深模的结构也不同。采用双动压力机拉深，因外滑块和内滑块是各自单独运动的，因此外滑块压边力可单独调整，以控制冲件起皱。但由于双动压力机外滑块产生的压边力，有时受到坯料厚度和操作等因素的影响，只靠压边力防皱不是很可靠，因此，对于形状复杂的零件，常在压边圈上设置压料筋，以有效地防止起皱。

（1）双动压力机用首次拉深模 如图6-44所示的双动压力机用首次拉深模，其下模部分由凹模2、定位板3、凹模固定板8、顶件块9和下模座1组成，上模部分的压料圈5通过上模座4固定在压力机的外滑块上，凸模7通过凸模固定杆6固定在压力机的内滑块上。工作时，压力机外滑块下行带动压料圈将已在定位板中定位好的平板坯料压紧，接着内滑块下降带动凸模下行一定的行程，完成对坯料的拉深。回程时，内滑块先带动凸模上升将工件卸下，接着外滑块带动压料圈上升，同时顶件块在弹顶器作用下将工件从凹模内顶出。

（2）双动压力机用落料拉深复合模 如图6-45所示，该模具可同时完成落料、拉深及底部的浅成形。其压料圈3是组合式结构，既是压料圈又是落料凸模，固定在压料圈座2上；拉深凸模4也是组合式结构，它固定在凸模座1上。这种组合式结构特别适用于大型模具，便于制造、降低成本。

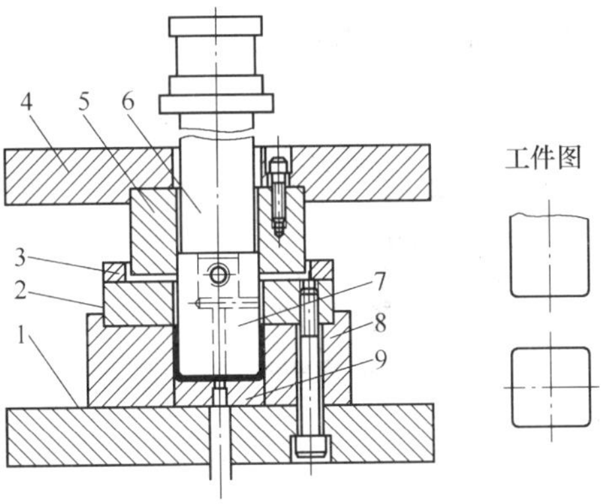

图6-44 双动压力机用首次拉深模

1—下模座 2—凹模 3—定位板
4—上模座 5—压料圈 6—凸模固定杆
7—凸模 8—凹模固定板 9—顶件块

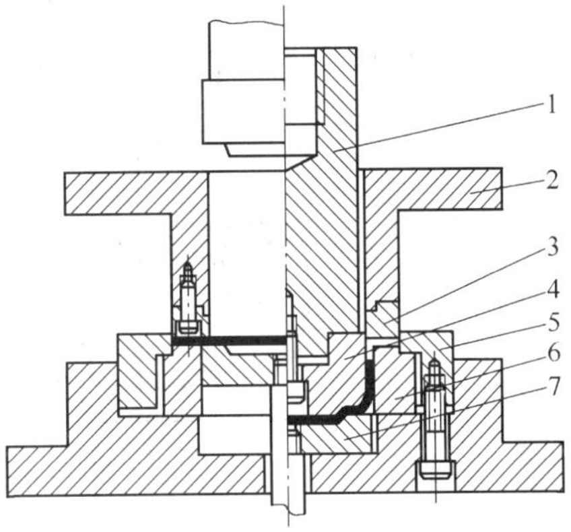

图6-45 双动压力机用落料拉深复合模

1—凸模座 2—压料圈座
3—压料圈（兼落料凸模） 4—拉深凸模
5—落料凹模 6—拉深凹模 7—顶件块

工作时，外滑块首先带动压料圈下行，先拉深毛坯料，接着将坯料压住。然后内滑块带动拉深凸模下行，与拉深凹模6一起完成拉深加工。顶件块7兼作拉深凹模的底，在内滑块到达下止点时，可完成对工件的浅拉成形。回程时上下模分开，内滑块先上升一定行程，然后外滑块上升，最后由顶件块7将工件顶出。

二、拉深模工作零件设计

1. 凸、凹模的结构形式

拉深凸模与凹模的结构形式取决于工件的材料、形状、尺寸以及拉深方法等的要求，其结构设计直接影响拉深时的坯料变形程度和拉深件的质量。拉深凸、凹模结构的主要特征是其成形部分中的凸模头部形状和凹模口部形状有相应要求，常用的凸、凹模结构形式特征有以下几种：

（1）圆角形凸模、凹模　当毛坯的相对厚度较小，必须采用压边圈进行多次拉深时，凸、凹模常采用圆弧形结构。凸、凹模的头部、口部分别有圆角，它用于拉深直径 $d \leqslant 100$mm 的拉深件，如图 6-46 所示。

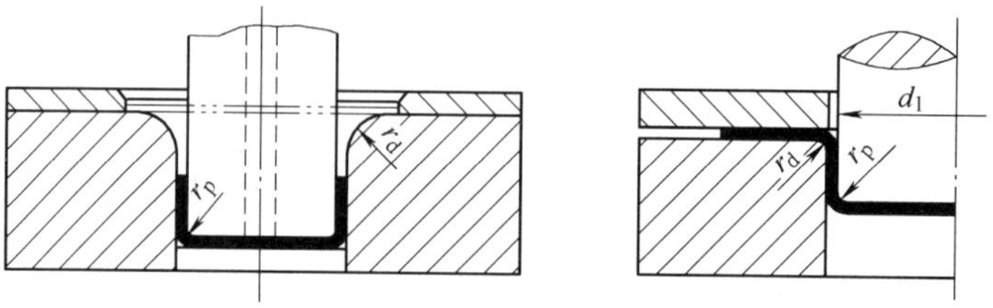

图 6-46　凸、凹模具有圆角结构

（2）斜角形凸模、凹模　凸模头部和凹模口部有斜角，呈锥形，拉深时金属易流动，不仅减轻毛坯反复弯曲变形的程度和变形抗力，还可以降低拉深力，减小起皱的趋势，有可能采用较小的拉深系数。也可提高零件侧壁质量，使毛坯在下次工序中容易定位。从防止起皱看，锥角应取 30°~60°；从降低拉深力来看，应取 20°~60°。综合考虑，常用 30°锥角，如图 6-47a 所示，$r_1 = 0.05D$、$r_2 = 5\delta$；普通拉深 $h = 9 \sim 13$mm、精拉深 $h = 6 \sim 10$mm、变薄拉深 $h = 3 \sim 6$mm。如图 6-47b 所示用于拉深直径 $d \geqslant 100$mm 的拉深件。

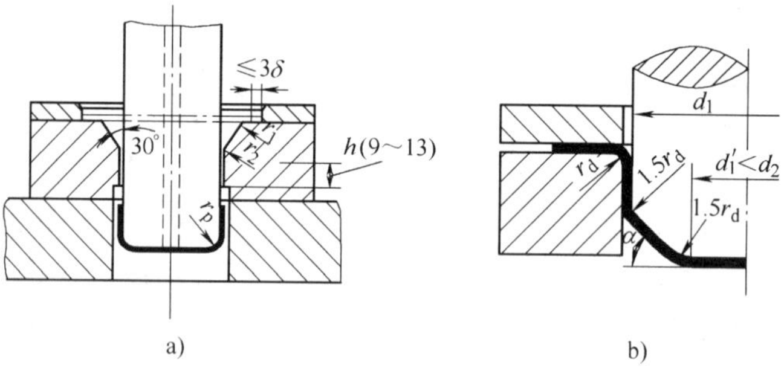

图 6-47　斜角形拉深凸模、凹模

a）先变为曲面形状的拉深结构　b）坯料相对厚度较小的小件拉深结构

设计多次拉深的凸模、凹模结构时，必须注意前后两次拉深中凸、凹模的形状尺寸，应具有恰当的关系，尽量使前次拉深所得工序件形状有利于后次拉深成形，而后一次拉深的凸、凹模及压料圈的形状与前次拉深所得工序件相吻合，以避免坯料在成形过程中的反复弯曲。为了保证拉深时工件底部平整，应使前一次拉深所得工序件的平底部分尺寸不小于后一次拉深工件的平底尺寸。凹模与凸模的锥角越大，对拉深变形越有利。但当坯料相对厚度较小时，锥角 α 过大会引起坯料起皱，锥角 α 可按表 6-19 选取。

表 6-19　锥角 α

材料厚度/mm	锥角 α	材料厚度/mm	锥角 α
0.5~1	30°~40°	1~2	40°~50°

2. 凸、凹模的圆角半径

凹模、凸模圆角半径的大小对拉深加工影响很大，其中凹模圆角半径比凸模圆角半径的影响更大些。

（1）凹模圆角半径（r_d）　在拉深过程中，坯料在凹模圆角部位滑动时产生较大的弯曲变形，而当由凹模圆角半径区进入直壁部分时，又被重新拉直，或者在通过凸模与凹模之间的间隙时受到校直作用。

1）凹模的圆角半径过小，阻力增大，使总拉深力增大和模具寿命降低。若凹模圆角半径过小，必须采用较大的极限拉深系数。在生产中，一般应尽量避免采用过小的凹模圆角半径。

2）凹模圆角半径过大，材料越易进入凹模，因在拉深初始阶段不与模具表面接触的坯料宽度加大，在拉深后期，过大的凹模圆角半径也会使坯料外缘过早地脱离压边圈的作用，故而这部分坯料很容易起皱，尤其当坯料的相对厚度小时，这个现象十分突出。因此，在设计模具时，应该根据具体条件选取适当的圆角半径值，第一次拉深凹模圆角半径值见表 6-20。在材料不起皱的前提下，r_d 宜取大一些。

表 6-20　第一次拉深凹模圆角半径 r_{d_1}　（单位：mm）

形式	δ（料厚）				
	2.0～1.5	1.5～1.0	1.0～0.6	0.6～0.3	0.3～0.1
无凸缘拉深	$(4\sim7)\delta$	$(5\sim8)\delta$	$(6\sim9)\delta$	$(7\sim10)\delta$	$(8\sim13)\delta$
有凸缘拉深	$(6\sim10)\delta$	$(8\sim13)\delta$	$(10\sim16)\delta$	$(12\sim18)\delta$	$(15\sim22)\delta$

注：材料拉深性能好，且使用适当润滑剂时可取小值。

拉深的凹模圆角半径可按以下经验公式计算：

① 第一次（或只有一次）：$r_{d1} = 0.8\sqrt{(D-d)\delta}$

式中　r_{d1}——凹模圆角半径；

D——坯料直径；

d——凹模内径（当工件料厚 $\delta \geqslant 1$ 时，也可取首次拉深时工件的中线尺寸）；

δ——材料厚度。

上式适用于 $D-d \leqslant 30$mm，当 $D-d > 30$mm 时，应取较大的 r_{d1} 值。

当冲件直径 $d_{工} > 200$mm 时，r_d 可按下式确定：$r_d = 0.039d_{工} + 2$mm

② 以后各次拉深时，凹模圆角半径应逐渐减小，r_d 可由下式决定：

第二次：$r_{d_2} = (0.6\sim0.8)\ r_{d_1}$

第 n 次：$r_{d_n} = (0.7\sim0.9)\ r_{d_{n-1}}$

③ 盒形件拉深凹模圆角半径按下式计算：

$$r_d = (4\sim8)\delta$$

以上计算所得凹模圆角半径均应符合 $r_d \geqslant 2\delta$ 的拉深工艺性要求。对于带凸缘的筒形件，最后一次拉深的凹模圆角半径还应与零件的凸缘圆角半径相等。

（2）凸模圆角半径（r_p）　过小的凸模圆角半径，会使坯料受到过大的弯曲变形，导致危险断面处（底与直壁交接部分）材料严重变薄甚至拉裂，因此需要增大极限拉深系数。而且这个局部变薄和弯曲的痕迹经过后续的拉深工序以后，还会在冲件的侧壁上遗留下来，以致影响冲件的质量。在多工序拉深时，后续工序压边圈的圆角半径应等于前次工序的凸模的圆角半径，所以当凸模圆角半径过小时，在后续的拉深工序里坯料沿压边圈的滑动阻力也要增大，这对拉深过程的进行是不利的。若凸模圆角半径过大，则会使在拉深初始阶段不与模具表面接触的坯料宽度加大（即悬空部分增大），此部位的坯料容易起皱。

拉深凸模圆角半径可按以下经验公式计算：

1）第一次（或只有一次）：$r_p = (0.7 \sim 1.0) r_d$

2）多次拉深中的以后各次：$r_{p_{n-1}} = \dfrac{d_{n-1} - d_n - 2\delta}{2}$（$n = 3、4、\cdots、n$）

式中　d_{n-1}、d_n——前后两次工序中工序件的过渡直径。

3）最后一次拉深的凸模圆角半径应与拉深件底部圆角半径 r 相等。拉深件的圆角半径不得小于 $(2 \sim 3)\delta$。若拉深件的圆角半径要求小于 $(2 \sim 3)\delta$，则凸模圆角半径仍应取 $(2 \sim 3)\delta$，最后用一次整形来得到拉深件要求的圆角半径。

在生产中，实际的情况是千变万化的，所以时常要根据具体条件对以上所列数值做必要的修正。

3. 凸模、凹模的间隙（$2Z$、单边间隙为 Z）

拉深模的间隙 $2Z$ 是指凹模与凸模之间的横向尺寸差值。拉深模的凸、凹模间隙对拉深力、拉深件质量、模具寿命等都有较大的影响。拉深凸、凹模间隙大小应根据坯料厚度及公差、拉深过程中坯料的增厚情况、拉深次数、拉深件的形状及精度等要求来确定。

（1）间隙对拉深过程的影响

1）单面间隙 Z 大，摩擦力小，能减小拉深力，但精度不易控制；间隙过大时，拉深后冲件的高度小于要求得到的高度，冲件成侧凹状，如图 6-48 所示，坯料容易起皱，而且口部的变厚得不到消除，拉深件出现较大的锥度，精度较差。

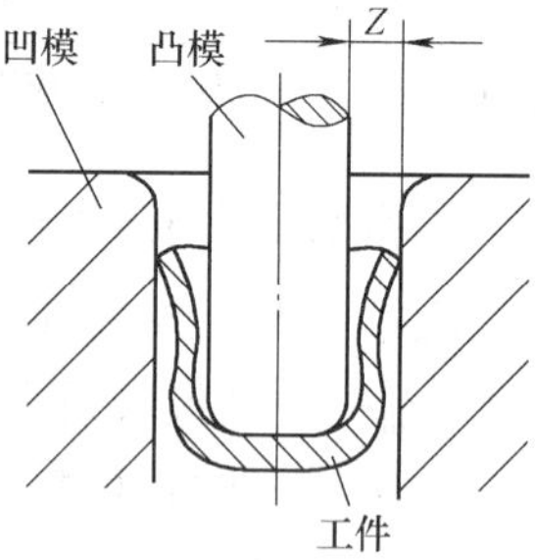

图 6-48　间隙过大对拉深件的影响

2）单面间隙小，摩擦力大，拉深力增加，许用拉深系数 m 数值较大。单面间隙小于材料厚度时，带有变薄拉深的影响，拉深件的精度及表面质量较高；间隙小时，拉深力大，模具磨损加大，但拉深件回弹小，精度高；间隙过小，会使拉深件壁部严重变薄甚至拉裂。

（2）拉深模间隙大小　一般 $Z > \delta$，凸、凹模单边间隙可按下式计算：

$$Z = \delta_{max} + K\delta$$

式中　δ_{max}——材料的最大厚度；

δ——材料的公称厚度；

K——间隙系数，见表 6-21。

表 6-21　间隙系数 K

拉深工序数		材料厚度 δ/mm		
		0.5～2	2～4	4～6
1	第一次	0.2	0.1	0.1
2	第一次	0.3	0.25	0.2
	第二次	0.1	0.1	0.1
3	第一次	0.5	0.4	0.35
	第二次	0.3	0.25	0.2
	第三次	0.1	0.1	0.1

（续）

拉深工序数		材料厚度 δ/mm		
		0.5~2	2~4	4~6
4	第一、二次 第三次 第四次	0.5 0.3 0.1	0.4 0.25 0.1	0.35 0.2 0.1
5	第一、二、三次 第四次 第五次	0.5 0.3 0.1	0.4 0.25 0.1	0.35 0.2 0.1

凸模、凹模单边间隙可按下式确定：

1）对于无压料装置的拉深模：$Z = (1 \sim 1.1)\delta_{max}$。

对于系数（1~1.1），小值用于末次拉深或精度要求高的零件拉深，大值用于首次和中间各次拉深或精度要求不高的零件拉深。

2）对于有压料装置的拉深模，其凸、凹模单边间隙可查表 6-21 确定。

3）对于盒形件拉深模，其凸、凹模单边间隙可根据盒形件精度确定，当精度较高时，$Z=(0.9 \sim 1.05)\delta$；当精度不高时，$Z=(1.1 \sim 1.3)\delta$；最后一次拉深的间隙最重要，这时间隙的大小沿周边是不均匀的，直边部分要小些，圆角部分要大些，这是因为角部金属的变形量大，坯料在角部变厚较多，故圆角部分的间隙应比直边部分的间隙大 0.1δ。

（3）拉深模间隙的取向规则　拉深件标注外形尺寸时，以凹模为准，减小凸模尺寸取向获得间隙。

1）拉深件标注内形尺寸时，以凸模为准，加大凹模尺寸取向获得间隙。

2）最后一次工序除外，其他工序间隙可任意取向。

4. 凸、凹模工作部分的尺寸与公差

成品拉深件的尺寸和公差应由最后一次拉深模保证，因拉深模有磨损及拉深件有弹性恢复，而拉深件工序尺寸没有必要严格要求，它们相应的拉深模凸模、凹模工作尺寸及公差按如下方法确定：

（1）第一次拉深及中间各次拉深　拉深件工序尺寸没有必要严格要求，其凸、凹模尺寸取工序件尺寸即可。若以凹模为基准，则

$$D_d = D_{0}^{+\delta_d}$$

$$D_p = (D - 2Z)_{-\delta_p}^{0}$$

式中　D_d——凹模的基本尺寸；

D_p——凸模的基本尺寸；

D——工序件的基本尺寸；

Z——凸、凹模的单面间隙；

δ_p、δ_d——凸、凹模的制造公差。

（2）最后一次拉深模　拉深模的尺寸及公差决定了拉深件的尺寸精度，故其尺寸、公差应按拉深件的要求来确定。

1）当冲件外形尺寸有要求时（见图 6-49a），以凹模为基准件，考虑到凹模易磨损，可取

$$D_d = (D_{max} - 0.75\Delta)^{+\delta_d}_{0}$$

$$D_p = (D_d - 2Z)^{0}_{-\delta_p} = (D_{max} - 0.75\Delta - 2Z)^{0}_{\delta_p}$$

2）当冲件内形尺寸有要求时（见图 6-49b），以凸模为基准件，考虑到工件的回弹及凸模几乎不磨损，可取

$$d_p = (d_{min} + 0.4\Delta)^{0}_{-\delta_p}$$

$$d_d = (d_{min} + 2Z)^{+\delta_d}_{0} = (d_{min} + 0.4\Delta + 2Z)^{+\delta_d}_{0}$$

式中 D_d、d_d——凹模的基本尺寸；

D_p、d_p——凸模的基本尺寸；

D_{max}、d_{min}——拉深件最大外径和最小内径尺寸；

Δ——冲件的公差；

Z——凸、凹模的单面间隙；

δ_p、δ_d——凸、凹模的制造公差。

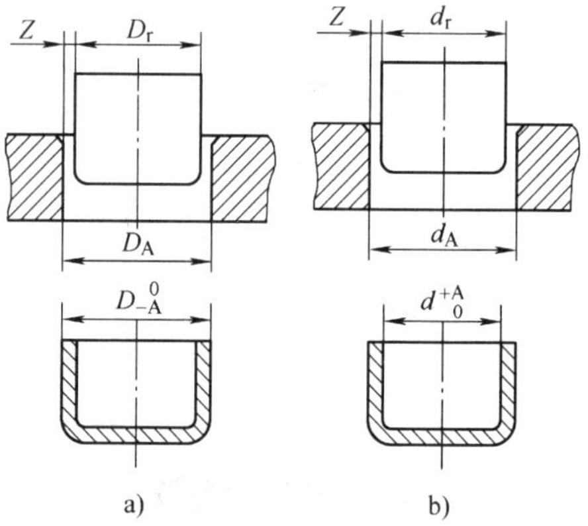

图 6-49 拉深件尺寸与模具尺寸
a）拉深件标注外形尺寸 b）拉深件标注内形尺寸

（3）凸、凹模的制造公差 按 IT6 ~ IT9 级选取，或查表 6-22，或按拉深件公差的 1/4 ~ 1/3 选取。

表 6-22 凸、凹模制造公差 （单位：mm）

材料厚度 δ	拉深直径					
	≤20		20 ~ 100		>100	
	δ_d	δ_p	δ_d	δ_p	δ_d	δ_p
≤0.5	0.02	0.01	0.03	0.02	—	—
>0.5 ~ 1.5	0.04	0.02	0.05	0.03	0.08	0.05
>1.5	0.06	0.04	0.08	0.05	0.10	0.06

与冲裁模类似，凸、凹模若采用配作时，以凸模（或凹模）为基准件标注公差，相对应的凹模（或凸模）则按间隙大小配作。当拉深件标注外形尺寸时，则在凹模上标注公差。反之，标注内形尺寸时，则在凸模上标注公差。

5. 凸模的通气孔

拉深时，由于拉深件金属材料的贴模性、拉深力的作用及润滑油等因素的影响，拉深件易被粘附在凸模上，卸下拉深件时，凸模与拉深件之间易形成具有负压的真空，增加了卸件的困难，并造成拉深件底部不平。为此，凸模应设计有通气孔，以便将气通入凸模与拉深件之间的空间，才容易卸件。拉深不锈钢件或大拉深件时，由于粘附力大，可在通气孔中通入高压气体或液体，便于将拉深件卸下。

一般的小型件拉深，可直接在凸模的中心部位及侧壁钻出通气孔，两种孔相通，通气孔的直径（D）根据凸模尺寸大小而定，一般 $D = 3 \sim 10$mm，其轴向孔深度 H 大于工件高度 h，如图 6-50 所示。

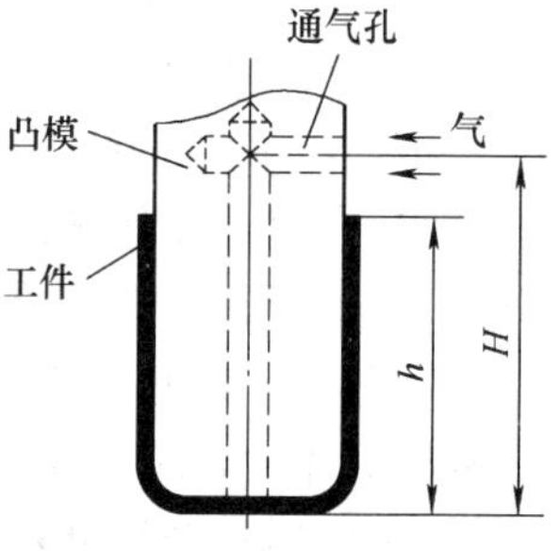

图 6-50 凸模的通气孔

6. 压边装置与压边圈形式

常用压边装置结构简单，一般由压边圈及其他相关零件（如弹簧、橡皮、螺钉等）组成，目前生产中常用的压边装置有弹性压边装置和刚性压边装置。

（1）弹性压边装置　在单动压力机上进行拉深加工时，一般都是采用弹性压边装置来产生压边力。根据产生压边力的弹性元件不同，分为橡胶式压边装置、弹簧式压边装置、气垫式压边装置三种，如图6-51所示。

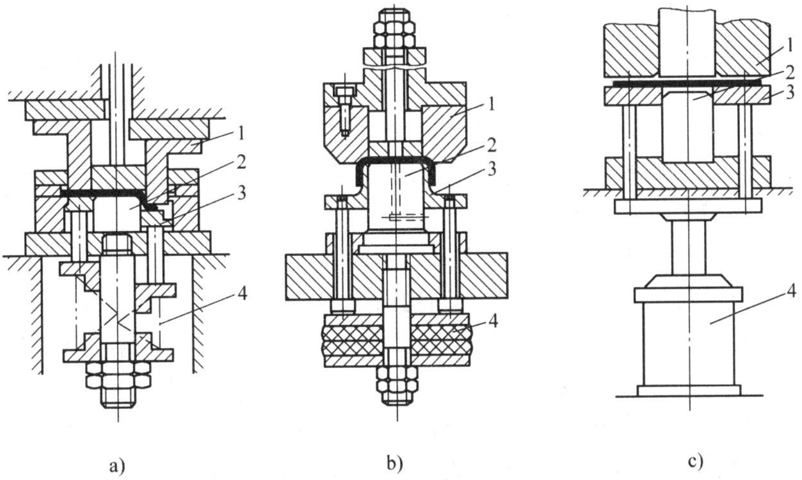

图6-51　弹性压边装置

a）弹簧式压边装置　b）橡胶式压边装置　c）气垫式压边装置

1—凹模　2—凸模　3—压料圈　4—弹性元件（弹顶器或气垫）

上述三种压边装置中的弹性元件随着工作行程（拉深深度）的增加，压边力增大，尤其是橡胶式压边装置更为突出。这样的压边力变化会使拉深过程中的拉深力不断增大，从而增大拉裂的危险性。

弹簧和橡胶压边装置结构简单，在单动的中小型压力机上使用较为方便，通常只用于浅拉深。只要合理地选用弹性元件，并采取适当的限位措施，就能防止拉裂。弹簧应选总压缩量大、压力随压缩量增加而缓慢增大的规格。橡胶应选用软橡胶，并保证相对压缩量不过大，建议橡胶总厚度不小于拉深工作行程的5倍。另外氮气弹簧技术也逐渐在模具中使用。为了克服弹簧和橡皮的缺点，可采用如图6-52所示的限位装置（定位销、柱销或螺栓），使压边圈和凹模间始终保持一定的距离 s。对于带凸缘零件的拉深，$s=\delta+(0.05\sim0.1)$ mm；对于铝合金零件的拉深，$s=1.1\delta$；对于钢板零件的拉深，$s=1.2\delta$（δ 为板料厚度）。

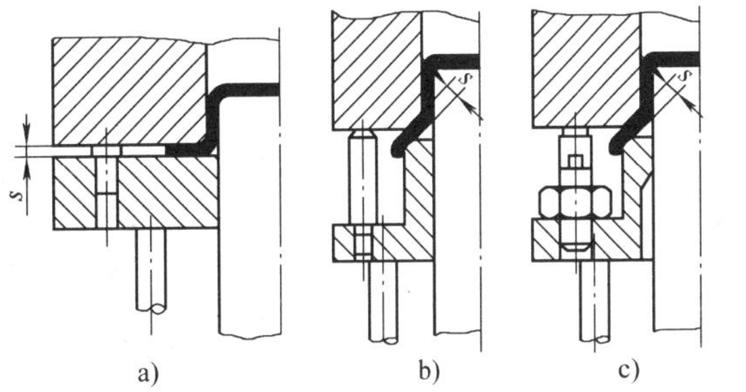

图6-52　有限位的压边装置

气垫式压边装置压边效果好，压边力基本上不随工作行程而变化（压边力的变化可控制在10%～15%），但气垫装置结构复杂，制造、使用及维修都比较困难。

（2）刚性压边装置　刚性压边装置的压边作用是通过调整压料圈与凹模平面之间的间隙 c 获得的，而该间隙则靠调节压力机外滑块得到。考虑到拉深过程中坯料凸缘区有增厚现象，所以这一间隙应略大于板料厚度。

这种装置的特点是压边力不随行程变化，拉深效果较好，且模具结构简单。刚性压边装置一般设置在双动压力机上用的拉深模中。如图 6-53 所示为双动压力机用拉深模，件 4 即为刚性压边圈（又兼作落料凸模），压边圈固定在外滑块之上。在每次冲压行程开始时，外滑块带动压边圈下降，压在坯料的凸缘上，并在此停止不动，随后内滑块带动凸模下降，并进行拉深变形。

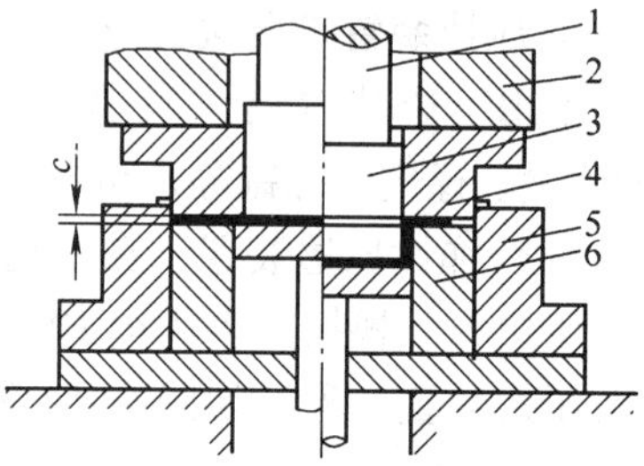

图 6-53　双动压力机用拉深模的刚性压边

1—凸模固定杆　2—外滑块　3—拉深凸模　4—压边圈兼落料凸模　5—落料凹模　6—拉深凹模

刚性压边圈的结构形式与弹性压边圈基本相同。刚性压边装置的特点是压边力不随拉深的工作行程而变化，压料效果较好，模具结构简单。

（3）压边圈结构形式　压边圈是压料装置的关键零件，常见的结构形式有平面形、锥形和弧形，如图 6-54 所示。一般的拉深模采用平面形压边圈（见图 6-54a）；当坯料相对厚度较小，拉深件凸缘小且圆角半径较大时，采用带弧形的压边圈（见图 6-54c）；锥形压边圈（见图 6-54b）能降低极限拉深系数，其锥角与锥形凹模的锥角相对应，一般取 $\beta = 30° \sim 40°$，主要用于拉深系数较小的拉深件。

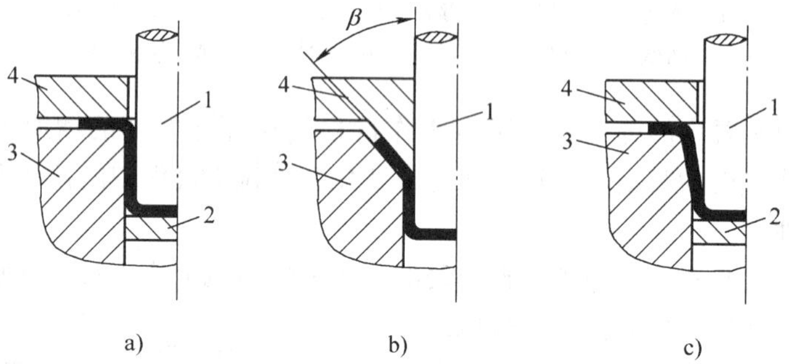

图 6-54　压边圈的结构形式

a）平面形压边圈　b）锥形压边圈　c）弧形压边圈

1—凸模　2—顶板　3—凹模　4—压边圈

三、拉深模常用材料及热处理要求

拉深模的常用材料及热处理要求与其他冲压模的相应要求基本一样，没有多大区别，同样，其成形零件应具备耐磨损、抗变形、耐疲劳的性能。故可按前面所讲的冲压模的材料及热处理要求选用。关键凸、凹模具体选用如下：

1）一般拉深形状简单的旋转体、盒形件、中小型零件的拉深模，其凸、凹模主要采用 T8A 和 T10A，这类材料加工性好，较便宜，热处理后硬度可达 58 ~ 60HRC。

2）对于浅拉深件，凸、凹模材料多用 CrWMn，它的综合性能好。

3）对于形状复杂、小型且生产批量大的拉深件，凸、凹模材料多选用 Cr12MoV，这种材料具有高淬透性、高耐磨性、热处理变形小等优点。此外，也可以用 Cr6MoV 来代替，热处理后硬度可达 58～62HRC。

4）拉深不锈钢材料的模具，要求使用高速钢，这种材料具有高硬度、高耐磨性、高淬透性。主要代表是 W18Cr4V，也可用 Cr12MoV 代替，硬度可达 58～64HRC，亦可采用 SiMnMo 钢，即所谓的石墨钢，这种材料具有自润滑作用，且切削加工性能和耐磨性都比较好，热处理变形小，尺寸稳定。热处理后硬度可达 62～64HRC。对于大型拉深模，为节约材料成本和便于加工，凸、凹模可选用铸造坯料。

四、实例设计

如图 6-55 所示为油杯拉深工艺（材料：08，$\delta=1$mm），批量生产，试设计其加工模具。通过分析，确定如下冲压工艺方案：落料与第一次拉深→第二次拉深→第三次拉深→切口边。

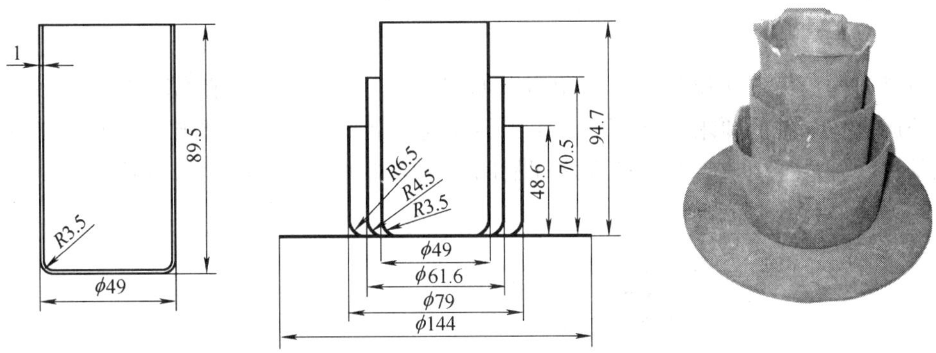

a)　　b)　　c)

图 6-55　油杯拉深工艺

a）油杯　b）拉深工艺　c）油杯冲压实物

下面介绍油杯的全套冲压模具结构（为减少篇幅，设计细节及结构相似的模具图省略）。

1. 落料拉深模

落料拉深复合模工作时，将平板条坯料放在凹模上定位，上模部分下行，压装置料等先将条料压紧，接着凸凹模与凹模配合，将 ϕ114mm 圆形拉深坯料落下，再接着弹压装置压紧圆坯料，拉深凸模与凸凹模配合，第一次拉深工序件完工，随后，上模部分上行，上下模分开，下弹顶卸件装置将拉深工序件从凸模上退出，落料拉深工序完成。

2. 第二次拉深模

该模具比较简单，结构如图 6-56 所示，其工作过程如下：拉深前，将第一次拉深工序件倒扣在定位滑套上，开始拉深时，上模部分沿导柱导向下行，带动拉深凹模下行接触定位滑套上的拉深工序件，并推动该工序件沿拉深凸模导向下行，使其高度拉高、直径拉小，下行一定程度后，第二次拉深工序件成形，随后上模部分上行，上、下模分开，弹顶卸件装置将拉深工序件从凸模上退出，第二次拉深工序完成。

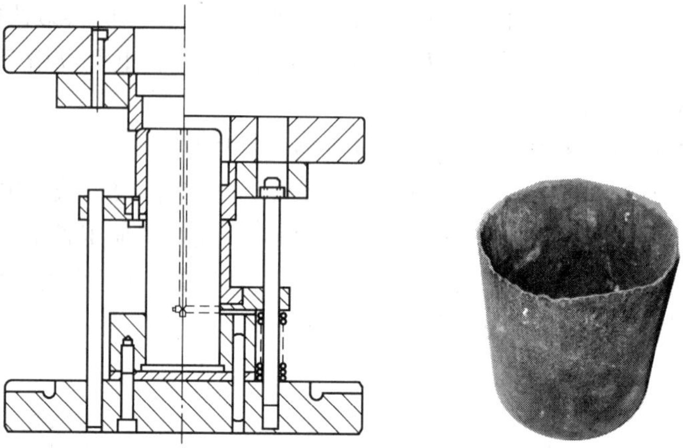

a)　　　　b)

图 6 - 56　第二次拉深

a）第二次拉深模　b）第二次拉深工序件

3. 第三次拉深模

该模具结构与第二次拉深模结构相似，如图 6 - 57 所示，只是此模是最后一次拉深模，为了保证成品拉深件的要求，凸模的圆角半径应与成品拉深件的底部半径相等，其外径尺寸符合成品拉深件内径要求，凸、凹模之间的间隙适当小些，以提高表面质量。

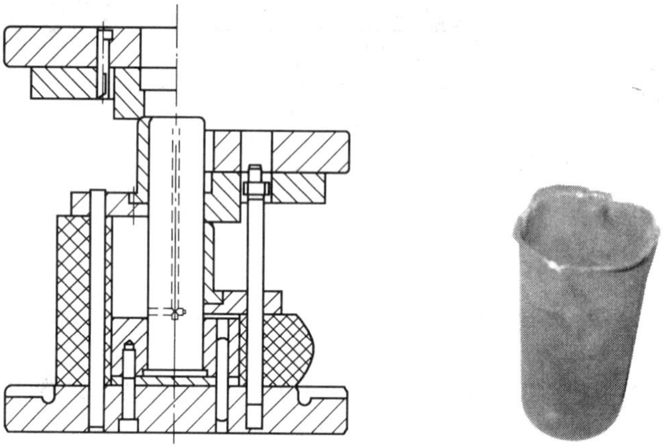

a)　　　　b)

图 6 - 57　第三次拉深

a）第三次拉深模　b）第三次拉深工序件

4. 口边旋切模

详细内容见拉深件口边旋切模（图 2 - 34）。

五、拉深模的制造、装配与调整维修

1. 拉深模制造

拉深模的制造、装配与调试的过程、方法就整体而言与其他冲压模基本相同，但它们又具有不同的特点，下面分别叙述。

（1）拉深模工作零件的加工特点

1）工作零件一般都要进行研磨、抛光。圆形断面的凸、凹模一般采用车、淬硬、磨后，进行研磨、抛光；非圆形断面，常采用铣、磨、划线、再铣、淬硬后（或电火花加工），最后进行修整研磨、抛光。

2）拉深模表面粗糙度值 Ra 小：凹模工作表面表面粗糙度值为 $Ra0.8\mu m$，凹模圆角表面粗糙度值为 $Ra0.4\mu m$；凸模工作表面表面粗糙度值为 $Ra0.8\mu m$，凸模圆角表面粗糙度值为 $Ra1.6\sim0.8\mu m$。

3）凹模的圆角半径最终靠试模修正后确定，试模前要留有由小变大的修模余量。且要在试模修正确定后再淬硬、研磨、抛光。

4）因拉深时材料厚度变化、回弹变形等因素，拉深坯料形状和尺寸的设计值与实际值往往存在误差，其值要通过试模后才能确定。故模具设计、制造顺序一般是先拉深模后落料模。

（2）拉深模凸、凹模加工方法　拉深模凸、凹模是拉深模中的重要零件，其加工工艺过程与冲裁模的成形相同，一般常按下面的工艺过程安排加工：

1）传统工艺过程：下料→锻造→热（退火）→粗加工→热（调质）→半精加工→热（淬火与回火）→精加工。

2）先进工艺过程：下料→锻造→退火→粗加工→半精加工→淬火与回火→精加工→电加工（线切割和电火花加工）→精整加工。此工艺路线主要用于以线切割加工为主要工序的凸、凹模加工，尤其适用于形状复杂、热处理变形大的直通式凸模、凹模零件。线切割电火花加工的使用可大大减小传统工艺过程中成形部位完成后再进行淬火与回火的热处理变形。

概括而言，上述两大工艺过程就是粗、半精、精、精整加工过程中，适当地将退火、调质、淬火与回火穿插其中进行。

拉深模凸、凹模的加工方法主要取决于凸、凹模的尺寸、形状、结构、精度及加工技术、设备条件等。具体加工方法常常依具体条件（人、设备、生产进度等）变化而变化，不能“一成不变”，常见加工方法见表6-23。

表6-23　拉深凸、凹模常用加工方法

拉深件形状	常用加工方法	适用场所
旋转体	1. 圆筒形凸、凹模主要以车、磨手段加工成形面、端面及圆角，划线加工孔，淬火并研磨抛光	所有圆筒形拉深件凸、凹模
	2. 曲线旋转体凸、凹模主要以成形车、数控机床或成形磨等加工成形曲面和圆角，划线加工孔，淬火研磨抛光成形曲面和圆角	依模具精度高低、设备条件而定
非回转体	1. 主要为划线、铣削、加工孔，修锉后，再淬火、修研抛光成形面及圆角	拉深件精度一般，通用加工法
	2. 主要为划线、铣削、数控加工，加工孔再淬火、修研抛光成形面及圆角	精度要求高的凸模
其他复杂形状	1. 主要以划线、铣削、加工孔、修锉后再淬火、修研抛光成形面及圆角	型面不太复杂、精度较低
	2. 主要以划线、铣削、加工孔、数控加工，再淬火、成形磨（或钳修整）研、抛光成形面及圆角	型面较复杂、精度较高

2. 拉深模的装配、调整、维修

拉深模的装配、调整、维修基本上与冲裁模相似，只是由于拉深成形特点决定了其试模、修模，要比冲裁模复杂些。拉深模在冲压中常见的问题及调整维修方法见表 6-24。

表 6-24　拉深模在冲压中常见的问题及调整维修方法

存在的问题	产生原因	调整方法
拉深件拉深高度不够	1. 坯料尺寸太小 2. 拉深间隙过大 3. 凸模圆角半径太小	1. 放大坯料尺寸 2. 更换凸、凹模，调整间隙大小 3. 加大凸模圆角半径
拉深件拉深高度太大	1. 坯料尺寸太大 2. 拉深间隙太小 3. 凸模圆角半径太大	1. 减小坯料尺寸 2. 整修凸、凹模，加大间隙 3. 减少凸模圆角半径
冲压件壁厚和高度不均	1. 凸、凹模不同心，间隙偏边 2. 定位板或挡料销位置不正确 3. 凸模不垂直 4. 压料力不均 5. 凹模的几何形状不正确	1. 重装凸、凹模，使间隙均匀一致 2. 重新调整定位板及挡料销位置，使之正确 3. 修整凸模后重装 4. 调整顶杆长度或弹簧位置 5. 重新修整凹模
冲压件起皱	1. 压边力太小或不均 2. 拉深间隙太大 3. 凹模圆角半径太大 4. 板料太薄或塑性差	1. 增加压边力或调整顶杆长度、弹簧位置 2. 减小拉深间隙 3. 减小凹模圆角半径 4. 更换材料
冲压件破裂或有裂纹	1. 压料力太大 2. 压料力不够 3. 坯料尺寸太大或形状不当 4. 拉深间隙太小 5. 凹模圆角半径太小 6. 凹模圆角表面粗糙 7. 凸模圆角半径太小 8. 冲压工艺不当 9. 凸模与凹模不同心 10. 板料质量不好	1. 调整压料力 2. 调整顶杆长度或弹簧位置 3. 调整坯料形状和尺寸 4. 加大拉深间隙 5. 加大凹模圆角半径 6. 修光凹模圆角 7. 加大凸模圆角半径 8. 增加工序或调换工序 9. 重装凸、凹模 10. 更换材料或增加退火工序，改善润滑条件
冲压件表面拉毛	1. 拉深间隙太小或不均匀 2. 凹模圆角粗糙 3. 模具或坯料不清洁 4. 凹模硬度太低，坯料有粘附现象 5. 润滑油质量太差	1. 修整拉深间隙 2. 修光凹模圆角 3. 清理模具及坯料 4. 提高凹模硬度或表面质量，进行镀铬及渗氮处理 5. 更换润滑油
冲压件底面不平	1. 凸模或凹模（顶出器）无出气孔 2. 顶出器或压料板未压实 3. 材料本身存在弹性	1. 钻出气孔 2. 调整顶出器和压料板将冲压件压实 3. 改变凸模、凹模和压料板形状

复习题

1. 单动压力机上使用的拉深模与双动压力机上使用的拉深模有何区别？

2. 拉深凸、凹模结构的主要特征是什么？

3. 凹模、凸模圆角半径的大小对拉深加工会产生什么影响？

4. 拉深凸、凹模间隙确定的依据是什么？

5. 如图6-58所示零件（材料08F，料厚1mm），试计算拉深模工作部分尺寸。

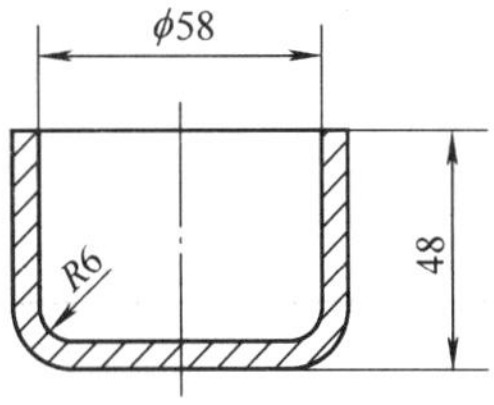

图6-58

6. 介绍一种形状拉深件的拉深凸、凹模常用加工方法。

附　　录

附表 1　碳素结构钢的牌号、化学成分、力学性能

牌号	等级	化学成分（%）					脱氧方法	力学性能		
		C	Mn	Si	S	P		σ_s/MPa	σ_b/MPa	δ_5（%）
				不大于						
Q195	—	0.06～0.12	0.25～0.50	0.30	0.050	0.045	F，b，Z	195	315～390	33
Q215	A	0.09～0.15	0.25～0.55	0.30	0.050	0.045	F，b，Z	215	335～450	
	B				0.045					
Q235	A	0.14～0.22	0.30～0.65	0.30	0.050	0.045	F，b，Z	235	375～460	26
	B	0.12～0.20	0.30～0.70		0.045					
	C	≤0.18	0.35～0.80	0.30	0.040	0.040	Z，TZ			
	D	≤0.17			0.035	0.035				
Q255	A	0.18～0.28	0.40～0.70	0.30	0.050	0.045	Z	255	410～550	24
	B				0.045					
Q275		0.28～0.38	0.50～0.80	0.35	0.050	0.045	Z	275	490～630	20

附表 2　优质碳素结构钢的牌号、化学成分和力学性能

牌号	化学成分（%）			力学性能						
				σ_s	σ_b	σ_5	ψ	α_k	HBW	
	C	Si	Mn	MPa		%		J/cm^2	热轧钢	退火钢
				不小于					不大于	
08F	0.05～0.11	≤0.03	0.25～0.50	175	295	35	60	—	131	—
08	0.05～0.12	0.17～0.37	0.35～0.65	195	325	33	60	—	131	—
10F	0.07～0.14	≤0.07	0.25～0.50	185	315	33	55	—	137	—
10	0.07～0.14	0.17～0.37	0.35～0.65	205	335	31	55	—	137	—
15F	0.12～0.19	～0.07	0.25～0.50	205	355	29	55	—	143	—
15	0.12～0.19	0.17～0.37	0.35～0.65	225	375	27	55	—	143	—
20	0.17～0.24	0.17～0.37	0.35～0.65	245	410	25	55	—	156	—
25	0.22～0.30	0.17～0.37	0.50～0.80	275	450	23	50	88.3	170	—
30	0.27～0.35	0.17～0.37	0.50～0.80	295	490	21	50	78.5	179	—
35	0.32～0.40	0.17～0.37	0.50～0.80	315	530	20	45	68.7	187	—
40	0.37～0.45	0.17～0.37	0.50～0.80	335	570	19	45	58.8	217	187
45	0.42～0.50	0.17～0.37	0.50～0.80	355	600	16	40	49	241	197
50	0.47～0.55	0.17～0.35	0.50～0.85	375	630	14	40	39.2	241	207
55	0.52～0.60	0.17～0.37	0.50～0.80	380	645	13	35	—	255	217
60	0.57～0.65	0.17～0.37	0.50～0.80	400	675	12	35	—	255	229

（续）

牌号	化学成分（%）			力学性能						
	C	Si	Mn	σ_s	σ_b	σ_5	ψ	α_k	HBW	
				MPa		%		J/cm^2	热轧钢	退火钢
				不小于					不大于	
65	0.62~0.70	0.17~0.37	0.50~0.80	410	695	10	30	—	255	229
70	0.67~0.75	0.17~0.37	0.50~0.80	420	715	9	30	—	269	229
75	0.72~0.80	0.17~0.37	0.50~0.80	880	1080	7	30	—	285	241
80	0.77~0.85	0.17~0.37	0.50~0.80	930	1080	6	30	—	285	241
85	0.82~0.90	0.17~0.37	0.50~0.80	980	1130	6	30	—	302	255
15Mn	0.12~0.19	0.17~0.37	0.70~1.00	245	410	26	55	—	163	—
20Mn	0.17~0.24	0.17~0.37	0.70~1.00	275	450	24	50	—	197	—
25Mn	0.22~0.30	0.17~0.37	0.70~1.00	295	490	22	50	88.3	207	—
30Mn	0.27~0.35	0.17~0.37	0.70~1.00	315	540	20	45	78.5	217	187
35Mn	0.32~0.40	0.17~0.37	0.70~1.00	335	560	19	45	68.7	229	197
40Mn	0.37~0.45	0.17~0.37	0.70~1.00	355	590	17	45	58.8	229	207
45Mn	0.42~0.50	0.17~0.37	0.70~1.00	375	620	15	40	49	241	217
50Mn	0.48~0.56	0.17~0.37	0.70~1.00	390	645	13	40	39.2	255	217
60Mn	0.57~0.65	0.17~0.37	0.70~1.00	410	695	11	35	—	269	229
65Mn	0.62~0.70	0.17~0.37	0.90~1.20	430	735	9	30	—	285	229
70Mn	0.67~0.75	0.17~0.37	0.90~1.20	450	785	8	30	—	285	229

附表 3　碳素工具钢的牌号、化学成分、力学性能和用途

<table>
<tr><th rowspan="2">牌号</th><th colspan="5">化学成分（%）</th><th colspan="2">热处理</th><th rowspan="2">应用举例</th></tr>
<tr><th>C</th><th>Mn</th><th>Si</th><th>S</th><th>P</th><th>淬火温度/℃</th><th>HRC
（不小于）</th></tr>
<tr><td>T7</td><td>0.65~0.74</td><td rowspan="2">≤0.40</td><td rowspan="8">≤0.35</td><td rowspan="8">≤0.03</td><td rowspan="8">≤0.035</td><td>800~820 水淬</td><td rowspan="8">62</td><td rowspan="3">受冲击而要求较高硬度和耐磨性的工具，如木工用錾子、锤头、钻头、模具等</td></tr>
<tr><td>T8</td><td>0.75~0.84</td><td rowspan="2">780~800 水淬</td></tr>
<tr><td>T8Mn</td><td>0.80~0.90</td><td>0.40~0.60</td></tr>
<tr><td>T9</td><td>0.85~0.94</td><td rowspan="5">≤0.40</td><td rowspan="5">760~780 水淬</td><td rowspan="2">受中等冲击的工具和耐磨机件，如刨刀、冲模、丝锥、板牙、手工锯条、卡尺等</td></tr>
<tr><td>T10</td><td>0.95~1.04</td></tr>
<tr><td>T11</td><td>1.05~1.14</td><td rowspan="3">不受冲击而要求极高硬度的工具和耐磨机件，如钻头、锉刀、刮刀、量具等</td></tr>
<tr><td>T12</td><td>1.15~1.24</td></tr>
<tr><td>T13</td><td>1.25~1.35</td></tr>
</table>

附表 4　中外冷作模具钢对照表

类别牌号	中国	美国	日本	瑞典	德国	用途
冷作模具钢	T7A－T12A	W_1-7 $W_1-1.2C$	SK_7-SK_2		$C70W_1C125W$	形状简单、小型模具，可选用此材，保证高强度、耐磨性、足够的韧性及耐用性
	GCr15	E52100	SUJ2	SKF3	100cr6	
	60Si2Mn		SUP6		60Si7	
	Cr12	D3	SKD1		X210Cr12	应用于小动载条件下，要求高耐磨、形状简单的拉伸和冲裁模
	Cr12MoV		SKD11		X165CrMov12	下料模、冲头、滚丝轮、剪刀片、冷镦模、陶土模及热固塑料成型模等
	Cr12Mo1V1	D2	SKD11	XW－42	X155CrVMo121	重型落料模、冷挤压模、深拉伸模、滚丝模、剪刀片、冷镦模、陶土模等

附表 5　合金元素含量对钢性能的影响

合金元素	合金元素对钢性能的影响	合金元素在钢中的作用
锰（Mn）	Mn 的含量超过普通钢后，使钢具有耐磨性、抗磁性	1. 强化铁素体 2. 形成合金碳化物 3. 细化晶粒 4. 提高钢的淬透性 5. 提高钢的回火稳定性
硅 Si	Si 的含量超过普通钢后，使钢具有弹性、抗酸性，韧性稍降低	
铬（Cr）	提高钢的硬度，塑性和韧性略为降低。使钢具有较高的耐热性	
镍（Ni）	使钢具有很高的强度、塑性和韧性	
钨（W）	提高钢的硬度，不改变其他力学性能	
钒（V）	提高硬度、塑性和韧性	
钼（Mo）	提高钢的强度、硬度，并略为降低塑性和韧性，使钢具有较高的耐热性	
铜（Cu）	提高防锈能力和抗酸性	
铝（Al）	提高耐热性	
钛（Ti）	细化晶粒、提高性能	

附表 6　热处理“四把火”的应用

方法	解释	目的
退火	缓冷（随炉冷却、坑冷）	降低硬度，提高一定的塑性和韧性，细化晶粒；均匀组织，改善力学性能；消除残余应力，防止变形和开裂
正火	空冷（相对静止空气中冷却）	与退火目的基本相同，但能适当提高硬度，改善切削加工性
淬火	急冷（液体介质中冷却）	提高强度和硬度，增加耐磨性
回火	再次加热（淬火后再次加热冷却，有高、中、低温回火三种）	消除内应力，稳定组织和尺寸，调整硬度，获得所需力学性能
调质	淬火后高温回火	消除内应力，稳定组织和尺寸，得到良好的综合力学性能

附表7　常用表面处理方法

表面处理方法	解释		目的
表面淬火	工件表面进行淬火，常用火焰加热淬火和感应加热淬火		提高工件表面强度和硬度，增加耐磨性，心部保持足够的塑性、韧性
化学热处理	渗碳	将工件放在渗碳介质中加热保温，碳介质发生分解，产生活性碳原子，渗入工件表层，使表层含碳量提高	工件经淬火与回火后表面得到了高的硬度和耐磨性，心部仍保持一定的强度及较高的塑性和韧性
	渗氮	将工件放在渗氮介质中加热保温，使活性氮原子渗入工件表层，活性氮原子与钢表面的 Al、Cr、Mo 形成氮化物	工件不淬火就有很高的硬度和耐磨性
	碳氮共渗	碳、氮同时渗入工件表层	具有渗碳和渗氮化学热处理工艺的综合优点

附表8　冲床技术参数

参数	单位	J2IS—16	J2IS—25	J2IS—40	JB2IS—63	JB2IS—80	JB2IS—100	JB2IS—125	JB2IS—160
公称力	kN	160	250	400	630	800	1000	1250	1600
公称力行程	mm	2	2.5	4	4	5	5	6	6
滑块行程	mm	70	70	80	80	100	100	120	140
滑块行程次数	min^{-1}	120	70	50	50	50	40	38	40
最大装模高度	mm	170	200	220	250	270	330	320	350
装模高度调节量	mm	30	30	45	50	60	80	100	110
滑块中心到机身的距离	mm	710	710	500/710	710	800	800	800	800
垫板厚度	mm	50	50	70	70	80	80	110	130
立柱间距	mm	200	2660	280	320	360	460	460	560
工作台尺寸(前后×左右)	mm	400×600	400×600	420×650	440×670	470×750	570×860	650×1000	710×1120
工作台孔尺寸(孔径)	mm	120	130	180	180	180	180	200	220
滑块底面尺寸(前后×左右)	mm	170×220	170×220	210×250	240×280	260×300	360×450	420×520	440×560
模柄孔尺寸(直径×深度)	mm	40×60	40×60	50×70	50×70	60×80	60×80	60×80	60×90
主电动机功率	kW	2.2	3	4	5.5	5.5	7.5	11	15
压力机外形尺寸(前后×左右)	mm	1600×780	1620×800	1730×1100	1980×1100	2260×1265	2230×1490	2560×1640	2660×1710
压力机高度	mm	1950	1950	2300	2290	2450	2850	3400	3480
压力机整机重量	kg	2050	2100	3210/3500	4610	5800	7020	11200	13800

参 考 文 献

［1］中国机械工业教育协会．冷冲模设计及制造［M］．北京：机械工业出版社，2002.
［2］许发樾．模具制造工艺与装备［M］．北京：机械工业出版社，2004.
［3］中国模具工业协会．模具计价手册［M］．北京：机械工业出版社，2006.
［4］周开华．精冲技术图解［M］．北京：国防工业出版社，2008.
［5］陈再枝、蓝德年．模具钢手册［M］．北京：冶金工业出版社，2002.
［6］劳动和社会保障部教材办公室．金属材料与热处理［M］．北京：中国劳动社会保障出版社，2001.
［7］程叶军．汽车材料与金属加工［M］．北京：中国劳动社会保障出版社，2000.
［8］江苏大学工业中心．模具工［M］．北京：化学工业出版社，2004.